材料研究与应用丛书

材料加工过程多尺度数值模拟

Multiscale Simulation of Material Processing

占小红　张平则　编著

哈爾濱工業大學出版社
HARBIN INSTITUTE OF TECHNOLOGY PRESS

内 容 简 介

本书首先介绍了材料加工多尺度模拟的原理、方法和技术，以及其在材料行为预测方面的应用，系统阐述了材料多尺度模拟的基本概念和背景，包括原子尺度、晶体尺度、微观尺度和宏观尺度等不同尺度的模拟方法。接着介绍了常用的多尺度模拟技术，如有限差分法、有限元法和分子动力学等，并结合操作实例研究了这些方法的应用机理。本书内容丰富，基本原理、概念清晰易懂，突出技术特点，注重理论与实践相结合，具有较高的参考价值。

本书可作为高等院校材料科学与工程专业高年级本科生和研究生用书，也可供材料科学与工程、航空航天材料加工领域的科技工作者参考。

图书在版编目(CIP)数据

材料加工过程多尺度数值模拟/占小红，张平则编著. —哈尔滨：哈尔滨工业大学出版社，2024. 5
(材料研究与应用丛书)
ISBN 978-7-5767-1397-8

Ⅰ. ①材… Ⅱ. ①占… ②张… Ⅲ. ①工程材料-加工-过程控制-数值模拟 Ⅳ. ①TB3

中国国家版本馆 CIP 数据核字(2024)第 096191 号

策划编辑 许雅莹
责任编辑 谢晓彤
封面设计 刘 乐
出版发行 哈尔滨工业大学出版社
社 址 哈尔滨市南岗区复华四道街 10 号 邮编 150006
传 真 0451-86414749
网 址 http://hitpress.hit.edu.cn
印 刷 辽宁新华印务有限公司
开 本 720 mm×1 000 mm 1/16 印张 20 字数 367 千字
版 次 2024 年 5 月第 1 版 2024 年 5 月第 1 次印刷
书 号 ISBN 978-7-5767-1397-8
定 价 58.00 元

前 言

计算材料学(computational materials science)是材料科学与计算机科学的交叉学科,是一门正在快速发展的新兴学科,是利用计算对材料的组成、结构及服役性能进行计算机模拟与设计的学科,是实践性强、学科特色鲜明的一门学科。它综合了凝聚态物理、材料物理学、理论化学、材料力学和工程力学、计算机算法等多个相关学科,不仅为理论研究提供了新途径,而且使实验研究进入了一个新的阶段。

材料加工过程多尺度数值模拟涉及材料纳观、微观、介观和宏观尺度的跨尺度研究,通过对材料的结构组成、制备合成过程和服役性能进行设计模拟,可以有效实现包括材料研究物理化学微观机制的理论解释、模拟实际复杂实验过程和预测材料结构性能等具有前瞻性和挑战性的作用。作为材料科学研究方法中的一把“利器”,计算材料学是连接材料学实验和理论研究的桥梁。

本书主要介绍材料加工过程多尺度模拟方法,主要包括多尺度模拟方法的原理定义、发展历史和对具体工程问题的仿真分析方法,本书分为五部分,总共9章。书中部分彩图以二维码的形式随文编排,如有需要可扫码阅读。

第一部分(第1章)是作为引论和介绍基本原理的基础篇,主要介绍了模型化和模拟的基本思想及构成,同时概述了材料加工工程所涉及的多尺度模拟的原理和方法;第二部分(第2～5章)主要介绍从介观至宏观层次的模拟方法,分析讨论了大尺度的有限差分法、有限元法和流体力学,第2章主要介绍有限差分基本原理及实例,第3、4章主要介绍有限元法基本原理及经典案例分析,第5章主要介绍计算流体力学的原理及其在材料加工过程的应用;第三部分(第6章)主要介绍纳观至微观尺度的模拟方法分子动力学的原理及应用;第四部分(第7、8章)主要介绍从微观至介观层次的模拟方法,着重阐述Monte Carlo(蒙特卡洛)方法与元胞自动机方法;第五部分(第9章)主要介绍材料加工领域机器学习方法。每章还讨论了各种模拟方法在材料科学中的典型应用,并给出一些有代表性的例子。

本书是为满足以下两类读者而撰写的:第一类对象是本科生、研究生、大学教师、材料科学家和工程师;第二类对象是倾向于材料科学研究的物理学家、化学家、数学家及机械工程师。

本书第1、2、3、4章由占小红撰写,第5章由王磊磊撰写,第6、7章由张平则撰写,第8、9章由王建峰撰写,全书由占小红统稿定稿。感谢南京航空航天大学研究生教育教学改革研究项目“材料加工过程多尺度模拟精品教材”(2020YJXGG21)对本书研究工作的支持。

由于作者水平有限,书中的疏漏和不足之处在所难免,敬请广大读者批评指正,也欢迎大家共同探讨。

作 者

2024年4月

目　　录

第1章　计算材料学中模拟的尺度范畴

计算材料学(computational materials science)是近年来飞速发展的一门新兴交叉学科,它综合了凝聚态物理学、材料物理学、理论化学、材料力学、工程力学和计算机算法等多个相关学科。本学科的目的是利用现代高速计算机模拟材料的各种物理化学性质,深入理解材料从微观到宏观多个尺度的各类现象与特征,并对材料的结构和物性进行理论预言,从而达到设计新材料的目的。

1.1　计算材料学简介

1.1.1　计算材料学的定义

"材料计算与设计"的思想产生于20世纪50年代,并在80年代成为一门独立的新兴学科。近年来,现代科学(量子力学、统计物理、固体物理、量子化学、计算科学等)理论和方法的飞速发展,以及计算机能力的空前提高为材料计算与设计提供了理论基础和有力手段。材料计算与设计的发展使得材料科学从半经验定性描述逐渐进入定量预测控制的阶段。材料计算与设计已成为现代材料科学中最活跃的一个重要分支。目前,在国际上还没有统一的关于材料计算与设计的通用术语,我国习惯称为计算材料学,美国习惯称为材料的"计算机分析与模型化"(computer-based analysis and modeling),欧洲习惯称为"计算材料学"(computational materials science),日本习惯称为"材料设计"(materials design)。虽然在用语上有所差别,但基本含义是相同的。

在20世纪80年代中期,一些美国国家实验室和大学进行了大量的计算材料学研究。美国西北大学成立了一个名为钢铁研究协会(SRG)的项目中心,该中心跨越大学、生产企业和政府,致力于多元化的钢铁研究。SRG中心基于工程哲学系统,探索普遍的方法,并创建了数据库。该中心以高性能钢为研究对象,开发了材料计算设计系统。该系统结合了材料用户、供应商和设计者的观点,旨在以材料定量性能为目标,以科学理论模型为基础,设计了一些新的合金材料。1992年,美国国家研究委员会出版的《90年代的材料科学与材料工程》详细论述了材料科学领域中计算机分析与模型化的重要性,并指出,随着计算机分析与模型化技术的发展,材料科学正从定性描述逐渐进入定量描述的阶段。

在1983年的计算材料学Gordon研讨会上,SRG计算材料学系统广受好评,在美国被公认为五大权威技术,并将计算材料学作为美国主要的发展方向。1990年、1992年召开了以计算机辅助设计新材料开发为主体的第一、第二届国际会议。同时,有关计算材料学的国际性杂志也应运而生,如英国物理学会的*Modelling and Simulation in Materials Science and Engineering*、荷兰Elsevier出版集团的*Computational Materials Science*和*Materials Design*。

2002年,宾夕法尼亚州立大学材料系的刘梓葵教授率先注册了商业网站"材料基因组",旨在推广相图计算(CALPHAD)方法及其数据库的应用。2006年,麻省理工学院(MIT)材料系Gerbrand Ceder教授建立非商业网站,推动第一性原理计算在材料设计中的应用。2011年6月,美国制定"材料基因组计划"(MGI),是由白宫科技政策办公室牵头,联合国防部、能源部、商务部、国家科学基金会、工程院、科学院等机构的代表组成的跨机构工作组共同制定的国家性计划。2011年12月,我国开了一个以"材料科学系统工程"为主题的"香山会议"。

在2008年,《集成计算材料工程》(ICME)的报告由美国科学院和工程院共同设置的美国国家研究理事会发表。"ICME是一个新的学科,旨在把计算材料学的工具集成为一个整体系统以加速材料的开发,改造工程设计的优化过程,并把设计和制造统一起来",从而在实际生产之前实现材料、制造过程和构件的计算机优化。ICME包括全局设计、全局制造和全局仿真,为材料与制造工艺的一体化设计,支持产品全生命周期、多工艺协调仿真及多尺度多物理场耦合仿真。

为实现集成计算材料工程(ICME)的目标,需要采取以下关键措施:① 将ICME作为材料科学与工程领域的一个新学科来建立,以致教育、研究和信息共享方面的改变;② 克服因材料计算工具从研究工具变成广泛应用的工程工具后,由于速度缓慢和缺乏熟练的计算材料工程师而引起的工业界不接受的难题;③ 政府在ICME发展初期必须给予协调一致的支持来建立ICME工具、基础设施和教学方法。

随着科学技术的发展,科学研究的体系越来越复杂,传统的解析推导方法已不再适用。计算机科学的发展和计算机运算能力的不断提高,为复杂体系的研究提供了新的手段。其中,材料科学作为一个典型的复杂体系,新兴的计算材料学迅速崛起并得到了蓬勃发展。

对于复杂体系而言,理论研究往往无法给出解析表达式,或者即使能给出也难以求解,从而失去了对实验研究的指导作用。反之,失去了理论指导的实验研究只能依靠科研人员的经验理解、分析与判断,在各种工艺条件下进行反复摸索和实验。造成理论研究和实验研究相互脱节的根本原因并不在于理论和实验本身,而是由于人们追求全面和准确地反映客观实际,使理论模型变得十分复杂,无法直接解析求解。

计算材料学的发展在理论和实验两个方面都给原有的材料研究手段带来了巨大的变革。它不仅使理论研究从解析推导的束缚中解脱出来,而且使实验研究方法得到根本的改革,使其建立在更加客观的基础上,更有利于从实验现象中揭示客观规律,证实客观规律。因此,计算材料学是材料研究领域理论研究与实验研究的桥梁,不仅为理论研究提供了新途径,而且使实验研究进入了一个新的阶段。

研究体系的复杂性在多个方面表现出来,从低自由度体系到多维自由度体系的转变,从标量体系到矢量和张量系统的扩展,以及从线性系统到非线性系统的研究,都导致了解析方法的失效。因此,计算与模拟成为唯一可行的途径。复杂性是科学发展的必然结果,计算材料学的产生和发展也是不可避免的趋势。它在解决一些重要科学问题上取得了圆满的成果,充分证明了计算材料学的重要作用和现实意义。

1.1.2　计算材料学的主要内容

计算材料学主要包括两个方面的内容:一方面是计算模拟,即从实验数据出发,通过建立数学模型及数值计算,模拟实际过程;另一方面是材料的计算机设计,即直接通过理论模型和计算,预测或设计材料的结构与性能。前者使材料研究不是停留在实验结果和定性的讨论上,而是使特定材料体系的实验结果上升为一般的、定量的理论;后者则使材料的研究与开发更具有方向性、前瞻性,有助于原始性创新,可以大大提高研究效率。因此,计算材料学是连接材料学理论与实验的桥梁。计算材料学可以实现设计新材料、缩短材料研制周期、降低材料制造过程成本、定量表达材料结构与性能之间的关系、通过模型化与计算实现对材料制备/材料性能和服役表现等参量或过程的定量描述。计算机的实验步骤可分为明确所要研究的物理现象、发展合适的理论和数学模型描述该现象、将数学模型转换成适于计算机编程的形式、发展和应用适当的数值算法、编写模拟程序及开展计算机实验分析结果六个步骤。

1. 特点

材料的组成、结构、力学性能和服役性能是材料研究的四大要素,传统的材料研究以实验研究为主,是一门实验科学。但是,随着对材料性能要求的不断提高,材料学研究对象的空间尺度不断变小,仅仅对微米级的显微结构进行研究已不能揭示材料性能的本质。纳米结构和原子水平已成为材料研究的内容,对于功能材料甚至需要进行电子层次的研究。因此,材料研究越来越依赖高端的测试技术,研究难度和成本也越来越高。

服役性能在材料研究中也越来越受到重视,即研究材料与服役环境相互作用及其对材料性能的影响。随着材料应用环境的复杂化,在实验室中研究材料的服役性能变得困难。因此,仅仅依靠实验已难以满足现代新材料研究和发展的要求。计算机模拟技术可以根据基本理论,在计算机虚拟环境中从微观、介观和宏观尺度对材料进行多层次研究。可模拟超高温、超高压等极端环境下的材料服役性能,实现材料服役性能的改善和材料设计。因此,在现代材料科学领域,计算机模拟已经成为与实验同等重要的研究手段。随着计算材料学的发展,其作用将变得越来越重要。

2. 计算方法

计算材料学涉及材料的各个方面,如不同层次的结构、各种性能等,因此,有很多相应的计算方法。在进行材料计算时,首先要根据所要计算的对象、条件、要求等因素选择适当的方法。要想做好选择,必须了解材料计算方法的分类。目前,主要有两种分类方法:一是按理论模型和方法分类,二是按材料计算的特征空间尺度(characteristic space scale)分类。材料的性能在很大程度上取决于材料的微结构,材料的用途不同,决定其性能的微结构尺度会有很大的差别。例如,对结构材料来说,影响其力学性能的结构尺度在微米以上,而对于电、光、磁等功能材料来说,则可能要小到纳米,甚至是电子结构。因此,计算材料学的研究对象的特征空间尺度从埃到米。时间是计算材料学的另一个重要的参量。对于不同的研究对象或计算方法,材料计算的时间尺度可从 10^{-12} s(如分子动力学方法等)到年(如对腐蚀、蠕变、疲劳等的模拟)。对于具有不同特征空间、时间尺度的研究对象,均有相应的材料计算方法。

图1.1给出了计算材料学不同尺度的模型与模拟方法。从图1.1可以看出,在不同尺度范围内所用的计算材料学方法包括从第一性原理、分子动力学、晶界动力学、Monte Carlo(蒙特卡洛)、相场/微观动力学、位错动力学、元胞自动机(CA)、晶体塑性有限元法、大尺度有限元法(FEM)和有限差分法(FDM)[1]。不同空间/时间尺度范围的模拟方法常常是交叉和联合的。

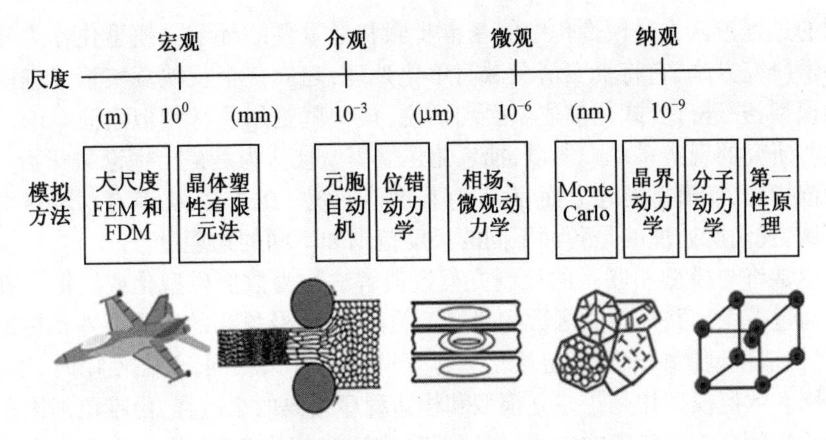

图1.1　计算材料学不同尺度的模型与模拟方法

3. 发展前景

计算材料学的发展与计算机科学的迅猛发展密切相关。从前,即便使用大型计算机也极为困难的一些材料计算,如材料的量子力学计算等,现在使用微机就能够完成。由此可以预见,将来计算材料学必将有更加迅速的发展。另外,随着计算材料学的不断进步与成熟,材料的计算机模拟与设计已不仅仅是材料物理及材料计算理论学家的热门研究课题,更将成为一般材料研究人员的重要研究工具。模型与算法的成熟,通用软件的出现,使得材料计算的广泛应用成为现实。因此,计算材料学基础知识的掌握已成为现代材料工作者必备的技能之一。

1.2　材料科学中的模型化和模拟

"模型化(modeling)"和"模拟(simulation)"常被简单地认为是同义词,明确这两个词的定义,可减少关于两者在概念上的模糊认识,对建立计算材料学领域的统一描述语言非常有帮助。从现行科学意义上理解,"模型化"一词包含模型公式化和数值模型化两个不同的含义。其中,数值模型化经常被看作"模拟",但在使用过程中稍有区别。

1.2.1　模型化与模拟的基本思想

Rosenblueth和Wicner在1945年曾指出,科学研究的根本目的在于认识世界、改造世界。然而,现实世界的绝大部分规律既不那么显而易见,也不那么简单。因此,如果我们不借助抽象概念,就难以把握世界的本质规律。

科学抽象意味着借助模型来研究现实世界某一方面的规律。设计和建立模型的过程被认为是模型化中的基本步骤和最重要的环节。模型化作为经典的科学研究方法,它将真实情况做简单化处理,建立一个反映真实情况本质特性的模型,并进行公式化描述。换句话说,模型就是用非常相似而简单的结构描述所研究的现实系统。所以,抽象化建立模型被认为是提出理论的开始。这里应该指出,就模型的建立而言,不存在严格而统一的方法,尤其在材料科学研究领域,我们所处理的是各种不同的尺度范围和不同的物理过程。

通常将与模型相联系的控制方程数值解法称为数值模型化或模拟。具体是指通过一系列路径相关函数和路径无关函数,以及恰当的边界条件和初始条件,将构造模型的基础要素定量化。尽管两词的含义相同,但在使用时二者有所区别。数值模型化是指建立模型和构造程序编码的全过程,由唯象理论及程序设计的所有工作步骤构成;模拟一般是描述数值化实验,具体为在一定条件下的程序应用,这里的条件是指实际过程中不同的边界条件和初值条件,也可以是所需参数的条件。但两者都是将客观原型进行抽象和简化,便于人们采用定量的方法分析和解决实际问题。

1.2.2　模型化的基本构成

模型化采用基于"广义态变量概念"的方法转化为数学模型才有实用价值,这一转换过程要求定义或恰当地选择相应的自变量(即独立变量)、态变量(即因变量),并确立运动学方程(如应力、应变)、状态方程(如电阻、屈服应力等)、演化方程(如热方程和扩散方程等)、物理参数、边界条件和初始条件,以及相对应的算法。

根据定义,自变量可以自由选取,而态变量是自变量的函数。同时,因变量的取值决定了系统在任一时刻所处的状态。在经典热力学中,态变量分为广延变量(与质量成正比)和强度变量(与质量无关)。对于固体而言,运动学方程常用于计算一些相关参数,例如,应变、应变率、刚体自转等,运动学的约束条件是由样品制造过程所施加的。

状态方程是用于描述态变量的性质,关于状态方程的基本参数值可以通过模拟和实验导出。例如,对于弹塑性刚体、黏塑性材料、液体等而言,其屈服应力对位移的依赖关系完全不同。演化方程是指根据态变量的变化,给出描述微结构演化且与路径有关的函数关系。状态方程一般给出材料的静态特征,演化方程描述了材料的动态特性。

无论是哪一种模拟方法,都需要确定物理参数(比热容、热导率(导热系数)等)、边界条件和初始条件。同时,需要选择对应的恰当算法(数值解法或解析解法),并进行求解。

1.2.3　建模步骤

数据建模,通俗地说,就是通过建立数据科学模型的手段解决现实问题的过程。数据建模也可以称为数据科学项目的过程,并且这个过程是周期性循环的。数据建模的具体过程可分为七大步骤,如图 1.2 所示。

(1) 建模准备。

了解问题的实际背景,明确建模目的;掌握与课题有关的第一手资料,汇集有关数据和信息,弄清对象的主要特征,形成一个比较清晰的“问题”,初步确定用哪一类模型。

(2) 建模假设。

根据建模目的对原型进行抽象、简化;将反映问题本质属性的形态、量及其关系抽象出来,简化非本质的因素;假设需满足目的性、简明性、真实性、全面性和合理性原则。建模假设依据:一是对问题内在规律的了解,二是对现象、数据的分析,三是综合考虑前两者。

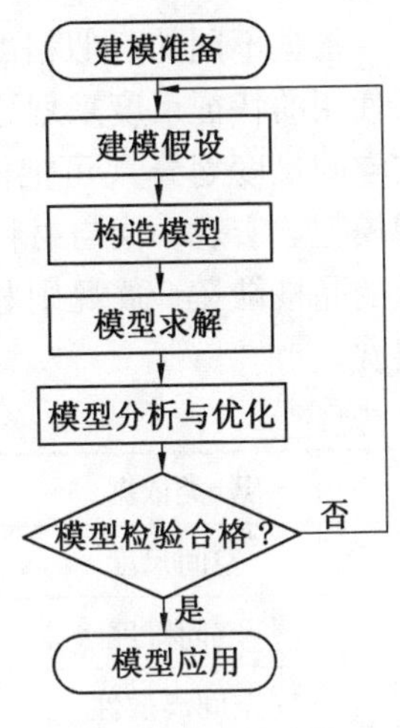

图 1.2　建模步骤

(3) 构造模型。

确定各种量所处的地位、作用和它们之间的关系;选择恰当的数学工具和构造模型方法对其进行表征,构造出符合实际问题的数学模型。

(4) 模型求解。

根据已知条件和数据,分析模型的特征和模型的结构特点,设计或选择求解模型的数学方法和算法;编写计算机程序或运用相应的软件包,借助计算机完成对模型的求解。

(5) 模型分析与优化。

对求解结果进行稳定性分析和误差分析,并根据实际情况优化模型。

(6) 模型检验。

根据客观实际对模型进行检验,看是否符合客观情况,若不符合,则修改或增减假设条件,重新建模(返回第(2) 步),直至获得满意结果。

(7) 模型应用。

将优化后的模型应用于分析、研究和解决实际问题。

在所有的建模与模拟方法中,有限元法(又称为有限单元法、有限元素法等) 的应用最为广泛,对当今工业生产的影响最为深远。它不仅是计算机辅助工程(computer-aided engineering,CAE) 的中坚,也是充当制造业数字化、信息化、智能化的重要角色。

1.3　材料科学中的模拟的尺度范畴

1.3.1　模拟的基本范畴

根据不同的近似精度,可以对模型进行分类。通常,把模型简单地按照其所使用的特征尺度来划分,模型分类见表1.1。若按照比较粗的空间分法(即按空间尺度划分),可把模型分为四类,即宏观模型、介观模型、微观模型和纳观模型。宏观一词与材料样品的几何形状及尺寸相联系,介观对应于晶粒尺度上的晶格缺陷,微观则相当于晶粒尺度以下的晶格缺陷,而纳观是指原子层次。

表1.1　模型分类

分类依据	模型种类
空间尺度	宏观、介观、微观、纳观
空间维度	一维、二维、三维
空间离散性	连续体、原子论
预测性特征	确定性、随机性／概率性、经验性
描述性特征	第一性原理、唯象、经验
路径相关性	静态、动态

关于模型分类的第二个可行的方法,就是根据模型的空间维度(即一维、二维和三维)来划分。在计算材料学中,二维和三维模型较为流行。它们之间的差异对其结果的合理解释是至关重要的。

关于模型分类的第三个可行的方法,就是根据模型的空间离散性来划分。与空间的离散化程度有关系的情况,可以分成两类以示区别,即连续体模型和原子论模型。连续体模型是在考虑了唯象和经验本构方程及平衡性、相容性和守恒定律所附加的约束条件下,建立宏观情况下描述材料响应特性的微分方程,并由此微分方程求出单个原子的平均性质。连续体模型的典型例子有:经典有限元模型、多晶体模型、元胞自动机、位错动力学方法及相场模型。原子论模型的典型例子是经典动力学与 Monte Carlo 方法。

按照模型的预测性特征可以将模型分为确定性模型、随机性／概率性模型、经验性模型;按照描述性特征,可将模型分为第一性原理、唯象和经验;按照路径相关性,可将模型分为静态和动态两大类。

由于微结构组分在空间和时间上分布范围很大,加之晶格缺陷之间相互作用的复杂性,要从物理上量化微结构演化与微结构性质之间的关系,越来越显示出采用各种模型和模拟方法的必要性,尤其是对不能给出严格解析解或不易在实验上进行研究的问题,应用模型和模拟更为重要,表 1.2 所示为纳观至微观的空间尺度与模拟方法的对应关系,表 1.3 所示为微观至介观的空间尺度与模拟方法的对应关系,表 1.4 所示为介观至宏观的空间尺度与模拟方法的对应关系。而且,就实际工程方面的有关问题而言,应用数值近似方法进行预测估算可以有效地减少在优化材料和设计新工艺方面所必须进行的大量实验。材料模拟及材料制备工艺的进步,极大地促进了新产品的优化和发展。

表 1.2　纳观至微观的空间尺度与模拟方法的对应关系

空间尺度/m	模拟方法	典型应用
$10^{-10} \sim 10^{-6}$	Metropolis 蒙特卡洛	热力学、扩散及有序化系统
$10^{-10} \sim 10^{-6}$	集团变分法	热力学系统
$10^{-10} \sim 10^{-6}$	伊辛模型	磁性系统
$10^{-10} \sim 10^{-6}$	Bragg-Williams-Gorsky 模型	热力学系统
$10^{-10} \sim 10^{-6}$	分子场近似	热力学系统
$10^{-10} \sim 10^{-6}$	分子动力学方法(嵌入原子、壳模型势、经验作用势、键序模型等)	晶格缺陷的结构与动力学特征
$10^{-12} \sim 10^{-6}$	从头计算分子动力学方法(第一性原理)	简单晶格缺陷的结构与动力学特征,材料的各项常数等

表 1.3　微观至介观的空间尺度与模拟方法的对应关系

空间尺度/m	模拟方法	典型应用
$10^{-10} \sim 10^{0}$	元胞自动机	再结晶,晶粒生长,相变,流体动力学,结晶结构,晶体塑性
$10^{-7} \sim 10^{-2}$	弹簧模型	断裂力学
$10^{-7} \sim 10^{-2}$	定点模型,拓扑网络模型,晶界动力学	再结晶,二次再结晶,成核,再生复原,晶粒生长,疲劳
$10^{-7} \sim 10^{-2}$	几何模型,拓扑学模型,组分模型	再结晶,晶粒生长,二次再结晶,结晶结构,凝固,晶体构造
$10^{-9} \sim 10^{-4}$	位错动力学	晶体塑性,再生复原,微结构,位错分布图,热活化能
$10^{-9} \sim 10^{-5}$	动力学金兹堡 - 朗道型相场模型	扩散,界面运动,脱溶物的形成与粗化,多晶及多相晶粒粗化现象
$10^{-9} \sim 10^{-5}$	多态动力学波茨模型	再结晶,晶粒生长,相变,结晶结构

表1.4 介观至宏观的空间尺度与模拟方法的对应关系

空间尺度/m	模拟方法	典型应用
$10^{-5}\sim10^{0}$	大尺度有限元法,有限差分法,线性迭代法,边界元素方法	宏观尺度下差分方程的平均求解(力学、电磁场、流体动力学、温度场)
$10^{-6}\sim10^{-2}$	晶体塑性有限元模型,基于微结构平均性质定律的有限元法	多元合金的微结构力学性质,断裂力学,结构,晶体滑移,凝固
$10^{-6}\sim10^{-2}$	定点模型,拓扑网络模型,晶界动力学	多相或多晶体的弹性和塑性,微结构均匀化,结晶结构,泰勒因子,晶体滑移
$10^{-8}\sim10^{0}$	集团模型	多晶体弹性
$10^{-10}\sim10^{0}$	逾渗模型	成核,断裂力学,相变,塑性,电流传输,超导体

1.3.2 介观至宏观模拟方法

1. 有限元法(FEM)

在所有的建模与模拟方法中,有限元法的应用最为广泛,对当今工业生产的影响最为深远。有限元法是一种为求解偏微分方程边值问题近似解的数值技术。求解时对整个问题区域进行分解,被分解部分就称为有限元。它通过变分法、加权余量法等,使得误差函数达到最小值并产生收敛稳定解。有限元法包含了一切可能的方法,将各单元内的简单方程联系起来,并用其去逼近更大区域上的复杂方程。它将求解域分割为连续互连子域,对每一单元假定一个合适的(较简单的)近似解,然后推导求解这个域总的满足条件(如结构的平衡条件、物理场的边界条件),从而得到问题的近似解。采用诸如变分法、加权余量法等策略,用各个单元内的简单近似解来逼近复杂问题的近似解。

有限元法强调体系的宏观自平均性,忽略了介观体系的微观相似(介观体系丧失了自平均性。自平均性就是指物理量相对涨落的大小随着体系尺度的增大而趋于0的性质),所有的有限元软件都难以求解组织演化。同时,只能考察连续体系,在计算复杂物理现象(复杂界面流场、形核、生长等)时,其假设过于苍白。有限元法只是一种近似方法,并且它的近似程度经常是很值得怀疑的,形函数的选择、网格的划分都能够很大程度上改变计算结果。

2. 有限差分法(FDM)

有限差分法又称差分方法,是一种用差商取代微商,并利用差分方程对微分方程进行逼近的数值解法。它通过计算网格点上的函数值来解决偏微分(或常微分)方程和方程组定解问题。有限差分法提供了一种近似微分方程的方法,而 FEM 则近似求解该方程。FEM 能够相对容易地处理复杂的几何参数和边界条件,而 FDM 则受到矩形形状的限制。FDM 的最大优势在于其易于执行。通常情况下,FEM 的近似解质量往往比相应的 FDM 更高,但这是一个极端情况,并且可以提供相反的个别例子。

在结构力学的各个分析领域,FEM 被广泛选择作为一种解决变形和应力问题的方法。与此相反,在计算流体动力学(CFD)中,人们倾向于使用 FDM 或其他方法(如有限体积法)来解决问题。CFD 问题通常需要将离散化的问题分割成大量的单元或格栅点(数以百万计),因此解决成本相对较低,并在每个单元内进行近似计算。

而且随着计算机技术的飞速发展,基于有限元法原理的软件大量出现,并在实际工程中发挥了越来越重要的作用。目前,著名的专业有限元分析软件公司有几十家,国际上著名的通用有限元分析软件有 Ansys、Abaqus、MSC Nastran、MSC Marc、ADINA、ALGOR、Pro/Mechanica、I-DEAS,还有一些专门的有限元分析软件,如 LS-DYNA、Deform、PAM-STAMP、AutoForm、Super-Forge 等。基于商业有限元分析软件的求解流程如图 1.3 所示。

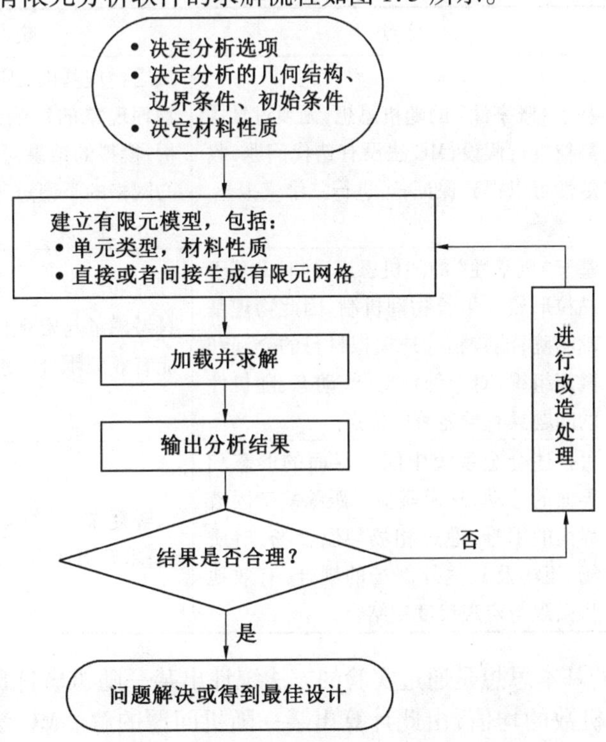

图 1.3　基于商业有限元分析软件的求解流程

具体步骤如下：

(1) 构建几何(CAD) 模型。

(2) 有限元实体模型的建立(几何清理、CAD 模型简化、网格划分)。

(3) 材料物性参数加载。

(4) 边界条件的设置与加载(包括热源设置与加载)。

(5) 实体模型的有限元模型化(单元类型加载、迭代与收敛方式)。

(6) 作业设置与提交。

(7) 后处理(数据提取与图表输出)。

(8) 计算结果分析(结合工程需求)。

1.3.3 微观至介观模拟方法

在介观、微观尺度的计算材料学模型主要可分为 Monte Carlo 方法(简称 MC 法)、元胞自动机方法(简称 CA 法) 及相场方法(简称 PF 法)。MC 法、CA 法及 PF 法的优缺点见表 1.5。

表 1.5 MC 法、CA 法及 PF 法的优缺点

名称	优点	缺点
MC 法	基于“概率性”的随机思想,无须对具体晶粒进行假设;MC 法没有迭代问题,收敛性可以得到保证;可进行三维模拟	缺乏物理基础,因而不能对各种物理现象的影响进行定量的分析;模拟的结果对于计算所采用的网格的类型过于敏感;主要用于介观模拟
CA 法	基于“概率性”的随机思想,同时又基于晶粒形核和生长物理机制,因此物理基础明确;能较精确地模拟材料的介观和微观组织;对于处理复杂、动态、随机性的问题具有较显著的优点	只考虑了与宏观传热的结合,未能有效地耦合宏观的质量方程
PF 法	可描述合金系统中固液界面的形态和界面的移动,从而避免了跟踪复杂固液界面的困难;通过相场与温度场、溶质场、流场及其他外部场的耦合,有效地将微观与宏观尺度相结合	求解复杂,计算量大,计算效率低;求解方法有待改进

MC 法的基本思想是通过实验的方法统计出某一随机事件出现的概率,或者若干个随机数的均值,由此计算出某一随机问题的解。MC 法分为两类,即直接 MC 法和统计 MC 法。直接 MC 法针对可以由多个独立方程表示的随机性事件,统计 MC 法用于对多维定积分进行求解。由于 MC 法不涉及分子动力学

中复杂的迭代求解过程,并且数值的波动性不大,故其计算效率较高,具有较好的收敛性,其计算速度不受所求解方程重数的影响,容易控制其求解误差。MC法已被广泛应用于材料微观组织演变与焊接热过程晶粒转变的建模仿真。这是由于相比于确定性方法,MC法具有其自身优越性,即将与晶体学有关的因素考虑在内,可以考察相邻柱状晶竞争生长的过程。此外,MC法目前可以模拟有序和无序的转变、顺磁性和铁磁性的转变、晶体长大等过程。尽管如此,MC法依旧由于其缺乏物理基础,难以定量描述真实物理转变对求解结果的影响,具有一定的局限性[2]。

CA法的基本原理是,将求解域离散成若干个独立元胞,将时间分隔为时间步,将元胞的所有状态划分为若干独立状态。采用特定规则来控制元胞之间的相互影响及每个元胞的状态,该规则在每一时刻作用于体系内的每一个元胞,时刻改变着所有元胞的状态。元胞状态取决于此时此刻邻居元胞状态的同时,也对邻居元胞的状态产生一定的影响。CA法不仅具有"概率性"的随机思想,又具有相对完善的物理基础,是求解材料凝固微观组织演变过程的一种有效方法,将其应用于特定条件下焊接熔池凝固微观组织模拟可发挥其优势,获得与理论实验结果较为接近的模拟结果,便于进一步研究微观组织对性能的影响规律[3]。

PF法是近年来发展迅速的一种新型计算方法。用PF法既可以用于模拟金属材料的固态相变过程,又可以用于模拟液态金属凝固的晶粒生长过程。在前者的建模过程中,可以假设新相的生长过程是用一个界面运动方程来控制新相从母相中生长出来的过程,可以将界面描述为一个由运动方程控制的表面,其运动状态受到系统边界条件和演变机制的控制[4-5]。将PF法运用在液态金属凝固建模仿真中时,可以忽略固相、液相和固液界面之间的差异,能够真实地再现微观尺度枝晶的形核和生长过程。在PF模型构建过程中,设置一个序参量$\varnothing$来描述在时间和空间变化过程中该系统的物理状态。相的物理状态可以采用特定确定值来表示,固相区用$\varnothing=1$表示,液相区用$\varnothing=0$表示,固液界面用$\varnothing=0\sim1$表示。PF法以金兹堡-朗道相变理论作为理论基础,利用统计学的数学原理,将有序化势、扩散驱动力和热力学驱动力的耦合作用表示为微分方程的形式。通过求解相场方程,可以描述固液界面的复杂形态和移动过程,从而较准确地再现液态金属凝固过程中的微观组织演变规律。相场方法在凝固组织模拟中具有独特的优越性,例如能够准确模拟枝晶生长和溶质偏析现象,并且其模拟结果展现出更具体形象的微观结构。此外,相场方法具有明确的物理意义,可以作为模拟相变过程中微观组织变化的理想方法。特别是,相场方法非常适用于金属凝固过程中晶粒生长的模拟。

1.3.4　纳观至微观模拟方法

材料是由原子聚合而成,因此材料的各种物理化学性质从根本上取决于组成材料的原子及其电子的运动状态。从能量的角度上看,处于平衡状态下的材料的原子及其电子的运动应处于整个系统的最低能量状态或亚稳态。描述原子及其电子运动的最根本物理基础是量子力学。求解多粒子体系量子力学方程必须针对所研究的具体内容进行必要的简化和近似。通过将原子与电子的运动近似脱耦,可以在经典牛顿力学水平上描述原子的动力学和热力学行为,而原子间相互作用仍然必须由量子力学(或相应的近似)来描述。在纳米、亚纳米尺度的计算材料学方法有第一性原理方法、分子力学及分子动力学方法。本节主要介绍第一性原理方法、分子力学及分子动力学方法。

1. 第一性原理方法

第一性原理方法(first-principles method),有时候也称为从头计算(abinitio),其基本思想是将多原子构成的体系当作电子和原子核(或原子实)组成的多粒子系统,从量子力学第一性原理出发,对材料进行“非经验性”的模拟。原则上,第一性原理方法无可调经验参数,因此处理不同体系时具有较好的可移植性(transferability)。但是,在具体实行时,仍依赖具体近似方法的选取,从而带来系统误差[6]。

量子效应是在超低温等某些特殊条件下,由大量粒子组成的宏观系统呈现出的整体量子现象。根据量子理论的波粒二象性学说,微观实物粒子会像光波、水波一样,具有干涉、衍射等波动特征,形成物质波(或称德布罗意波)。但日常所见的宏观物体,虽然是由服从这种量子力学规律的微观粒子组成,但由于其空间尺度远远大于这些微观粒子的德布罗意波长,故微观粒子量子特性因统计平均的结果而被掩盖。因此,在通常的条件下,宏观物体整体上并不出现量子效应。然而,在温度降低或粒子密度变大等特殊条件下,宏观物体的个体组分会正确地结合起来,通过长程关联或重组进入能量较低的量子态,形成一个有机的整体,使得整个系统表现出奇特的量子性质。例如,原子气体的玻色 - 爱因斯坦凝聚、超流性、超导电性和约瑟夫逊效应等都是宏观量子效应。

广义的第一性原理计算指的是一切基于量子力学原理的计算。物质由分子组成,分子由原子组成,原子由原子核和电子组成。量子力学计算,就是根据原子核和电子的相互作用原理去计算分子结构和分子能量(或离子),然后就能计算物质的各种性质。abinitio 是狭义的第一性原理计算,它是指不使用经验参数,只用电子质量、光速、质子中子质量等少数实验数据去做量子计算。但是这个计算很慢,所以就加入一些经验参数,可以大大加快计算速度,当然也会不可避免地牺牲计算结果精度。

2. 分子力学、分子动力学方法

分子力学方法是用计算机在原子水平上模拟给定分子模型的结构与性质，进而得到分子的各种物理性质与化学性质，如结构参数、振动频率、构象能量、相互作用能量、偶极矩、密度、摩尔体积、汽化焓等。

分子动力学方法是一门结合物理、数学和化学的综合技术。分子动力学方法是一套分子模拟方法，该方法主要是依靠牛顿力学来模拟分子体系的运动，以在由分子体系的不同状态构成的系统中抽取样本，从而计算体系的构型积分，并以构型积分的结果为基础进一步计算体系的热力学量和其他宏观性质。分子动力学方法是确定分子结构的方法，利用分子势能随结构的变化而变化的性质，确定分子势能极小时的平衡结构（stationary point）。其物理模型为视原子为质点，视化学键为弹簧，而弹性常数完全由数据库中的分子力场来确定，是直接用势函数研究问题，不考虑原子的动能，也不考虑动能所对应的结构，相当于体系处于 $T = 0$ K 时的结果。

本章参考文献

[1] 施思齐，徐积维，崔艳华，等. 多尺度材料计算方法[J]. 科技导报，2015，33(10)：20-30.

[2] DING F，YAKOBSON B I. Energy-driven kinetic Monte Carlo method and its application in fullerene coalescence[J]. The journal of physical chemistry letters，2014，5(17)：2922-2926.

[3] 占小红. Ni－Cr 二元合金焊接熔池枝晶生长模拟[D]. 哈尔滨：哈尔滨工业大学，2008.

[4] 孙伟华. Al 合金中 Mn－Ni－B，Cu－Mn－Ni，Cu－Ni－Si 相图研究及 Al 合金凝固和时效相场模拟[D]. 长沙：中南大学，2013.

[5] MOELANS B N，BLANPAIN B，WOLLANTS P. An introduction to phase-field modeling of microstructure evolution[J]. Calphad-computer coupling of phase diagrams & thermochemistry，2012，32：268-294.

[6] ZHU L，LIU H Y，PICKARD C J，et al. Reactions of xenon with iron and nickel are predicted in the Earth's inner core[J]. Nature chemistry，2014，6(7)：644-648.

第2章　有限差分法基础

2.1　有限差分法原理

一般来说,微分方程就是联系自变量、未知函数及未知函数的某些导数之间的等式。微分方程通常分为常微分方程(本节不做介绍)与偏微分方程两大类。如果微分方程中的未知函数只与一个自变量有关,则称为常微分方程;如果微分方程中的未知函数是两个或两个以上自变量的函数,并且在方程中出现偏导数,则称为偏微分方程。微分方程模型大量出现在量子物理、等离子体物理、流体力学、电磁学、光学、化学等领域中,经常用来描述这些自然科学中的现象。

2.1.1　偏微分方程

物理中,许多物理规律都可以用偏微分方程描述,偏微分方程是指那些微分方程中的未知函数含有多个自变量。偏微分方程通常分为线性偏微分方程和非线性偏微分方程[1]。如果偏微分方程关于未知函数及其所有的偏导数都是线性的,那么称为线性的偏微分方程;否则,称为非线性的偏微分方程。偏微分方程还可分为常系数的方程与变系数的方程;也可分为齐次方程与非齐次方程。一个偏微分方程中,未知函数最高阶偏导数的阶数,称为该方程的阶。偏微分方程组是由多个微分方程组成的方程组,并且微分方程组中含有多个未知函数,每个未知函数均含有多个自变量[2]。

1. 偏微分方程分类

(1) 抛物线形。

该类偏微分方程为不可逆过程,如热传导方程,即

$$\mathrm{d}\frac{\partial u}{\partial t} - \nabla(c\,\nabla u) + au = f \tag{2.1}$$

(2) 双曲形。

该类偏微分方程为可逆过程,如波动方程,即

$$\mathrm{d}\frac{\partial^2 u}{\partial^2 t} - \nabla(c\,\nabla u) + au = f \tag{2.2}$$

(3) 椭圆形。

该类偏微分方程为平衡过程,如位势方程,即

$$\nabla(c\nabla u)+au=f \tag{2.3}$$

式中,a、c、f 及未知数 u 为定义在求解区域上的实(复)函数。

2. 有限差分法

如果能找到一个(或一族)具有所要求阶连续导数的解析函数,将它代入偏微分方程(组)中,使得方程(组)的所有条件都得到满足,就将它称为这个方程(组)的解析解(也称古典解)。“微分方程的真解”或“微分方程的解”通常是指解析解。很久以来,人们在求解微分方程的过程中,有一主要目的就是寻找解析解。微分方程的解在数学意义上的存在性可以在一定的条件下得到证明,这已有许多重要的结论。但从实际应用的角度上讲,人们有时并不需要解在数学中的存在性,而是关心某个定义范围内,对应某些特定的自变量的解的取值或是近似值,这样一组数值称为这个微分方程在该范围内的数值解。寻找数值解的过程称为数值求解微分方程。因此,把微分方程的解法分为两类:解析解法与数值解法。解析解法就是找到满足微分方程的解函数的表达式。数值解法就是计算解函数在若干离散点处的近似值,而不必求出解函数的表达式[3]。

求解微分方程的数值方法有很多,主要包括有限差分法、有限元法、谱方法、有限体积法等。这里所讨论的数值方法主要为有限差分法。在离散微分方程的数值方法中,有限差分法是一类重要的数值方法。它的设计过程相对简单、易懂,已受到广大应用数学工作者的青睐,设计有限差分法的一个重要过程是:先假定一个连续的微分方程只在节点处成立,然后将方程中的未知函数(图 2.1 中 $y=\phi(x)$)在节点处的导数用相应的有限差商来替换(例如,节点处的一阶导数用相应的一阶有限差商来替换,节点处的二阶导数用相应的二阶有限差商来替换,以此类推),从而得到离散形式的差分方程,最后求解差分方程就可得到未知函数在节点处的近似值。差商与微商如图 2.1 所示。

有限差分法的基本思想是用差分近似代替微分,用差商近似代替微商,即

$$\begin{cases}\dfrac{\Delta f}{\Delta x}\Rightarrow\dfrac{\mathrm{d}f}{\mathrm{d}x}\\[2ex]\dfrac{\Delta^2 f}{\Delta^2 x}\Rightarrow\dfrac{\mathrm{d}^2 f}{\mathrm{d}^2 x}\end{cases} \tag{2.4}$$

这样就能把求解区域内的分布函数离散化成求网格节点上的分离函数值,从而把所需求解的微分方程变为一组相应的差分方程,进一步可以求解离散节点上的函数值。

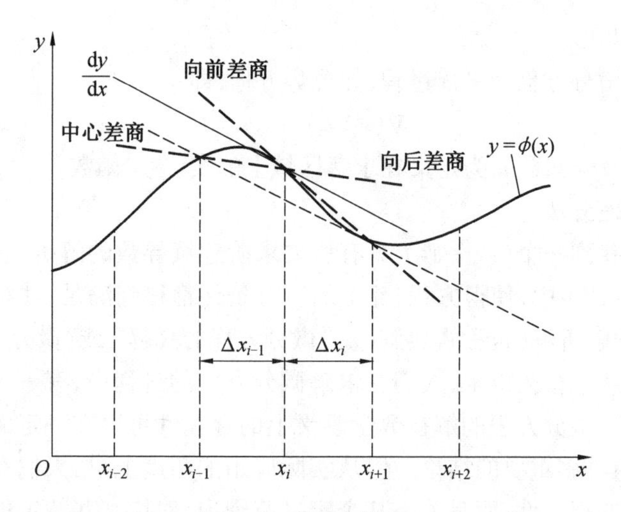

图 2.1　差商与微商

利用泰勒级数展开定义差商,即

$$f(x+h)=f(x)+h\frac{\mathrm{d}f}{\mathrm{d}x}+\frac{h^2}{2!}\frac{\mathrm{d}^2f}{\mathrm{d}^2x}+\frac{h^3}{3!}\frac{\mathrm{d}^3f}{\mathrm{d}^3x}+\cdots \tag{2.5}$$

$$f(x-h)=f(x)-h\frac{\mathrm{d}f}{\mathrm{d}x}+\frac{h^2}{2!}\frac{\mathrm{d}^2f}{\mathrm{d}^2x}-\frac{h^3}{3!}\frac{\mathrm{d}^3f}{\mathrm{d}^3x}+\cdots \tag{2.6}$$

$$f(x+2h)=f(x)+2h\frac{\mathrm{d}f}{\mathrm{d}x}+\frac{(2h)^2}{2!}\frac{\mathrm{d}^2f}{\mathrm{d}^2x}+\frac{(2h)^3}{3!}\frac{\mathrm{d}^3f}{\mathrm{d}^3x}+\cdots \tag{2.7}$$

$$f(x-2h)=f(x)-2h\frac{\mathrm{d}f}{\mathrm{d}x}+\frac{(2h)^2}{2!}\frac{\mathrm{d}^2f}{\mathrm{d}^2x}-\frac{(2h)^3}{3!}\frac{\mathrm{d}^3f}{\mathrm{d}^3x}+\cdots \tag{2.8}$$

(1) 误差为 $O(h)$ 差商。

误差为 $O(h)$ 差商的公式为

$$f(x+h)=f(x)+h\frac{\mathrm{d}f}{\mathrm{d}x}+\frac{h^2}{2!}\frac{\mathrm{d}^2f}{\mathrm{d}^2x}+\frac{h^3}{3!}\frac{\mathrm{d}^3f}{\mathrm{d}^3x}+\cdots \tag{2.9}$$

$$f(x-h)=f(x)-h\frac{\mathrm{d}f}{\mathrm{d}x}+\frac{h^2}{2!}\frac{\mathrm{d}^2f}{\mathrm{d}^2x}-\frac{h^3}{3!}\frac{\mathrm{d}^3f}{\mathrm{d}^3x}+\cdots \tag{2.10}$$

一阶向前差商为

$$\left.\frac{\Delta f}{\Delta x}\right|_{+}=\frac{f(x+h)-f(x)}{h} \tag{2.11}$$

一阶向后差商为

$$\left.\frac{\Delta f}{\Delta x}\right|_{-}=\frac{f(x)-f(x-h)}{h} \tag{2.12}$$

(2) 误差为 $O(h^2)$ 差商。

误差为 $O(h^2)$ 差商的公式为

$$f(x+h)=f(x)+h\frac{\mathrm{d}f}{\mathrm{d}x}+\frac{h^2}{2!}\frac{\mathrm{d}^2f}{\mathrm{d}^2x}+\frac{h^3}{3!}\frac{\mathrm{d}^3f}{\mathrm{d}^3x}+\cdots \tag{2.13}$$

$$f(x+2h)=f(x)+2h\frac{\mathrm{d}f}{\mathrm{d}x}+\frac{(2h)^2}{2!}\frac{\mathrm{d}^2f}{\mathrm{d}^2x}+\frac{(2h)^3}{3!}\frac{\mathrm{d}^3f}{\mathrm{d}^3x}+\cdots \tag{2.14}$$

二阶向前差商(即式(2.14) - 式(2.13) × 2) 为

$$\left.\frac{\Delta^2 f}{\Delta x^2}\right|_{+}=\frac{f(x+2h)-2f(x+h)+f(x)}{h^2} \tag{2.15}$$

$$f(x-h)=f(x)-h\frac{\mathrm{d}f}{\mathrm{d}x}+\frac{h^2}{2!}\frac{\mathrm{d}^2f}{\mathrm{d}^2x}-\frac{h^3}{3!}\frac{\mathrm{d}^3f}{\mathrm{d}^3x}+\cdots \tag{2.16}$$

$$f(x-2h)=f(x)-2h\frac{\mathrm{d}f}{\mathrm{d}x}+\frac{(2h)^2}{2!}\frac{\mathrm{d}^2f}{\mathrm{d}^2x}-\frac{(2h)^3}{3!}\frac{\mathrm{d}^3f}{\mathrm{d}^3x}+\cdots \tag{2.17}$$

二阶向后差商(即式(2.17) - 式(2.16) × 2) 为

$$\left.\frac{\Delta^2 f}{\Delta x^2}\right|_{-}=\frac{f(x)-2f(x-h)+f(x-2h)}{h^2} \tag{2.18}$$

$$\left.\frac{\Delta^2 f}{\Delta x^2}\right|_{+}=\frac{f(x+2h)-2f(x+h)+f(x)}{h^2} \tag{2.19}$$

$$f(x+h)=f(x)+h\frac{\mathrm{d}f}{\mathrm{d}x}+\frac{h^2}{2!}\frac{\mathrm{d}^2f}{\mathrm{d}^2x}+\frac{h^3}{3!}\frac{\mathrm{d}^3f}{\mathrm{d}^3x}+\cdots \tag{2.20}$$

一阶向前差商为

$$\left.\frac{\Delta^2 f}{\Delta x^2}\right|_{+}=\frac{\mathrm{d}^2f}{\mathrm{d}^2x}$$

$$\left.\frac{\Delta f}{\Delta x}\right|_{+}=\frac{-f(x+2h)+4f(x+h)-3f(x)}{2h} \tag{2.21}$$

$$\left.\frac{\Delta^2 f}{\Delta x^2}\right|_{+}=\frac{f(x)-2f(x-h)+f(x-2h)}{h^2} \tag{2.22}$$

$$f(x-h)=f(x)-h\frac{\mathrm{d}f}{\mathrm{d}x}+\frac{h^2}{2!}\frac{\mathrm{d}^2f}{\mathrm{d}^2x}-\frac{h^3}{3!}\frac{\mathrm{d}^3f}{\mathrm{d}^3x}+\cdots \tag{2.23}$$

一阶向后差商为

$$\left.\frac{\Delta^2 f}{\Delta x^2}\right|_{-}=\frac{\mathrm{d}^2f}{\mathrm{d}^2x}\left.\frac{\Delta f}{\Delta x}\right|_{-}=\frac{f(x-2h)-4f(x-h)+3f(x)}{2h} \tag{2.24}$$

$$f(x+h)=f(x)+h\frac{\mathrm{d}f}{\mathrm{d}x}+\frac{h^2}{2!}\frac{\mathrm{d}^2f}{\mathrm{d}^2x}+\frac{h^3}{3!}\frac{\mathrm{d}^3f}{\mathrm{d}^3x}+\cdots \tag{2.25}$$

$$f(x-h)=f(x)-h\frac{\mathrm{d}f}{\mathrm{d}x}+\frac{h^2}{2!}\frac{\mathrm{d}^2f}{\mathrm{d}^2x}-\frac{h^3}{3!}\frac{\mathrm{d}^3f}{\mathrm{d}^3x}+\cdots \tag{2.26}$$

一阶中心差商为

$$\left.\frac{\Delta f}{\Delta x}\right|_{O}=\frac{f(x+h)-f(x-h)}{2h} \tag{2.27}$$

$$f(x+h)=f(x)+h\frac{\mathrm{d}f}{\mathrm{d}x}+\frac{h^2}{2!}\frac{\mathrm{d}^2f}{\mathrm{d}^2x}+\frac{h^3}{3!}\frac{\mathrm{d}^3f}{\mathrm{d}^3x}+\cdots \tag{2.28}$$

$$f(x-h)=f(x)-h\frac{\mathrm{d}f}{\mathrm{d}x}+\frac{h^2}{2!}\frac{\mathrm{d}^2f}{\mathrm{d}^2x}-\frac{h^3}{3!}\frac{\mathrm{d}^3f}{\mathrm{d}^3x}+\cdots \tag{2.29}$$

二阶中心差商为

$$\left.\frac{\Delta^2 f}{\Delta x^2}\right|_o=\frac{f(x+h)-2f(x)+f(x-h)}{2h} \tag{2.30}$$

3. 差分格式的收敛性和稳定性

(1) 收敛性。将函数$f(x)$ 在 x_0 处的近似解记为f_0,而函数在 x_0 处的精确解记为$f(x_0)$,收敛性就是讨论当$x=x_0$固定且步长$h\to 0$时,近似解和精确解之间的误差趋近于0 的问题。

(2) 稳定性。关于收敛性有个前提,就是必须假定数值方法本身的计算是准确的。但实际情形并不是这样,差分方程的求解还会有计算误差,如由数字舍入而引起的小扰动。这类小扰动在传播过程中会不会恶性增长,以至于“淹没了”差分方程的“真解”,这就是差分方程的稳定性问题。

总之,收敛性和稳定性是数值求解微分方程过程中两个重要的概念,在计算数学的不同分支时,它们的含义可以不同,这里介绍的收敛性反映数值公式本身的截断误差对计算结果的影响[4]。稳定性是和步长密切相关的,对于一种步长是稳定的数值公式,若将步长改大,可能就不稳定,只有既收敛又稳定的数值方法才可以在实际计算中放心使用。因此,选择步长时不但要考虑截断误差,还应考虑绝对稳定性。原则上是在满足稳定性及截断误差要求的前提下,步长应尽可能取大一些。

从物理上讲,描述物理问题的微分方程仅适用于描述在一个连续体或物理场的内部发生的物理过程,仅靠这些微分方程不足以确定物理过程的具体特征;从数学上讲,没有限制的微分方程会有无穷多个解,不能构成一个定解问题。因此,要解决实际的物理问题,必须知道一个连续体或物理场的初始状态和边界受到的外界影响。

2.1.2　偏微分方程的定解条件

一般来说,一个二阶偏微分方程通常有无数多个解。为使得偏微分方程的解唯一,需要添加相应的定解条件。常见的定解条件有初始条件(或称初值条件)与边界条件(或称边值条件)两大类。给定偏微分方程,如果加上边界条件,那么称之为偏微分方程的边值问题;给定偏微分方程,如果加上初始条件与边界条件,那么称之为偏微分方程的初边值问题。

初始条件与时间相联系,即

$$u\big|_{t=0}=f_1(x,y,z) \tag{2.31}$$

$$\left.\frac{\partial u}{\partial t}\right|_{t=0}=f_2(x,y,z) \tag{2.32}$$

边界条件是指边界受到外界的影响,常见的物理问题可以归结为三大类边界条件。

(1) 第一类边界条件(狄利克雷)。

$$u\big|_{\Gamma}=u_0(r_{\Gamma},t) \tag{2.33}$$

热传导问题:热边界 Γ 上温度分布已知。

(2) 第二类边界条件(诺依曼)。

$$\left.\frac{\partial u}{\partial n}\right|_{\Gamma}=q_0(r_{\Gamma},t) \tag{2.34}$$

式中,n 表示热边界 Γ 的外法线;q_0 定义在 Γ 的已知函数为

$$\frac{\partial u}{\partial t}-\nabla \boldsymbol{u}\cdot\boldsymbol{n}=\frac{\partial u}{\partial x}\boldsymbol{i}\cdot\boldsymbol{n}+\frac{\partial u}{\partial y}\boldsymbol{j}\cdot\boldsymbol{n} \tag{2.35}$$

热传导问题:通过热边界 Γ 单位面积上的热流量已知。

由热力学傅立叶定律得:单位时间内通过给定截面的热量,正比例垂直于该截面方向上的温度变化率和横截面面积,而热量传递的方向与温度升高的方向相反。

热流量为

$$\frac{Q}{\Delta t}=-kS\frac{\partial u}{\partial n} \tag{2.36}$$

式中,k 为热传导系数。

单位面积上的热流量为

$$q=\frac{Q}{S\Delta t}=-k\frac{\partial u}{\partial n} \tag{2.37}$$

(3) 第三类边界条件(洛平)。

$$\left.\left(a_0u+b_0\frac{\partial u}{\partial n}\right)\right|_{\Gamma}=c_0(r,t) \tag{2.38}$$

式中,a_0、b_0、c_0 为定义在热边界 Γ 上的已知函数。

热传导问题:热边界 Γ 与外界之间的热流量交换,已知外界温度为 u_0,热交换规律遵循热传导实验定律,即单位时间内,从边界单位面积传递给周围的热流量正比于边界表面和外界的温度差,即

$$q=a(u-u_0) \tag{2.39}$$

式中,a 为热交换系数;u 为边界温度。

单位面积上的热流量为

$$q = \frac{Q}{S\Delta t} = -k\frac{\partial u}{\partial n} \tag{2.40}$$

$$-k\frac{\partial u}{\partial n} = a(u - u_0) \tag{2.41}$$

$$au + k\frac{\partial u}{\partial n} = au_0 \tag{2.42}$$

对于实际物理问题,边界条件往往是很复杂的,可能是一种或不同边界区域或几种边界条件的组合,甚至不能用这三类边界条件描述。

2.2 热传导方程的差分解法

物理学中对热传导、热辐射及气体扩散现象的描述,常可以归结为同一类型的抛物线方程,通常采用二阶偏微分方程描述,这类方程统称为热传导方程,即

$$\mathrm{d}\frac{\partial u}{\partial t} - \nabla\cdot(c\nabla u) + au = f \tag{2.43}$$

2.2.1 一维热传导方程的差分解法

考虑求解一维抛物线方程中一维热传导方程的初边值问题,一维各向同性、均匀介质,且无热源的热传导方程表示为

$$\frac{\partial u}{\partial t} = \lambda\frac{\partial^2 u}{\partial x^2} \quad (0 \leqslant t \leqslant T,\quad 0 \leqslant x \leqslant l) \tag{2.44}$$

为了求解 $u(x,t)$,还必须利用定解条件,包括边界条件和初始条件,定解问题要求解存在、唯一且连续依赖初始条件。

对于一维热传导问题(第一类边界条件),即

$$\begin{cases} \dfrac{\partial u}{\partial t} = \lambda\dfrac{\partial^2 u}{\partial x^2} \\ u(x,0) = \varphi(x) \\ u(0,t) = g_1(t) \\ u(l,t) = g_2(t) \end{cases} \quad (0 \leqslant t \leqslant T,\quad 0 \leqslant x \leqslant l) \tag{2.45}$$

数值解就是在求解区域

$$G:\{0 \leqslant x \leqslant l,\quad 0 \leqslant t \leqslant T\} \tag{2.46}$$

中某些离散点 (x_i, t_i) 上求出 $u(x_i, t_i)$ 足够近似的解。

① 把求解区域离散化(确定离散点,如图 2.2 所示)。

$$\begin{cases} x_i = x_0 + ih = ih & \left(h = \dfrac{l}{N};\quad i = 0,1,\cdots,N\right) \\ t_k = t_0 + k\tau = k\tau & \left(\tau = \dfrac{T}{M};\quad k = 0,1,\cdots,M\right) \end{cases} \tag{2.47}$$

$$(x_i, t_k) \Rightarrow (i, k) \tag{2.48}$$

$$u(x_i, t_k) \Rightarrow u_{i.k} \tag{2.49}$$

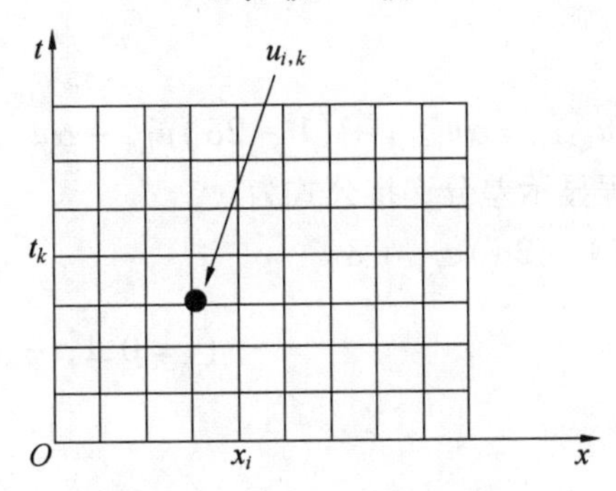

图 2.2　求解域中的离散点

② 推导差分递推式(求解域的初始条件和边界条件如图 2.3 所示)。

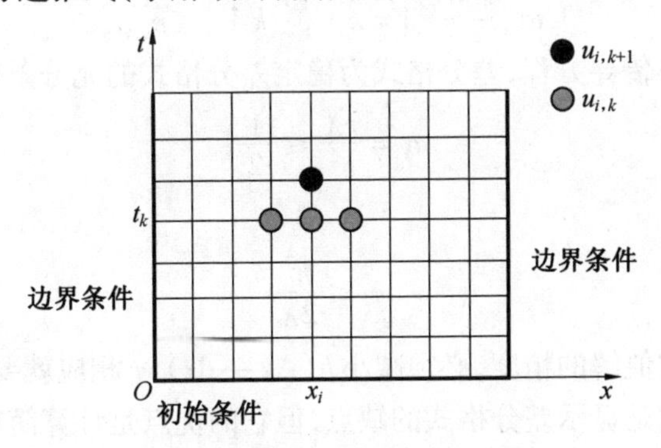

图 2.3　求解域的初始条件和边界条件

二阶向前差商 $O(h^2)$ 公式为

$$\frac{\partial^2 u(x,t)}{\partial x^2} \approx \frac{u(x_i + h, t_k) - 2u(x_i, t_k) + u(x_i - h, t_k)}{h^2} \tag{2.50}$$

在节点 (x_i, t_k) 上,有

$$\left.\frac{\partial^2 u(x,t)}{\partial x^2}\right|_{\substack{x = x_i \\ t = t_k}} \approx \frac{u(x_i + h, t_k) - 2u(x_i, t_k) + u(x_i - h, t_k)}{h^2}$$

$$= \frac{u_{i+1,k} - 2u_{i,k} + u_{i-1,k}}{h^2} \tag{2.51}$$

同样,在节点 (x_i, t_k) 上,一阶向前差商 $O(h)$ 公式为

$$\frac{\partial(x,t)}{\partial t}\bigg|_{\substack{x=x_i\\t=t_k}} \approx \frac{u(x_i,t_k+\tau)-u(x_i,t_k)}{\tau} = \frac{u_{i,k+1}-u_{i,k}}{\tau} \tag{2.52}$$

一维热传导方程可以近似为

$$\frac{u_{i,k+1}-u_{i,k}}{\tau} = \lambda\,\frac{u_{i+1,k}-2u_{i,k}+u_{i-1,k}}{h^2} \tag{2.53}$$

令 $\alpha = \frac{\tau\lambda}{h^2}$,则

$$u_{i,k+1} = \alpha u_{i+1,k} + (1-2\alpha)u_{i,k} + \alpha u_{i-1,k} \tag{2.54}$$

一维热传导方程显示差分递推公式为

$$\begin{cases} u_{i,k+1} = \alpha u_{i+1,k} + (1-2\alpha)u_{i,k} + \alpha u_{i-1,k} \\ u_{i,0} = \varphi(ih) \\ u_{0,k} = g_1(k\tau) \\ u_{l,k} = g_2(k\tau) \end{cases} \quad (i=0,1,\cdots,N;\quad k=0,1,\cdots,M) \tag{2.55}$$

显示差分递推公式的稳定性,即

$$|u_{i,k}-u'_{i,k}| = \varepsilon_{i,k},\quad k\uparrow,\quad \varepsilon_{i,k}\downarrow \tag{2.56}$$

对于一维热传导方程,差分格式为稳定差分格式的充分条件是

$$\alpha = \frac{\tau\lambda}{h^2} \leqslant \frac{1}{2}$$

即

$$\tau \leqslant \frac{h^2}{2\lambda}$$

为了提高数值解的精度,必须减小 $h(\Delta x \to \mathrm{d}x)$,$\tau$ 相应就要变小,这必然增加计算量。这就是显示差分格式的缺点,但它的优点是计算简单。

$$\frac{\partial u}{\partial t} = \lambda\,\frac{\partial^2 u}{\partial x^2}\quad (0\leqslant t\leqslant T,\quad 0\leqslant x\leqslant l) \tag{2.57}$$

$$\begin{cases} u_{i,k+1} = \alpha u_{i+1,k} + (1-2\alpha)u_{i,k} + \alpha u_{i-1,k} \\ u_{i,0} = \varphi(ih) \\ u_{0,k} = g_1(k\tau) \\ u_{l,k} = g_2(k\tau) \end{cases} \tag{2.58}$$

差分格式计算步骤如下。

(1) 给定 λ、l、T、h。

(2) 计算 $\tau \leqslant \frac{h^2}{2\lambda}$,$\alpha = \frac{\tau\lambda}{h^2}$。

(3) 计算初始值：$u_{i,0}=\varphi(ih)$，计算边界值：$u_{0,k}=g_1(k\tau)$，$u_{l,k}=g_2(k\tau)$。

(4) 用差分格式计算 $u_{i,k+1}$。

$$u_{i,k+1}=\alpha u_{i+1,k}+(1-2\alpha)u_{i,k}+\alpha u_{i-1,k} \tag{2.59}$$

$$\begin{cases} u_{1,k+1}=\alpha u_{2,k}+(1-2\alpha)u_{1,k}+\alpha u_{0,k} \\ u_{2,k+1}=\alpha u_{3,k}+(1-2\alpha)u_{2,k}+\alpha u_{1,k} \\ u_{3,k+1}=\alpha u_{4,k}+(1-2\alpha)u_{3,k}+\alpha u_{2,k} \\ \vdots \\ u_{N-1,k+1}=\alpha u_{N,k}+(1-2\alpha)u_{N-1,k}+\alpha u_{N-2,k} \end{cases} \quad (i=0,1,\cdots,N;\quad k=0,1,\cdots,M) \tag{2.60}$$

$$\begin{vmatrix} u_{1,k+1}-\alpha u_{0,k} \\ u_{2,k+1} \\ u_{3,k+1} \\ \vdots \\ u_{N-1,k+1}-\alpha u_{N,k} \end{vmatrix}=\begin{vmatrix} 1-2\alpha & \alpha & & & \\ \alpha & 1-2\alpha & \alpha & & \\ & \alpha & 1-2\alpha & \alpha & \\ & & & \ddots & \\ & & & \alpha & 1-2\alpha \end{vmatrix}\begin{vmatrix} u_{1,k} \\ u_{2,k} \\ u_{3,k} \\ \vdots \\ u_{N-1,k} \end{vmatrix} \tag{2.61}$$

$$\boldsymbol{X}=\mathrm{diag}(\boldsymbol{v},\boldsymbol{k}) \tag{2.62}$$

若 $\boldsymbol{v}$ 为 n 个元素向量，返回一个阶数为 $n+\mathrm{abs}(\boldsymbol{k})$ 的方阵 $\boldsymbol{X}$，将 $\boldsymbol{v}$ 作为 $\boldsymbol{X}$ 的第 k 个对角元，$k=0$ 代表主对角元，$k>0$ 表示在主对角元之上，$k<0$ 表示在主对角元以下。

$v=\mathrm{one}(1,5)$；　$\boldsymbol{X}_1=\mathrm{diag}(v)$，　$\boldsymbol{X}_2=\mathrm{diag}(v,1)$，　$\boldsymbol{X}_3=\mathrm{diag}(v,-1)$

$$\boldsymbol{X}_1=\begin{vmatrix} 1&0&0&0&0 \\ 0&1&0&0&0 \\ 0&0&1&0&0 \\ 0&0&0&1&0 \\ 0&0&0&0&1 \end{vmatrix},\quad \boldsymbol{X}_2=\begin{vmatrix} 0&1&0&0&0 \\ 0&0&1&0&0 \\ 0&0&0&1&0 \\ 0&0&0&0&1 \\ 0&0&0&0&0 \end{vmatrix},\quad \boldsymbol{X}_3=\begin{vmatrix} 0&0&0&0&0 \\ 1&0&0&0&0 \\ 0&1&0&0&0 \\ 0&0&1&0&0 \\ 0&0&0&1&0 \end{vmatrix}$$

$$\begin{vmatrix} u_{1,k+1}-\alpha u_{0,k} \\ u_{2,k+1} \\ u_{3,k+1} \\ \vdots \\ u_{N-1,k+1}-\alpha u_{N,k} \end{vmatrix}=\begin{vmatrix} 1-2\alpha & \alpha & & & \\ \alpha & 1-2\alpha & \alpha & & \\ & \alpha & 1-2\alpha & \alpha & \\ & & & \ddots & \\ & & & \alpha & 1-2\alpha \end{vmatrix}\begin{vmatrix} u_{1,k} \\ u_{2,k} \\ u_{3,k} \\ \vdots \\ u_{N-1,k} \end{vmatrix} \tag{2.63}$$

$(1-2\times\alpha)\times \mathrm{diag}(\mathrm{one}(1,N-1))+\alpha\times(\mathrm{diag}(\mathrm{one}(1,N-2),1)+$

$$\mathrm{diag}(\mathrm{one}(1,N-2),1)\,\mathrm{ans}=\begin{vmatrix}-3 & 2 & 0 & 0 & 0 & 0\\ 2 & -3 & 2 & 0 & 0 & 0\\ 0 & 2 & -3 & 2 & 0 & 0\\ 0 & 0 & 2 & -3 & 2 & 0\\ 0 & 0 & 0 & 2 & -3 & 2\\ 0 & 0 & 0 & 0 & 0 & -3\end{vmatrix}$$

例 2.1　热传导方程混合问题的求解,求解程序及结果如图 2.4 所示。

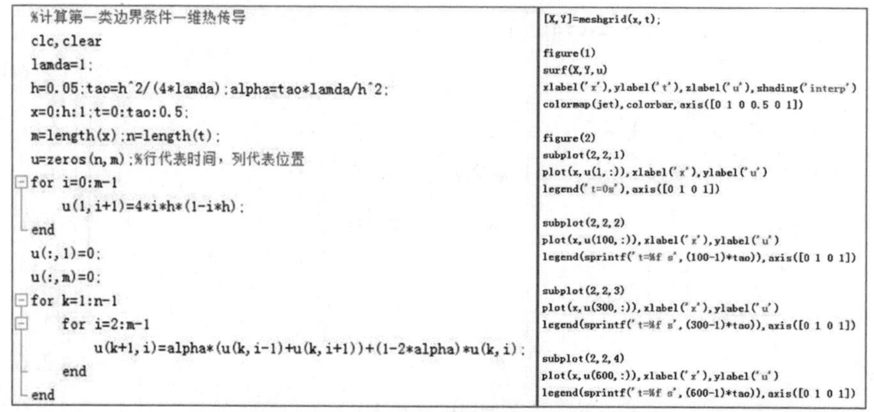

(a) 求解程序

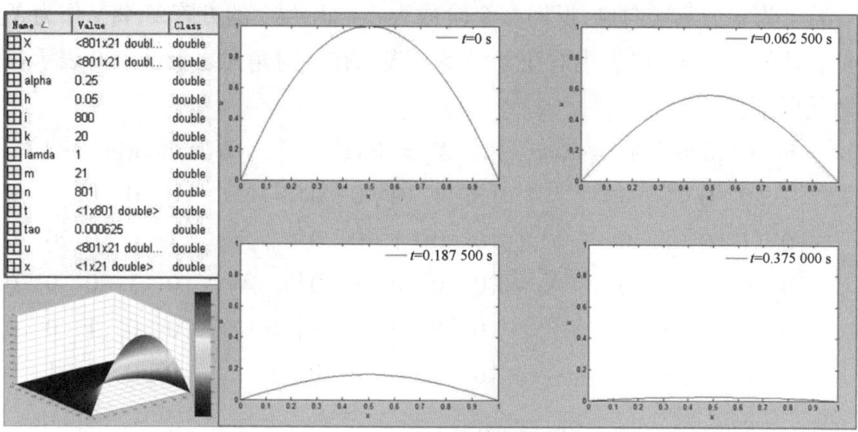

(b) 求解结果

图 2.4　一维热传导方程求解程序及结果

$$\begin{cases}\dfrac{\partial u}{\partial t}=\dfrac{\partial^2 u}{\partial t^2} & (0<x<1,\quad 0<t)\\ u(x,0)=4x(1-x) & (0\leqslant x\leqslant 1)\\ u(0,t)=0,\quad u(1,t)=0 & (0\leqslant t)\end{cases}$$

图2.4中

$$\lambda=1,\quad h=0.05,\quad \alpha=\frac{h^2}{4\lambda},\quad \tau\leqslant\frac{h^2}{2\lambda}$$

$$u_{i,k+1}=\alpha u_{i+1,k}+(1-2\partial)u_{i,k}+\alpha u_{i-1,k}$$

$$\begin{cases}u_{i+1,1}=4ih(1-ih)\\ u_{1,k}=0\\ u_{m,k}=0\end{cases}\quad (i=0,1,\cdots,m-1;\quad k=1,2,\cdots,n)$$

2.2.2　二维热传导方程差分解法

考虑二维各向同性、均匀介质,且无热源的热传导方程为

$$\frac{\partial u}{\partial t}=\lambda\left(\frac{\partial^2 u}{\partial x^2}+\frac{\partial^2 u}{\partial y^2}\right)\quad (0\leqslant x\leqslant l,\quad 0\leqslant y\leqslant s,\quad 0\leqslant t\leqslant T)\tag{2.64}$$

初始条件为

$$u(x,y,0)=\varphi(x,y)$$

同一维类似,把求解区域离散化(图2.5),即

$$\begin{cases}x_i=ih\quad \left(h=\dfrac{l}{N}\right)\\ y_i=jh\quad \left(h=\dfrac{S}{M}\right)\\ t_k=k\tau\end{cases}\tag{2.65}$$

$$u(x_i,y_j,t_k)\Rightarrow u_{i,j,k}\tag{2.66}$$

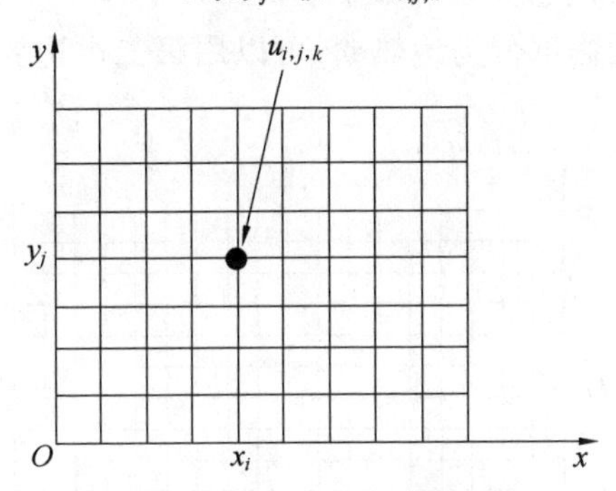

图2.5　求解域中的离散点

在节点(x_i,y_j,t_k)上(该点如图2.6所示),有

$$\left.\frac{\partial^2 u(x,y,t)}{\partial x^2}\right|_{\substack{x=x_i\\ t=t_k}}\approx\frac{u(x_i+h,y_j,t_k)-2u(x_i,y_j,t_k)+u(x_i-h,y_j,t_k)}{h^2}$$

$$=\frac{u_{i+1,j,k}-2u_{i,j,k}+u_{i-1,j,k}}{h^2}\tag{2.67}$$

在节点(x_i, y_j, t_k)上,有

$$\left.\frac{\partial(x,y,t)}{\partial t}\right|_{\substack{x=x_i\\t=t_k}} \approx \frac{u(x_i,y_j,t_k+\tau)-u(x_i,y_j,t_k)}{\tau} = \frac{u_{i,k+1}-u_{i,j,k}}{\tau} \tag{2.68}$$

二维热传导方程可以近似为

$$\frac{u_{i,j,k+1}-u_{i,j,k}}{\tau} = \frac{\lambda}{h^2}(u_{i+1,j,k}-2u_{i,k}+u_{i-1,j,k}+u_{i,j+1,k}-2u_{i,k}+u_{i,j-1,k}) \tag{2.69}$$

令$\alpha = \frac{\lambda\tau}{h^2}$,则差分递推公式为

$$u_{i,j,k+1} = (1-4\alpha)u_{i,j,k} + \alpha(u_{i+1,j,k}+u_{i-1,j,k}+u_{i,j+1,k}+u_{i,j-1,k}) \tag{2.70}$$

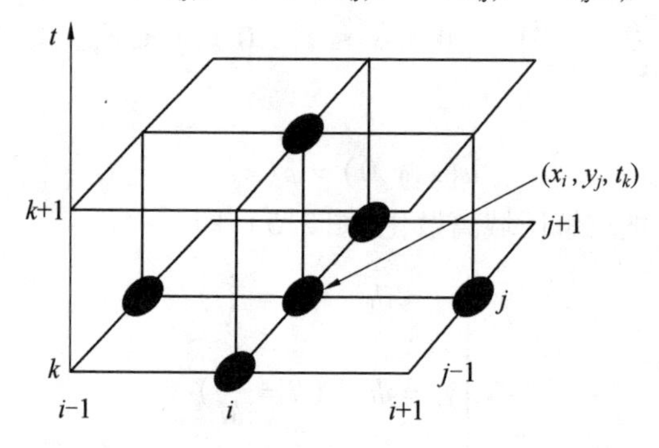

图 2.6　热传导方程求解

二维热传导方程的边界条件如下。

(1) 图 2.7 中阴影部分为绝热壁,可以用第二类边界条件描述,即热流量为零。

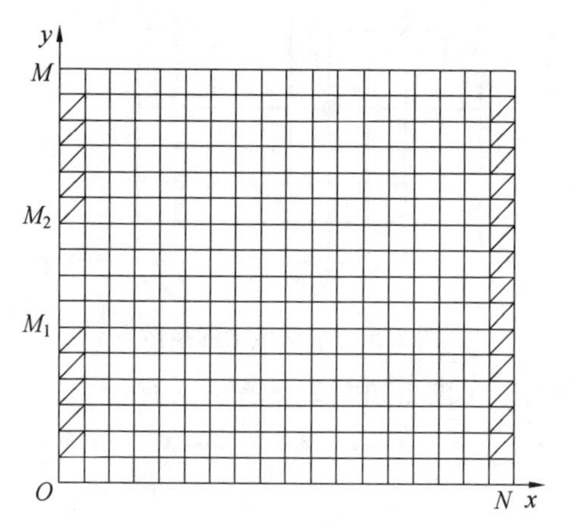

图 2.7　二维热传导方程求解域

第二类边界条件:通过边界表面单位面积上的热流量,已知

$$\left.\frac{\partial u}{\partial n}\right|_{\Gamma} = q_0(r_{\Gamma},t) \tag{2.71}$$

$$\frac{\partial u}{\partial n} = \nabla \boldsymbol{u} \cdot \boldsymbol{n} = \frac{\partial u}{\partial x}\boldsymbol{i} \cdot \boldsymbol{n} + \frac{\partial u}{\partial y}\boldsymbol{j} \cdot \boldsymbol{n} \tag{2.72}$$

$$\begin{cases} \left.\dfrac{\partial u_{i,j,k}}{\partial x}\right|_{i=0} = 0 & (j = 1,2,\cdots,M_1 - 1, M_2 - 1,\cdots,M - 1) \\ \left.\dfrac{\partial u_{i,j,k}}{\partial x}\right|_{i=N-1} = 0 & (j = 1,2,\cdots,M - 1) \end{cases} \tag{2.73}$$

差分近似为

$$\begin{cases} \dfrac{u_{1,j,k} - u_{0,j,k}}{h} = 0 \\ \dfrac{u_{N,j,k} - u_{N-1,j,k}}{h} = 0 \end{cases} \tag{2.74}$$

递推公式为

$$\begin{cases} u_{0,j,k} = u_{1,j,k} & (j = 1,2,\cdots,M_1 - 1, M_2 - 1,\cdots,M - 1) \\ u_{N,j,k} = u_{N-1,j,k} & (j = 1,2,\cdots,M - 1) \end{cases} \tag{2.75}$$

(2) $i = 0$ 边界,$M_1 \leqslant j \leqslant M_2$ 区域为与高温恒温热源相连接的口,温度可取归一化值1。$j = 0$ 和 $j = M$ 边界与低温恒温热源相连,温度始终为0。

$$\begin{cases} u_{0,j,k} = 1 & (j = M_1,\cdots,M_2) \\ u_{i,0,k} = u_{i,M,k} = 1 & (i = 0,1,2,\cdots,N) \end{cases} \tag{2.76}$$

二维热传导显示差分递推公式为

$$\begin{cases} u_{i,j,k+1} = (1 - 4\alpha)u_{i,j,k} + \alpha(u_{i+1,j,k} + u_{i-1,j,k} + u_{i,j+1,k} + u_{i,j-1,k}) \\ u_{i,j,0} = 0 & (i = 0,1,2,\cdots,N;\quad j = 0,1,2,\cdots,M) \\ u_{0,j,k} = u_{1,j,k} & (j = 1,2,\cdots,M_1 - 1, M_2 - 1,\cdots,M - 1) \\ u_{N,j,k} = u_{N-1,j,k} & (j = 1,2,\cdots,M - 1) \\ u_{0,j,k} = 1 & (j = M_1,\cdots,M_2) \\ u_{i,0,k} = u_{i,M,k} = 0 & (i = 0,1,2,\cdots,N) \end{cases} \tag{2.77}$$

稳定差分格式的充分条件是 $\alpha = \dfrac{\tau\lambda}{h^2} \leqslant \dfrac{1}{4}$,即 $\tau \leqslant \dfrac{h^2}{4\lambda}$。

2.3　波动方程的差分解法

波动方程的差分解法是研究二阶常系数线性双曲线方程(又称为一维波

动方程）初值问题的解的一些特性，即

$$\frac{\partial^2 \gamma}{\partial t^2} = v^2 \frac{\partial^2 \gamma}{\partial x^2} \quad (0 \leqslant x \leqslant l, \quad 0 \leqslant t \leqslant T) \tag{2.78}$$

波动方程的差分解法也利用构造网格节点的方法（图 2.8），即

$$x = x_i = ih \quad (i = 0, 1, \cdots, N; \quad h = \frac{l}{N}) \tag{2.79}$$

$$t = t_k = k\tau \quad (k = 0, 1, \cdots, M; \quad \tau = \frac{T}{M}) \tag{2.80}$$

$$\gamma_{i,k} = \gamma(x_i, t_k) \tag{2.81}$$

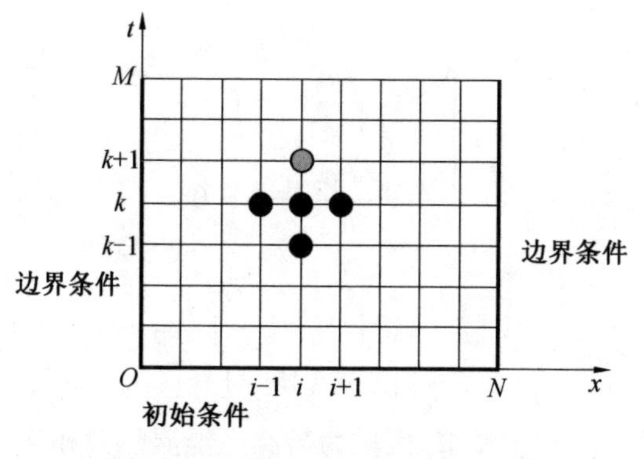

图 2.8　波动方程差分网格示意图

用二阶中心差分近似方法得

$$\frac{\partial^2 \gamma}{\partial x^2} \approx \frac{\Delta^2 \gamma}{\Delta x^2} = \frac{\gamma_{i+1,k} - 2\gamma_{i,k} + \gamma_{i-1,k}}{h^2} \tag{2.82}$$

$$\frac{\partial^2 \gamma}{\partial t^2} \approx \frac{\Delta^2 \gamma}{\Delta t^2} = \frac{\gamma_{i,k+1} - 2\gamma_{i,k} + \gamma_{i,k-1}}{\tau^2} \tag{2.83}$$

将差分格式代入波动方程得

$$\frac{\gamma_{i,k+1} - 2\gamma_{i,k} + \gamma_{i,k-1}}{\tau^2} = v^2 \frac{\gamma_{i+1,k} - 2\gamma_{i,k} + \gamma_{i-1,k}}{h^2} \tag{2.84}$$

令 $\alpha = \frac{v\tau}{h}$，式(2.84) 可简化为

$$\gamma_{i,k+1} = 2(1 - \alpha^2)\gamma_{i,k} + \alpha^2 \gamma_{i+1,k} + \alpha^2 \gamma_{i-1,k} - \gamma_{i,k-1} \tag{2.85}$$

初始条件为

$$\begin{cases} \gamma(x, 0) = \varphi_1(x) \\ \dfrac{\partial \gamma(x, 0)}{\partial t} = \varphi_2(x) \end{cases} \quad (0 \leqslant x \leqslant l) \tag{2.86}$$

对于初始时刻速度,也必须用差分格式给出。

向前差分为

$$\frac{\partial \gamma_{i,0}}{\partial t} \approx \frac{\Delta \gamma_{i,0}}{\Delta t} = \frac{\gamma_{i,1} - \gamma_{i,0}}{\tau} = \varphi_2(x_i) \tag{2.87}$$

$$\gamma_{i,1} = \gamma_{i,0} + \tau\varphi_2(x_i) = \varphi_1(x_i) + \tau\varphi_2(x_i) \tag{2.88}$$

$$\begin{cases} \gamma_{i,0} = \varphi_1(x_i) \\ \gamma_{i,1} = \varphi_1(x_i) + \tau\varphi_2(x_i) \end{cases} \tag{2.89}$$

误差为 $O(h)$。

中心差分为

$$\frac{\partial \gamma_{i,0}}{\partial t} \approx \frac{\Delta \gamma_{i,0}}{\Delta t} = \frac{\gamma_{i,1} - \gamma_{i,0}}{2\tau} = \varphi_2(x_i) \tag{2.90}$$

$$\gamma_{i,1} = \gamma_{i,-1} + 2\tau\varphi_2(x_i) \tag{2.91}$$

由

$$\gamma_{i,k+1} = 2(1-\alpha^2)\gamma_{i,k} + \alpha^2\gamma_{i+1,k} + \alpha^2\gamma_{i-1,k} - \gamma_{i,k-1} \tag{2.92}$$

得($k=0$)

$$\gamma_{i,1} = 2(1-\alpha^2)\gamma_{i,0} + \alpha^2\gamma_{i+1,0} + \alpha^2\gamma_{i-1,0} - \gamma_{i,-1} \tag{2.93}$$

整理得

$$\gamma_{i,1} = (1-\alpha^2)\gamma_{i,0} + \frac{\alpha^2}{2}(\gamma_{i+1,0} + \gamma_{i-1,0}) + \tau\varphi_2(x_i) \tag{2.94}$$

$$\gamma_{i,1} = (1-\alpha^2)\varphi(x_i) + \frac{\alpha^2}{2}(\varphi_1(x_{i+1}) + \varphi_1(x_{i-1})) + \tau\varphi_2(x_i) \tag{2.95}$$

误差为 $O(h^2)$。

$$\begin{cases} \gamma_{i,0} = \varphi_1(x_i) \\ \gamma_{i,1} = (1-\alpha^2)\varphi(x_i) + \frac{\alpha^2}{2}(\varphi_1(x_{i+1}) + \varphi_1(x_{i-1})) + \tau\varphi_2(x_i) \end{cases} \tag{2.96}$$

边界条件为

$$\begin{cases} \gamma(0,t) = g_1(t) \\ \gamma(l,t) = g_2(t) \end{cases} \quad (0 \leqslant t \leqslant T) \tag{2.97}$$

一维波动方程的差分格式有如下两种。

第一种为

$$\begin{cases} \gamma_{i,k+1} = 2(1-\alpha^2)\gamma_{i,k} + \alpha^2(\gamma_{i+1,k} + \gamma_{i-1,k}) - \gamma_{i,k-1} \\ \gamma_{i,0} = \varphi_1(ih) \\ \gamma_{i,1} = \varphi_1(ih) + \tau\varphi_2(ih) \\ \gamma_{0,k} = g_1(k\tau) \\ \gamma_{N,k} = g_2(k\tau) \end{cases} \tag{2.98}$$

误差为 $O(h)$。

第二种为

$$\begin{cases}\gamma_{i,k+1}=2(1-\alpha^2)\gamma_{i,k}+\alpha^2(\gamma_{i+1,k}+\gamma_{i-1,k})-\gamma_{i,k-1}\\ \gamma_{i,0}=\varphi_1(ih)\\ \gamma_{i,1}=(1-\alpha^2)\varphi_1(ih)+\dfrac{\alpha^2}{2}(\varphi_1((i+1)h)+\varphi_2((i-1)h))+\tau\varphi_2(ih)\\ \gamma_{0,k}=g_1(k\tau)\\ \gamma_{N,k}=g_2(k\tau)\end{cases} \tag{2.99}$$

误差为 $O(h^2)$。

第二种差分格式的精度要高于第一种，是经常使用的方法。理论上可以证明，两种差分格式的稳定条件是 $\alpha=v\dfrac{\tau}{h}\leqslant 1$。波动方程差分格式的计算步骤如下。

(1) 给定 α、v、h、l、T。

(2) 计算 $\tau=\dfrac{\alpha h}{v}$。

(3) 计算 $x_i=ih, t_k=k\tau$。

(4) 计算初值和边值。

(5) 计算 $\gamma_{i,k+1}$。

例 2.2　计算下列一维波动方程（近似解如图 2.9 所示）。

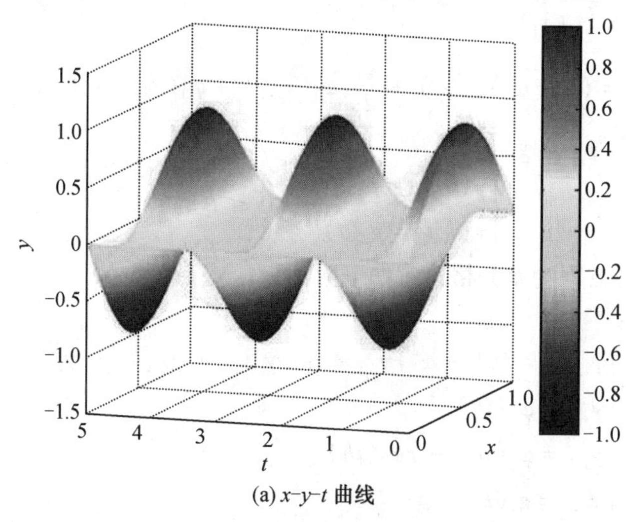

(a) x-y-t 曲线

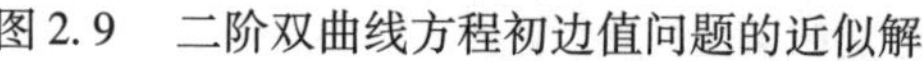

图 2.9　二阶双曲线方程初边值问题的近似解

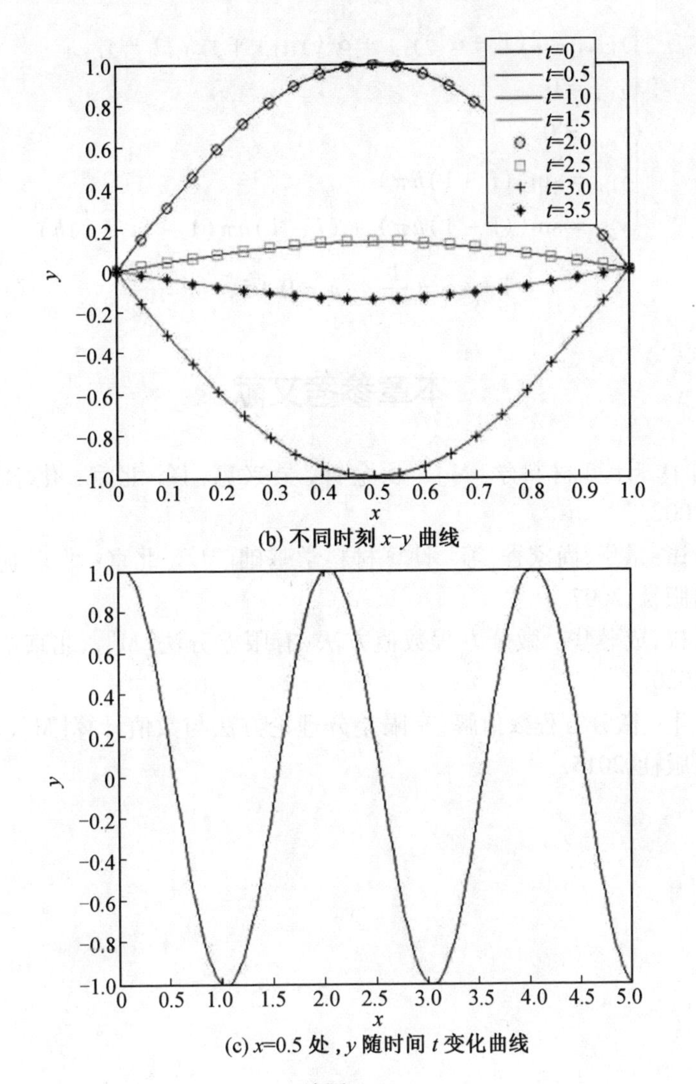

(b) 不同时刻 x-y 曲线

(c) x=0.5 处，y 随时间 t 变化曲线

续图 2.9

$$\begin{cases} \dfrac{\partial^2 y}{\partial t^2} = \dfrac{\partial^2 y}{\partial x^2} & (0 < x < 1, \quad t > 0) \\ y(x,0) = \sin \pi x, \quad \dfrac{\partial y(x,0)}{\partial t} = x(1-x) & (0 < x < 1) \\ y(0,t) = y(1,t) = 0 & (t > 0) \end{cases}$$

解

$$\begin{cases} y_{i,k+1} = 2(1 - \alpha^2) y_{i,k} + \alpha^2 (y_{i+1,k} + y_{i-1,k}) - y_{i,k-1} \\ y_{1,k} = 0 \\ y_{m,k} = 0 \\ y_{i,1} = \sin((i-1)h\pi) \\ y_{i,2} = \sin((i-1)h\pi) + (i-1)h\pi(1 - (i-1)h) \end{cases}$$

$$v = 1, \quad \alpha = \frac{1}{2}, \quad h = 0.05, \quad \tau = \frac{ah}{v}$$

本章参考文献

[1] 罗伯 D. 计算材料学[M]. 项金钟,吴兴惠,译. 北京: 化学工业出版社,2002.

[2] 张跃,谷景华,尚家香,等. 计算材料学基础[M]. 北京: 北京航空航天大学出版社,2007.

[3] 王汉权,成蓉华. 微分方程数值方法:有限差分法[M]. 北京: 科学出版社,2020.

[4] 张文生. 微分方程数值解:有限差分理论方法与数值计算[M]. 北京: 科学出版社,2015.

第3章　有限元法基本原理

人们采用数学方法解决力学问题,从中衍生出的力学分析方法主要为解析法和数值法。零件在实际作业中,所受载荷十分复杂,很难运用解析法求出结果。因此,人们习惯用数值法进行力学分析,主要包括有限元法、边界元法和离散元法等。

有限元法随着电子计算机技术的进步应运而生不断发展。数值分析方法的物理概念简洁明了,逻辑严谨,掌握起来比较容易。同时,它的基本公式采用矩阵形式表达,适用于计算机编程运算,进而推动有限元法在实际工程中的应用。

根据基本未知量的不同可将有限元法分为位移法、力法和混合法。其中,位移法的计算步骤比较简洁,应用最广。

我们可将有限元位移法理解为:假定连续体分割为有限数目的小块体(称为有限单元或单元),小块体只在彼此间数目有限的指定点(称为节点)处互相联结,把作用在单元上的外力简化为等效节点力,单元内部位移分量的分布规律用函数来近似表示,单元节点力和位移之间的关系采用本构方程建立。集成全部单元的此类关系,可得到一系列代数方程组,对此方程组求解,就可得到节点位移,求出单元的应力应变。

通过基本方程的建立方法可将有限元法分为直接法、变分法和加权余量法。直接法就是将通过本构方程建立的各单元的节点力与位移的关系式叠加,从而得到整个结构的基本方程。前述有限元位移法就是常用的直接法。

本章将介绍有限元分析的基本原理,并针对非等截面受力问题与导热问题和平面弹性问题对有限元分析的基本内容和主要方法加以阐述。

3.1　有限元解法原理

3.1.1　有限元法简介

一般意义上,偏微分方程形式的导热控制方程的精确解只存在于极少数的几种简单情况,例如无限大平面、圆平面等。而对于绝大多数形状复杂的工程构件,目前用纯数学的方法还不能求解其温度分布。为了满足生产和工程上的需要，只能采用数值计算方法在离散点上逼近求解。根据离散化的方式不同，解决有限元问题最常用的三种解法为有限差分法（FDM）、有限元法（FEM）、有限体积法（FVM）。有限元法（FEM）是一种求解偏微分方程边值问题近似解的数值技术[1]。求解时进行整个问题区域的分解，被分解部分就称为有限元。有限元法构造一个实验函数，函数的定义和积分计算范围都是按实际需要划分出来的单元。针对具体的问题，采用变分法、加权余量法等，使得实验函数达到最小值并产生收敛稳定解。

使用变分法建立实验函数的泛函，然后通过求泛函的极值方法来求解微分方程。变分法的困难在于寻找物理场函数的泛函，而热传导控制微分方程可以用变分原理表示。加权余量法认为每个单元内的实验函数与真实的函数必然存在误差，因此选择试探函数代入微分方程并在单元内加权积分使两个函数差为零。

有限元法将各单元内的简单方程联系起来，并利用其去逼近更大区域上的复杂方程。它将求解域分割为连续互连子域，对每一单元假定一个合适的较简单的近似解，然后推导求解这个域的满足条件（如结构的平衡条件、物理场的边界条件），从而得到问题的近似解[2]。综上，FEM 是采用诸如变分法、加权余量法等策略，用各个单元内的简单近似解来逼近复杂问题近似解的数值计算方法。

3.1.2 变分法

数学中函数的概念是被大家所熟知的，泛函与函数的区别在于：函数的自变量是数，而泛函的自变量是函数。泛函是值由一个或几个函数确定的函数。在三维非稳态温度场中，泛函 J 可表示为

$$J = J(T(x,y,z,t)) \tag{3.1}$$

函数存在极值问题，同样地，泛函也存在极值问题。泛函的极值问题就是存在某一自变量 $y(x)$，使泛函取最大值或最小值。泛函极值可利用变分法研究，自变量函数 $y = y(x)$ 的变分记为 δy，泛函的变分记为 δJ，则 δJ 的定义为

$$\delta J = \frac{\partial}{\partial \varepsilon} J(y(x) + \varepsilon \cdot \delta y) \bigg|_{\varepsilon = 0} \tag{3.2}$$

式中，ε 为任意小的正数。

变分原理就是求某泛函的极值与求解特定微分方程及其边界条件等价的原理。一些物理问题可以直接用变分原理的形式表示，即泛函。可通过求泛函极值的方法求解其微分方程。尽管许多问题可以用微分方程来表达，然而，并不是所有问题都可用变分原理来表示。热传导方程的微分方程可以用变分原理表示，一维和二维的泛函具体表达式分别为

$$J(T) = \int_0^L \left(\frac{k}{2} \left(\frac{\partial T}{\partial x} \right)^2 + \frac{\partial T}{\partial \tau} \cdot T \right) \mathrm{d}x \tag{3.3}$$

$$J^e = \iint_e \left(\frac{k}{2} \left(\left(\frac{\partial T}{\partial x} \right)^2 + \left(\frac{\partial T}{\partial y} \right)^2 \right) + \frac{\partial T}{\partial \tau} \cdot T \right) \mathrm{d}x\mathrm{d}y \tag{3.4}$$

定义边界曲线为 $\Gamma = \Gamma_q + \Gamma_T$，在变分过程中试探函数，在边界 Γ_T 上有

$$T = T_0 \tag{3.5}$$

在 Γ_q 上有

$$-k \frac{\partial T}{\partial n} = q \tag{3.6}$$

利用变分运算可得

$$\delta J(T) = \int_D \left(\frac{k}{2} \left(\frac{\partial T}{\partial x} \right) \frac{\partial}{\partial x}(\delta T) + \frac{k}{2} \left(\frac{\partial T}{\partial y} \right) \frac{\partial}{\partial y}(\delta T) - Q\delta T \right) \mathrm{d}\Omega + \int_{\Gamma_q} q\delta T \mathrm{d}\Gamma \tag{3.7}$$

式中，T 为未知函数；D 为求解域；Γ 为 D 的边界；$J(T)$ 为未知函数的泛函，随函数 T 而变化。

连续介质问题的解 T 使泛函 Π 对于微小的变化 T 取驻值，泛函的变分等于零，即

$$\delta J(T) = 0 \tag{3.8}$$

这种求连续介质问题解的方法称为变分法。连续介质问题中经常存在和微分方程及边界条件不同但却等价的表达形式，变分原理便是另一种积分表达形式。用微分公式表达时，问题的求解过程是对具有已知边界条件的微分方程或微分方程组进行积分。在经典变分原理表达中，问题的求解过程是寻求能够使具有一定已知边界条件的泛函（或泛函系）取驻值的未知函数（或函数系）。这两种表达形式是等价的，一方面，满足微分方程及边界条件的函数将使泛函取极值或驻值；另一方面，使泛函取极值或驻值的函数即是满足问题控制微分方程和边界条件的解。应注意到，并非所有以微分方程表达的连续介质问题都存在这种变分原理。

3.1.3　简单三角形单元变分法分析

受有限差分法计算启示，在整体区域变分求解遇到困难时也采用了网格剖分技术。在每个局部网格单元中进行变分计算，最后合成为整体区域的线性代数方程组求解，这就是有限元法。如果区域 D 划分为 E 个单元和 n 个节点，则温度场 $T(x,y,t)$ 离散为 $T_1, T_2, \cdots, T_n$（节点的待定温度值）。n 个节点的泛函取

极值可以表示为

$$\frac{\partial J^D}{\partial T_l} = \sum_{e=1}^{E} \frac{\partial J^e}{\partial T_l} = 0 \quad (l = 1,2,\cdots,n) \tag{3.9}$$

方程式(3.9)有 n 个代数式,就可以求解 n 个节点的温度。

对于如图3.1所示的区域 D,具有边界 Γ,在有限元法中可以将其划分成任意三角形单元,单元通过顶点与相邻单元联系。对每个单元来说,3 个顶点按逆时针方向用 i、j、m 进行编号。

图3.2为从区域 D 中任取出的一个三角形单元,3 个顶点的横纵坐标都是确定的,所以三角形的 3 条边和面积也是确定的。温度函数是假设的单元温度分布规律。对节点逆时针编号为 i、j、m,这时每个节点只有一个自由度——温度,分别设为 T_i、T_j、T_m。将求解区域分成有限个单元后,泛函 $I(T)$ 变成各个单元内泛函的变分。三角形中任一点(x,y)的温度 T,在有限元法中将其离散到单元的 3 个节点上去,即用 T_i、T_j、T_m 3 个温度值来表示单元中的温度场 T。

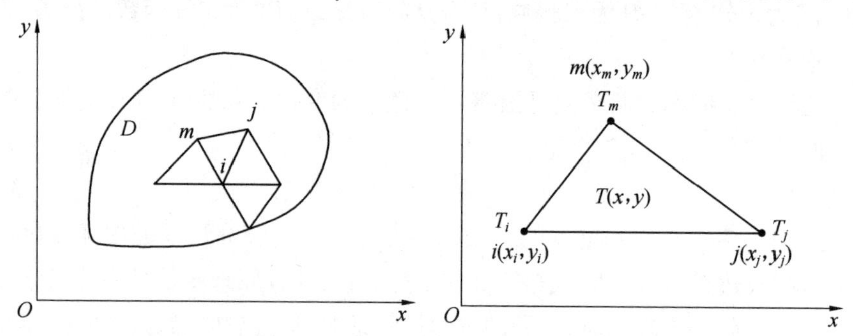

图3.1　把平面划分为三角形单元　　　图3.2　把温度场离散到 3 个节点上

除了三角形单元外,还可采用任意四边形的等参单元求解平面问题。四边形单元的插值函数由于可构成双线性函数,因而能够提高计算精度;此外,也可采用六节点的三角形单元,它的插值函数可以构成一个完全的二次函数,从而得到更高的计算精度。在空间问题中,单元存在四面体、三棱体(五面体)和六面体等形式的划分,计算也更为复杂。本书主要介绍最简单但也最实用的平面三角形单元。

做单元变分计算时,选取未知近似函数 T 是一个很重要的问题,有限元法中最简单的是线性插值函数。只要单元足够小,这种线性插值函数的误差也就很小。进行单元的具体计算前,先确定温度插值函数。对于三角形单元,通常假设单元 e 上的温度 T 是 x、y 的线性函数,即

$$T = a_1 + a_2 x + a_3 y \tag{3.10}$$

式中，a_1、a_2、a_3 为待定常数，可由节点上的温度值来确定。

将三角形 3 个节点上的坐标及温度代入式(3.10) 中，得

$$\begin{cases} T_i = a_1 + a_2 x_i + a_3 y_i \\ T_j = a_1 + a_2 x_j + a_3 y_j \\ T_m = a_1 + a_2 x_m + a_3 y_m \end{cases} \tag{3.11}$$

利用矩阵求逆公式，可以把未知数 a_1、a_2、a_3 解出来，可得

$$\begin{pmatrix} a_1 \\ a_2 \\ a_3 \end{pmatrix} = \begin{bmatrix} 1 & x_i & y_i \\ 1 & x_j & y_j \\ 1 & x_m & y_m \end{bmatrix}^{-1} \begin{pmatrix} T_i \\ T_j \\ T_m \end{pmatrix}$$

$$= \frac{1}{\begin{vmatrix} 1 & x_i & y_i \\ 1 & x_j & y_j \\ 1 & x_m & y_m \end{vmatrix}} \begin{bmatrix} x_j y_m - x_m y_j & x_m y_i - x_i y_m & x_i y_j - x_j y_i \\ y_j - y_m & y_m - y_i & y_i - y_j \\ x_m - x_j & x_i - x_m & x_j - x_i \end{bmatrix} \begin{pmatrix} T_i \\ T_j \\ T_m \end{pmatrix} \tag{3.12}$$

记

$$\begin{cases} a_i = x_j y_m - x_m y_j, & b_i = y_j - y_m, & c_i = x_m - x_j \\ a_j = x_m y_i - x_i y_m, & b_j = y_m - y_i, & c_j = x_i - x_m \\ a_m = x_i y_j - x_j y_i, & b_m = y_i - y_j, & c_m = x_j - x_i \end{cases} \tag{3.13}$$

将行列式展开，得

$$\begin{vmatrix} 1 & x_i & y_i \\ 1 & x_j & y_j \\ 1 & x_m & y_m \end{vmatrix} = b_i c_j - b_j c_i = 2\Delta \tag{3.14}$$

式中，Δ 为三角形面积。

将式(3.13) 和式(3.14) 代入式(3.12)，可得

$$\begin{pmatrix} a_1 \\ a_2 \\ a_3 \end{pmatrix} = \frac{1}{2\Delta} \begin{bmatrix} a_i & a_j & a_m \\ b_i & b_j & b_m \\ c_i & c_j & c_m \end{bmatrix} \begin{pmatrix} T_i \\ T_j \\ T_m \end{pmatrix} \tag{3.15}$$

将式(3.15) 代回式(3.10)，可得

$$T = \frac{1}{2\Delta}\left((a_i + b_i x + c_i y) T_i + (a_j + b_j x + c_j y) T_j + (a_m + b_m x + c_m y) T_m \right) \tag{3.16}$$

或者简写成

$$T = [N_i \quad N_j \quad N_m] \begin{pmatrix} T_i \\ T_j \\ T_m \end{pmatrix} \tag{3.17}$$

式中,N_i、N_j、N_m 分别表示为

$$\begin{cases} N_i = \dfrac{1}{2\Delta}(a_i + b_i x + c_i y) \\ N_j = \dfrac{1}{2\Delta}(a_j + b_j x + c_j y) \\ N_m = \dfrac{1}{2\Delta}(a_m + b_m x + c_m y) \end{cases} \tag{3.18}$$

$[N] = [N_i \quad N_j \quad N_m]$ 称为形函数矩阵;$\{T\}^e = [T_i \quad T_j \quad T_m]^{\mathrm{T}}$ 称为单元节点温度列阵。根据式(3.4),可求得二维热传导方程对 i 节点的变分,即

$$\frac{\partial J^e}{\partial T_i} = \iint_e k\left(\frac{\partial T}{\partial x} \cdot \frac{\partial}{\partial T_i}\left(\frac{\partial T}{\partial x}\right) + \frac{\partial T}{\partial y} \cdot \frac{\partial}{\partial T_i}\left(\frac{\partial T}{\partial y}\right) + \frac{\partial T}{\partial \tau} \cdot \frac{\partial T}{\partial T_i}\right) \mathrm{d}x\mathrm{d}y \tag{3.19}$$

根据式(3.17),可得

$$\begin{cases} \dfrac{\partial T}{\partial x} = \dfrac{\partial N_i}{\partial x}T_i + \dfrac{\partial N_j}{\partial x}T_j + \dfrac{\partial N_m}{\partial x}T_m \\ \dfrac{\partial T}{\partial y} = \dfrac{\partial N_i}{\partial y}T_i + \dfrac{\partial N_j}{\partial y}T_j + \dfrac{\partial N_m}{\partial y}T_m \\ \dfrac{\partial}{\partial T_i}\left(\dfrac{\partial T}{\partial x}\right) = \dfrac{\partial N_i}{\partial x} \\ \dfrac{\partial}{\partial T_i}\left(\dfrac{\partial T}{\partial y}\right) = \dfrac{\partial N_i}{\partial y} \\ \dfrac{\partial T}{\partial T_i} = N_i \end{cases} \tag{3.20}$$

将式(3.20) 代入式(3.19),可得

$$\begin{aligned} \frac{\partial I^e}{\partial T_i} &= \iint_e \left(k\left(\left(\frac{\partial N_i}{\partial x}T_i + \frac{\partial N_j}{\partial x}T_j + \frac{\partial N_m}{\partial x}T_m\right) \cdot \frac{\partial N_i}{\partial x} + \right.\right. \\ &\quad \left.\left(\frac{\partial N_i}{\partial y}T_i + \frac{\partial N_j}{\partial y}T_j + \frac{\partial N_m}{\partial y}T_m\right) \cdot \frac{\partial N_i}{\partial y}\right) + \frac{\partial T}{\partial \tau} \cdot N_i\Big) \mathrm{d}x\mathrm{d}y \\ &= h_{ii}^e T_i + h_{ij}^e T_j + h_{im}^e T_m + f_i^e \frac{\partial T}{\partial \tau} \end{aligned} \tag{3.21}$$

请注意,此处的系数 h_{ii}^e、h_{ij}^e、h_{im}^e、f_i^e 为后面重点求解的对象,具体表达式为

$$\begin{cases} h_{ii}^{e} = \iint\limits_{e} k\left(\left(\dfrac{\partial N_i}{\partial x}\right)^2 + \left(\dfrac{\partial N_i}{\partial y}\right)^2\right) \mathrm{d}x\mathrm{d}y \\ h_{ij}^{e} = \iint\limits_{e} k\left(\dfrac{\partial N_i}{\partial x} \cdot \dfrac{\partial N_j}{\partial x} + \dfrac{\partial N_i}{\partial y} \cdot \dfrac{\partial N_j}{\partial y}\right) \mathrm{d}x\mathrm{d}y \\ h_{im}^{e} = \iint\limits_{e} k\left(\dfrac{\partial N_i}{\partial x} \cdot \dfrac{\partial N_m}{\partial x} + \dfrac{\partial N_i}{\partial y} \cdot \dfrac{\partial N_m}{\partial y}\right) \mathrm{d}x\mathrm{d}y \\ f_i^{e} = \iint\limits_{e} N_i \mathrm{d}x\mathrm{d}y \end{cases} \tag{3.22}$$

将式(3.18) 代入上面 4 个系数,可求得

$$\begin{aligned} h_{ii}^{e} &= \iint\limits_{e} k\left(\left(\frac{\partial N_i}{\partial x}\right)^2 + \left(\frac{\partial N_i}{\partial y}\right)^2 +^2\right) \mathrm{d}x\mathrm{d}y \\ &= \iint\limits_{e} k\left(\left(\frac{b_i}{2\Delta}\right)^2 + \left(\frac{c_i}{2\Delta}\right)^2\right) \mathrm{d}x\mathrm{d}y \\ &= k\left(\left(\frac{b_i}{2\Delta}\right)^2 + \left(\frac{c_i}{2\Delta}\right)^2\right) \iint\limits_{e} \mathrm{d}x\mathrm{d}y \end{aligned} \tag{3.23}$$

如果将单元简化为等腰直角三角形,有

$$\iint\limits_{e} \mathrm{d}x\mathrm{d}y = \Delta = \frac{1}{2}h^2$$

积分可得

$$h_{ii}^{e} = \frac{k}{2h^2}(b_i^2 + c_i^2) \tag{3.24}$$

同理可得

$$h_{ij}^{e} = \iint\limits_{e} k\left(\frac{\partial N_i}{\partial x} \cdot \frac{\partial N_j}{\partial x} + \frac{\partial N_i}{\partial y} \cdot \frac{\partial N_j}{\partial y}\right) \mathrm{d}x\mathrm{d}y = \frac{k}{2h^2}(b_i b_j + c_i c_j) \tag{3.25}$$

$$h_{im}^{e} = \iint\limits_{e} k\left(\frac{\partial N_i}{\partial x} \cdot \frac{\partial N_m}{\partial x} + \frac{\partial N_i}{\partial y} \frac{\partial N_m}{\partial y}\right) \mathrm{d}x\mathrm{d}y = \frac{k}{2h^2}(b_i b_m + c_i c_m) \tag{3.26}$$

$$f_i^{e} = \iint\limits_{e} N_i \mathrm{d}x\mathrm{d}y = \frac{1}{2\Delta}\left(\iint\limits_{e} a_i \mathrm{d}x\mathrm{d}y + \iint\limits_{e} b_i x \mathrm{d}x\mathrm{d}y + \iint\limits_{e} c_i y \mathrm{d}x\mathrm{d}y\right) = \frac{h^2}{6} \tag{3.27}$$

以上求得了一个三角形单元内 i 节点泛函的变分,$i(r,s)$ 节点涉及 6 个单元 Ⅰ、Ⅱ、Ⅲ、Ⅳ、Ⅴ、Ⅵ,具体如图 3.3 和图 3.4 所示。其他单元中不包含节点 $i(r,s)$,它们的泛函对 T_i 变分后等于 0。

由式(3.21),6 个单元对 i 节点的泛函变分和为 0,在时间上采用向前差分,可得

$$\sum_{e=1}^{E} \frac{\partial I^e}{\partial T_i} = \sum_{e=1}^{E} h_{ii}^{e} T_i + \sum_{e=1}^{E} h_{ij}^{e} T_j + \sum_{e=1}^{E} h_{im}^{e} T_m + \sum_{e=1}^{E} f_i^{e} \frac{T_i^{n+1} - T_i^{n}}{\Delta\tau} = 0 \tag{3.28}$$

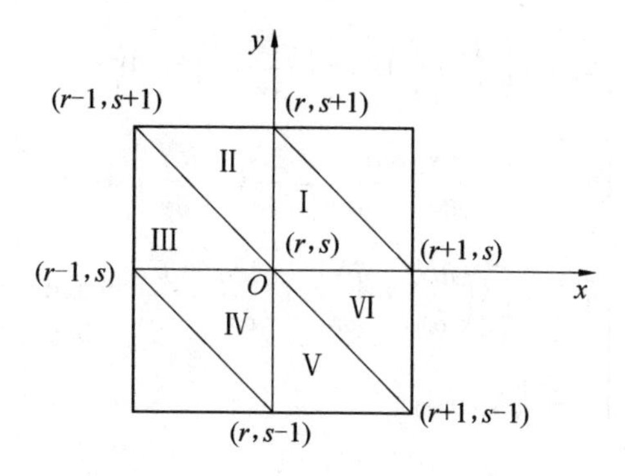

图 3.3　i 节点及周围 6 个单元

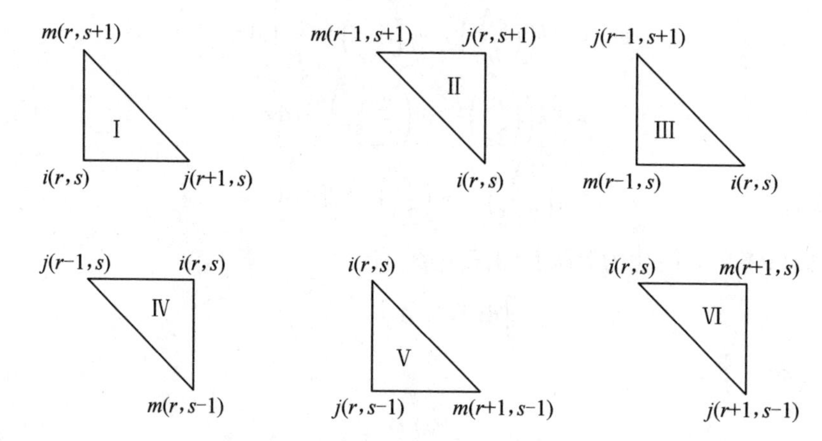

图 3.4　i 节点周围 6 个单元具体差分方式

由式(3.28) 变换可得

$$T_i^{n+1} = \frac{1}{\sum_{e=1}^{E} f_i^e}\left(\left(\sum_{e=1}^{E} f_i^e - \Delta\tau \sum_{e=1}^{E} h_{ii}^e\right) T_i^n - \Delta\tau\left(\sum_{e=1}^{E} h_{ij}^e T_j + \sum_{e=1}^{E} h_{im}^e T_m\right)\right) \tag{3.29}$$

分别求出式(3.29) 中的 $\sum_{e=1}^{E} f_i^e$、$\sum_{e=1}^{E} h_{ii}^e$、$\sum_{e=1}^{E} h_{ij}^e T_j$、$\sum_{e=1}^{E} h_{im}^e T_m$，即可求出该节点，即 $i(r,s)$ 的温度场解。

先求得 $\sum_{e=1}^{E} f_i^e$，有

$$\begin{aligned}\sum_{e=1}^{E} f_i^e &= f_i^{\mathrm{I}} + f_i^{\mathrm{II}} + f_i^{\mathrm{III}} + f_i^{\mathrm{IV}} + f_i^{\mathrm{V}} + f_i^{\mathrm{VI}} \\ &= \frac{h^2}{6} + \frac{h^2}{6} + \frac{h^2}{6} + \frac{h^2}{6} + \frac{h^2}{6} + \frac{h^2}{6} = h^2\end{aligned} \tag{3.30}$$

再求 $\sum_{e=1}^{E} h_{ii}^{e}$，有

$$h_{ii}^{\mathrm{I}} = \frac{k}{2h^2}(b_i^2 + c_i^2) = \frac{k}{2h^2}((y_j - y_m)^2 + (x_m - x_j)^2)$$

$$= \frac{k}{2h^2}((-h)^2 + (-h)^2) = k \tag{3.31}$$

$$h_{ii}^{\mathrm{II}} = \frac{k}{2h^2}(b_i^2 + c_i^2) = \frac{k}{2h^2}((y_j - y_m)^2 + (x_m - x_j)^2)$$

$$= \frac{k}{2h^2}((h - h)^2 + (-h - 0)^2) = \frac{k}{2} \tag{3.32}$$

$$h_{ii}^{\mathrm{III}} = \frac{k}{2h^2}((h - 0)^2 + (-h + h)^2) = \frac{k}{2} \tag{3.33}$$

$$h_{ii}^{\mathrm{IV}} = \frac{k}{2h^2}((0 - (-h))^2 + (0 + h)^2) = k \tag{3.34}$$

$$h_{ii}^{\mathrm{V}} = \frac{k}{2h^2}((-h + h)^2 + (h - 0)^2) = \frac{k}{2} \tag{3.35}$$

$$h_{ii}^{\mathrm{VI}} = \frac{k}{2h^2}((-h - 0)^2 + (0 - 0)^2) = \frac{k}{2} \tag{3.36}$$

$$\sum_{e=1}^{E} h_{ii}^{e} = h_{ii}^{\mathrm{I}} + h_{ii}^{\mathrm{II}} + h_{ii}^{\mathrm{III}} + h_{ii}^{\mathrm{IV}} + h_{ii}^{\mathrm{V}} + h_{ii}^{\mathrm{VI}} = 4k \tag{3.37}$$

同理，可以求得

$$\sum_{e=1}^{E} h_{ij}^{e} T_j = -\frac{k}{2}(T_{r+1,s}^{n} + T_{r,s+1}^{n} + T_{r-1,s}^{n} + T_{r,s-1}^{n}) \tag{3.38}$$

$$\sum_{e=1}^{E} h_{im}^{e} T_m^{n} = -\frac{k}{2}(T_{r,s+1}^{n} + T_{r-1,s}^{n} + T_{r,s-1}^{n} + T_{r+1,s}^{n}) \tag{3.39}$$

将式(3.30)、式(3.37)、式(3.38)、式(3.39)代入式(3.29)，可得

$$T_{r,s}^{n+1} = \frac{1}{h^2}(h^2 - \Delta\tau \cdot 4\alpha) T_{r,s}^{n} + \frac{\alpha \cdot \Delta\tau}{h^2}(T_{r,s+1}^{n} + T_{r-1,s}^{n} + T_{r,s-1}^{n} + T_{r+1,s}^{n}) \tag{3.40}$$

式(3.40)即为(r,s)节点上温度求解迭代公式。

3.1.4　加权余量法

对于许多连续区域求解问题，变分法并不适合，因为尽管可以很方便地得到它的微分方程，但不存在相应的泛函函数。作为解决这类微分方程的代替方法，可以采用不同种类的加权余量法。复杂实际问题的精确解往往是很难找到的，因此人们需要设法找到具有一定精度的近似解。在有限元分析中，加权余

量法可以被用于建立有限元方程，其本身也是一种独立的数值求解方法。工程或物理学中的许多问题，通常以未知函数应满足的微分方程和边界条件的形式被提出，可以一般地表示为未知函数 u 应满足微分方程组，即

$$\boldsymbol{A}(u)=\begin{pmatrix}A_1(u)\\A_2(u)\\A_3(u)\end{pmatrix}=0 \quad (\text{在 } \Omega \text{ 内}) \tag{3.41}$$

同时，未知函数 u 还应满足边界条件，即

$$\boldsymbol{B}(u)=\begin{pmatrix}B_1(u)\\B_2(u)\\B_3(u)\end{pmatrix}=0 \quad (\text{在 } \Gamma \text{ 上}) \tag{3.42}$$

图 3.5 为求解区域 Ω 及边界 Γ。待求解的未知函数可以是 u 标量场（例如压力或温度），也可以是几个变量组成的向量场（例如位移、应变、应力等）。A、B 表示对于独立变量（例如空间坐标、时间坐标等）的微分算子。微分方程的数目应和未知函数的数目相对应，上述微分方程可以是单个方程，也可以是方程组，故在以上两式中采用了矩阵形式。

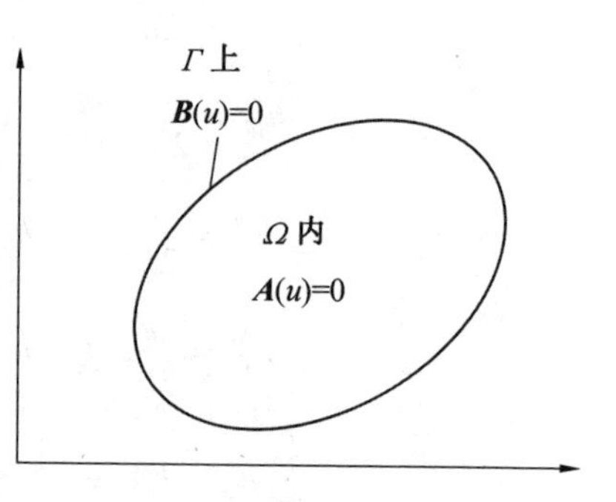

图 3.5　求解区域 Ω 及边界 Γ

对于热传导问题微分方程式和边界条件式所表达的物理问题，由于全局温度场函数不能用解析方式获得，故采用数值计算方法构造实验函数 $\tilde{T}$ 近似代替真实的温度场函数 T，即

$$\tilde{T}(x,y,t)=T_1(t)\varphi_1(x,y)+T_2(t)\varphi_2(x,y)+\cdots+T_i(t)\varphi_i(x,y)+\cdots+T_n(t)\varphi_n(x,y) \quad (\forall (x,y)\in\Omega) \tag{3.43}$$

式中，$\varphi_i(x,y)$ 为已知的基函数；$T_i(t)$ 为待求温度场函数在若干节点的数值。

在数学形式上，实验函数就是基函数的线性组合。显然，通常在 n 取有限项数的情况下，近似解是不能精确地满足微分方程式和边界条件的，它们将产生残差 R。残差越小，则逼近解就越接近真实值。同时应该注意到，R 是在域 Ω 内关于位置的函数。先应使余数尽可能地接近零值，即

$$R=\int_\Omega D(\tilde{T}(x,y,t))\,\mathrm{d}\Omega=\iint_\Omega\left(k\frac{\partial^2\tilde{T}}{\partial x^2}+k\frac{\partial^2\tilde{T}}{\partial y^2}+Q-\rho c\frac{\partial\tilde{T}}{\partial t}\right)\mathrm{d}\Omega=0 \tag{3.44}$$

上式构成了一个以一组几何点的温度值（$T_1,T_2,\cdots,T_n$）为未知量的线性代数方程。式(3.44) 只有一个方程，只能解得一个系数，即式(3.43) 的多项式只

能取一项,这样计算精度就不高。为了提高精度,需要构造 n 个线性独立的代数方程。为此,采用加权余量法选择 n 个加权函数构造加权的积分余量,获得 n 个线性独立的加权代数方程,即

$$R_l = \int_\Omega W_i D(\tilde{T}(x,y,t))\mathrm{d}\Omega = 0 \quad (l = 1,2,\cdots,n) \tag{3.45}$$

式中,R_l 为热传导控制方程采用 W_i 权函数时的加权积分余量;n 趋近于无穷大,因此可以说余数消失。

根据式(3.45)可得

$$R_l = \iint_\Omega W_i\left(k\frac{\partial^2 \tilde{T}}{\partial x^2} + k\frac{\partial^2 \tilde{T}}{\partial y^2} + Q - \rho c\frac{\partial \tilde{T}}{\partial t}\right)\mathrm{d}x\mathrm{d}y = 0 \quad (l = 1,2,\cdots,n) \tag{3.46}$$

采用分部积分方法,将式(3.46)变化为

$$R_l = \iint_\Omega\left(k\left(\frac{\partial}{\partial x}\left(W_i\frac{\partial \tilde{T}}{\partial x}\right) + \frac{\partial}{\partial y}\left(W_i\frac{\partial \tilde{T}}{\partial y}\right) - \left(\frac{\partial W_i}{\partial x}\frac{\partial \tilde{T}}{\partial x} + \frac{\partial W_i}{\partial y}\frac{\partial \tilde{T}}{\partial y}\right)\right)\right)\mathrm{d}x\mathrm{d}y +$$

$$\iint_\Omega\left(W_iQ - W_i\rho c\frac{\partial \tilde{T}}{\partial t}\right)\mathrm{d}x\mathrm{d}y = 0 \quad (l = 1,2,\cdots,n) \tag{3.47}$$

式(3.47)对于平面传热系统的全局定义域成立。但是,有限元法并不是在全局定义域上构造一个全局实验函数来计算全局加权余量;而是在每个单元(子定义域)上构造一个局部实验函数来计算局部加权余量,累加全部局部加权余量得到全局加权余量。在每个单元上,将单元节点的温度值选择为实验函数的未知参数,未知参数的数量等于单元节点数量。令权函数的数量 n 等于单元节点数目,就可以得到 n 个加权余量。

为得到问题的近似解,首先应该选择合适的试探函数来代替真实解,且须满足必要的边界条件。下一个任务就是选择权函数。最终代数方程组的形式和计算精度直接受权函数影响。学者们提出了多种加权函数的构造方法,其中最流行的方法就是 Galerkin 法。Galerkin 法采用试函数自身作为权函数,即

$$W_i(x,y) = \varphi_i(x,y) \tag{3.48}$$

这种方法称为 Galerkin 法,研究表明,原问题等效积分的 Galerkin 法等效于它的变分原理,即原问题的微分方程和边界条件等效于泛函的变分为零,亦即泛函取驻值。反之,如果泛函取驻值,则等效于满足问题的微分方程和边界条件,而通过原问题等效积分的 Galerkin 法可以得到泛函。Galerkin 法的适用性比变分法强,原因是对于有的微分方程,对应的泛函很难找到,或根本找不到泛函,这时变分法不适用,但 Galerkin 法仍适用。如前所述,无论是加权余量法还是变分法,虽然可以得到微分方程的近似解,但由于它是在全求解域中定义

近似函数,因此实际应用中会遇到两方面的困难。

(1) 在求解域比较复杂的情况下,选取满足边界条件的试探函数,往往会产生难以克制的困难,甚至有时做不到。

(2) 为了提高近似解的精度,需要增加待定参数,即增加试探函数的项数,这就增加了求解的繁杂性。而且由于试探函数定义于全域,因此不能根据问题的要求,在求解域的不同部位对试探函数提出不同的精度要求,因为局部精度的要求往往使整个问题的求解难度增加许多。

3.1.5 矩阵

具有确定行和列的矩形数组就是一个矩阵。一旦一个数组被定义成一个矩阵,那它就有某些属于矩阵理论的数学特性。在有限元分析中,不需要复杂的矩阵理论知识,但是一些基本概念对研究有限元分类及其应用来说是必要的。

1. 矩阵的转置

针对轴向载荷下杆的受力问题中,单元 1 的刚度矩阵为

$$\boldsymbol{K}^{(1)} = \begin{bmatrix} k_1 & -k_1 \\ -k_1 & k_1 \end{bmatrix} \tag{3.49}$$

它在总刚度矩阵中位置为

$$\boldsymbol{K}^{(1G)} = \begin{bmatrix} k_1 & -k_1 & 0 & 0 & 0 \\ -k_1 & k_1 & 0 & 0 & 0 \\ 0 & 0 & 0 & 0 & 0 \\ 0 & 0 & 0 & 0 & 0 \\ 0 & 0 & 0 & 0 & 0 \end{bmatrix} \tag{3.50}$$

在节点 i 和 $i+1$,分别有

$$k_{\mathrm{eq}} = \frac{AE}{l} \tag{3.51}$$

$$f_i = k_{\mathrm{eq}}(u_i - u_{i-1}) \tag{3.52}$$

$$f_{i+1} = k_{\mathrm{eq}}(u_{i+1} - u_i) \tag{3.53}$$

$$\begin{bmatrix} f_i \\ f_{i+1} \end{bmatrix} = \begin{bmatrix} k_{\mathrm{eq}} & -k_{\mathrm{eq}} \\ -k_{\mathrm{eq}} & k_{\mathrm{eq}} \end{bmatrix} \begin{bmatrix} u_i \\ u_{i+1} \end{bmatrix} \tag{3.54}$$

下面,我们不是通过观察方式直接得到 $\boldsymbol{K}^{(1G)}$,而是通过公式直接求解得到

$$\boldsymbol{K}^{(1G)} = \boldsymbol{A}_1^{\mathrm{T}} \boldsymbol{K}^{(1)} \boldsymbol{A}_1 \tag{3.55}$$

$$\boldsymbol{A}_1 = \begin{bmatrix} 1 & 0 & 0 & 0 & 0 \\ 0 & 1 & 0 & 0 & 0 \end{bmatrix}$$

其中

$$\boldsymbol{A}_1^{\mathrm{T}} = \begin{bmatrix} 1 & 0 \\ 0 & 1 \\ 0 & 0 \\ 0 & 0 \\ 0 & 0 \end{bmatrix}$$

矩阵 $\boldsymbol{A}_1^{\mathrm{T}}$ 称为矩阵 $\boldsymbol{A}_1$ 的转置矩阵,即 $\boldsymbol{A}_1$ 的第 i 行变为 $\boldsymbol{A}_1^{\mathrm{T}}$ 的第 i 列。

$$\boldsymbol{K}^{(1G)} = \begin{bmatrix} 1 & 0 \\ 0 & 1 \\ 0 & 0 \\ 0 & 0 \\ 0 & 0 \end{bmatrix} \begin{bmatrix} k_1 & -k_1 \\ -k_1 & k_1 \end{bmatrix} \begin{bmatrix} 1 & 0 & 0 & 0 & 0 \\ 0 & 1 & 0 & 0 & 0 \end{bmatrix} \begin{bmatrix} k_1 & -k_1 & 0 & 0 & 0 \\ -k_1 & k_1 & 0 & 0 & 0 \\ 0 & 0 & 0 & 0 & 0 \\ 0 & 0 & 0 & 0 & 0 \\ 0 & 0 & 0 & 0 & 0 \end{bmatrix} \tag{3.56}$$

类似地,有

$$\boldsymbol{K}^{(2G)} = \boldsymbol{A}_2^{\mathrm{T}} \boldsymbol{K}^{(2)} \boldsymbol{A}_2$$

2. 矩阵与行列式

$$\begin{aligned} |\boldsymbol{A}| &= \begin{vmatrix} a_{11} & a_{12} & a_{13} \\ a_{21} & a_{22} & a_{23} \\ a_{31} & a_{32} & a_{33} \end{vmatrix} \\ &= a_{11}(a_{22}a_{33} - a_{23}a_{32}) + a_{12}(a_{23}a_{31} - a_{23}a_{31}) + a_{13}(a_{21}a_{32} - a_{22}a_{31}) \\ &= a_{11}\begin{vmatrix} a_{22} & a_{23} \\ a_{32} & a_{33} \end{vmatrix} + a_{12}\begin{vmatrix} a_{23} & a_{23} \\ a_{31} & a_{33} \end{vmatrix} + a_{13}\begin{vmatrix} a_{21} & a_{22} \\ a_{32} & a_{32} \end{vmatrix} \\ &= a_{11}A_{11} + a_{12}A_{12} + a_{13}A_{13} \end{aligned} \tag{3.57}$$

类似地,有

$$|\boldsymbol{A}| = a_{i1}A_{i1} + a_{i2}A_{i2} + a_{i3}A_{i3} \quad (i = 1,2,3)$$

或

$$|\boldsymbol{A}| = a_{1i}A_{1i} + a_{2i}A_{2i} + a_{3i}A_{3i} \quad (i = 1,2,3)$$

式中,A_{ij} 称为元素 a_{ij} 的代数余子式。

在一个 n 级行列式 D 中,把元素 $a_{ij}(i,j = 1,2,\cdots,n)$ 所在的行与列划去后,剩下的 $2(n-1)$ 个元素按照原来的次序组成的一个 $(n-1)$ 阶行列式 M_{ij},称为元素 a_{ij} 的余子式,M_{ij} 带上符号 $(-1)^{i+j}$ 称为 a_{ij} 的代数余子式,记作

$$A_{ij} = (-1)^{i+j} M_{ij}$$

代数余子式是一个行列式,是一个数值,而非一个矩阵。

一般地，对 n 阶方阵 $\boldsymbol{A}$，有代数余子式

$$|\boldsymbol{A}| = \begin{vmatrix} a_{11} & a_{12} & \cdots & a_{1n} \\ a_{21} & a_{22} & \cdots & a_{2n} \\ \vdots & \vdots & & \vdots \\ a_{n1} & a_{n2} & \cdots & a_{nn} \end{vmatrix}$$

$$A_{ij} = (-1)^{(i+j)} M_{ij} \tag{3.58}$$

a_{ij} 与 M_{ij} 存在对应关系：M_{ij} 为矩阵 $\boldsymbol{A}$ 去掉第 i 行和第 i 列后残余矩阵的行列式。

矩阵 $\boldsymbol{A}$ 可逆的充要条件如下。

定理 1　若方阵 $\boldsymbol{A}$ 可逆，则 $|\boldsymbol{A}| \neq 0$。

证明　$\boldsymbol{A}$ 可逆，即有 $\boldsymbol{A}$ 的逆矩阵 $\boldsymbol{A}^{-1}$，使得 $\boldsymbol{A}\boldsymbol{A}^{-1} = \boldsymbol{E}$。故

$$|\boldsymbol{A}\boldsymbol{A}^{-1}| = |\boldsymbol{A}||\boldsymbol{A}^{-1}| = |\boldsymbol{E}| = 1$$

所以 $|\boldsymbol{A}| \neq 0$。

定理 2　若 $|\boldsymbol{A}| \neq 0$，则方阵 $\boldsymbol{A}$ 可逆，且

$$\boldsymbol{A}^{-1} = \frac{1}{|\boldsymbol{A}|}\boldsymbol{A}^{*} \tag{3.59}$$

式中，$\boldsymbol{A}^{*}$ 为方阵 $\boldsymbol{A}$ 的伴随矩阵。

3.2　非等截面受力问题

假设有一承受轴向载荷的杆，一端固定，另一端承受载荷 P。杆的上边宽度为 w_1，杆的下边宽度为 w_2，杆的厚度为 t，长度为 L，弹性模量为 E。承受轴向载荷的杆如图 3.6 所示。

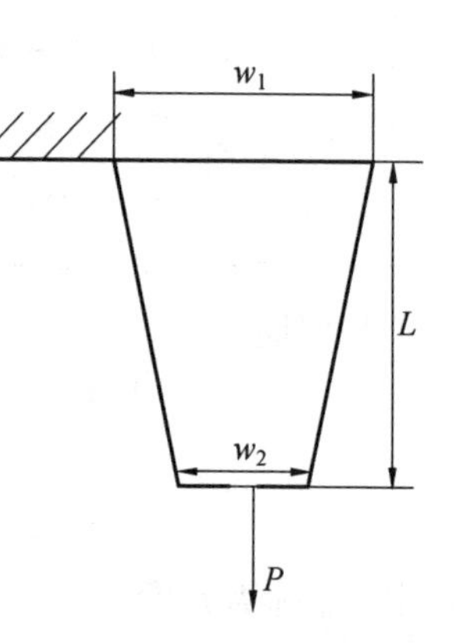

图 3.6　承受轴向载荷的杆

将杆离散为有限个单元，杆的离散图如图 3.7 所示，将杆离散成 5 个节点和 4 个单元。

1. 假定一个近似描述单元特性的解

如图 3.7 所示，考虑横截面为 A、长度为 L 的杆，在外力 F 的作用下变形。

杆件的平均应力为

$$\sigma = \frac{F}{A}$$

平均应变为

$$\varepsilon = \frac{\Delta l}{l}$$

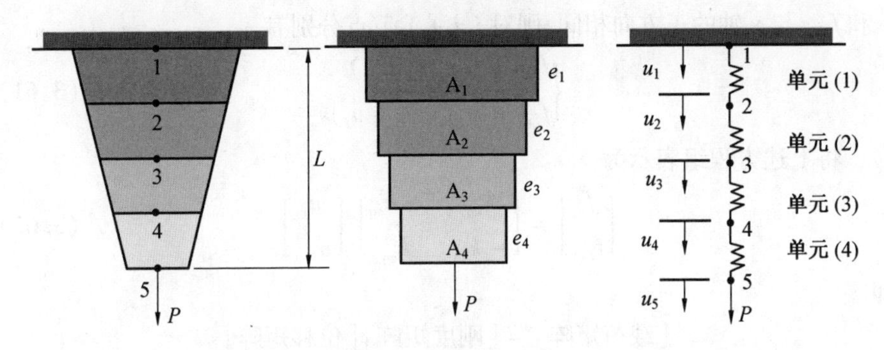

图 3.7　杆的离散图

定义为弹性问题，服从胡克定律，即

$$\sigma = E\varepsilon$$

于是可以得到

$$F = A\sigma = \frac{AE}{l}\Delta l$$

可以将上式等价为一个弹簧，即

$$F = k_{\mathrm{eq}}\Delta l$$

其中

$$k_{\mathrm{eq}} = \frac{AE}{l}$$

于是，每个单元的弹簧模型图如图 3.8 所示，同时可以由相应的弹簧模型描述，即

$$k_{\mathrm{eq}} = \frac{A_{i+1} + A_i}{2l}E$$

$$f = k_{\mathrm{eq}}(u_{i+1} - u_i) = \frac{A_{\mathrm{avg}}E}{l}(u_{i+1} - u_i) = \frac{(A_{i+1} + A_i)E}{l}(u_{i+1} - u_i) \quad (3.60)$$

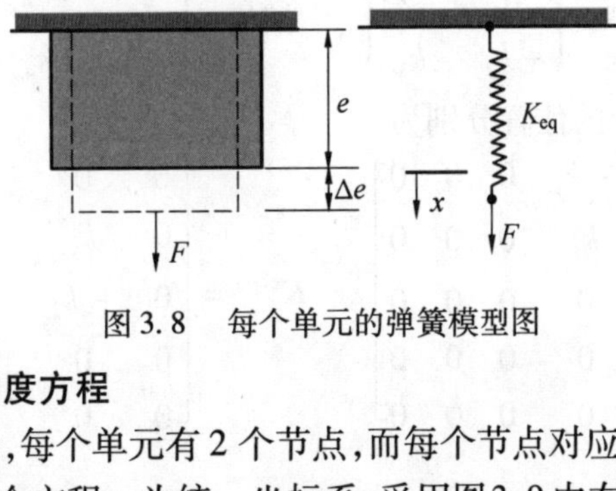

图 3.8　每个单元的弹簧模型图

2. 建立单元刚度方程

如图 3.9 所示，每个单元有 2 个节点，而每个节点对应一个位移量，因此每个单元需要建立2 个方程。为统一坐标系，采用图3.9 中右侧的表示方法，即力

f_i 和 f_{i+1} 与 y 轴的正方向相同，则对 i、$i+1$ 节点分别有

$$\begin{cases}f_i = k_{\mathrm{eq}}(u_i - u_{i+1}) \\ f_{i+1} = k_{\mathrm{eq}}(u_{i+1} - u_i)\end{cases} \tag{3.61}$$

将上述方程组表示为

$$\begin{bmatrix} f_i \\ f_{i+1} \end{bmatrix} = \begin{bmatrix} k_{\mathrm{eq}} & -k_{\mathrm{eq}} \\ -k_{\mathrm{eq}} & k_{\mathrm{eq}} \end{bmatrix} \begin{bmatrix} u_i \\ u_{i+1} \end{bmatrix} \tag{3.62}$$

即

[载荷矩阵] = [刚度矩阵][位移矩阵]

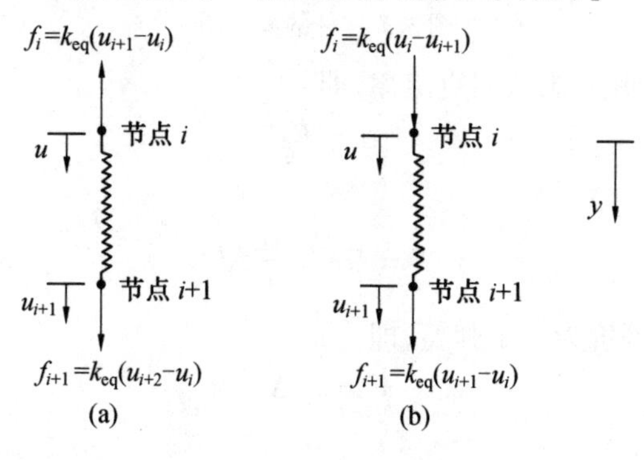

图 3.9　每个单元的坐标系

3. 单元组合

将上述方程描述的单元刚度方程应用到所有单元，并将它们组合起来将得到总的刚度矩阵。

单元(1)、(2)、(3)、(4) 的刚度矩阵分别为

$$\boldsymbol{K}^{(1)} = \begin{bmatrix} k_1 & -k_1 \\ -k_1 & k_1 \end{bmatrix}, \quad \boldsymbol{K}^{(2)} = \begin{bmatrix} k_2 & -k_2 \\ -k_2 & k_2 \end{bmatrix},$$

$$\boldsymbol{K}^{(3)} = \begin{bmatrix} k_3 & -k_3 \\ -k_3 & k_3 \end{bmatrix}, \quad \boldsymbol{K}^{(4)} = \begin{bmatrix} k_4 & -k_4 \\ -k_4 & k_4 \end{bmatrix}$$

它们在总刚度矩阵中的位置分别为

$$\boldsymbol{K}^{(1G)} = \begin{bmatrix} k_1 & -k_1 & 0 & 0 & 0 \\ -k_1 & k_1 & 0 & 0 & 0 \\ 0 & 0 & 0 & 0 & 0 \\ 0 & 0 & 0 & 0 & 0 \\ 0 & 0 & 0 & 0 & 0 \end{bmatrix}, \quad \boldsymbol{K}^{(2G)} = \begin{bmatrix} 0 & 0 & 0 & 0 & 0 \\ 0 & k_2 & -k_2 & 0 & 0 \\ 0 & -k_2 & k_2 & 0 & 0 \\ 0 & 0 & 0 & 0 & 0 \\ 0 & 0 & 0 & 0 & 0 \end{bmatrix},$$

$$
\boldsymbol{K}^{(3G)}=\begin{bmatrix}0&0&0&0&0\\0&0&0&0&0\\0&0&k_3&-k_3&0\\0&0&-k_3&k_3&0\\0&0&0&0&0\end{bmatrix},\quad \boldsymbol{K}^{(4G)}=\begin{bmatrix}0&0&0&0&0\\0&0&0&0&0\\0&0&0&0&0\\0&0&0&k_4&-k_4\\0&0&0&-k_4&k_4\end{bmatrix}
$$

根据每个单元在总刚度矩阵中的位置,将它们组合起来(相加),可以得到最终总刚度矩阵,即

$$
\boldsymbol{K}^{(G)}=\boldsymbol{K}^{(1G)}+\boldsymbol{K}^{(2G)}+\boldsymbol{K}^{(3G)}+\boldsymbol{K}^{(4G)}
$$

$$
\boldsymbol{K}^{(G)}=\begin{bmatrix}k_1&k_1&0&0&0\\k_1&k_1+k_2&-k_2&0&0\\0&-k_2&k_2+k_3&-k_3&0\\0&0&-k_3&k_3+k_4&-k_4\\0&0&0&-k_4&k_4\end{bmatrix}\tag{3.63}
$$

4. 边界条件应用于载荷施加

杆的顶端是固定的,即有边界条件 $u_1=0$,在节点5处有作用力 P,不同节点位置的载荷分布情况如图3.10所示。同时考虑静力平衡条件:每个节点上力的总和为0,于是得到

节点1:$R_1-k_1(u_2-u_1)=0$

节点2:$k_1(u_2-u_1)-k_2(u_3-u_2)=0$

节点3:$k_2(u_3-u_2)-k_3(u_4-u_3)=0$

节点4:$k_3(u_4-u_3)-k_4(u_4-u_3)=0$

节点5:$k_4(u_4-u_3)-P=0$

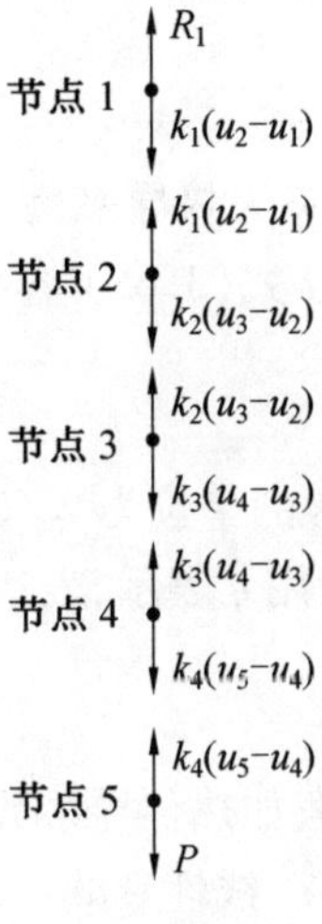

综合以上几点,同时剔除外力 R_1、P,可以得到

$$
\begin{bmatrix}k_1&k_1&0&0&0\\k_1&k_1+k_2&-k_2&0&0\\0&-k_2&k_2+k_3&-k_3&0\\0&0&-k_3&k_3+k_4&-k_4\\0&0&0&-k_4&k_4\end{bmatrix}\begin{bmatrix}u_1\\u_2\\u_3\\u_4\\u_5\end{bmatrix}=\begin{bmatrix}0\\0\\0\\0\\P\end{bmatrix}\tag{3.64}
$$

图3.10　不同节点位置的载荷分布情况

5. 联立求解代数方程组

总结来说,本例通过有限元法(直接法)将一个连续的无限自由度化解为离散的有限自由度问题——有限个等截面杆的纯弹性力学问题。

其中,对于离散后的纯弹性力学问题,由于可根据类似胡克定律推导出单元刚度矩阵,然后根据刚度矩阵的合成,且利用现有边界条件和载荷条件(静力学问题的平衡条件)可以求出问题的解,因此,没有采用泛函的变分、加权余量法等常见方法。

3.3 热传导问题的有限元解法

3.3.1 傅立叶定律

假设存在一个厚度为 δ 的单层平壁,其两个表面上的温度不同,但均不随时间变化,稳态时表面温度分别为 T_1 和 T_2。假设单层平壁的面积与厚度之比很大,且平壁边缘处的热量损失(简称热损)可以忽略。由于存在温度差,在单位时间内流过面积 A 的热量定义为热流量,用 Q 表示(傅立叶定律对于此种热量有效),即

$$Q = \frac{k}{\delta} A(T_1 - T_2) \tag{3.65}$$

式中,k 为热导率,表示物质性质。

从式(3.65)容易得到

$$k = \frac{Q\delta}{A(T_1 - T_2)} \tag{3.66}$$

从而 k 的单位为 W/(cm · ℃)。单位时间内通过表面单位面积的热量称为热流密度,用 q 表示,表达式为

$$q = \frac{Q}{A} = \frac{k}{\delta}(T_1 - T_2) \tag{3.67}$$

假如热传导系数为常量且平壁温度不随时间发生改变,则平壁内温度从 T_1 到 T_2 线性衰减。但加热和冷却过程不稳定,这种线性关系不存在,一般热流密度会在时间上局部发生变化。因此,式(3.65)中温差 $T_1 - T_2$ 由微分 ∂T 代替,平壁厚度 δ 由 ∂n 代替,n 为物体任意边界面处的外法线方向。此种情况下,通过表面 $\mathrm{d}A$ 的热流量变化率 $\mathrm{d}Q$ 的方程为

$$\mathrm{d}Q = -k\mathrm{d}A \frac{\partial T}{\partial n} \tag{3.68}$$

式(3.68)中的负号表示热流方向指向温度减小的方向,即温度梯度 $\partial T/\partial n$ 的负方向。热流密度 q_n 微元表示为

$$q_n = -k \frac{\partial T}{\partial n} \tag{3.69}$$

式(3.69)是热传导基本原理的数学表达式,也即傅立叶定律,它说明了热传导与温度梯度成正比。我们常在笛卡儿直角坐标系中研究热力学系统的状态变化,可得到 x、y、z 轴方向的热流密度,即

$$q_x = -k_x \frac{\partial T}{\partial x},\quad q_y = -k_y \frac{\partial T}{\partial x},\quad q_z = -k_z \frac{\partial T}{\partial x} \tag{3.70}$$

式中,q_x、q_y、q_z 表示 x、y、z 轴方向的热流密度;k_x、k_y、k_z 表示 x、y、z 轴方向的热导率。

3.3.2　热传导的控制方程

在传热学中,热传导控制方程是根据热力学第一定律推导得到的能量守恒方程。对二维空间中的微小单元的热传导过程进行分析,二维单元的热流量如图3.11所示。在微小时间间隔 $\mathrm{d}t$ 内,在 x、y 轴方向上的热流量分别用 q_x 和 q_y 表示。在 $\mathrm{d}x\mathrm{d}y$ 单元内流入和流出的热量差为

$$\mathrm{d}y\left(q_x + \frac{\partial q_x}{\partial x} - q_x\right) + \mathrm{d}x\left(q_y + \frac{\partial q_y}{\partial x} - q_y\right) \tag{3.71}$$

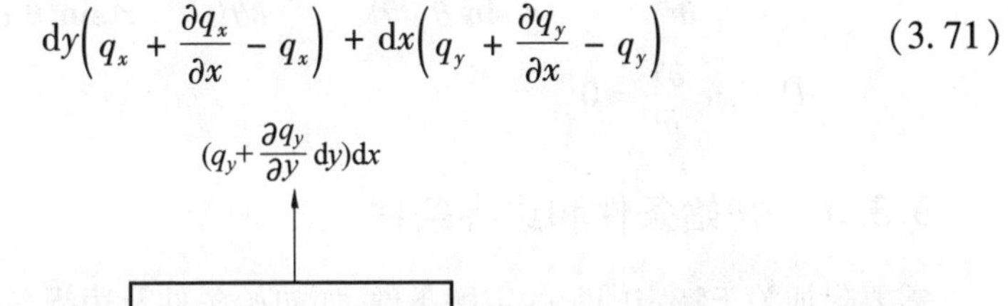
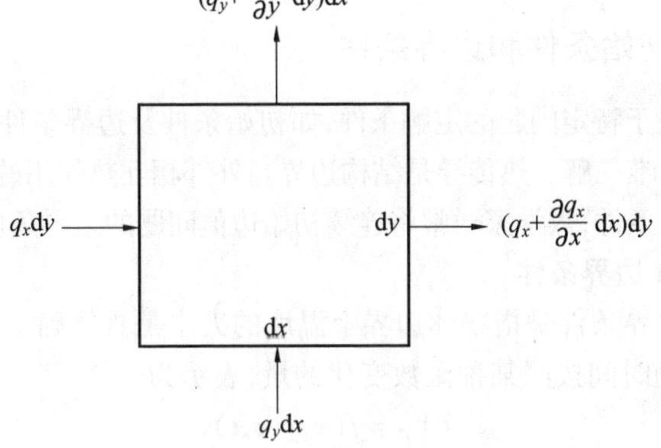

图3.11　二维单元的热流量

由热量守恒可知,式(3.71)应等于单位时间在单元内产生的热量 $Q\mathrm{d}x\mathrm{d}y$ 加上单位时间由于温度的变化而产生的热量 $-\rho c\frac{\partial T}{\partial T}\mathrm{d}x\mathrm{d}y$,显然可以得出

$$\frac{\partial q_x}{\partial x} + \frac{\partial q_y}{\partial y} - Q + \rho c\frac{\partial T}{\partial t} = 0 \tag{3.72}$$

将式(3.70)的热流量公式代入式(3.72)中,产生一个高阶微分方程,即

$$\frac{\partial}{\partial x}\left(k\frac{\partial T}{\partial x}\right) + \frac{\partial}{\partial y}\left(k\frac{\partial T}{\partial y}\right) + Q - \rho c\frac{\partial T}{\partial t} = 0 \tag{3.73}$$

将式(3.73)进行推广,即可得到三维笛卡儿直角坐标系中瞬态温度场变量

$T(x,y,z,t)$，应满足的控制方程为

$$\frac{\partial}{\partial x}\left(k_x \frac{\partial T}{\partial x}\right) + \frac{\partial}{\partial y}\left(k_y \frac{\partial T}{\partial y}\right) + \frac{\partial}{\partial z}\left(k_z \frac{\partial T}{\partial z}\right) + Q - \rho c \frac{\partial T}{\partial t} = 0 \tag{3.74}$$

在求解传热问题时，无论是解析法还是非解析法，都以该热传导方程为基础，表示由于温度梯度引起微单元体内空间三个方向热流密度的变化加上本身产生的热量等于系统内能的增加。另外，考虑到很多工程问题需要在极坐标系和球坐标系下研究或者分析传热过程，采用坐标系变换方法就可以将直角坐标系的导热控制方程变换为极坐标系或者球坐标系下的导热控制方程。

极坐标系下的导热控制方程为

$$k \frac{\partial^2 T}{\partial r^2} + k \frac{1}{r} \frac{\partial T}{\partial r} + k \frac{1}{r^2} \frac{\partial^2 T}{\partial \theta^2} + k \frac{\partial^2 T}{\partial z^2} + Q - \rho c \frac{\partial T}{\partial t} = 0 \tag{3.75}$$

球坐标系下的导热控制方程为

$$k \frac{1}{r} \frac{\partial^2 (rT)}{\partial r^2} + k \frac{1}{r^2 \sin\theta} \frac{\partial}{\partial \theta}\left(\sin\theta \frac{\partial T}{\partial \theta}\right) + k \frac{1}{r^2 \sin^2\theta} \frac{\partial^2 T}{\partial \varphi^2} +$$

$$Q - \rho c \frac{\partial T}{\partial t} = 0 \tag{3.76}$$

3.3.3　初始条件和边界条件

需要附加关于特定问题的定解条件，如初始条件及边界条件，以得到固体导热偏微分方程的唯一解。热传导是结构边界与外部相互热作用的结果，相互作用的规律即为边界条件，数学家通常将连续初始边值问题的边界条件分为三类。

1. Dirichlet 边界条件

Dirichlet 边界条件是指物体边界上温度的大小是具体确定的，这个值可能是常数或者是随时间按照某种函数变化的量，表示为

$$T|_{\Gamma} = f(x,y,z,t) \tag{3.77}$$

式中，T 为连续初始边值问题的解；$f(x,y,z,t)$ 为已知函数或者常数；Γ 为问题定义域边界。

2. Neumann 边界条件

Neumann 边界条件是指物体边界上的热流密度 q（单位为 W/m^2）是已知的，数学形式可以表示为

$$q|_{\Gamma} = -k \frac{\partial T}{\partial n} = f(x,y,z,t) \tag{3.78}$$

式中，q 为边界上外法线方向的热流密度；$f(x,y,z,t)$ 为已知函数或常数。

Neumann 边界条件表示边界上流出（入）的热流密度为已知函数，或为一常数。热量流出物体时取正值，反之，热量流入物体时取负值。

3. Robin 边界条件

Robin 边界条件是指与物体相接触的流体介质温度 T_f 和传热系数 α 为已知。数学形式可以表示为

$$-k\frac{\partial T}{\partial n}\bigg|_{\Gamma}=\alpha(T-T_f) \tag{3.79}$$

式中,T 为固体温度;α 为传热系数,W/(m^2 · K)。

一般情况下,T_f 和 α 都设置为常数,也可以是随时间和位置而变化的函数。

初始条件描述热力学系统初始时刻所具有的温度状态,用公式表示为

$$T|_{t=0}=\omega(x,y,z)\quad(\forall(x,y,z)\in\Omega) \tag{3.80}$$

式中,Ω 为系统定义域;$\omega(x,y,z)$ 为已知函数或常量。

一般传热分析过程系统的初始温度在工程技术领域均为室温。

3.4　平面弹性问题有限元法

3.4.1　两类平面问题

任何一个弹性体都是空间的物体,一般的外力也都是空间力系。因此,严格地说,任何实际问题都是空间问题,都必须考虑所有的位移分量、应变分量与应力分量。如果所研究的弹性体具有特殊的形状,并且所受的外力满足一定的条件,就可以把空间问题简化成平面问题[3]。不考虑某些位移分量、应变分量或应力分量,这样处理可大大简化计算工作量,在工程上是常用的,而所得的结果仍能满足工程精度要求。

1. 平面应力问题

如研究其一个方向的尺寸远小于另外两个方向尺寸的薄板,即 $t\ll a,t\ll b$,且弹性体仅受平行于板面的沿厚度不变化的面力作用时,就可将它按平面应力问题来考虑。例如受拉力作用的平板(图 3.12),均可看作是属于平面应力问题。

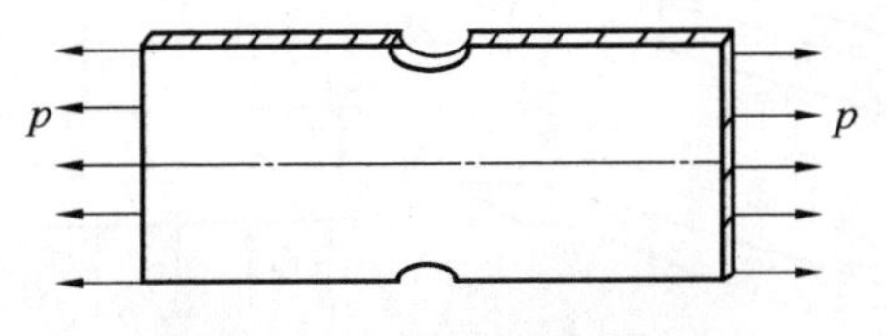

图 3.12　受拉力作用的平板

设板厚度为 t,以薄板的中面(平分板厚的平面)为 xOy 面,z 轴垂直于中

面,如图 3.13 所示,由于板面无外力作用且板很薄,外力不沿厚度变化,所以可以认为整个薄板的所有点都有

$$\sigma_z = \tau_{zy} = \tau_{zx} = 0 \tag{3.81}$$

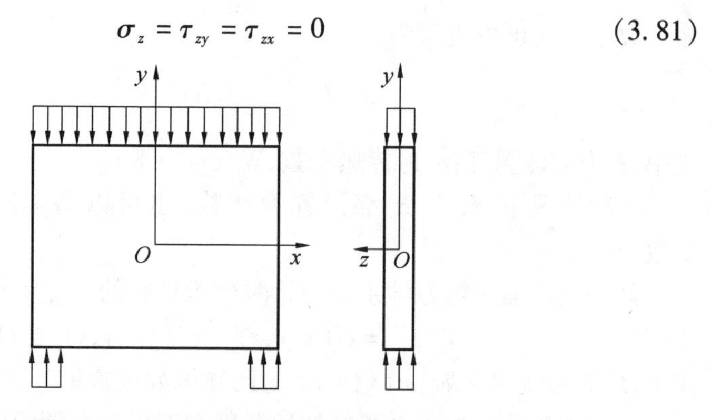

图 3.13 平面应力问题力学模型

而 σ_x、σ_y、τ_{xy} 只是 x、y 的函数,因此应力列阵可简化为

$$\{\sigma\} = \begin{Bmatrix} \sigma_x(x,y) \\ \sigma_y(x,y) \\ \sigma_z(x,y) \end{Bmatrix} \tag{3.82}$$

由切应力互等关系得 $\tau_{xz}=0, \tau_{yz}=0$。这样只剩下平行于 xy 面的 3 个应力分量 σ_x, σ_y、$\tau_{xy}=\tau_{yx}$ 非零,所以称为平面应力问题。

因为板很薄,所以 3 个应力分量、3 个应变分量和两个位移分量都可以认为不沿厚度变化,即它们只是 x 和 y 的函数,与 z 无关。

2. 平面应变问题

如弹性体的一个方向的尺寸比另外两个方向的尺寸大得多,且沿长度方向的截面尺寸和形状不变,其仅受平行于横截面且不沿长度变化的面力作用,同时体力也平行于横截面且不沿长度变化,则可假定弹性体的变形仅在一平面内发生,一般就取该平面为 xOy 平面。而在与此平面相垂直的方向(z 轴方向)的变形为零[4]。弹性体的这种变形称为平面应变,这样的问题就是平面应变问题。例如重力坝(图 3.14)、长柱(图 3.15)等均可看作是属于平面应变问题。

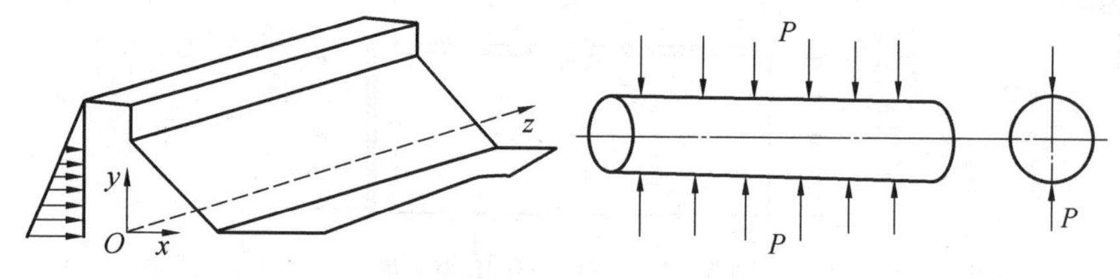

图 3.14 重力坝受力应变模型

图 3.15 长柱受力应变模型

如水坝截取一个截面来分析它的二等受力状况。由于水坝很长，以这一横截面为 xOy 面，z 轴垂直于 xOy 面，平面应变问题力学模型如图3.16所示，则所有应力分量、应变分量和位移分量都不沿方向变化，它们只是 x 和 y 的函数。此外，在这一情况下，由于水坝很长，这一横截面可看作对称面，所有点只会沿 x 和 y 轴方向移动，而不会有 z 轴方向位移，即 $w=0$，$\varepsilon_z=\gamma_{zx}=\gamma_{zy}=0$，不为零的应变分量只有 ε_x、ε_y、γ_{xy}，所以称为平面应变问题。

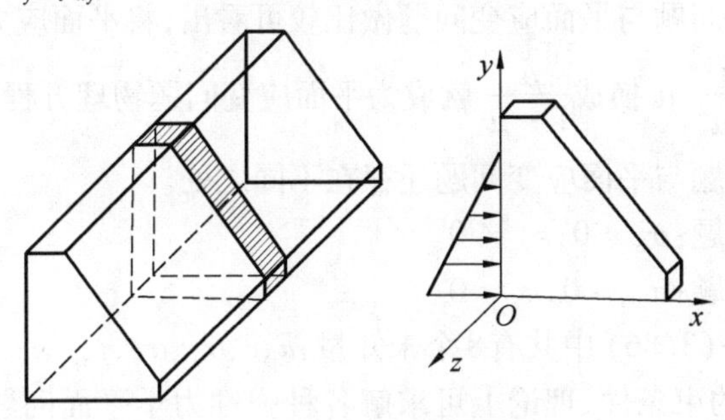

图3.16　平面应变问题力学模型

弹性力学平面问题的基本方程可根据上述限制，写出平衡方程为

$$\begin{cases}\dfrac{\partial\sigma_x}{\partial x}+\dfrac{\partial\tau_{xy}}{\partial y}+X=0\\[2ex]\dfrac{\partial\tau_{xy}}{\partial x}+\dfrac{\partial\sigma_y}{\partial y}+Y=0\end{cases}\tag{3.83}$$

几何方程为

$$\begin{cases}\varepsilon_x=\dfrac{\partial u}{\partial x}\\[2ex]\varepsilon_y=\dfrac{\partial v}{\partial y}\\[2ex]\gamma_{xy}=\dfrac{\partial u}{\partial y}+\dfrac{\partial v}{\partial x}\end{cases}\tag{3.84}$$

平面应力问题为

$$\begin{cases}\varepsilon_x=\dfrac{1}{E}(\sigma_x-\mu\sigma_y)\\[2ex]\varepsilon_y=\dfrac{1}{E}(\sigma_y-\mu\sigma_x)\\[2ex]\gamma_{xy}=\dfrac{\tau_{xy}}{G}=\dfrac{2(1+\mu)}{E}\tau_{xy}\end{cases}\tag{3.85}$$

平面应变问题为

$$\begin{cases} \varepsilon_x = \dfrac{1-\mu^2}{E}\left(\sigma_x - \dfrac{\mu}{1-\mu}\sigma_y\right) \\ \varepsilon_y = \dfrac{1-\mu^2}{E}\left(\sigma_y - \dfrac{\mu}{1-\mu}\sigma_x\right) \\ \gamma_{xy} = \dfrac{\tau_{xy}}{G} = \dfrac{2(1+\mu)}{E}\tau_{xy} \end{cases} \tag{3.86}$$

把平面应力问题与平面应变问题做比较可看出，将平面应力问题物理方程中的 E 换成 $\dfrac{E}{1-\mu^2}$，μ 换成 $\dfrac{\mu}{1-\mu}$ 就成为平面应变问题物理方程。

平面应力问题与平面应变问题还存在不同之处。

平面应力问题：$\sigma_z = 0$，$\varepsilon_z \neq 0$。

平面应变问题：$\sigma_z \neq 0$，$\varepsilon_z = 0$。

式(3.83)～(3.86)中共有8个未知量，u、v、σ_x、σ_y、τ_{xy}、ε_x、ε_y、γ_{xy} 共8个方程，加上一定的约束条件，理论上可求解各种弹性力学平面问题。但这一组方程仍然太复杂，工程中许多问题仍然要用近似方法或数值方法来求解。后面主要讨论平面应力问题，至于平面应变问题，只要将物理方程做上述变换就可得出相应的结果。

3.4.2　弹性力学平衡基本方程

弹性力学是研究弹性体受外力作用或由温度变化等原因而引起的应力、应变和位移的变化。一般弹性体都是三维实体，占据三维空间，描述弹性体受力和变形的应力、应变、位移等物理量都是三维坐标的函数。

弹性力学基本方程可以从3个方面导出：静力学方面，建立应力、体力和面力之间的关系；几何学方面，建立应变、位移和边界位移之间的关系；物理学方面，建立应变与应力之间的关系。通过从这3个方面的分析得到不同的平衡微分方程、几何方程和物理方程，统称为弹性力学基本方程。

1. 外力与内力的关系 —— 平衡微分方程

围绕物体内任意一点，单元体各面所受应力如图3.17所示。取一个微小平行六面体，它的三组面分别平行于3个坐标面，各边长度都是微量 d_x、d_y、d_z。外力作用下物体处于静力平衡状态，物体内任意一点处于静力平衡状态，单元体各面上所受应力及单元体受到的力满足平衡方程。

由于各应力分量是坐标的函数，所以和 M 点相连的 MAB、MBC、MCA 3个平面上的应力分量是 σ_x、σ_y、σ_z、τ_{xy}、τ_{yz}、τ_{zx}，而在其相对应的3个平面上的这些应力分量应有一个增量，单元体各表面应力分量如图3.18所示，且还需考虑体积力。

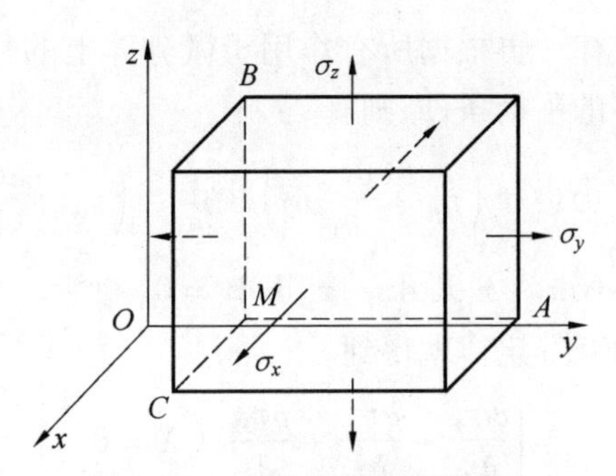

图3.17　单元体各面所受应力

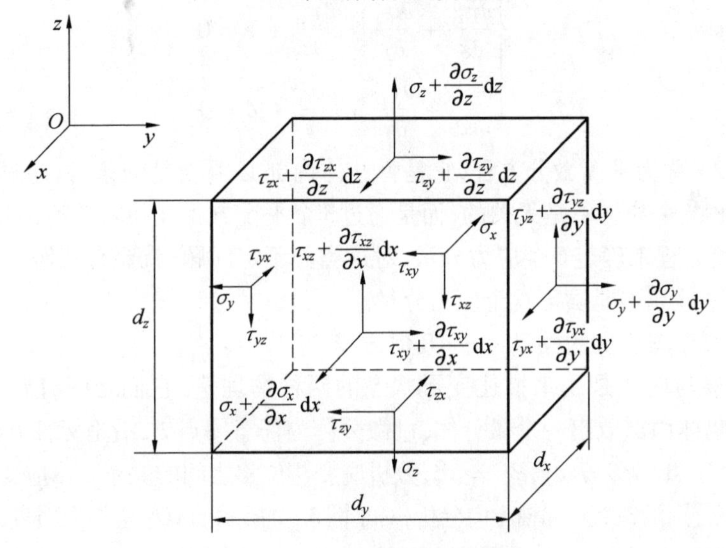

图3.18　单元体各表面应力分量

根据所有作用于微分体上的力对3个轴线k_1-k_1、k_2-k_2、k_3-k_3的力矩之和分别为零的平衡条件,即

$$\sum Mk_1k_1=0, \quad \sum Mk_2k_2=0, \quad \sum Mk_3k_3=0$$

则有

$$\begin{aligned}&\tau_{yz}\mathrm{d}x\mathrm{d}z\,\frac{\mathrm{d}y}{2}\left(\tau_{yz}+\frac{\partial\tau_{yz}}{\partial y}\mathrm{d}y\right)\mathrm{d}x\mathrm{d}z\,\frac{\mathrm{d}y}{2}\\&=\tau_{xy}\mathrm{d}x\mathrm{d}y\,\frac{\mathrm{d}z}{2}\left(\tau_{xy}+\frac{\partial\tau_{xy}}{\partial z}\mathrm{d}z\right)\mathrm{d}x\mathrm{d}y\,\frac{\mathrm{d}z}{2}\end{aligned} \tag{3.87}$$

经过化简并略去高阶微量后得

$$\tau_{xy}=\tau_{yx} \tag{3.88}$$

$$\tau_{yz}=\tau_{zy} \tag{3.89}$$

$$\tau_{zx}=\tau_{xz} \tag{3.90}$$

这就是剪应力互等定律。再根据所有作用于微分体上的力在 3 个坐标轴方向的分量之和分别为零的平衡条件,则有

$$\left(\sigma_x + \frac{\partial \sigma_x}{\partial x}\mathrm{d}x\right)\mathrm{d}y\mathrm{d}z + \left(\tau_{yz} + \frac{\partial \tau_{yz}}{\partial y}\mathrm{d}y\right)\mathrm{d}x\mathrm{d}z + \left(\tau_{zx} + \frac{\partial \tau_{zx}}{\partial z}\mathrm{d}z\right)\mathrm{d}x\mathrm{d}y +$$

$$X\mathrm{d}x\mathrm{d}y\mathrm{d}z - \sigma_x\mathrm{d}y\mathrm{d}z - \tau_{yz}\mathrm{d}x\mathrm{d}z - \tau_{zx}\mathrm{d}x\mathrm{d}y = 0 \tag{3.91}$$

经化简并应用剪应力互等定律就得到

$$\begin{cases} \dfrac{\partial \sigma_x}{\partial x} + \dfrac{\partial \tau_{xy}}{\partial y} + \dfrac{\partial \tau_{xz}}{\partial z} + X = 0 \\ \dfrac{\partial \tau_{xy}}{\partial x} + \dfrac{\partial \sigma_y}{\partial y} + \dfrac{\partial \tau_{xz}}{\partial z} + Y = 0 \\ \dfrac{\partial \tau_{xz}}{\partial x} + \dfrac{\partial \tau_{yz}}{\partial y} + \dfrac{\partial \sigma_z}{\partial z} + Z = 0 \end{cases} \tag{3.92}$$

式(3.92)称为平衡微分方程,它是弹性体内部必须满足的条件,也就是说,应力状态的6个分量不是无关的,而是通过3个平衡方程互相联系的,但不能由这3个平衡方程来确定6个应力分量,对这类静不定问题,就要有几何和物理方面的关系来补充才能确定6个应力分量。

2. 位移与应变的关系 —— 几何方程

位移与应变是用来描述变形状态的两种物理量,它们之间有着一定的关系。从物体内部取出一个微分体,过微分体内任意一点 P,沿坐标轴方向取微分长度 $PA = \mathrm{d}x, PB = \mathrm{d}y, PC = \mathrm{d}z$,分析应变与位移之间的关系。由应变的定义可知,应该分别沿3个坐标轴方向分析,对于图3.19所示的 xOy 坐标面而言,假设弹性体受力变形后,点 P、A、B 分别移动到点 P'、A'、B',图中标注出了各点的位移。

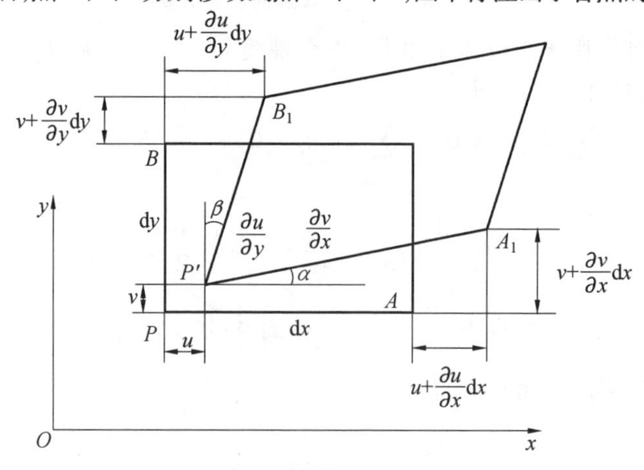

图 3.19　平面应变与位移

(1) 线应变与位移的关系。

设 $P(x,y)$ 与 $A(x+\mathrm{d}x,y)$ 为微分体一棱边的两个端点,物体受力后,P 点的位移为 u_0、v_0,A 点的位移为 $U_C=\frac{1}{2}[\varepsilon]^{\mathrm{T}}[\sigma]$,$[d]=[d]^{\mathrm{T}}=[D]^{-1}$,不计高阶微量,线段 PA 的正应变为

$$\varepsilon_x=\frac{\left(u+\frac{\partial u}{\partial x}\mathrm{d}x\right)-u}{\mathrm{d}x}=\frac{\partial u}{\partial x}\tag{3.93}$$

同样,线段 PB、PC 的正应变为

$$\varepsilon_y=\frac{\partial v}{\partial y}\tag{3.94}$$

$$\varepsilon_z=\frac{\partial w}{\partial z}\tag{3.95}$$

(2) 剪应变与位移的关系。

PA 与 PB 之间直角的改变 γ_{xy} 就是切应变。设 PA 与 PB 分别表示微分体相邻的两个面,微分体变形后,PA 与 PB 移至 $P'A'$ 与 $P'B'$ 位置。以 α 和 β 分别表示 $P'A'$ 与 $P'B'$ 转动的角度,线应变分别为 ε_x 与 ε_y,则 $P'A'$ 在 x 轴上的投影为

$$\mathrm{d}x+u_0+\frac{\partial u}{\partial x}\mathrm{d}x-u_0=\mathrm{d}x(1+\varepsilon_x)\tag{3.96}$$

$P'B'$ 在 y 轴上的投影为

$$\mathrm{d}y+v_0+\frac{\partial v}{\partial y}\mathrm{d}y-v_0=\mathrm{d}y(1+\varepsilon_y)\tag{3.97}$$

$$\tan\alpha=\frac{\frac{\partial v}{\partial x}\mathrm{d}x}{(1+\varepsilon_x)\mathrm{d}x}\tag{3.98}$$

$$\tan\beta=\frac{\frac{\partial v}{\partial y}\mathrm{d}x}{(1+\varepsilon_y)\mathrm{d}y}\tag{3.99}$$

在小变形条件下,ε_x 与 ε_y 都远小于1,且 $\tan\alpha\approx\alpha$,$\tan\beta\approx\beta$,所以

$$\alpha=\frac{\partial v}{\partial x},\quad \beta=\frac{\partial u}{\partial y}$$

于是剪应变为

$$\gamma_{xy}=\alpha+\beta=\frac{\partial v}{\partial x}+\frac{\partial u}{\partial y}\tag{3.100}$$

同理,可得微分体在 yOz 平面内的剪应变为

$$\gamma_{yz}=\frac{\partial v}{\partial z}+\frac{\partial w}{\partial y}\tag{3.101}$$

$$\gamma_{zx} = \frac{\partial u}{\partial z} + \frac{\partial w}{\partial x} \tag{3.102}$$

由此可见,表示一点应变状态的6个应变分量ε_x、ε_y、ε_z、γ_{xy}、γ_{yz}、γ_{xz}与微分体3个位移分量u、v、w有关。可用矩阵表示它们之间的关系,即

$$\{\varepsilon\} = \begin{Bmatrix} \varepsilon_x \\ \varepsilon_y \\ \varepsilon_z \\ \gamma_{xy} \\ \gamma_{yz} \\ \gamma_{zx} \end{Bmatrix} = \begin{Bmatrix} \frac{\partial u}{\partial x} \\ \frac{\partial v}{\partial y} \\ \frac{\partial w}{\partial z} \\ \frac{\partial u}{\partial y} + \frac{\partial v}{\partial x} \\ \frac{\partial v}{\partial z} + \frac{\partial w}{\partial y} \\ \frac{\partial w}{\partial x} + \frac{\partial u}{\partial z} \end{Bmatrix} = \begin{bmatrix} \frac{\partial}{\partial x} & 0 & 0 \\ & \frac{\partial}{\partial y} & \\ & & \frac{\partial}{\partial z} \\ \frac{\partial}{\partial y} & \frac{\partial}{\partial x} & \\ & \frac{\partial}{\partial z} & \frac{\partial}{\partial y} \\ \frac{\partial}{\partial z} & & \frac{\partial}{\partial x} \end{bmatrix} \begin{Bmatrix} u \\ v \\ w \end{Bmatrix} \tag{3.103}$$

这就是从几何条件得出的6个几何方程。

3. 应变与应力的关系——物理方程

前面分析了弹性体的静力平衡与几何方程两个方面的问题。现讨论弹性体内的应变与应力的关系,这将涉及材料的物理性质。

从材料力学中可知,受拉等截面直杆的应力与应变关系(即胡克定律)为

$$\varepsilon = \frac{\sigma}{E} \tag{3.104}$$

式中,E为材料的弹性模量。

由于纵向受拉伸长,相应地,横向就要缩短,缩短量可表示为

$$\varepsilon_1 = -\mu\varepsilon = -\mu\frac{\sigma}{E} \tag{3.105}$$

式中,ε_1表示纵向单位伸长引起的横向正应变(实际为缩短),为泊松系数。

现将简单拉伸推广到一般空间受力状态。取一个棱边长为1的正方体,正方体空间受力状态如图3.20所示。

设受到沿法线方向力的作用,对于各向同性体,如果只有正应力σ_x作用时,则按胡克定律,x轴方向的相对伸长$\varepsilon_{x_1} = \sigma_x/E$;如果只有正应力$\sigma_y$作用时,则沿$x$轴方向的相对伸长$\varepsilon_{x_2} = -\mu\sigma_y/E$。同样,如果只有正应力$\sigma_z$作用时,则沿$x$轴方向的相对伸长$\varepsilon_{x_3} = -\mu\sigma_z/E$。再根据叠加原理,则$x$轴方向的总相对伸长为

$$\varepsilon_x = \varepsilon_{x_1} + \varepsilon_{x_2} + \varepsilon_{x_3} = \frac{1}{E}(\sigma_x - \mu\sigma_y - \mu\sigma_z) \tag{3.106}$$

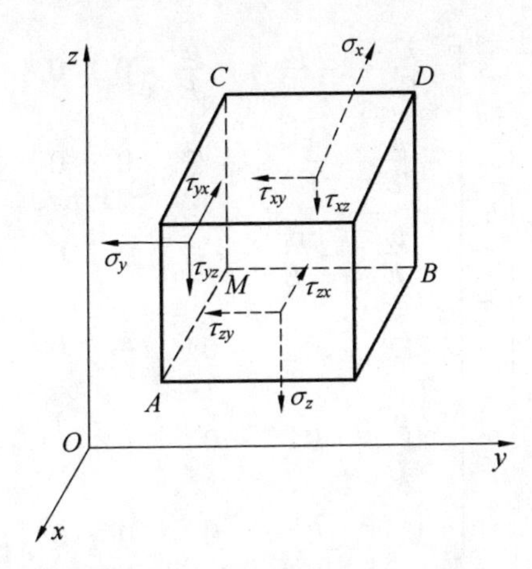

图 3.20　正方体空间受力状态

同理,沿 y、z 两个坐标轴方向的总相对伸长为

$$\varepsilon_y = \frac{1}{E}(\sigma_y - \mu\sigma_z - \mu\sigma_x) \tag{3.107}$$

$$\varepsilon_z = \frac{1}{E}(\sigma_z - \mu\sigma_x - \mu\sigma_y) \tag{3.108}$$

对于剪应力与剪应变之间的关系,可表示为

$$\gamma_{xy} = \frac{1}{G}\tau_{xy},\quad \gamma_{yz} = \frac{1}{G}\tau_{yz},\quad \gamma_{zx} = \frac{1}{G}\tau_{zx}$$

式中,G 为材料的切变模量,它和弹性模量 E、泊松比 μ 的关系为

$$G = \frac{E}{2(1+\mu)}$$

这样,将应力与应变关系写在一起,就得到

$$\begin{cases} \varepsilon_x = \dfrac{1}{E}(\sigma_x - \mu\sigma_y - \mu\sigma_z) \\ \varepsilon_y = \dfrac{1}{E}(\sigma_y - \mu\sigma_z - \mu\sigma_x) \\ \varepsilon_z = \dfrac{1}{E}(\sigma_z - \mu\sigma_x - \mu\sigma_y) \\ \gamma_{xy} = \dfrac{1}{G}\tau_{xy} \\ \gamma_{yz} = \dfrac{1}{G}\tau_{yz} \\ \gamma_{zx} = \dfrac{1}{G}\tau_{zx} \end{cases} \tag{3.109}$$

用矩阵表示为

$$
\{\varepsilon\}=\begin{Bmatrix}\varepsilon_x\\ \varepsilon_y\\ \varepsilon_z\\ \gamma_{xy}\\ \gamma_{yz}\\ \gamma_{zx}\end{Bmatrix}=\begin{bmatrix}\frac{1}{E} & -\frac{\mu}{E} & -\frac{\mu}{E} & 0 & 0 & 0\\ -\frac{\mu}{E} & \frac{1}{E} & -\frac{\mu}{E} & 0 & 0 & 0\\ -\frac{\mu}{E} & -\frac{\mu}{E} & \frac{1}{E} & 0 & 0 & 0\\ 0 & 0 & 0 & \frac{1}{G} & 0 & 0\\ 0 & 0 & 0 & 0 & \frac{1}{G} & 0\\ 0 & 0 & 0 & 0 & 0 & \frac{1}{G}\end{bmatrix}\begin{Bmatrix}\sigma_x\\ \sigma_y\\ \sigma_z\\ \tau_{xy}\\ \tau_{yz}\\ \tau_{zx}\end{Bmatrix} \tag{3.110}
$$

式(3.109)是以应力表示应变的物理方程式，亦可从公式的前三式解出 σ_x、σ_y、σ_z，从后三式解出 τ_{xy}、τ_{yz}、τ_{zx}，得到物理方程的另一种形式，即用应变表示应力的关系式，用矩阵表示为

$$
\{\sigma\}=\begin{Bmatrix}\sigma_x\\ \sigma_y\\ \sigma_z\\ \tau_{xy}\\ \tau_{yz}\\ \tau_{zx}\end{Bmatrix}=\frac{E(1-\mu)}{(1+\mu)(1-2\mu)}\cdot
\begin{bmatrix}1 & \frac{\mu}{1-\mu} & \frac{\mu}{1-\mu} & 0 & 0 & 0\\ \frac{\mu}{1-\mu} & 1 & \frac{\mu}{1-\mu} & 0 & 0 & 0\\ \frac{\mu}{1-\mu} & \frac{\mu}{1-\mu} & 1 & 0 & 0 & 0\\ 0 & 0 & 0 & \frac{1-2\mu}{2(1-\mu)} & 0 & 0\\ 0 & 0 & 0 & 0 & \frac{1-2\mu}{2(1-\mu)} & 0\\ 0 & 0 & 0 & 0 & 0 & \frac{1-2\mu}{2(1-\mu)}\end{bmatrix}\begin{Bmatrix}\varepsilon_x\\ \varepsilon_y\\ \varepsilon_z\\ \gamma_{xy}\\ \gamma_{yz}\\ \gamma_{zx}\end{Bmatrix} \tag{3.111}
$$

简写为

$$
\{\sigma\}=[D]\{\varepsilon\} \tag{3.112}
$$

式中，$[D]$为弹性矩阵，

$$[D]=\frac{E(1-\mu)}{(1+\mu)(1-2\mu)}\cdot\begin{bmatrix} 1 & \frac{\mu}{1-\mu} & \frac{\mu}{1-\mu} & 0 & 0 & 0 \\ \frac{\mu}{1-\mu} & 1 & \frac{\mu}{1-\mu} & 0 & 0 & 0 \\ \frac{\mu}{1-\mu} & \frac{\mu}{1-\mu} & 1 & 0 & 0 & 0 \\ 0 & 0 & 0 & \frac{1-2\mu}{2(1-\mu)} & 0 & 0 \\ 0 & 0 & 0 & 0 & \frac{1-2\mu}{2(1-\mu)} & 0 \\ 0 & 0 & 0 & 0 & 0 & \frac{1-2\mu}{2(1-\mu)} \end{bmatrix} \tag{3.113}$$

$[D]$是一个对称方阵，完全由表征材料弹性特征的E与μ确定，而与坐标无关。

4. 边界条件

弹性力学基本方程共15个，由于平衡方程和几何方程都是微分方程，因此求解定解还需要边界条件。根据边界条件的不同，弹性力学问题分为位移边界条件、应力边界条件、混合边界条件和变形协调条件。

（1）位移边界条件。

弹性体的部分表面的位移值往往是确定的，设$\bar{u}$、$\bar{v}$、$\bar{w}$为弹性体表面上所给定的沿x、y、z轴方向的3个位移分量，则位移函数在这些表面上必须满足给定值

$$u=\bar{u}(x,y,z) \tag{3.114}$$

$$v=\bar{v}(x,y,z) \tag{3.115}$$

$$w=\bar{w}(x,y,z) \tag{3.116}$$

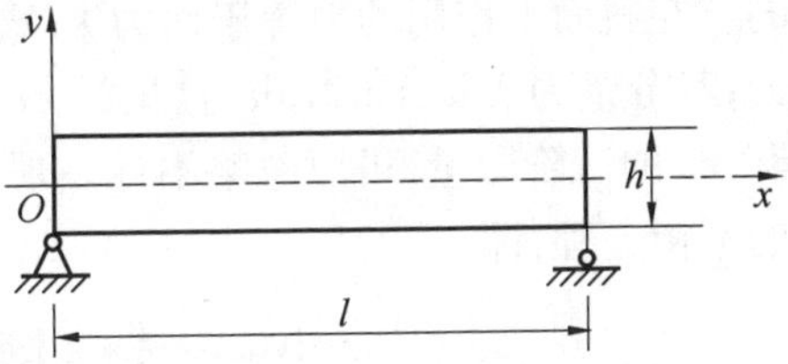

图3.21 简支梁

这就是位移边界条件。例如图3.21所示的简支梁，在两端支座给出了如下位移条件：在$x=0$、$y=-\frac{h}{2}$处，$u=0$，$v=0$；在$x=l$、$y=-\frac{h}{2}$处，$v=0$。

（2）应力边界条件。

平衡方程是反映弹性体内部的应力应满足的条件，而在弹性体的给定面力的边界部分，应力与载荷之间也存在必须满足的条件，即应力边界条件。

图 3. 22 表示弹性体表面所受面力，在任意点 M，为了确定力的边界条件，可在 M 点附近取出一微小的四面体，如图3. 23 所示。这四面体3 个面与坐标面平行，而第 4 个面就是弹性体在 M 点的切平面，其法线为 n，它和坐标轴成 (n,x)、(n,y)、(n,z)。四面体平行于坐标轴的棱长分别用 $\mathrm{d}x$、$\mathrm{d}y$、$\mathrm{d}z$ 表示。与坐标面平行的 3 个面的面积分别为 $1/(2\mathrm{d}y\mathrm{d}z)$、$1/(2\mathrm{d}z\mathrm{d}x)$、$1/(2\mathrm{d}x\mathrm{d}y)$，斜面积为 $\mathrm{d}S$。根据平面图形面积投影的定理，它们之间的关系为

$$\frac{1}{2}\mathrm{d}y\mathrm{d}z = \mathrm{d}S\cos(n,x) \tag{3.117}$$

$$\frac{1}{2}\mathrm{d}z\mathrm{d}x = \mathrm{d}S\cos(n,y) \tag{3.118}$$

$$\frac{1}{2}\mathrm{d}x\mathrm{d}y = \mathrm{d}S\cos(n,z) \tag{3.119}$$

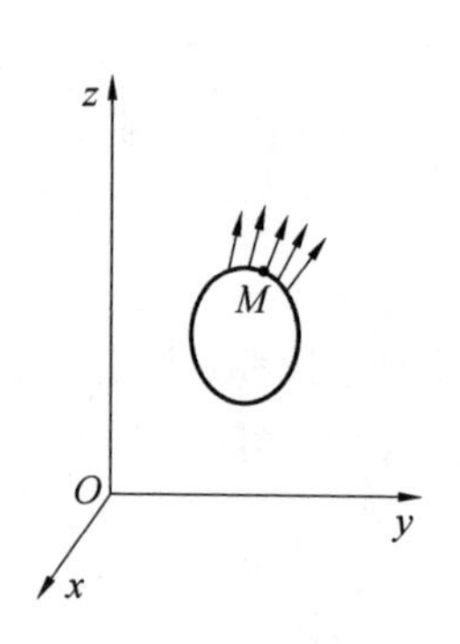

图 3. 22 弹性体表面所受面力

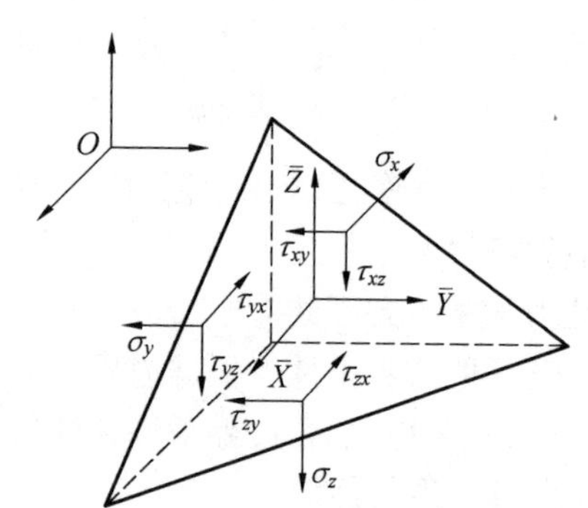

图 3. 23 M 点附近微元体受力状态

在 3 个与坐标面相平行的平面上作用的力等于应力和相应面积的乘积，所以这些力都是 $\mathrm{d}x$、$\mathrm{d}y$、$\mathrm{d}z$ 的二阶微量，而且认为它们是作用于相应面的重心上的。在斜面上作用的力等于面力 $\bar{X}$、$\bar{Y}$、$\bar{Z}$ 和面积 $\mathrm{d}S$ 的乘积。四面体还作用有体力，其分量为 $X\mathrm{d}v$、$Y\mathrm{d}v$、$Z\mathrm{d}v$，这里的 $\mathrm{d}v = 1/(6\mathrm{d}x\mathrm{d}y\mathrm{d}z)$ 是四面体的体积，为 $\mathrm{d}x$、$\mathrm{d}y$、$\mathrm{d}z$ 的三阶微量，可以忽略不计。现建立作用于四面体上各个力沿 x 轴分量的平衡方程，即

$$-\frac{1}{2}\sigma_x\mathrm{d}y\mathrm{d}z - \frac{1}{2}\tau_{yx}\mathrm{d}z\mathrm{d}x - \frac{1}{2}\tau_{zx}\mathrm{d}x\mathrm{d}y + \bar{X}\mathrm{d}S = 0 \tag{3.120}$$

应用面积之间的关系，以及各个力分别沿 y 轴和 z 轴分量的平衡方程，即

$$\begin{cases} \bar{X} = \sigma_x\cos(n,x) + \tau_{xy}\cos(n,y) + \tau_{xz}\cos(n,z) \\ \bar{Y} = \tau_{yz}\cos(n,x) + \sigma_y\cos(n,y) + \tau_{yx}\cos(n,z) \\ \bar{Z} = \tau_{zx}\cos(n,x) + \tau_{zy}\cos(n,y) + \sigma_z\cos(n,z) \end{cases} \tag{3.121}$$

这就是应力边界条件，它反映了弹性体表面的载荷和内部应力之间的关系。

(3) 混合边界条件。

在混合边界问题中，物体的一部分边界具有已知位移，即具有位移边界条件，另一部分边界则具有已知面力，即具有应力边界条件。如图 3.24(a) 所示的固定铰支和可动铰支处为位移边界条件，DC 边界上分布面力大小为 q，其他边界上应力为零，为面力边界条件，整个问题为混合边界问题。而图 3.24(b) 中同一边界存在两种边界条件：x 轴方向位移 $u|_{x=a}=0$ 和 y 轴方向切应力 $\tau_{xy}|_{x=a}=0$。

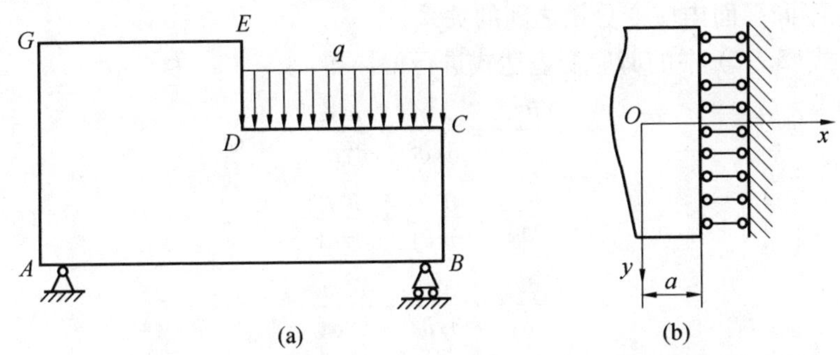

图 3.24　固定铰支和可动铰支处为位移边界条件

(4) 变形协调条件。

弹性体变形前是连续的，变形后仍应保持连续，在它们之间既不应有空隙，也不应当有重叠。若将一弹性体假定由无数个微小长方体和四面体组成，在变形过程中，如果 6 个应变分量 ε_x、ε_y、ε_z、γ_{xy}、γ_{yz}、γ_{xz} 之间没有一定的关系相约束，则由各自变形的微小长方体和四面体就不能重新组成一个连续的弹性体。为了保证弹性体变形前后均为连续体，如果用位移来描述变形状态位移分量，则必须是坐标的单值连续函数。如果用应变来描述变形状态，从几何方程可见，6 个应变分量是由 3 个位移分量表征的，因此应变分量之间必然存在相关性。只消去应变分量表达式中的 u、v、w，就可建立应变分量之间的直接关系式。现分两种情况讨论。

① 同一平面内应变分量之间的关系。

例如在 xOy 平面内 ε_x、ε_y、v_{xy} 之间的关系，可将 ε_x 对 y 二次偏导及 ε_y 对 x 二次偏导，得

$$\frac{\partial^2\varepsilon_x}{\partial y^2}=\frac{\partial^3 u}{\partial x\partial y^2},\quad \frac{\partial^2\varepsilon_y}{\partial x^2}=\frac{\partial^3 v}{\partial v\partial x^2} \tag{3.122}$$

将两式相加得

$$\frac{\partial^2\varepsilon_x}{\partial y^2}+\frac{\partial^2\varepsilon_y}{\partial x^2}=\frac{\partial^3 u}{\partial x\partial y^2}+\frac{\partial^3 v}{\partial v\partial x^2}=\frac{\partial^2}{\partial x\partial y}\left(\frac{\partial u}{\partial y}+\frac{\partial v}{\partial x}\right)=\frac{\partial^2}{\partial x\partial y}\gamma_{xy} \tag{3.123}$$

同理,在另外 2 个平面内也可得相应的关系式,联立起来得

$$\frac{\partial^2 \varepsilon_x}{\partial y^2} + \frac{\partial^2 \varepsilon_y}{\partial x^2} = \frac{\partial^2 \gamma_{xy}}{\partial x \partial y} \tag{3.124}$$

$$\frac{\partial^2 \varepsilon_z}{\partial x^2} + \frac{\partial^2 \varepsilon_x}{\partial z^2} = \frac{\partial^2 \gamma_{xz}}{\partial x \partial z} \tag{3.125}$$

$$\frac{\partial^2 \varepsilon_z}{\partial x^2} + \frac{\partial^2 \varepsilon_x}{\partial z^2} = \frac{\partial^2 \gamma_{xz}}{\partial x \partial z} \tag{3.126}$$

② 不同平面内应变分量之间的关系。

将式(3.92) 中的剪应变表达式进行偏导得

$$\frac{\partial v_{xy}}{\partial z} = \frac{\partial^2 v}{\partial x \partial z} + \frac{\partial^2 u}{\partial y \partial z} \tag{3.127}$$

$$\frac{\partial v_{yz}}{\partial x} = \frac{\partial^2 w}{\partial x \partial y} + \frac{\partial^2 v}{\partial y \partial z} \tag{3.128}$$

$$\frac{\partial v_{zx}}{\partial y} = \frac{\partial^2 u}{\partial y \partial z} + \frac{\partial^2 w}{\partial y \partial x} \tag{3.129}$$

将式(3.127) 和式(3.128) 相加减去式(3.129) 得

$$\frac{\partial v_{xy}}{\partial z} + \frac{\partial v_{zy}}{\partial x} - \frac{\partial v_{zx}}{\partial y} = 2\frac{\partial^2 v}{\partial x \partial z} \tag{3.130}$$

为了消去式(3.130) 中的 v,再将方程式两边对 y 偏导,并考虑

$$\frac{\partial^3 v}{\partial x \partial y \partial z} = \frac{\partial^2 u}{\partial y \partial z}\left(\frac{\partial v}{\partial y}\right) = \frac{\partial^3 \varepsilon_y}{\partial z \partial x} \tag{3.131}$$

于是得

$$\frac{\partial}{\partial y}\left(\frac{\partial v_{xy}}{\partial z} + \frac{\partial v_{yz}}{\partial x} - \frac{\partial v_{xz}}{\partial y}\right) = 2\frac{\partial^3 \varepsilon_y}{\partial z \partial x} \tag{3.132}$$

同理可求出另外 2 个关系式,联立起来得

$$\frac{\partial}{\partial y}\left(\frac{\partial v_{xy}}{\partial z} + \frac{\partial v_{yz}}{\partial x} - \frac{\partial v_{xz}}{\partial y}\right) = 2\frac{\partial^3 \varepsilon_y}{\partial z \partial x} \tag{3.133}$$

$$\frac{\partial}{\partial x}\left(\frac{\partial v_{xz}}{\partial y} + \frac{\partial v_{yx}}{\partial z} - \frac{\partial v_{yz}}{\partial x}\right) = 2\frac{\partial^3 \varepsilon_x}{\partial z \partial y} \tag{3.134}$$

$$\frac{\partial}{\partial z}\left(\frac{\partial v_{yz}}{\partial x} + \frac{\partial v_{zx}}{\partial y} - \frac{\partial v_{xy}}{\partial y}\right) = 2\frac{\partial^3 \varepsilon_z}{\partial x \partial y} \tag{3.135}$$

式(3.100) 与式(3.101) 6 个应变分量之间的关系式称为变形协调方程式,亦称为相容方程式或圣维南方程式。当根据外载荷先求出各点应力,再求应变时,则所求的应变必须同时满足变形协调方程式,否则它们就不相容,也就不能根据式(3.92) 求位移。如果根据外载荷先求出各点位移再利用式(3.92)

求应变分,则变形协调方程式自然满足。

3.4.3　弹性理论问题的解题方法

现将上面所讨论的问题加以综合。一共有15个未知量,3个位移分量u、v、w;6个应变分量ε_x、ε_y、ε_z、γ_{xy}、γ_{yz}、γ_{xz};6个应力分量σ_x、σ_y、σ_z、τ_{xy}、τ_{yz}、τ_{zx}。从数学观点来看,需用15个方程求解。现有3个平衡方程、6个几何方程、6个物理方程,共15个,因而可解出15个未知量,而变形协调方程是自行满足的,因它由几何方程导出。但在实际工程问题中,并不需要同时求出全部15个未知量,而是可以将某些基本未知量先求出,然后再求其他所需要的未知量。根据选择的基本未知量的不同,弹性力学的解题方法大致有3种。

(1) 位移法。

取位移分量$u(x,y,z)$、$v(x,y,z)$、$w(x,y,z)$作为基本未知量。利用位移表示的平衡方程及边界条件先求解位移未知量,再分别根据几何方程与物理方程求出相应的应变分量与应力分量。有限元法通常采用位移法求解较为方便。

(2) 应力法。

取应力分量$\sigma_x(x,y,z)$、$\sigma_y(x,y,z)$、$\sigma_z(x,y,z)$、$\tau_{xy}(x,y,z)$、$\tau_{yz}(x,y,z)$、$\tau_{zx}(x,y,z)$作为基本未知量。利用应力表示的平衡方程和变形协调方程先求解应力未知量,当然所得到的解还必须满足应力边界条件。求出应力后,再分别利用物理方程与几何方程求解相应的应变与位移。

(3) 混合法。

同时取部分的位移分量和应力分量作为基本未知量,根据需要利用上述方程求解。

3.4.4　弹性力学中的能量原理

前面给出了弹性力学基本方程,这是一组微分方程,只要给出边界条件,理论上完全可以解出空间问题15个未知量、平面问题8个未知量。在数学上称这种解决问题的方法为微分方程的边值问题。通常可以按照应力法、位移法和混合法这3种方法。以应力分量为基本未知函数的求解方法称为应力求解方法,一般求解的过程是先求应力分量,再求其他未知量,如果是超静定问题,则需要补充其他边界条件。按照应力求解方法无法使用位移边界条件,只能使用应力边界条件,所以按应力求解时,弹性力学问题只能包含应力边界条件[5]。以位移分量为未知函数的求解方法称为位移求解方法,此时应通过物理方程和几何方程将平衡微分方程改用位移分量表达。应力边界条件也可以用位移分量表达,按位移求解时,弹性力学问题可以包括位移边界条件和应力边界条件。混合法既有部分应力分量,又有部分位移分量为基本未知量,既建立变形协调方程,又建立内力平衡方程,最后加以求解。不管用哪种方法,工程实际中提出的弹性力学问题,能求得解析解的极其有限,多数还要用数值方法求解。

弹性力学的变分解法属于能量法,是与微分方程边值问题完全等价的方法,将弹性力学问题归结为能量的极值问题。能量表达成位移分量的函数,而位移本身又是坐标的函数,能量是函数的函数,称为泛函。变分法就是研究泛函的极值问题。

1. 虚功原理

虚功原理蕴藏着比牛顿运动定律的平衡条件更为基本的力学原理,是平衡方程的弱形式,也能产生弱解。这里的位移可以是无穷小的,但在物体的内部结构必须是连续的,在边界上必须符合运动学边界条件,例如对于悬臂梁来说,在固定端处,虚位移及其斜率必须等于零。

作用在一个质点上的力,当给予这个质点一个合理的、假定的、无穷小的位移时,这个力沿这个位移所做的功称为虚功,这个合理的、假定的、无穷小的位移称为虚位移。对于质点系,也可以做同样的定义,但虚功必须求和或积分。

虚位移的概念应从以下方面理解。

(1) 虚位移是一种允许位移,必须满足一定的约束条件,即约束允许的位移。固体力学中,认为自由弹性体是相互间有一定约束的无数个质点组成的系统,这种约束称为变形协调,即变形前后都必须是连续的。如果该弹性体受到边界约束,就不是自由弹性体。该弹性体各个质点的微小位移不仅要满足变形协调,而且还要满足边界约束,在满足这两项要求下,各种允许位移才都是虚位移。

(2) 虚位移是假设的,具有无穷多种可能性。真实位移是在一定载荷和初始条件下,物体受到相同的约束时产生的位移。真实位移是唯一的,是无数虚位移可能性之一。

(3) 虚位移是一种很小的位移,这种很小的位移可以认为是无穷小的,可以用变分记号 δ 来标定。如果某点位移用 u_i 表示,则虚位移用 δu_i 表示,而真实位移用 $\mathrm{d}u_i$ 表示。由此也可以看出变分和微分性质上的差别,$\mathrm{d}u_i$ 是唯一的,δu_i 一般有无穷多种可能性。

(4) 质点或质点系在虚位移的过程中,原有的力和应力均应保持不变。

由上面四点可以得出结论,虚位移就是位移的变分。

虚功原理可表述为:如果质点系在受到外力的作用下保持平衡,则质点系所受到的所有的动力和阻力在从平衡位置开始的在任何虚位移上所做的虚功的总和等于零。反之,若作用在质点系上的全部动力和阻力在由某位置算起的任何虚位移上所做的虚功的总和等于零,则此质点系在该位置上必处于平衡状态,对应地,可以建立虚功原理或余虚功原理。

虚功原理不仅在弹性力学上广泛应用,在其他领域也有广泛的运用,它适用于线性、非线性及与时间相关的问题,但对于具有耗散功的系统不适用,因为它本质上是机械能守恒原理。

虚功原理在力系不变的条件下给定虚位移,要求位移场发生微小变化后仍是变形协调的,并没有要求力系仍是平衡的。因此,利用虚功原理导出的位移场是精确的变形协调位移场,导出的力系却只是近似地满足平衡方程。

在外力作用下弹性体发生变形,即外力对弹性体做功,若不考虑变形过程中的热量损失、弹性体动能的变化及外界阻力所做的功,则外力所做的功将全部储存在弹性体内,使弹性体能量增加,这部分增加的位能称为应变能。把虚功原理应用于连续弹性体,则可叙述为:弹性体在外力作用下处于平衡状态,外力对弹性体所做虚功的代数和等于弹性体所储存的虚应变能。

弹性体中的某点在外力作用下发生的实际位移分量 u、v、w,既满足位移分量表达的平衡微分方程,又满足各种边界条件。假设这些位移分量在边界条件所允许的情况下发生微小改变,即所谓虚位移或位移变分 δu、δv、δw,则

$$u' = u + \delta u, \quad v' = v + \delta v, \quad w' = w + \delta w \tag{3.136}$$

外力在虚位移上所做的虚功为

$$\iiint_V (X\delta u + Y\delta v + Z\delta w)\,\mathrm{d}V + \iint_A (\overline{X}\delta u + \overline{Y}\delta v + \overline{Z}\delta w)\,\mathrm{d}A$$

假定弹性体在外力的作用下发生变形过程中,没有其他形式的能量损失,依据能量守恒定律,变形势能的增加等于外力在虚位移上所做的功,即虚应变能等于外力所做的虚功:

$$\delta U = \iiint_V (X\delta u + Y\delta v + Z\delta w)\,\mathrm{d}V + \iint_A (\overline{X}\delta u + \overline{Y}\delta v + \overline{Z}\delta w)\,\mathrm{d}A \tag{3.137}$$

式中,U 为弹性体的变形势能。

式(3.137)称为位移变分方程,也称为拉格朗日变分方程。显然,这个方程是把虚功原理应用于连续弹性体的结果。

将式(3.137)左边的变形势能变分,即虚应变能改写为应力在虚位移引起的虚应变上所做的虚功,就得到

$$\begin{aligned}&\iiint_V (\sigma_x\,\delta\varepsilon_x + \sigma_y\,\delta\varepsilon_y + \sigma_z\,\delta\varepsilon_z + \tau_{xy}\,\delta\gamma_{xy} + \tau_{yz}\,\delta\gamma_{yz} + \tau_{zx}\,\delta\gamma_{zx})\,\mathrm{d}V\\ &= \iiint_V (X\delta u + Y\delta v + Z\delta w)\,\mathrm{d}V + \iint_A (\overline{X}\delta u + \overline{Y}\delta v + \overline{Z}\delta w)\,\mathrm{d}A\end{aligned} \tag{3.138}$$

这就是虚功方程。可以写成矩阵表达形式,即

$$[\delta^*]^T[F] = [\varepsilon^*]^T[\delta]dV \tag{3.139}$$

式中,$[\delta^*]$ 为虚位移列阵;$[F]$ 为外力列阵;$[\varepsilon^*]$ 为虚应变列阵;$[\sigma]$ 为应力列阵。

2. 最小位能原理

最小位能原理又称最小势能原理,它是虚位移原理的另一种形式。根据虚位移原理,则有

$$\delta U - \delta W = \delta U + (-\delta W) = 0 \tag{3.140}$$

由于虚位移是微小的,在虚位移过程中,外力的大小和方向可以看成常量,只是作用点有了改变,则拉格朗日变分方程右边积分号内的变分符号可移至积分号外面,即

$$\delta U = \delta\left(\iiint_V (Xu + Yv + Zw)\,dV + \iint_A (\overline{X}u + \overline{Y}v + \overline{Z}w)\,dA\right) \tag{3.141}$$

式中,括号内为外力功,即外力势能的负值。

记外力势能为 W,总势能为 Π,由式(3.141)得

$$\delta\Pi = \delta(U + W) = 0 \tag{3.142}$$

式中,U 为弹性体的变形势能,

$$U = \iiint_V (\sigma_x\varepsilon_x + \sigma_y\varepsilon_y + \sigma_z\varepsilon_z + \tau_{xy}\gamma_{xy} + \tau_{yz}\gamma_{yz} + \tau_{zx}\gamma_{zx})D_v \tag{3.143}$$

由于弹性体的总位能的变化是虚位移乘位移的变分引起的,那么,给出不同的位移函数,就可以求出对应于该位移函数的总位能,而使总位能最小的那个位移函数,接近于真实的位移解,从数学观点来说,$\delta\Pi = 0$ 表示总位能对位移函数的一次变分等于零。因为总位能是位移函数的函数,称为泛函,而 $\delta\Pi = 0$ 就是对泛函求极值。如果考虑二阶变分,就可以证明,对于稳定平衡状态,实际发生的位移使弹性体的势能取极小值,故称为极小势能原理。

根据上述分析,最小位能原理可以叙述为:弹性体在给定的外力作用下,在满足变形协调条件和位移边界条件的所有各组位移解中,实际存在的一组位移应使总位能成为最小值。这样,可以利用最小位能原理求得弹性体的位移。知道了位移,进一步可以求得应力,以分析弹性体的强度。极小势能原理与虚功方程、拉格朗日变分方程是完全等价的。通过运算,可以由它们导出平衡微分方程和应力边界条件。

3. 最小余能原理

上面介绍的虚位移原理和最小位能原理都是以位移分量作为未知函数,所得到的解是位移解。这样求得的位移比较精确,然后由位移求应力。而在工程中最感兴趣的还是应力,所以以应力作为未知函数来求解很有必要。这时就要利用最小余能原理。

(1) 余功和余虚功。

对于简单拉曲线,左边画横线图形部分的面积,定义为余功,记为 W_C。它可以作矩形面积 $OABC$ 内的余面积,如图 3.25 所示。显然,对于线弹性问题而言,$W_C = W$。

若是位移不变,处于平衡状态的外力 F 有微小变动 δF 时,称 δF 为虚力,虚力在平衡状态的位移 u 上所做的功称为余虚功,用 δW_C 表示。如图 3.25 中左上方画垂线的矩形面积所表示的。

假设弹性体在体积力和表面力作用下处于平衡状态,这时弹性体的位移为 $[f]$,如果虚体积力为 $[\delta g]$,虚表面力为 $[\delta q]$,则余虚功为

$$\delta W_C = \int_V [f]^{\mathrm{T}}[\delta g]\mathrm{d}V + \int_S [f]^{\mathrm{T}}[\delta q]\mathrm{d}S \tag{3.144}$$

(2) 余应变能和余虚应变能。

在应力 - 应变曲线中,左边横线所示的面积表示单位体积的余应变能 $\overline{U}_C$,如图 3.26 所示。

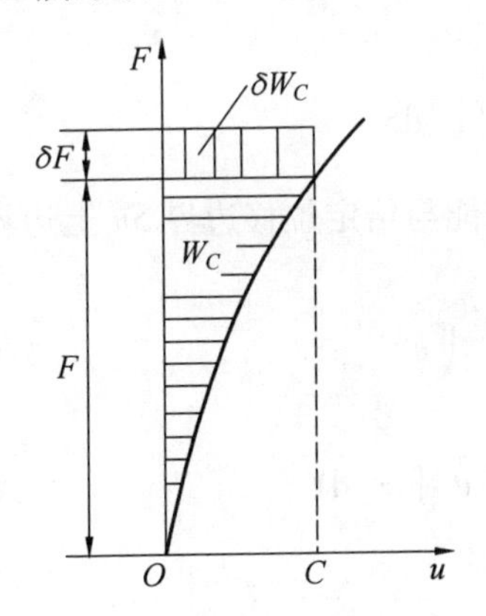

图 3.25　余功和余虚功

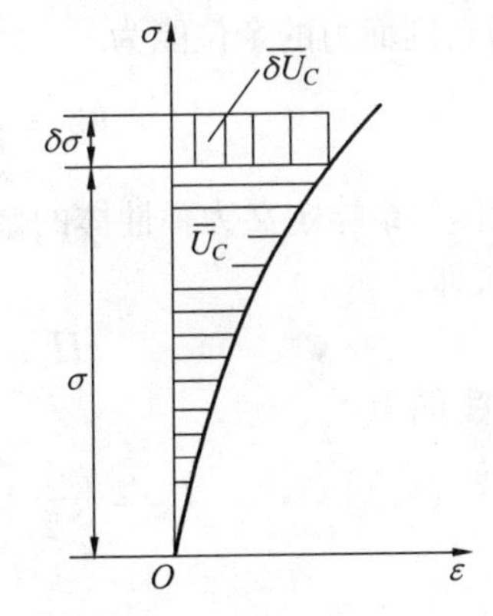

图 3.26　单位体积余应变能和余虚应变能

在线弹情况下,$\overline{U}_C$ 的表达式为

$$\overline{U}_C = \frac{1}{2}[\boldsymbol{\varepsilon}]^{\mathrm{T}}[\boldsymbol{\sigma}] \tag{3.145}$$

将式(3.145)中的应变用应力来表示,并令对称矩阵

$$[d] = [d]^{\mathrm{T}} = [D]^{-1} \tag{3.146}$$

则得

$$U_C = \frac{1}{2}[\boldsymbol{\sigma}]^{\mathrm{T}}[d][\boldsymbol{\sigma}] \tag{3.147}$$

将式(3.147)进行积分,得弹性体的余应变能为

$$U_C = \int_V \frac{1}{2} [\sigma]^{\mathrm{T}} [d] [\sigma] \mathrm{d}V \tag{3.148}$$

在平衡状态下保持应变$[\varepsilon]$不变，当弹性体内发生虚应力$[\delta\sigma]$时，则虚应力在应变上所做的动称为余虚应变能，其表达式为

$$\delta U_C = \int_V \frac{1}{2} [\varepsilon]^{\mathrm{T}} [\delta\sigma] \mathrm{d}V \tag{3.149}$$

单位体积的余虚应变能，用$\overline{\delta U_C}$表示，如图 3.26 左上方用垂线表示的矩形面积，其表达式为

$$\overline{\delta U_C} = [\varepsilon]^{\mathrm{T}} [\delta\sigma] \tag{3.150}$$

则式(3.150) 也可以写为

$$\overline{\delta U_C} = \int_V \overline{\delta U_C} \mathrm{d}V \tag{3.151}$$

(3) 最小余能原理。

如果在弹性体的一部分边界 Su 上给定了位移$[f]$，设作用在 Su 上的边界面力为$[q]$，则面力的余位能为

$$W_C = \int_S [f]^{\mathrm{T}} [q] \mathrm{d}S \tag{3.152}$$

弹性体的余能定义为弹性体的余应变能与给定位移边界 Su 上边界面力余位能之差，即

$$\Pi_C = U_C - W_C \tag{3.153}$$

余应变能为

$$U_C = \int_V \frac{1}{2} [\sigma]^{\mathrm{T}} [d] [\sigma] \mathrm{d}V \tag{3.154}$$

则

$$\Pi_C = \int_V \frac{1}{2} [\sigma]^{\mathrm{T}} [d] [\sigma] \mathrm{d}V - \int_S [f]^{\mathrm{T}} [q] \mathrm{d}S \tag{3.155}$$

最小余能原理可叙述如下：在弹性体内部满足平衡条件并在边界上满足静力边界条件的应力分量中，只有同时在弹性体内部满足应力－应变关系并在边界上满足边界位移条件的应力分量，才能使弹性体的总余能取极值，且可以证明，若弹性体处于稳定平衡状态，则总余能为极小值，即

$$\delta \Pi_C = \delta U_C - \delta W_C = 0 \tag{3.156}$$

弹性力学的变分原理主要包括虚位移原理、最小位能原理和最小余能原理，它们是有限元法的理论基础。

最小位能原理与虚位移原理的本质是一样的。它们都是在实际平衡状态的位移发生虚位移时，能量守恒定律的具体应用，只是表达方式有所不同。可

根据不同的需要,采用其中一种。

最小余能原理与最小位能原理的基本区别在于:最小位能原理对应弹性体或结构的平衡条件,以位移为变化量;而最小余能原理对应弹性体的变形协调条件,以力为变化量。

3.4.5　有限元解平面弹性问题的实例

1. 三节点三角形单元解平面弹性问题

按结构矩阵位移法分析思想,要求解平面弹性问题的有限元离散结构,需要知道单元(三角形薄片)在节点自由度上受力时的弹性特性或刚度特性。这是一个特殊的弹性力学问题。

下面研究有限元法中特有的求解该特殊弹性力学问题的方法。

以单元作为分析对象:有限元离散结构受力平衡后,取出一个典型三节点三角形单元 e。

三角形薄片单元如图3.27所示,三角形顶点设为节点,其局部编号为 l、m、n(逆时针)。每节点有总体坐标 x、y 轴方向两个待求位移分量:u、v 单元共有6个位移分量——6个自由度。

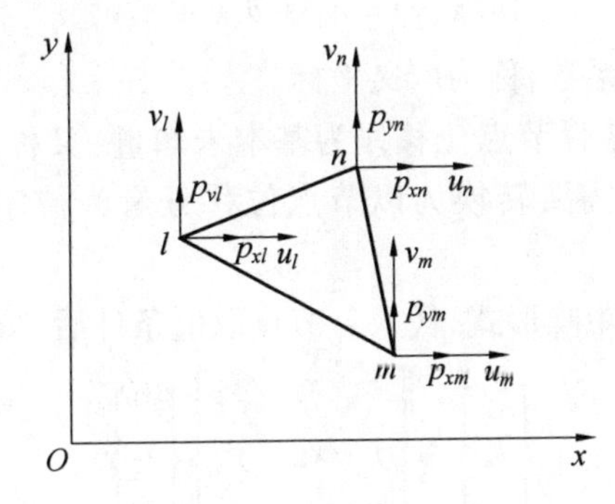

图3.27　三角形薄片单元

单元节点位移列阵为

$$\{\delta^e\} = \begin{Bmatrix} \delta_l \\ \delta_m \\ \delta_n \end{Bmatrix} = [\, u_l \quad v_l \quad u_m \quad v_m \quad u_n \quad v_n \,] \tag{3.157}$$

单元平衡时要注意在节点处受到节点力(节点对单元的作用力),每个节点有2个节点力分量,单元有6个节点力分量。

单元节点力列阵为

$$\{p^e\} = \begin{Bmatrix} p_l \\ p_m \\ p_n \end{Bmatrix} = [p_{xl} \quad p_{yl} \quad p_{xm} \quad p_{ym} \quad p_{xn} \quad p_{yn}] \tag{3.158}$$

2. 单元位移模式

下面要研究的问题是该三角形薄片弹性体在保持平衡时所受节点力和节点位移的关系。

按弹性力学位移法求近似解的思路，位移作为基本未知量时，需要对单元上位移的分布做出假设，即构造含待定参量的简单位移函数 —— 位移模式。

位移模式（或称位移函数）通常为真实位移的插值函数。通常用多项式函数做位移模式，多项式项数越多，逼近精度越高，项数根据单元自由度确定，即

$$u(x,y) = a_1 + a_2x + a_3y + a_4x^2 + a_5xy + a_6y^2 + \cdots \tag{3.159}$$

$$v(x,y) = b_1 + b_2x + b_3y + b_4x^2 + b_5xy + b_6y^2 + \cdots \tag{3.160}$$

对三节点三角形单元，有 6 个待定节点位移分量，所以单元上的位移函数只能是含 6 个待定系数的完全一次多项式，即

$$\begin{cases} u(x,y) = a_1 + a_2x + a_3y \\ v(x,y) = a_4 + a_5x + a_6y \end{cases}$$

式中，$a_1 \sim a_6$ 为待定系数，称为广义坐标。

在结构分析中，选择节点位移作为基本未知量（又称为节点自由度）。所以上面单元位移模式需要转换为以节点位移分量为待定参量的形式。过程如下。

位移多项式写成矩阵形式，代入各节点取值条件后，得到

$$\begin{Bmatrix} u_l \\ u_m \\ u_n \end{Bmatrix} = \begin{bmatrix} 1 & x_l & y_l \\ 1 & x_m & y_m \\ 1 & x_n & y_n \end{bmatrix} \begin{Bmatrix} a_1 \\ a_2 \\ a_3 \end{Bmatrix}$$

$$\begin{Bmatrix} v_l \\ v_m \\ v_n \end{Bmatrix} = \begin{bmatrix} 1 & x_l & y_l \\ 1 & x_m & y_m \\ 1 & x_n & y_n \end{bmatrix} \begin{Bmatrix} a_4 \\ a_5 \\ a_6 \end{Bmatrix}$$

分别解出 6 个待定系数。由第一组方程解 $a_1 \sim a_3$ 可得

$$\begin{Bmatrix} a_4 \\ a_5 \\ a_6 \end{Bmatrix} \begin{bmatrix} 1 & x_l & y_l \\ 1 & x_m & y_m \\ 1 & x_n & y_n \end{bmatrix} \begin{Bmatrix} u_l \\ u_m \\ u_n \end{Bmatrix} \tag{3.161}$$

$$a_2 = \frac{1}{2\Delta}((y_m - y_n)u_l + (y_n - y_l)u_m + (y_l - y_m)u_n) \tag{3.162}$$

$$a_2=\frac{1}{2\Delta}((y_m-y_n)u_l+(y_n-y_l)u_m+(y_l-y_m)u_n) \tag{3.163}$$

$$a_2=\frac{1}{2\Delta}((x_n-x_m)u_l+(x_l-x_n)u_m+(x_m-x_l)u_n) \tag{3.164}$$

其中

$$\begin{Bmatrix}u_l\\u_m\\u_n\end{Bmatrix}=\begin{bmatrix}1&x_l&y_l\\1&x_m&y_m\\1&x_n&y_n\end{bmatrix}\begin{Bmatrix}a_1\\a_2\\a_3\end{Bmatrix}$$

式中,Δ 为三角形面积。

引入新的变量 a_k、b_k、c_k,即

$$\begin{Bmatrix}a_1\\a_2\\a_3\end{Bmatrix}=\begin{bmatrix}1&x_l&y_l\\1&x_m&y_m\\1&x_n&y_n\end{bmatrix}^{-1}\begin{Bmatrix}u_l\\u_m\\u_n\end{Bmatrix}=\frac{1}{2\Delta}\begin{bmatrix}a_l&a_m&a_n\\b_l&b_m&b_n\\c_l&c_m&c_n\end{bmatrix}\begin{Bmatrix}u_l\\u_m\\u_n\end{Bmatrix} \tag{3.165}$$

式中,Δ 为三角形面积,$2\Delta=|\boldsymbol{A}|=\begin{bmatrix}1&x_l&y_l\\1&x_m&y_m\\1&x_n&y_n\end{bmatrix}$;$a_k$、$b_k$、$c_k$ 分别为节点坐标行列式 $|\boldsymbol{A}|$ 的第 $k(k=l,m,n)$ 行,且第 1、2、3 个元素的代数余子式均为常数。

同理,由第二组方程解 $a_4\sim a_6$ 可得

$$\begin{Bmatrix}v_l\\v_m\\u_n\end{Bmatrix}=\begin{bmatrix}1&x_l&y_l\\1&x_m&y_m\\1&x_n&y_n\end{bmatrix}\begin{Bmatrix}a_4\\a_5\\a_6\end{Bmatrix}$$

$$\begin{Bmatrix}a_4\\a_5\\a_6\end{Bmatrix}=\begin{bmatrix}1&x_l&y_l\\1&x_m&y_m\\1&x_n&y_n\end{bmatrix}^{-1}\begin{Bmatrix}v_l\\v_m\\v_n\end{Bmatrix}=\frac{1}{2\Delta}\begin{bmatrix}a_l&a_m&a_n\\b_l&b_m&b_n\\c_l&c_m&c_n\end{bmatrix}\begin{Bmatrix}v_l\\v_m\\v_n\end{Bmatrix} \tag{3.166}$$

式中,Δ 为三角形面积,$2\Delta=|\boldsymbol{A}|=\begin{bmatrix}1&x_l&y_l\\1&x_m&y_m\\1&x_n&y_n\end{bmatrix}$;$a_k$、$b_k$、$c_k$ 分别为节点坐标行列式 $|\boldsymbol{A}|$ 的第 $k(k=l,m,n)$ 行,且第 1、2、3 个元素的代数余子式均为常数。

将求出的 $a_1\sim a_6$ 代回位移多项式,得到

$$u = [1 \quad x \quad y]\begin{Bmatrix} a_1 \\ a_2 \\ a_3 \end{Bmatrix} = [1 \quad x \quad y]\frac{1}{2\Delta}\begin{bmatrix} a_l & a_m & a_n \\ b_l & b_m & b_n \\ c_l & c_m & c_n \end{bmatrix}\begin{Bmatrix} u_l \\ u_m \\ u_n \end{Bmatrix}$$

$$= \frac{1}{2\Delta}[a_l + b_l x + c_l y \quad a_m + b_m x + c_m y \quad a_n + b_n x + c_n y]\begin{Bmatrix} u_l \\ u_m \\ u_n \end{Bmatrix} \tag{3.167}$$

引入

$$N_l = \frac{1}{2\Delta}(a_l + b_l x + c_l y)$$

$$N_m = \frac{1}{2\Delta}(a_m + b_m x + c_m y)$$

$$N_n = \frac{1}{2\Delta}(a_n + b_n x + c_n y)$$

$$u = [N_l \quad N_m \quad N_n]\begin{Bmatrix} u_l \\ u_m \\ u_n \end{Bmatrix} = N_l u_l + N_m u_m + N_n u_n = \sum_{i=l,m,n} N_i u_i \tag{3.168}$$

同理可求得

$$v = N_l v_l + N_m v_m + N_n v_n = \sum_{i=l,m,n} N_i v_i \tag{3.169}$$

式中

$$N_i = \frac{1}{2\Delta}(a_i + b_i x + c_i y) \quad (i = l, m, n)$$

为位置插值基函数,称为形状函数(形函数)。

至此,单元位移模式已转换为节点位移的插值形式,即

$$u = N_l u_l + N_m u_m + N_n u_n \tag{3.170}$$

$$v = N_l v_l + N_m v_m + N_n v_n \tag{3.171}$$

将 u 和 v 合并后用矩阵表示为

$$\begin{Bmatrix} u \\ v \end{Bmatrix}\begin{bmatrix} N_l & 0 & N_m & 0 & N_n & 0 \\ 0 & N_l & 0 & N_m & 0 & N_n \end{bmatrix}\{\delta\} = [N]\{\delta\}^e \tag{3.172}$$

式中,$[N]$ 为形函数矩阵,是对单元节点位移进行插值得到单元位移分布函数的转换矩阵;$\{\delta\}$ 为单元节点位移阵列。

只要知道了单元节点位移,就可通过形函数插值求出单元内任一点位移。用节点位移插值表示单元位移模式是有限元法中除了离散化之外最重要的步骤。

3. 形函数及其性质

式(3.170) 和式(3.171) 是单元位移的插值表达式,它表明只要知道了节点位移,就可以通过形函数插值求出单元内任一点的位移。

例如:对于单元内某一点 P,只要知道其坐标(x_p,y_p),便可求出该点的形函数,即

$$N_{lp}=\frac{1}{2\Delta}(a_l+b_lx_p+c_ly_p) \tag{3.173}$$

$$N_{mp}=\frac{1}{2\Delta}(a_m+b_mx_p+c_my_p) \tag{3.174}$$

$$N_{np}=\frac{1}{2\Delta}(a_n+b_nx_p+c_ny_p) \tag{3.175}$$

从而,再通过节点位移,运用上述形函数,便可以插值出点 P 的位移值,即

$$u_p=N_{lp}u_l+N_{mp}u_m+N_{np}u_n \tag{3.176}$$

$$v_p=N_{lp}v_l+N_{mp}v_m+N_{np}v_n \tag{3.177}$$

对于单元位移模式,如图 3.28 所示。

$$u=N_lu_l+N_mu_m+N_nu_n \tag{3.178}$$

$$v=N_lv_l+N_mv_m+N_nv_n \tag{3.179}$$

$$N_i=\frac{1}{2\Delta}(a_i+b_ix+c_iy)\quad(i=l,m,n) \tag{3.180}$$

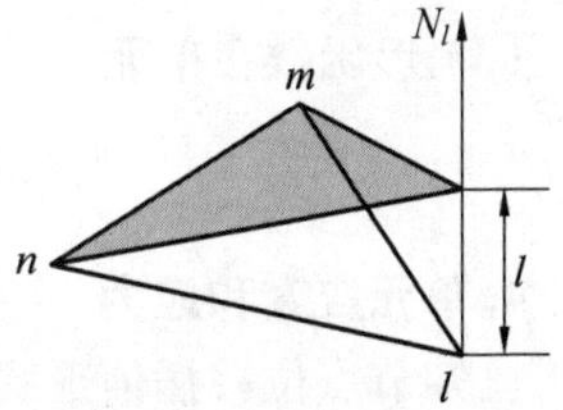

图 3.28　简单三角形单元

假设 $u_l=1,u_m=u_n=0$,得到 $u(x,y)=N_l$。

N_l 是 l 节点发生单位位移,m、n 节点固定不动时,单元的位移分布形状如图 3.28 所示,因此称为节点的形状函数。单元每个节点对应一个形函数。

显然,形函数决定了单元上位移分布的形态。事实上,单元位移模式就是所有形函数的线性组合。一个单元的位移模式决定了该单元描述局部位移场的能力,决定求解的精度、收敛性等,而形函数是最重要的因素。

针对三节点三角形单元,可以导出单元形函数的下列性质。

性质 1　单元上某节点的形函数在该节点的值为 1,在其他节点的值为零,即

$$N_l(x_l,y_l)=1$$
$$N_m(x_m,y_m)=0$$
$$N_n(x_n,y_n)=0$$

性质 2　单元上所有形函数之和等于 1(简单三角形单元的形函数只有 2 个独立),即

$$N_l+N_m+N_n=1 \tag{3.181}$$

性质3(推论)　简单三角形单元的形函数在边界上的性质。

某节点的形函数在该点邻边上呈线性分布,取值在0～1之间,在该点对边上值为零。

简单三角形单元形函数的几何意义:根据位移模式表达式及其形函数的性质,可以推断出两相邻三角形单元上位移分布形状和公共边界上位移的情况,两个单元上位移线性连续分布,各单元在公共边界上位移线性分布,数值相同 —— 边界位移协调。

由图形几何性质可以推断简单三角形单元形函数的下列结论。

(1) 三角形形心上。

$$N_l = N_m = N_n = \frac{1}{3}$$

(2) 形函数在边界上的积分。

$$\int_{l_{lm}} N_l \mathrm{d}s = \int_{l_{lm}} N_m \mathrm{d}s = \frac{1}{2} l_{lm}$$

(3) 形函数在单元上的积分。

$$\iint_{\Delta} N_i(x,y)\,\mathrm{d}x\mathrm{d}y = \frac{A}{3} \quad (i = l,m,n)$$

4. 单元应变和应力

已知节点位移插值形式的单元位移模式,即

$$\begin{Bmatrix} u \\ v \end{Bmatrix} = [N]\ \{\delta\}^e \tag{3.182}$$

代入平面问题几何方程(应变 - 位移关系)得到单元应变

$$\varepsilon_x = \frac{\partial u}{\partial x},\quad \varepsilon_y = \frac{\partial v}{\partial y},\quad \varepsilon_z = \frac{\partial w}{\partial z}$$

$$\gamma_{xy} = \frac{\partial u}{\partial y} + \frac{\partial v}{\partial x},\quad \gamma_{yz} = \frac{\partial v}{\partial z} + \frac{\partial w}{\partial y},\quad \gamma_{xz} = \frac{\partial w}{\partial x} + \frac{\partial u}{\partial z}$$

$$\{\varepsilon\} = \begin{Bmatrix} \varepsilon_x \\ \varepsilon_y \\ \varepsilon_z \end{Bmatrix} = \begin{bmatrix} \frac{\partial}{\partial x} & 0 \\ 0 & \frac{\partial}{\partial y} \\ \frac{\partial}{\partial y} & \frac{\partial}{\partial x} \end{bmatrix} \begin{Bmatrix} u \\ v \end{Bmatrix} = \begin{bmatrix} \frac{\partial}{\partial x} & 0 \\ 0 & \frac{\partial}{\partial y} \\ \frac{\partial}{\partial y} & \frac{\partial}{\partial x} \end{bmatrix} \begin{bmatrix} N_l & 0 & N_m & 0 & N_n & 0 \\ 0 & N_l & 0 & N_m & 0 & N_n \end{bmatrix} \{\delta\}^e \tag{3.183}$$

将计算出的 $a_1 \sim a_6$ 值代入单元应变方程,并引入标记,得到

$$\{\varepsilon\} = \begin{bmatrix} \frac{\partial N_l}{\partial x} & 0 & \frac{\partial N_m}{\partial x} & 0 & \frac{\partial N_n}{\partial x} & 0 \\ 0 & \frac{\partial N_l}{\partial y} & 0 & \frac{\partial N_m}{\partial y} & 0 & \frac{\partial N_n}{\partial y} \\ \frac{\partial N_l}{\partial y} & \frac{\partial N_l}{\partial x} & \frac{\partial N_m}{\partial y} & \frac{\partial N_m}{\partial x} & \frac{\partial N_n}{\partial y} & \frac{\partial N_n}{\partial x} \end{bmatrix} \{\delta\}^e$$

$$= [B_l \quad B_m \quad B_n] \{\delta\}^e = [B] \{\delta\}^e$$

上式简写为

$$\{\varepsilon\} = [B] \{\delta\}^e \tag{3.184}$$

式中，$[B]$ 为应变系数矩阵，其一个子块的计算式为

$$[B_i] = \begin{bmatrix} \frac{\partial N_i}{\partial x} & 0 \\ 0 & \frac{\partial N_i}{\partial y} \\ \frac{\partial N_i}{\partial y} & \frac{\partial N_i}{\partial x} \end{bmatrix} \quad (i = l, m, n) \tag{3.185}$$

对简单三角形单元，应变矩阵为

$$[B] = \frac{1}{2\Delta} \begin{bmatrix} b_l & 0 & b_m & 0 & b_n & 0 \\ 0 & c_l & 0 & c_m & 0 & c_n \\ c_l & b_l & c_m & b_m & c_n & b_n \end{bmatrix} \tag{3.186}$$

由于式(3.186)中 Δ、b_i、$c_i (i = l, m, n)$ 均为与单元节点坐标有关的常数，所以该单元的应变矩阵是常数矩阵，该单元的应变在单元上是常数，故该单元又称为常应变三角形单元。

将单元应变代入平面问题物理方程，即得到

$$\{\varepsilon\} = [B] \{\delta\}^e$$

$$\{\sigma\} = \begin{Bmatrix} \sigma_x \\ \sigma_y \\ \sigma_z \end{Bmatrix} = [D] \{\varepsilon\} = [D][B] \{\varepsilon\} = [S] \{\delta\}^e \tag{3.187}$$

式中，$[S] = [D][B]$ 为单元应力矩阵；$[D]$ 为平面弹性问题矩阵。

应力矩阵的分块形式为

$$[S] = [D][B_l \quad B_m \quad B_n] = [S_l \quad S_m \quad S_n]$$

$$[S_i] = [D][B_i] \quad (i = l, m, n)$$

对于平面应力问题，应力矩阵的子块为

$$[S_i] = \frac{E}{2\Delta(1-\mu^2)}\begin{bmatrix} b_i & \mu c_i \\ \mu b_i & c_i \\ \frac{(1-\mu)}{2}c_i & \frac{(1-\mu)}{2}b_i \end{bmatrix} \tag{3.188}$$

对平面应变问题的应力矩阵,只要把式(3.188)中弹性系数做相应变换,即

$$E \to \frac{E}{1-\mu^2},\quad \mu \to \frac{\mu}{1-\mu}$$

因为均质材料的弹性系数为常数,应力矩阵也是常数矩阵,即该单元上应力分布也是常数。平面问题简单三角形单元应力的讨论如下。

单元上应力和应变均为常数,其大小与单元几何尺寸和节点位移有关,一般各单元应力值不相同,应力在单元之间不连续,这是有限元解的近似性的反映。一般把单元上这个常应力值作为单元中心的应力值较合理,有较高的精度(不连续不等于跳变)。

理论和数值实验均可证明,用该单元求解问题时,误差随单元尺寸的减小和单元数目的增加而减小,这就是有限元解的收敛性。事实上,当单元变得越来越小时,结构在一个小单元区域上的应力趋于均匀,而大量小单元拼接在一起就可能很精确地模拟结构中变化的应力。

5. 单元刚度方程与刚度矩阵

前面已经得到了用单元节点位移表示的单元内部位移、应变和应力的分布,即

$$\begin{Bmatrix} u \\ v \end{Bmatrix} = [B]\{\delta\}^e \tag{3.189}$$

式中,$\{\varepsilon\} = [B]\{\delta\}^e$;$\{\sigma\} = [D][B]\{\delta\}^e$。

结构受力平衡时,每个单元在节点力$\{p\}^e$的作用下也保持平衡,节点产生相应位移$\{\delta\}^e$。

$$\{\delta^*\}^e = [u_l^* \quad v_l^* \quad u_m^* \quad v_m^* \quad u_n^* \quad v_n^*]^{\mathrm{T}} \tag{3.190}$$

下面用弹性体虚功原理建立单元的平衡关系。

设单元节点虚位移为

$$\{\delta^*\}^e = [u_l^* \quad v_l^* \quad u_m^* \quad v_m^* \quad u_n^* \quad v_n^*]^{\mathrm{T}} \tag{3.191}$$

则相应有单元内部虚位移,即

$$\delta U = \int_{V^e}(\varepsilon_x^*\sigma_x + \varepsilon_y^*\sigma_y + \gamma_{xy}^*\tau_{xy})\mathrm{d}V = \int_{V^e}\{\varepsilon^*\}^{\mathrm{T}}\{\sigma\}\mathrm{d}V \tag{3.192}$$

相应单元虚应变为

$$\delta U = \int_{V^e}(\varepsilon_x^*\sigma_x + \varepsilon_y^*\sigma_y + \gamma_{xy}^*\tau_{xy})\mathrm{d}V = \int_{V^e}\{\varepsilon^*\}^{\mathrm{T}}\{\sigma\}\mathrm{d}V \tag{3.193}$$

按虚功原理,虚位移下单元的外力虚功等于虚应变能。

外力虚功计算为

$$\delta U = \int_{V^e} (\varepsilon_x^* \sigma_x + \varepsilon_y^* \sigma_y + \gamma_{xy}^* \tau_{xy}) \mathrm{d}V = \int_{V^e} \{\varepsilon^*\}^{\mathrm{T}} \{\sigma\} \mathrm{d}V \tag{3.194}$$

虚应变能计算:单元虚应变能即单元内应力在虚应变上所做虚功。

$$\delta U = \int_{V^e} (\varepsilon_x^* \sigma_x + \varepsilon_y^* \sigma_y + \gamma_{xy}^* \tau_{xy}) \mathrm{d}V = \int_{V^e} \{\varepsilon^*\}^{\mathrm{T}} \{\sigma\} \mathrm{d}V \tag{3.195}$$

由 $\{\varepsilon^*\} = [B]\{\delta^*\}^e, \{\sigma\} = [D][B]\{\delta\}^e$ 可得

$$\begin{aligned}\delta W &= \int_{V^e} \{\varepsilon^*\}^{\mathrm{T}} \{\sigma\} \mathrm{d}V = \int_{V^e} \{[B]\{\delta^*\}^e\}^{\mathrm{T}} [D][B]\{\delta\}^e \mathrm{d}V \\ &= \int_{V^e} \{\{\delta^*\}^e\}^{\mathrm{T}} [B]^{\mathrm{T}} [D][B]\{\delta\}^e \mathrm{d}V \\ &= \{\{\delta^*\}^e\}^{\mathrm{T}} \int_{V^e} [B]^{\mathrm{T}} [D][B] \mathrm{d}V \{\delta\}^e\end{aligned} \tag{3.196}$$

根据上面推导,外力虚功为

$$\delta W = \{\{\delta^*\}^e\}^{\mathrm{T}} \{p\}^e$$

虚应变能为

$$\delta U = \{\{\delta^*\}^e\}^{\mathrm{T}} \int_{V^e} [B]^{\mathrm{T}} [D][B] \mathrm{d}V \{\delta\}^e$$

考虑到虚位移 $\{\delta^*\}^e$ 的任意性,由上式得到

$$\{p\}^e = \int_{V^e} [B]^{\mathrm{T}} [D][B] \mathrm{d}V \{\delta\}^e \tag{3.197}$$

式(3.197)简写为

$$\{p\}^e = [k]^e \{\delta\}^e \tag{3.198}$$

该方程建立了单元节点力和节点位移之间的关系,称为单元刚度方程。至此,我们已经得到了关于弹性实体小单元的力学特性方程。

其中,单元刚度矩阵为

$$[k]^e = \int_{V^e} [B]^{\mathrm{T}} [D][B] \mathrm{d}V \tag{3.199}$$

由于弹性矩阵 $[D]$ 是对称的,由式(3.199)可以看出,单元刚度矩阵 $[k]^e$ 是对称矩阵。对三节点三角形单元,单元刚度矩阵是 6×6 方阵。

对于 $\{p\}^e = [k]^e \{\delta\}^e$,有以下几点说明。

(1) 上面单元刚度方程和单元刚度矩阵的推导虽然在平面问题的简单三角形单元下得到,但推导的过程和公式的形式具有一般性,推导原理和结果适用于一般的连续体力学问题的所有单元。

(2) 单元刚度方程和单元刚度矩阵的建立是单元分析的核心内容。

(3) 一般情况下,单元应变矩阵是坐标的函数矩阵,所以单元刚度矩阵的计算需要进行积分运算。

(4) 所建立的单元刚度矩阵反映了一般弹性体小单元近似的弹性性质,是单元特性的核心。

单元刚度矩阵的计算如下。

弹性力学平面问题的单元刚度矩阵通式为

$$[k]^e = \int_{V^e} [B]^{\mathrm{T}}[D][B]\mathrm{d}V \tag{3.200}$$

$$[k]^e = \iint_{\Omega^e} [B]^{\mathrm{T}}[D][B]h\mathrm{d}x\mathrm{d}y \tag{3.201}$$

式中,h 为单元厚度。

由于应变矩阵是常数矩阵,所以由平面问题刚度矩阵通式得到

$$[k]^e = [B]^{\mathrm{T}}[D][B]h\Delta = h\Delta\begin{Bmatrix} B_l^{\mathrm{T}} \\ B_m^{\mathrm{T}} \\ B_n^{\mathrm{T}} \end{Bmatrix}[D][B_l \quad B_m \quad B_n] \tag{3.202}$$

其中

$$[k]^e = \begin{bmatrix} k_{ll} & k_{lm} & k_{ln} \\ k_{ml} & k_{mm} & k_{mn} \\ k_{nl} & k_{nm} & k_{nn} \end{bmatrix}$$

对平面应力问题,上述刚度矩阵的 2 × 2 子矩阵为

$$\begin{aligned}[k_{rs}]^e &= [B_r]^{\mathrm{T}}[D][B_S]h\Delta \\ &= \frac{Eh}{4(1-\mu^2)\Delta}\begin{bmatrix} b_r b_s + \dfrac{1-\mu}{2}c_r c_s & \mu b_r c_s + \dfrac{1-\mu}{2}c_r b_s \\ \mu c_r b_s + \dfrac{1-\mu}{2}c_r c_s & c_r c_s + \dfrac{1-\mu}{2}b_r b_s \end{bmatrix} \quad (r,s=l,m,n)\end{aligned} \tag{3.203}$$

单元刚度方程的分块形式为

$$\{p\}^e = [k]^e\{\delta\}^e, \quad [k]^e = \begin{bmatrix} k_{ll} & k_{lm} & k_{ln} \\ k_{ml} & k_{mm} & k_{mn} \\ k_{nl} & k_{nm} & k_{nn} \end{bmatrix}$$

简单三角形单元刚度方程按节点分块形式

$$\begin{Bmatrix} p_l \\ p_m \\ p_n \end{Bmatrix} = \begin{bmatrix} k_{ll} & k_{lm} & k_{ln} \\ k_{ml} & k_{mm} & k_{mn} \\ k_{nl} & k_{nm} & k_{nn} \end{bmatrix} \begin{Bmatrix} \delta_l \\ \delta_m \\ \delta_n \end{Bmatrix} \tag{3.204}$$

展开的单元刚度方程为

$$N_l = \frac{x}{d} \tag{3.205}$$

每行各节点刚度子块反映了节点位移对节点力的贡献。

6. 简单三角形单元分析计算实例

前面针对一维杆单元和平面问题简单三角形单元引入的单元形函数，应变、应力矩阵，单元刚度矩阵等是结构有限元分析中最基本、最重要的概念。

下面通过分析计算具体的单元加以说明。

(1) 形函数和形函数矩阵。

① 计算各形函数，如图 3.29 所示。

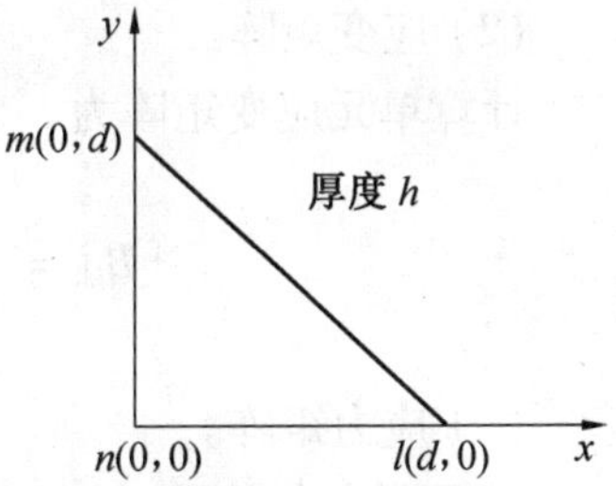

计算节点坐标行列式为

$$2\Delta = |\boldsymbol{A}| = \begin{vmatrix} 1 & x_l & y_l \\ 1 & x_m & y_m \\ 1 & x_n & y_n \end{vmatrix} \begin{vmatrix} 1 & d & 0 \\ 1 & 0 & d \\ 0 & d & -d \end{vmatrix} = d^2 \tag{3.206}$$

图 3.29　简单三角形单元

代数余子式矩阵为

$$\begin{vmatrix} a_l & a_m & a_n \\ b_l & b_m & b_n \\ c_l & c_m & c_n \end{vmatrix} = \begin{bmatrix} 0 & 0 & d^2 \\ d & 0 & -d \\ 0 & d & -d \end{bmatrix} \tag{3.207}$$

按形函数公式

$$N_i = \frac{1}{2\Delta}(a_i + b_i x + c_i y) \quad (i = l, m, n) \tag{3.208}$$

得到 3 个形函数，即

$$\begin{cases} N_l = \dfrac{x}{d} \\ N_m = \dfrac{y}{d} \\ N_n = 1 - \dfrac{x}{d} - \dfrac{x}{d} \end{cases} \tag{3.209}$$

② 按形函数性质和几何意义，直接写出形函数表达式。

形函数 N_l 的图形是个平面，其方程是 $N_l = \dfrac{x}{d}$，同理，直接写出形函数 N_m 图

形的方程为 $N_m = \dfrac{y}{d}$,上述 2 个函数定义在三角形区域的部分就是形函数。

由形函数的性质,得到第三个形函数,即

$$N_n = 1 - N_l - N_m = 1 - \frac{x}{d} - \frac{y}{d} \tag{3.210}$$

显然,与式(3.209) 计算得到的结果相同。

③ 形函数矩阵。

根据计算所得单元形函数,写出单元的形函数矩阵,即

$$[N] = \begin{bmatrix} \dfrac{x}{d} & 0 & \dfrac{x}{d} & 0 & 1-\dfrac{x}{d}-\dfrac{x}{d} & 0 \\ 0 & \dfrac{x}{d} & 0 & \dfrac{x}{d} & 0 & 1-\dfrac{x}{d}-\dfrac{x}{d} \end{bmatrix} \tag{3.211}$$

(2) 应变矩阵。

计算单元应变矩阵为

$$[B] = \frac{1}{d}\begin{bmatrix} 1 & 0 & 0 & 0 & -1 & 0 \\ 0 & 0 & 0 & 1 & 0 & -1 \\ 0 & 1 & 1 & 0 & -1 & -1 \end{bmatrix} \tag{3.212}$$

(3) 应力矩阵。

对平面应力问题,由

$$\begin{vmatrix} a_l & a_m & a_n \\ b_l & b_m & b_n \\ c_l & c_m & c_n \end{vmatrix} = \begin{bmatrix} 0 & 0 & d^2 \\ d & 0 & -d \\ 0 & d & -d \end{bmatrix}$$

得

$$[S_i] = \frac{Eh}{2(1-\mu^2)\Delta}\begin{bmatrix} b_i & \mu c_i \\ \mu b_i & c_i \\ \dfrac{1-\mu}{2}c_i & \dfrac{1-\mu}{2}b_i \end{bmatrix} \quad (i = l, m, n)$$

进而得到

$$[S] = \frac{E}{d(1-\mu^2)} = \begin{bmatrix} 1 & 0 & 0 & \mu & -1 & -\mu \\ \mu & 0 & 0 & 1 & -\mu & -1 \\ 0 & \dfrac{\mu-1}{2} & \dfrac{\mu-1}{2} & 0 & \dfrac{\mu-1}{2} & \dfrac{\mu-1}{2} \end{bmatrix} \tag{3.213}$$

(4) 单元刚度矩阵计算。

由

$$\begin{vmatrix} a_l & a_m & a_n \\ b_l & b_m & b_n \\ c_l & c_m & c_n \end{vmatrix} = \begin{bmatrix} 0 & 0 & d^2 \\ d & 0 & -d \\ 0 & d & -d \end{bmatrix}$$

得

$$\begin{aligned} [k_{rs}]^e &= [B_r]^{\mathrm{T}}[D][B_S]h\Delta \\ &= \frac{Eh}{4(1-\mu^2)\Delta}\begin{bmatrix} b_r b_s + \frac{1-\mu}{2}c_r c_s & \mu b_r c_s + \frac{1-\mu}{2}c_r b_s \\ \mu c_r b_s + \frac{1-\mu}{2}c_r c_s & c_r c_s + \frac{1-\mu}{2}b_r b_s \end{bmatrix} \quad (r,s = l,m,n) \end{aligned} \tag{3.214}$$

$$[k]^e = \frac{Eh}{2(1-\mu^2)}\begin{bmatrix} 1 & & & & & \\ 0 & \frac{1-\mu}{2} & & & & \\ 0 & \frac{1-\mu}{2} & & \frac{1-\mu}{2} & & \\ \mu & 0 & 0 & 1 & & \\ -1 & \frac{\mu-1}{2} & \frac{\mu-1}{2} & -\mu & \frac{3-\mu}{2} & \\ -\mu & \frac{\mu-1}{2} & \frac{\mu-1}{2} & -1 & \frac{1+\mu}{2} & \frac{3-\mu}{2} \end{bmatrix} \tag{3.215}$$

注意：

① 该刚度矩阵每列元素之和等于零矩阵的行列式为 0，推出奇异。

② 该刚度矩阵元素与单元边长 d 无关。

③ 平面问题的单元刚度矩阵与单元厚度成正比。

(5) 单元内部力学状态分析。

单元的形函数、应变矩阵、应力矩阵及刚度矩阵都表征单元的某些特性。对应任一单元节点位移状态，通过它们都能给出单元上相应的力学状态，如图 3.30 所示。

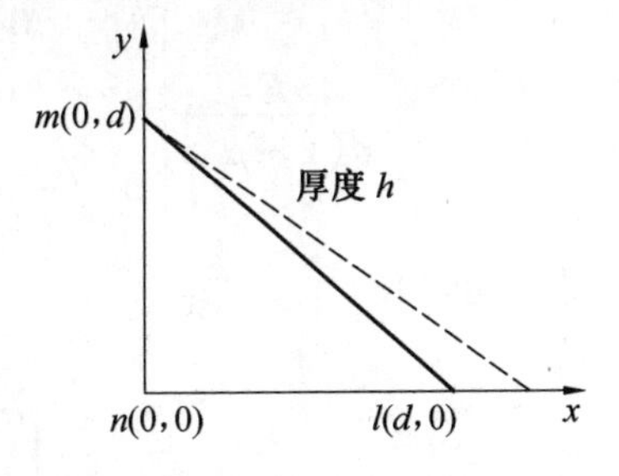

图 3.30　单元节点位移状态

设单元节点位移为

$$\{\delta\}^e = [1 \quad 0 \quad 0 \quad 0 \quad 0 \quad 0]^{\mathrm{T}} \tag{3.216}$$

由单元位移模式

$$\begin{Bmatrix} u \\ v \end{Bmatrix} = [N]\{\delta\}^e = \begin{bmatrix} \frac{x}{d} & 0 & \frac{x}{d} & 0 & 1-\frac{x}{d}-\frac{x}{d} & 0 \\ 0 & \frac{x}{d} & 0 & \frac{x}{d} & 0 & 1-\frac{x}{d}-\frac{x}{d} \end{bmatrix}\{\delta\}^e \tag{3.217}$$

得单元位移,即

$$\begin{Bmatrix} u \\ v \end{Bmatrix} = \begin{bmatrix} \frac{x}{d} \\ 0 \end{bmatrix} \tag{3.218}$$

由单元应变方程

$$\{\varepsilon\} = [N]\{\delta\}^e = \frac{1}{d}\begin{bmatrix} 1 & 0 & 0 & 0 & -1 & 0 \\ 0 & 0 & 0 & 1 & 0 & -1 \\ 0 & 1 & 1 & 0 & -1 & -1 \end{bmatrix}\{\delta\}^e \tag{3.219}$$

将单元向 x 轴方向均匀拉伸,得单元应变

$$\{\varepsilon\} = \begin{Bmatrix} \varepsilon_x \\ \varepsilon_y \\ \gamma_{xy} \end{Bmatrix} = \begin{Bmatrix} \frac{1}{d} \\ 0 \\ 0 \end{Bmatrix} \tag{3.220}$$

由单元应力方程

$$\begin{aligned} \{\sigma\} &= \begin{Bmatrix} \sigma_x \\ \sigma_y \\ \sigma_z \end{Bmatrix} [S]\ \{\delta\}^e \\ &= \frac{E}{d(1-\mu^2)}\begin{bmatrix} 1 & 0 & 0 & \mu & -1 & -\mu \\ \mu & 0 & 0 & 1 & -\mu & -1 \\ 0 & \frac{\mu-1}{2} & \frac{\mu-1}{2} & 0 & \frac{\mu-1}{2} & \frac{\mu-1}{2} \end{bmatrix}\{\delta\}^e \end{aligned} \tag{3.221}$$

得单元应力

$$\begin{Bmatrix} \sigma_x \\ \sigma_y \\ \sigma_z \end{Bmatrix} = \begin{Bmatrix} \frac{E}{(1-\mu^2)d} \\ \frac{\mu E}{(1-\mu^2)d} \\ 0 \end{Bmatrix} \tag{3.222}$$

把 $\{\delta\}^e = [1 \quad 0 \quad 0 \quad 0 \quad 0 \quad 0]^{\mathrm{T}}$ 代入单元刚度方程

$$\{p\}^e = [k]^e\ \{\delta\}^e$$

得到此时对应的节点力为

$$\{p\}^e = \frac{Eh}{2(1-\mu^2)} = [1 \quad 0 \quad 0 \quad \mu \quad -1 \quad -\mu]^{\mathrm{T}} \tag{3.223}$$

显然,这组节点力满足平衡条件。

事实上,刚度方程是在平衡条件下推出的,各节点力必然使单元保持平衡。$\{p\}^e = [k]^e\{\delta\}^e$ 中6个方程必然满足三个线性相关条件,单元刚度矩阵是奇异矩阵。

(6) 简单三角形单元刚度矩阵的讨论。

① 对称性。由对称性可知,第 n 行之和等于第 n 列之和,故每一行之和也为零。

② 奇异性 $|[k]^e|$。单元刚度矩阵奇异性的物理意义是:在无约束条件下,单元可做刚体运动。

③ 主对角元素恒正。

④ 简单三角形单元刚度矩阵元素决定于单元的形状、方位、材料,而与单元所在位置和大小无关。

本章参考文献

[1] 张跃,谷景华,尚家香,等.计算材料学基础[M]. 北京: 北京航空航天大学出版社,2007.

[2] 李人宪.有限元法基础[M]. 2版.北京: 国防工业出版社,2004.

[3] 孙菊芳,荣王伍.有限元法及其应用[M]. 北京: 北京航空航天大学出版社,1990.

[4] 尹飞鸿. 有限元法基本原理及应用[M]. 2版. 北京: 高等教育出版社,2018.

[5] 秦太验,徐春晖,周喆. 有限元法及其应用[M]. 北京:中国农业大学出版社,2011.

第 4 章　有限元经典案例分析

焊接温度场反映了焊接过程中,焊件不同位置的温度变化情况,具有明显的瞬时性、移动性等特点。焊接残余应力的存在会降低结构件的承载能力,且应力集中会促使微裂纹形成,导致焊接结构件失效。结构件的焊后变形则会导致结构件的尺寸精度不够,给后期总体装配带来极大的困难。本章主要介绍焊接过程的有限元温度场、应力应变场仿真分析。

4.1　MSC. Marc 求解平板对接电弧焊接热过程

本节主要介绍利用 Marc 求解平板对接电弧焊接热过程。Mentat 是用户使用 Marc 进行有限元分析的图形用户界面,在学习利用 Marc 软件进行焊接仿真的过程中,掌握 Mentat 用户界面的一些常用使用方法是非常重要的。在 Marc 中,右键单击表示确定;G < ML >、G < MR > 分别表示在屏幕中单击鼠标左键和右键;M < ML >、M < MR > 分别表示在菜单中单击鼠标左键和右键;在命令栏输入一个数字后,需要回车确认,标注为 Enter。

问题描述:有两块 50 mm × 50 mm × 10 mm 的钢板通过非熔化极惰性气体保护焊(简称 TIG 焊接)焊接成一个平板,焊接示意图如图 4.1 所示,不开坡口,也不填丝。焊接的电压为 200 V,电流为 20 A,焊接速率为 2 mm/s。请建立有限元模型进行焊接过程温度场计算。

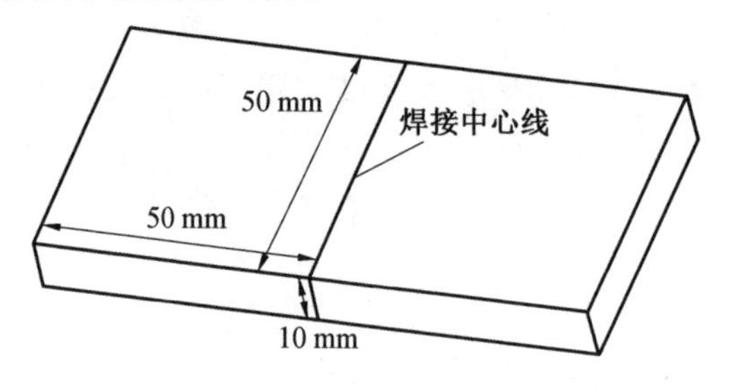

图 4.1　焊接示意图

4.1.1　平板模型的建立

1. 二维面单元的建立

文件 → 当前工作路径

choose　/选择文件保存的位置,此时程序会默认在该路径下存储 1 个扩展名为. mud 的文件。

/* 路径名和文件名中只能用英文,不能有空格符,不能有中文。*/

分析类型→热/结构分析　/只计算温度场时,可以选择热分析;温度场、应力/应变场同时计算时,必须选择热/结构分析。

Main Menu → 几何 分网 → 基本操作 → 几何分网

节点 → 添加

0 0 0　Enter　/每个数字之间空个空格,每输入 3 个数字后回车。

0.05 0 0　Enter

0.05 0.01 0　Enter

0 0.01 0　Enter　/在底下的命令栏由键盘输入以上数字串,每 3 个数字代表一个点的坐标。

(重置视图),(全屏显示)　/让该 4 个 nodes 显示在当前屏幕合适位置。

单元 → 添加

1 G < ML >

2 G < ML >

3 G < ML >

4 G < ML >　/单击鼠标左键逆时针选取上述 4 个节点,选择节点和单元时,点击鼠标左键选择。

G < MR >　/选择完毕节点和单元后,在空白处点击鼠标右键确认。

OK

此时应该得到如图 4.2 所示的二维面单元。

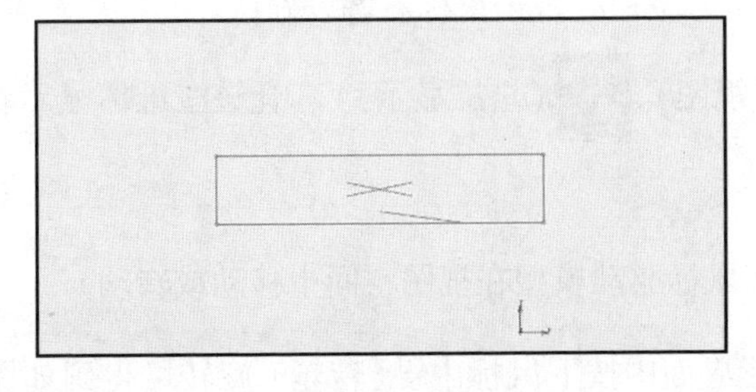

图 4.2　二维面单元

2. 二维面单元拉伸为三维体单元

Main Menu → 几何 分网 → 操作 → 扩展

平移 从／到　／下面输入的数字串 0 0 0.05 在该菜单下。

0 0 0.05　／在相对应的表格中分别由键盘输入这 3 个数字，具体如图 4.3 所示。

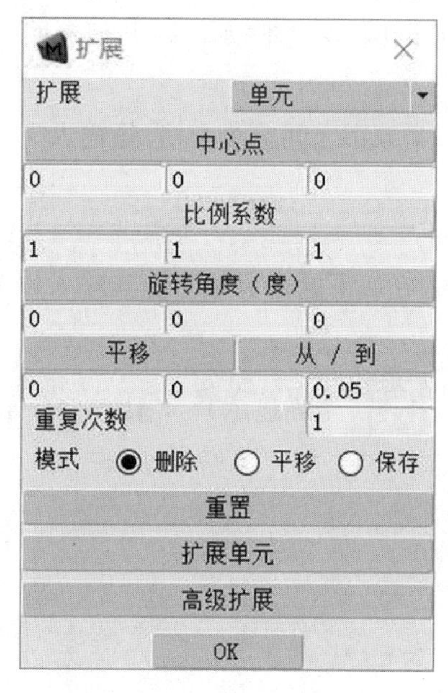

图 4.3　二维面单元扩展窗口

模式 → 删除

扩展单元

（全部存在的）

G < MR >　／空白处单击鼠标右键以确认。

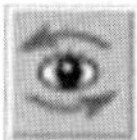（重置视图），（全屏显示）　／让该三维体显示在当前屏幕合适位置。

（切换鼠标驱动模型在视图空间中移动或转动）

此时，在图形界面中按下鼠标中键（转轮）旋转可得到如图 4.4 所示的三维体单元。

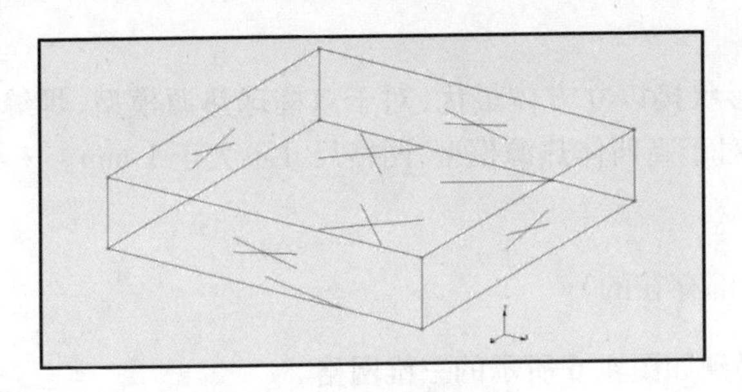

图4.4　三维体单元

4.1.2　网格划分

Main Menu → 几何 分网 → 操作 → 细化

分割数　/下面输入的数字串 15 5 30 在该菜单下。

15 5 30　/在相对应的表格中分别由键盘输入这 3 个数字,具体如图 4.5 所示。

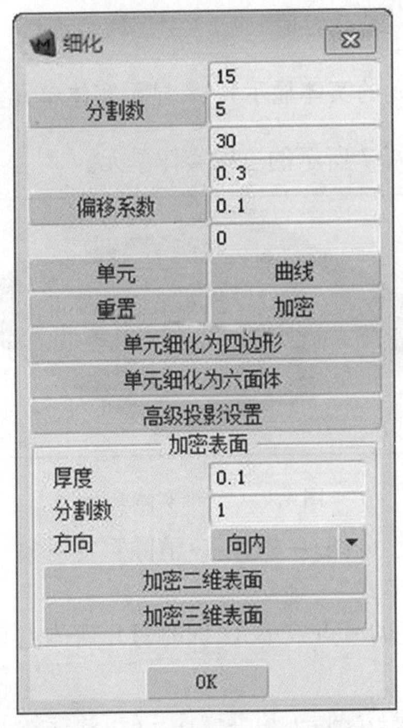

图4.5　三维体单元细化窗口

偏移系数　/下面输入的数字串 0.3 0.1 0 在该菜单下。

0.3 0.1 0　/在相对应的表格中分别由键盘输入这 3 个数字,具体如

图 4.5 所示。

/＊ 网格形状接以立方体最优，对于双椭球热源模型，焊缝中心网格尺寸不大于 4 mm，对于高斯体热源模型，网格尺寸不大于 1 mm。＊/

单元

（全部存在的）

此时，可得到如图 4.6 所示的三维网格。

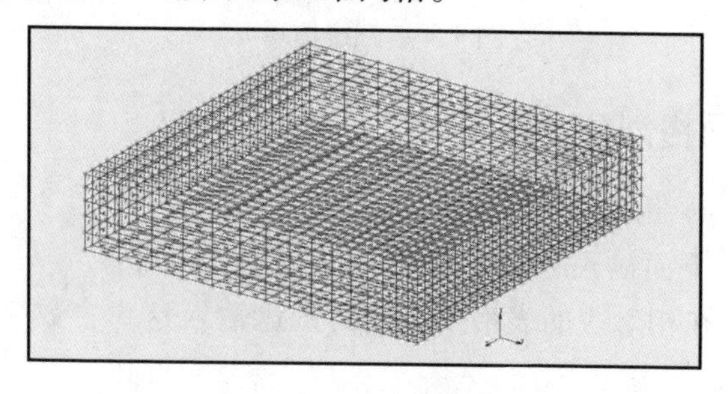

图 4.6　三维网格

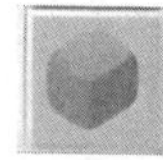（转换为单元的实体显示）　/ 显示实体单元。

此时，可得到如图 4.7 所示的三维实体单元。

图 4.7　三维实体单元

Main Menu → 几何 分网 → 操作 → 清除重复对象

清除重复对象 → 模式 → 合并

全部　/ 清除重复的节点或单元，同时对几何体也有作用。

OK

Main Menu → 几何 分网 → 基本操作 → 重新编号

所有几何和网络　/ 对节点和单元等进行重新排序，优化刚度矩阵。

OK

4.1.3　材料物性参数设置

Main Menu → 材料特性 → 新建 → 有限刚度区域 → 标准

一般特性 → 质量密度

7800 Enter　/ 注意,这里的物性参数是设的估计值,真实计算过程需要查准确的参数,而且需要换算出单位。

显示特性 → 结构分析

弹性模量

2.11E11　Enter

泊松比

0.33　Enter

显示特性 → 热分析

K　/ 热导率。

40　Enter

比热容

500　Enter　/ 在对应的表格中分别由键盘输入上述数字,具体界面如图 4.8 所示。

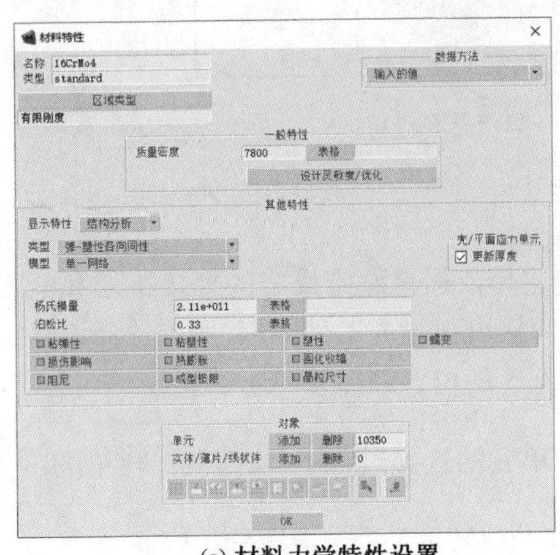

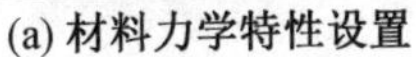
(a) 材料力学特性设置

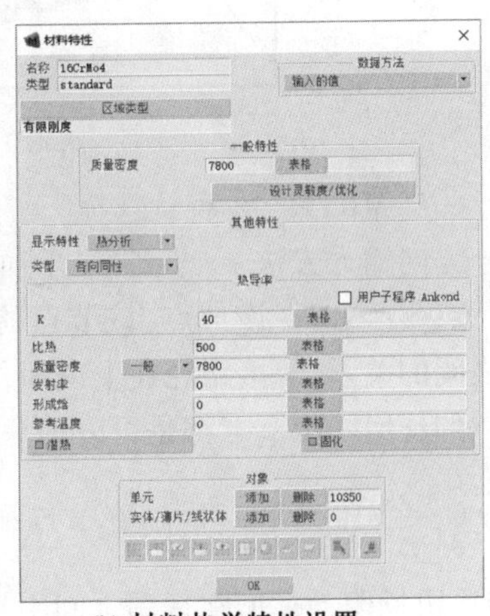

(b) 材料热学特性设置

图 4.8　材料特性设置

/ * 由于只计算温度场,其他部分参数不需要添加;参数都设为常数,而不是分段线性,真实焊接过程一般需要分段线性,需要用到 TABLE 编辑表格。 * /

对象 → 单元 → 添加

(全部存在的)

OK

4.1.4 焊接路径设置

Main Menu → 工具箱 → 焊接路径

新建

名称 → weldpath1 ／焊接路径的名称可以自己设置,只能是英文 + 数字的格式。

路径输入方法 → 节点 → 添加

点1、点2 ／依次选择这两个节点,点1和点2分别是焊接线的起始点和终止点,也就是电弧的起弧点和收弧点,点1和点2的位置如图4.9所示。

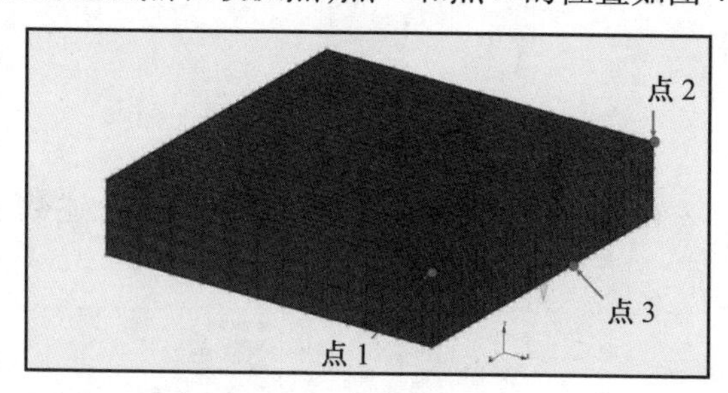

图4.9 焊接路径设置

G < MR > ／确认选择。

方向输入方法 → 节点 → 添加

点3 ／选择该节点,该节点的选择依据是刚刚设定的焊接路径和电弧方向之间的关系,焊接路径在上表面,焊接电弧指向工件内部,所以选择该路径正下方的任何一个节点都是可以的。点3的位置如图4.9所示。

G < MR > ／注意,在节点和单元的选择过程中,快捷菜单栏里的(切换鼠标驱动模型在视图空间中移动或转动)是未被选的。

(切换箭头的实体显示)

此时,应该得到如图4.10所示的结果。

OK

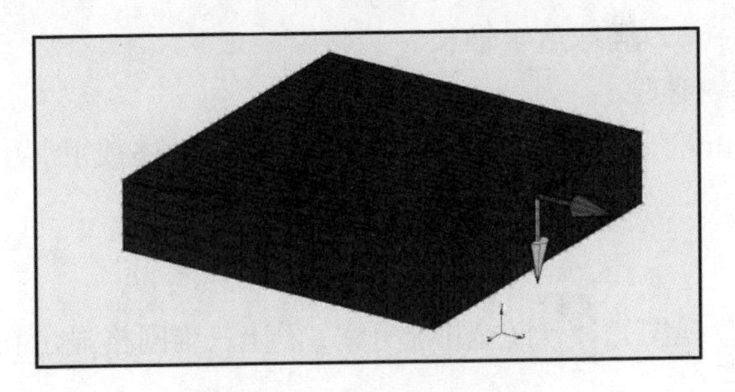

图4.10　焊接路径示意图

4.1.5　定义初始条件

Main Menu → 初始条件

新建(热分析) → 温度 → TOP

20　Enter　/在对应的表格中由键盘输入该数字。

对象 → 节点 → 添加

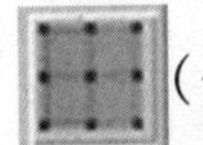(全部存在的)

OK

4.1.6　定义边界条件

Main Menu → 边界条件

新建(热分析) → 焊接体积热流

名称 → vflux1

属性 → 热流

功率

4000　Enter

效能

0.7　Enter

尺寸 → 宽度

0.006　Enter

深度

0.005　Enter

前端长度

0.005　Enter　/椭球前半轴长。

后端长度

0.02　Enter　／椭球后半轴长。

运动参数 → 速度

0.002　Enter　／在对应的表格中由键盘输入上述数字。

焊接路径

weldpath1

(重置视图)，(全屏显示)　／让三维网格显示在当前屏幕合适位置。

对象 → 单元 → 添加

估计一下热源大概能包括几个单元范围，选择的单元范围略大于这个范围即可，也可以选择所有单元，但是显然，这样所有单元都要参与焊接热源的热流计算，增加了计算量。热源加载区域的设定如图 4.11 所示，焊接电弧大概能够笼罩到深色区域，那么选择的焊接热源的施加范围略大于这个区域即可。

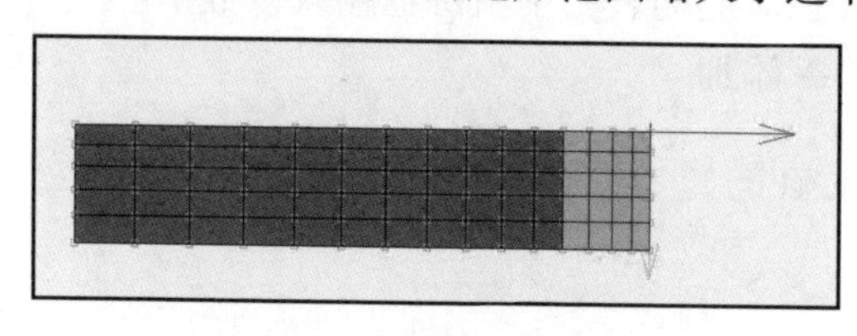

图 4.11　热源加载区域的设定

选择完毕，单击鼠标右键，以确定选择的区域。

OK

新建(热分析) → 单元面对流

名称 → face1

属性 → 油膜

周围环境温度设置 → 周围环境温度

20　Enter

载荷幅值 → 对流系数

40　Enter　／工件和外界环境的对流系数是 40。

对象 → 单元面 → 添加

拖动鼠标选择整个外表面，注意是外表面，绝不是(全部存在的)。

由于这是平板对接焊接，因此中间的那个对称面实际上是不参与散热的，故而中间的那个对称面不是外表面，因此不需要选择。

下面是散热边界条件的具体设置过程。

首先，如图 4.12 所示。

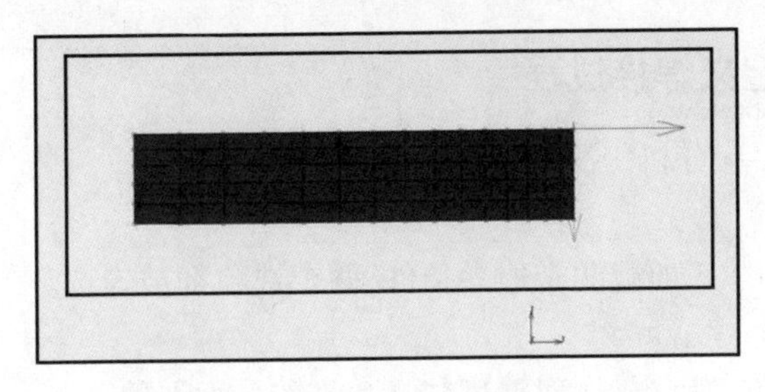

图4.12　散热边界条件设置第一步

对象 → 单元面 → 添加

鼠标框选所有的单元外表面,绝不是（全部存在的）。此时,对称面被选择,右键确定。

然后,如图4.13所示。

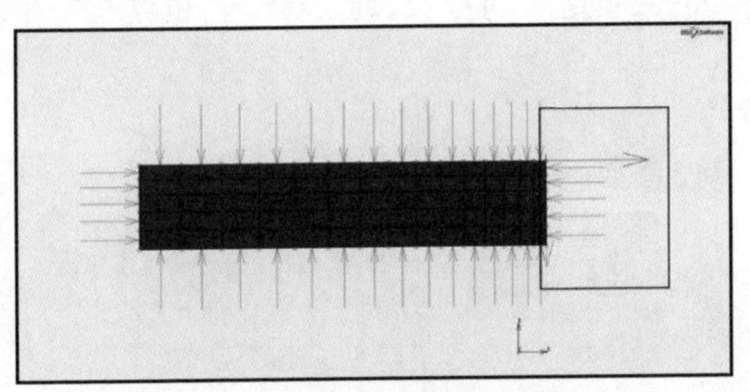

图4.13　散热边界条件设置第二步

对象 → 单元面 → 删除

鼠标框选对称面所在的那部分单元面,此时,只有对称面被选择,右键确定。

最后,正确的散热边界条件如图4.14所示。

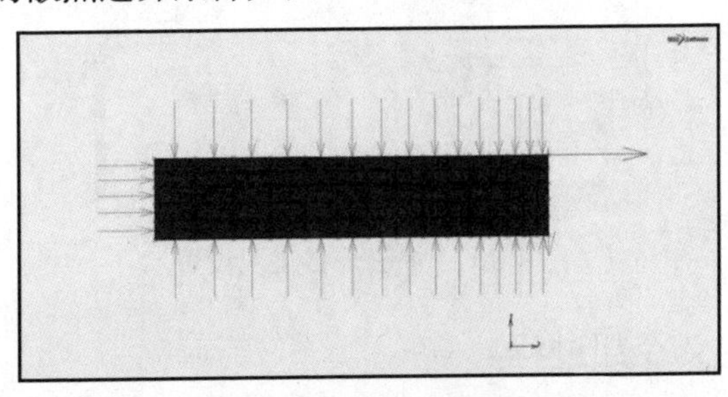

图4.14　散热边界条件

至此,温度场边界条件定义完毕,仅计算温度场的话,力学边界条件不需要定义。

4.1.7　定义焊接过程

Main Menu → 分析工况 → 新建 → 瞬态 / 静力学

载荷

vflux1、face1　/ 加载两个边界条件，两个选项都被勾选。

OK

热分析 → 收敛判据 → 对温度估计允许的最大误差

30　Enter　/ 一般设置为 30，除 30 外还可设置为 50。

OK

整体工况时间

25　Enter　/ 定义焊缝的焊接时间。

固定 → 固定时间步长 → 参数 → 步数

25　Enter　/ 定义固定时间步长，确定 25 步，也就是每个增量步为 1 s。

OK

OK

焊缝焊接工况设置如图 4.15 所示。

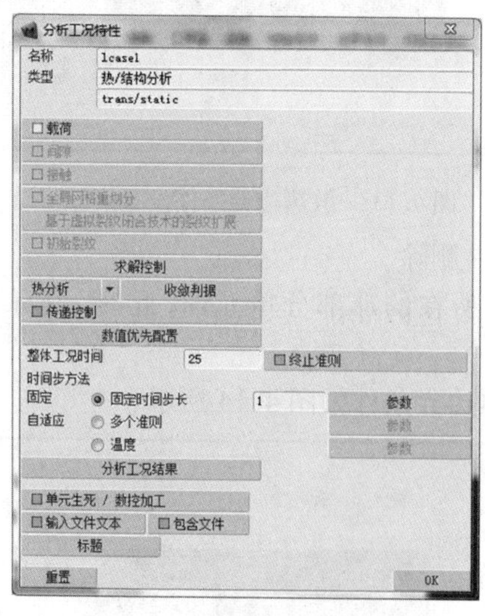

图 4.15　焊缝焊接工况设置

4.1.8　定义冷却过程

Main Menu → 分析工况 → 新建 → 瞬态 / 静力学

载荷

face1　/ 加载散热边界条件，焊接热源不再加载，此时只有 face1 选项被勾选。

OK

热分析 → 收敛判据 → 对温度估计允许的最大误差

30　Enter

OK

整体工况时间

5000　Enter　/5 000 s 冷却到室温,这个数值只能大概估计,有经验估计比较准确,可以多给一些时间冷却,但不能少给。

自适应 → 温度 → 参数

最大增量步数

500　Enter　/ 此参数也是估计值,可以多给,不能少给。

初始时间步长

1　Enter　/ 探测增量步的时间步长是 1 s,经验性参数可以少给一点,计算时间长一些,精度高一些。

OK

OK

工件冷却工况设置如图 4.16 所示。

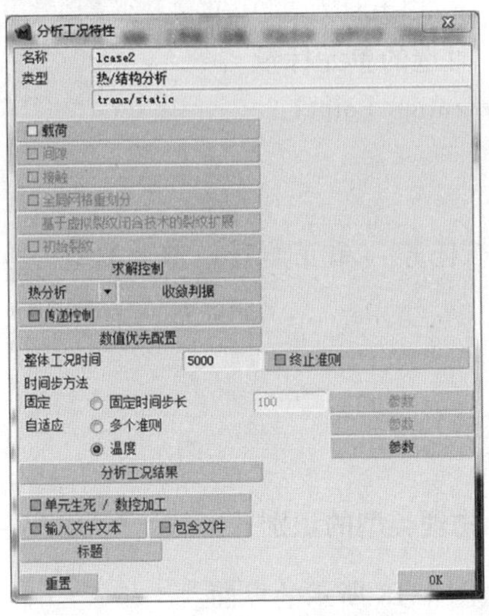

图 4.16　工件冷却工况设置

4.1.9　定义作业

定义作业一般需要定义作业类型,和分析工况的类型必须保持一致。选择输出的结果,计算哪几个分析工况,分析的维数等。

Main Menu → 分析任务 → 新建 → 热 / 结构分析

可选的

lcase1、lcase2　/注意，lcase2是冷却过程，所需时间较长，强烈建议初学者只加载lcase1，计算焊接过程即可。

选择结果如图4.17所示。

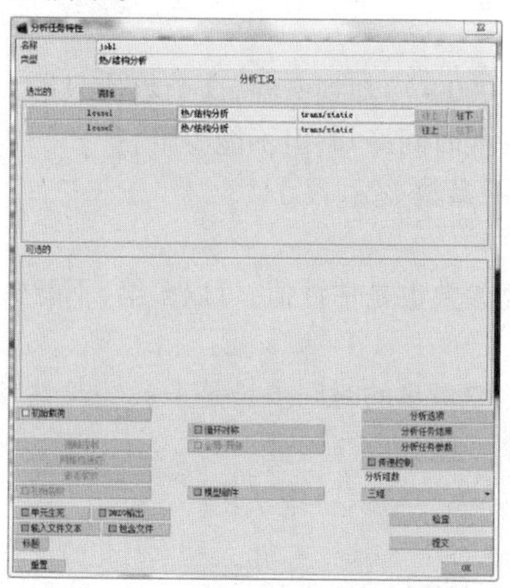

图4.17　分析工况选择示意图

分析任务结果→可选的单元标量

Temperature(Integration Point)

OK

OK

Main Menu→分析任务→单元类型→单元类型→实体→84　/单元类型为84。

OK

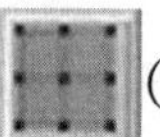(全部存在的)

(切换单元物理类型的识别)

此时，应该得到如图4.18所示的界面。

Model→分析任务→热/结构分析→job1

检查　/此时，Dialog窗口显示检查的结果，理想结果为“0 errors and 0 warnings”。

OK

文件→另存为→My Computer→D：　/此时文件保存在D盘根目录下，文件的保存位置可以自己选择设置。

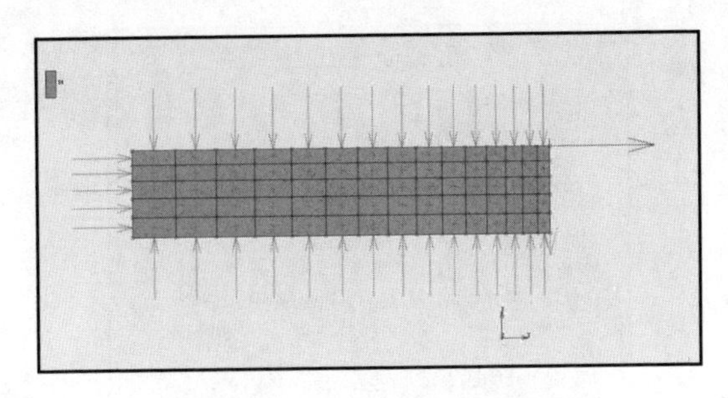

图4.18　单元物理类型显示

File name → pingbanduijie

Files of type → 二进制模型文件(*.mud)

Save

Model → 分析任务 → 热/结构分析 → job1

提交

提交任务(1)　/提交作业进行运算。

监控运行

任务运行界面如图4.19所示。

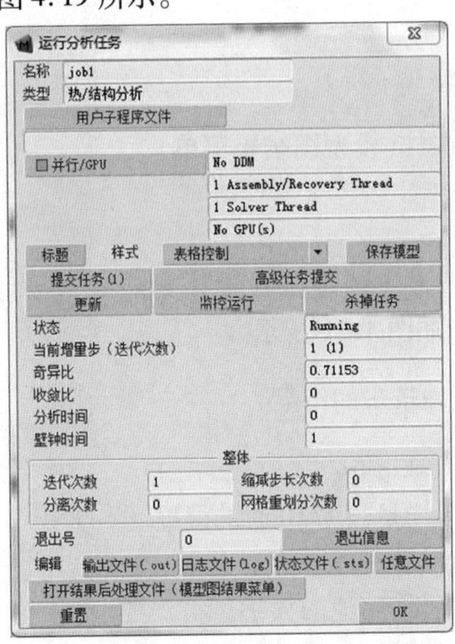

图4.19　任务运行界面

任务正确完成运行界面如图4.20所示。

请注意:在"运行分析任务" 界面中,退出号必须是3004才表示计算成功,其他任何数字均表示错误。

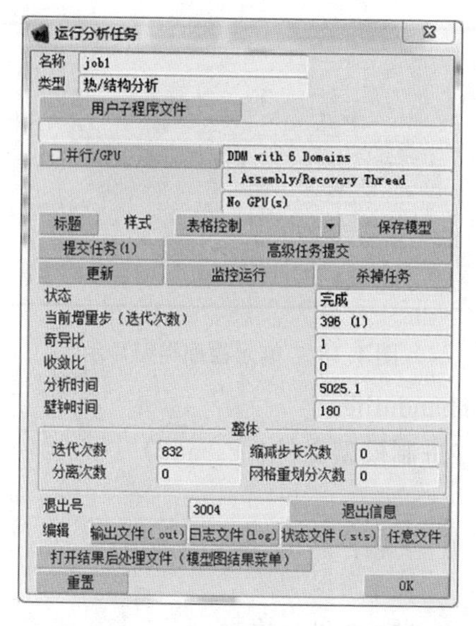

图 4.20　任务正确完成运行界面

4.1.10　后处理

(打开运行作业菜单)

打开结果后处理文件(模型图结果菜单)

标量图

样式 → 云图

标量 → 温度　／上述按键可查看计算结果,结果查看设置界面如图 4.21 所示。

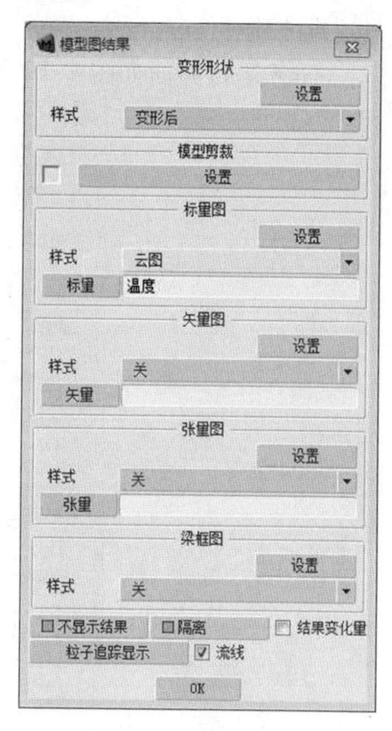

图 4.21　温度场查看

(显示指定增量步的结果)

Enter increment to skip to:

10　Enter　／显示增量步为 10 时的温度场结果,如图 4.22 所示。

做进一步处理,以看清熔池的大小。

标量图 → 设置 → 范围 → 手动

设置上下限

0 4000　／此时,假定该材料的熔点温度为 4 000 ℃,所以这里仅显示 0 ～ 4 000 ℃ 的温度范围,具体材料计算中根据材料的熔点设置上限温度。

显示熔池的结果(焊接 10 s) 如图 4.23 所示。

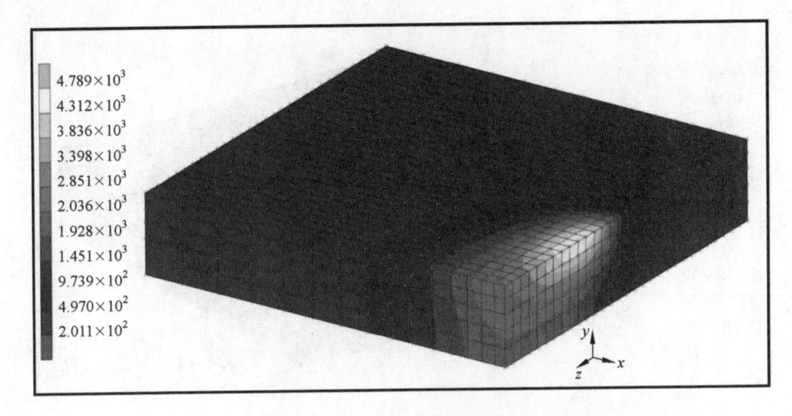

图4.22　第10个增量步的温度场云图

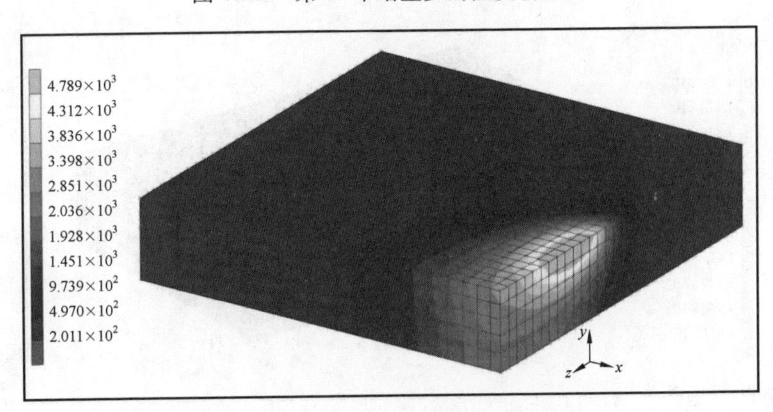

图4.23　显示熔池的结果(焊接10 s)

另外,也可以通过观察截面来确定熔池的尺寸和形貌。

(切换模型裁剪)

裁剪准则→模式→低于

裁剪平面→法线 从/到

点4、点5　/这两个点的选择跟焊接路径方向一致即可,如图4.24所示。

模式→以上

几何点→基础位置→基础位置

点6　/该点的选择必须在熔池的中心位置,如图4.24所示。

模式→低于　/模式的调换根据具体情况改变。

体现焊接熔池的截面效果如图4.25所示。

为了观察特定路径上的温度,可进行如下操作。

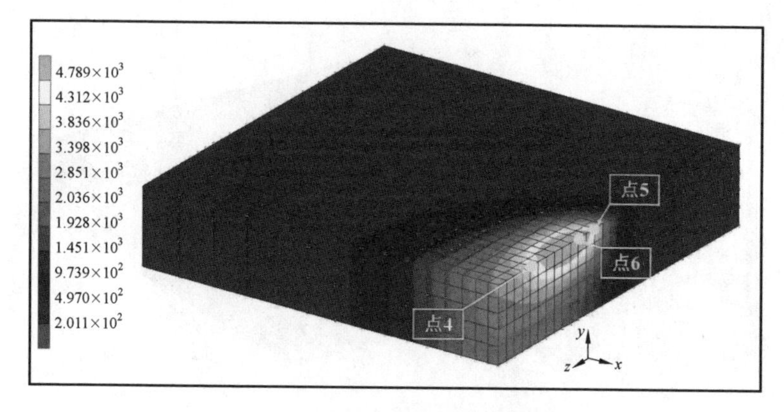

图 4.24　熔池截面裁剪示意图

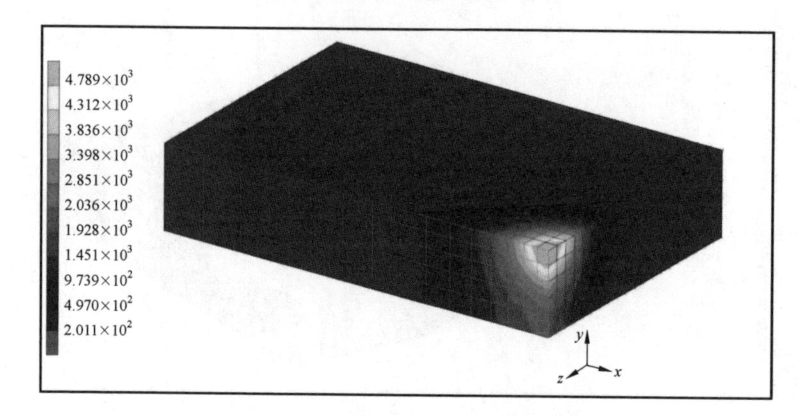

图 4.25　体现焊接熔池的截面效果

Main Menu → 路径曲线 → 模式 → 节点 → 节点路径

点 7、点 8、点 9　/ 这 3 个点分别为焊接路径的起点、熔池的中心点及焊接路径的终点，如图 4.26 所示。

添加曲线 → 变量 → 温度

OK

限制 → 显示完整曲线　/ 此时，在窗口会显示如图 4.26 所示的路径曲线。

OK

焊接 10 s 时，焊接路径上的温度分布如图 4.27 所示。

此外，还可以观察某些节点在整个焊接过程中的温度是如何随着时间变化的，也就是热循环曲线。

(模型窗口)

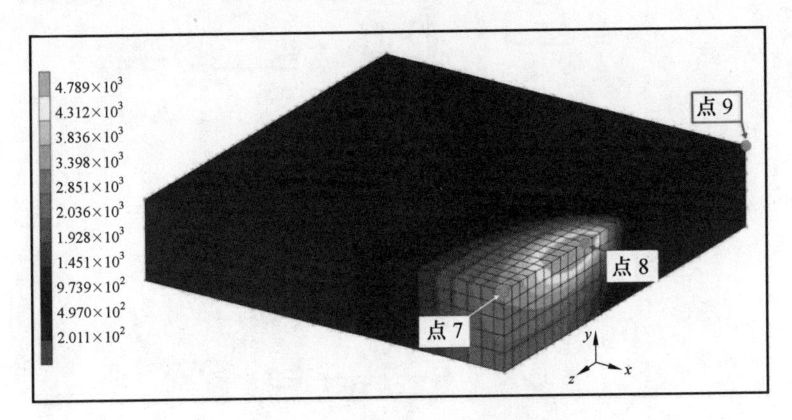

图4.26　路径曲线选点示意图

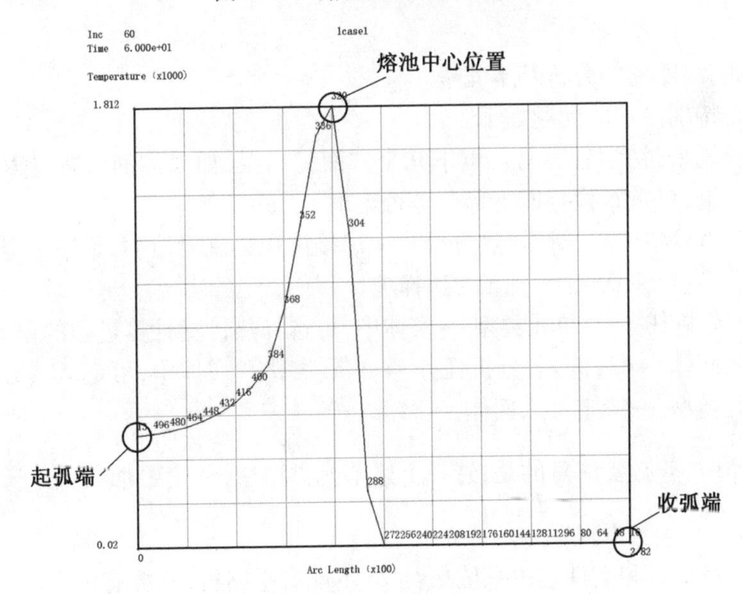

图4.27　焊接10 s时,焊接路径上的温度分布

Main Menu 历程曲线搜集数据设置位置

点8　/选择自己感兴趣的节点。

所有增量步　/也可以自己设定指定增量步,如0 Enter 50 Enter,此时获得的就是0～50增量步内的历程曲线。

添加曲线所有位置

全局变量增量步

选定位置变量温度

OK

显示完整曲线　/此时获得的热循环曲线如图4.28所示。

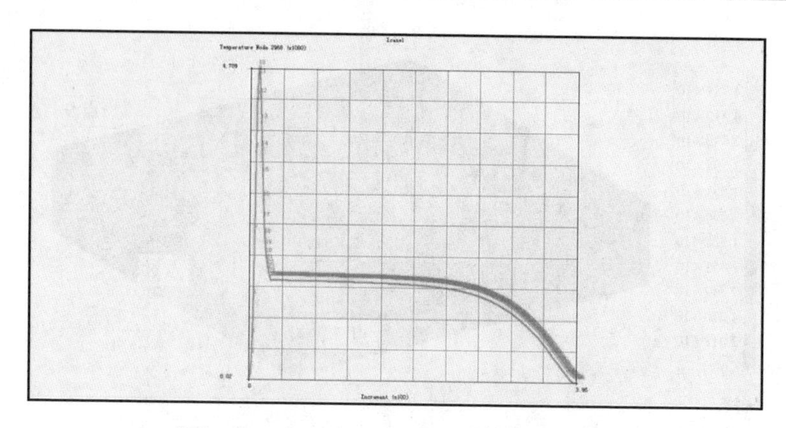

图 4.28　板材表面节点 8 的温度历程曲线

OK

至此,温度场的分析基本完毕。

需要特别注意的问题如下。

一般说来,初学者容易在以下几个方面犯错误,如果你的求解过程没有得到理想效果,可重新检查以下部分是否正确。

(1) 边界条件→新建(热分析)→焊接体积热流界面中,是用来定义焊接热源的,一定要注意选上“热流”选择项。

(2) 分析任务→单元类型→实体中,可选择热传输计算过程的单元类型,一般选六面体→43;同理,分析任务→单元类型→实体中,可定义热力耦合计算的单元类型,一般定义六面体→84。

操作中,务必要注意的是,选择上述单元类型后,一定要加载:(全部存在的)。

(3) 路径名和文件名中只能用英文,不能有空格符,不能有中文。

(4) 注意,在 weldpath 定义中,定义其方向(orientation) 时,只需要点下面一个点即可。

4.2　激光焊接过程有限元数值模拟

相对于普通的熔焊方法,高能束焊(包括电子束焊、激光焊和等离子束焊)的热流密度高、穿透能力强、热输入量小,采用普通的高斯面热源或双椭球热源无法准确描述该类焊接方法的特点,MSC. Marc 中自带的焊接功能模块也就不再适用。

子程序是 MSC. Marc 的重要组成部分之一,可帮助用户解决非典型问题。本节案例通过2060铝锂合金2 mm薄板及2060－2099铝锂合金蒙皮－桁条T形结构激光焊接过程仿真,借助 Fortran 语言编写复合热源子程序来描述高能焊接的特点。建立有限元仿真数值模型,构建网格模型与热源模型,并通过实验对热源模型进行验证。

4.2.1　网格模型建立

2060铝锂合金平板对接结构几何模型如图4.29所示,尺寸为100 mm × 40 mm × 2 mm,其焊缝位于平板中部,长度为100 mm。

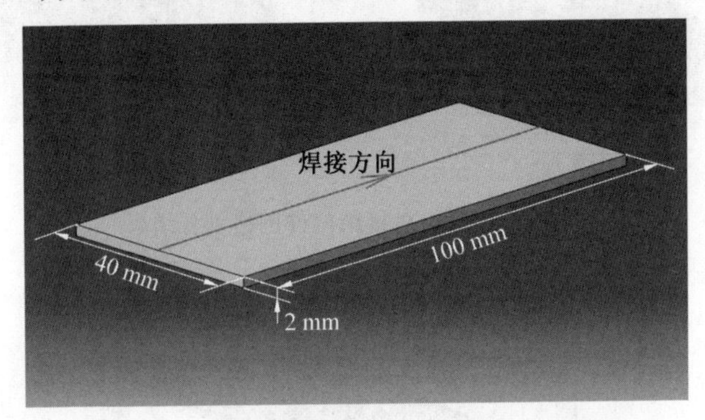

图4.29　2060铝锂合金平板对接结构几何模型

2060－2099铝锂合金蒙皮－桁条T形结构件几何模型尺寸为500 mm × 125 mm × 30 mm。由于桁条长度超出蒙皮的部分对温度场仿真结果并无影响,为了提高网格划分效率及计算效率,因此本书忽略桁条超出部分,其几何模型如图4.30所示。T形结构件两条焊缝位于桁条与蒙皮接头部位两侧,长度为500 mm。

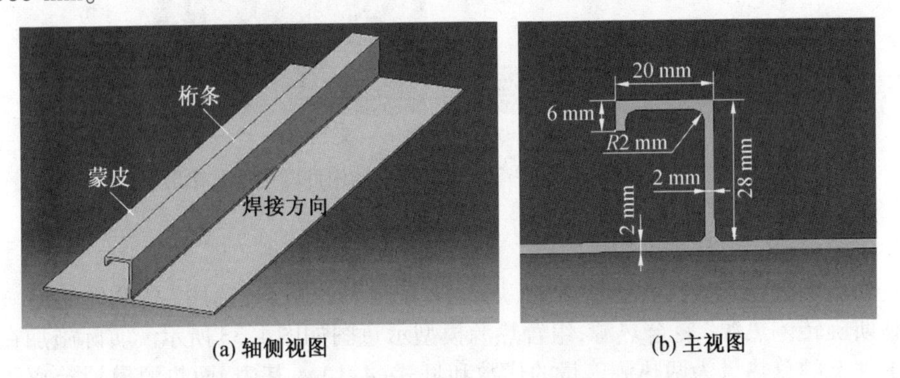

(a) 轴侧视图　　(b) 主视图

图4.30　2060－2099铝锂合金T形结构件几何模型

为了在保证计算精度的同时也兼顾计算效率，针对几何模型采用过渡网格划分的方式。在焊缝处，由于激光热作用强烈，焊件所经历的焊接热循环较剧烈，因此为了保证此处的计算精度，采用较密的网格。在远离焊缝的母材处，由于受热作用小，且对温度场仿真结果影响不大，因此采用较粗的网格，以保证整个焊件的计算效率。平板对接结构件网格划分结果如图4.31所示，2060 - 2099铝锂合金T形结构件网格划分结果如图4.32所示。

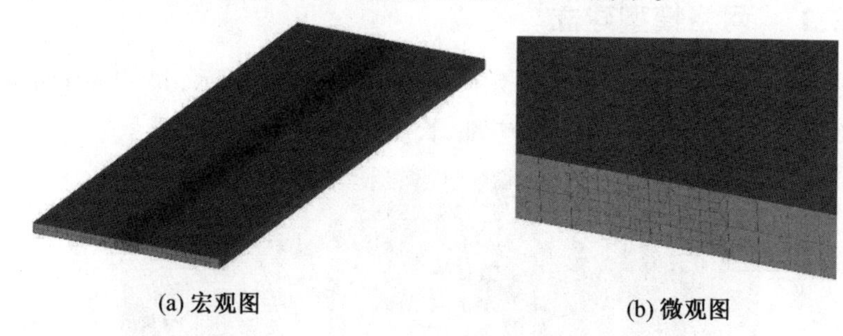

(a) 宏观图　　(b) 微观图

图4.31　平板对接结构件网格划分结果

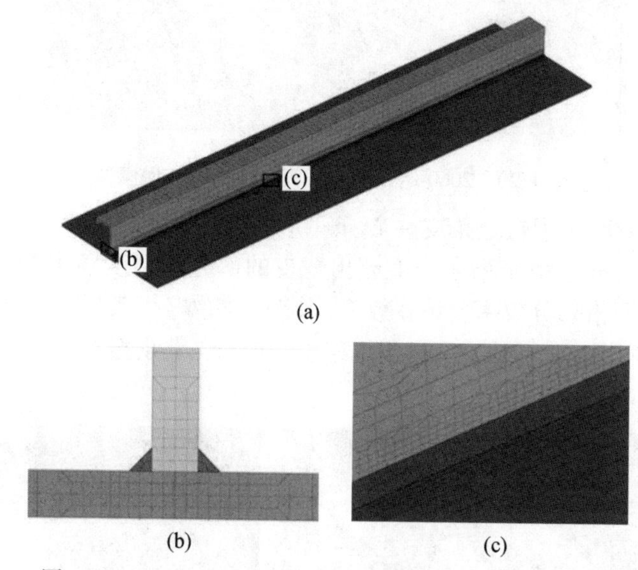

(a)

(b)　　(c)

图4.32　2060 - 2099铝锂合金T形结构件网格划分结果

4.2.2　热源模型建立

基于激光焊接具有能量集中、焊缝深宽比大的特点，选用"高斯面热源 + 高斯旋转体热源"复合热源，组合热源模型示意图如图4.33所示。实际施加在工件上的总热量为两热源能量的代数和见式(4.1)。其中，面热源模拟等离子体对焊件的加热作用见式(4.2)；体热源模拟激光束的匙孔效应见式

(4.3)[1]。

$$Q_L\eta = Q_s + Q_v \quad (4.1)$$

$$q_s(x,y) = \frac{\alpha Q_s}{\pi R_0^2}\exp\left(-\frac{\alpha(x^2+y^2)}{R_0^2}\right) \quad (4.2)$$

$$q_v(x,y,z) = \frac{9Q_L}{\pi R_0^2 H(1-e^{-3})} \times \exp\left(-\frac{9(x^2+y^2)}{R_0^2 \log H/z}\right) \quad (4.3)$$

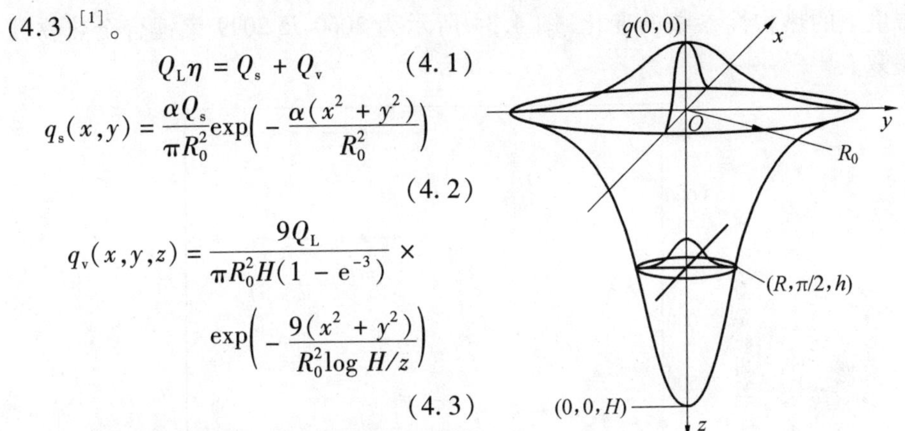

图4.33　组合热源模型示意图

式中，q_s、q_v 分别为高斯面热源和高斯体热源的热流密度分布；Q_s、Q_v 分别为两热源的有效功率；Q_L 为激光功率；α 为面热源能量集中系数；R_0 为体热源的有效半径；H 为体热源的作用深度；η 为热源的热效率系数。

4.2.3　初始条件和边界条件加载

初始条件是焊接开始前焊件所处的环境条件。因为焊件的焊前温度对焊接过程的影响较大，所以通常情况下，初始条件只考虑焊前周围环境对焊件的影响。一般情况下，焊件没有经过焊前热处理的话，通常假设焊件的初始温度与环境温度一致为室温25 ℃。

焊接边界条件包括换热边界条件、位移约束边界条件及焊接热源的加载。换热边界条件是指，焊件在焊接过程和焊后冷却过程中，焊件表面与周围介质发生的热交换作用。这种热交换作用主要有两种方式，第一种方式是热对流，第二种方式是热辐射。然而在焊接过程中，焊件通过热辐射方式传递的热量较少，而通过热对流方式传递的热量较多。在焊接有限元仿真过程中，为了计算方便，统一把热对流和热辐射系数转换为总的传热系数输入有限元仿真软件内进行模拟计算。

在焊接有限元仿真过程中，为了防止焊件发生刚性位移而导致计算终止，因此必须在焊前对焊件进行位移约束。有限元仿真的位移约束应结合实验过程中焊件的真实装夹情况进行，不可以不约束，也不可以过多地约束。过多的位移约束会严重阻碍焊件在焊接过程中的应力释放和自由变形。

4.2.4　材料热物性参数

激光焊接过程是一个温度剧烈变化的过程，由于材料的许多热物性参数会随着温度的变化而发生显著的改变，为保证计算准确性，需要考虑材料在不同温度下的热物性参数的变化，图 4.34 所示为 2060 及 2099 铝锂合金热物性参数。

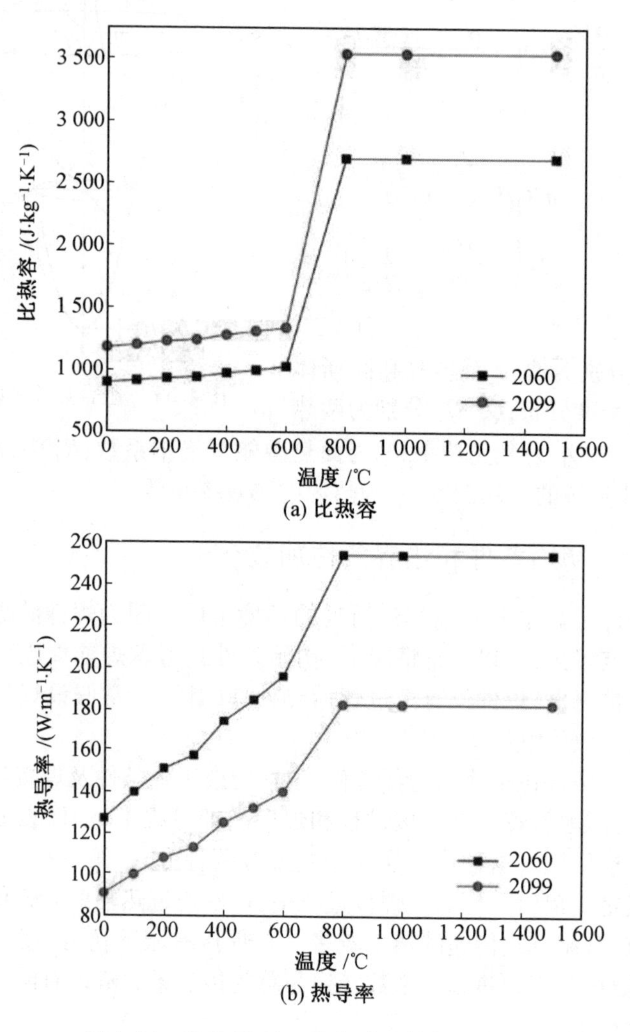

(a) 比热容

(b) 热导率

图 4.34　2060 及 2099 铝锂合金热物性参数

4.2.5　平板对接结构激光焊接温度场结果

焊接有限元仿真过程中，热源模型的参数直接影响到温度场、应力场、焊后变形等模拟结果的准确性。在相同的热源模型和相同的焊接工艺参数下，热源模型的参数不同也会导致模拟结果的不同。因此，在开展焊接有限元仿真前，应根据真实实验结果调整热源模型参数，使仿真结果与实验结果一致。以确定热源模型的参数，达到校核热源模型的目的[2]。

针对 2060 铝锂合金平板对接结构激光焊接,选用激光功率为 2 300 W、焊接速度为 2 m/min 的实际焊接结构件进行热源校核。该工艺参数下焊件横截面形貌与校核后温度场熔池形貌对比如图 4.35 所示。设置仿真结果虚线右侧位置为焊件温度高于熔点温度 630 ℃ 的部分,以便观察。由图 4.35 可知,仿真结果与实际焊接结果具有相似的熔池形貌,上下熔宽较为吻合,因此认为该热源模型适用于本书所述平板对接结构件的仿真计算。

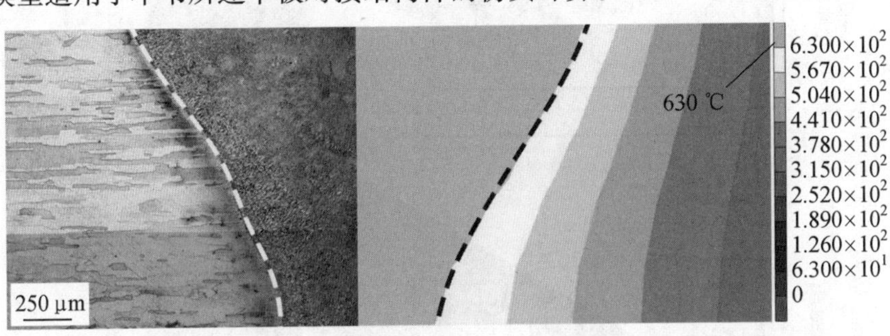

图 4.35　2060 铝锂合金平板对接焊件校核后模拟结果与实验结果对比图

基于校核后的热源,开展特定工艺参数下的温度场仿真研究。图 4.36 所示为激光功率为 2 300 W、焊接速度为 2 m/min 条件下焊件焊接过程中不同时刻的温度分布结果。由图 4.36(a) ~(d) 可知,熔池随着热源沿着焊接方向向前移动,带动整个焊件的温度场不停地发生改变。在焊接起始阶段(图 4.36(a)),整个过程尚不稳定,熔池体积较小,等温线近似为圆形。随着焊接过程向前推进,如图 4.36(b) ~(d),熔池产生拖尾,其形貌呈现椭圆形并基本保持稳定。

选取时间为 1.5 s 时的焊件上、下两表面温度分布进行分析,如图 4.37 所示。从上、下表面温度分布可以看出,铝板被焊透,且下熔宽远小于上熔宽,与实验结果相吻合。提取上下表面处距离熔池中心不同位置节点处的热循环曲线可以发现,所有的热循环曲线都存在一个峰值,这是移动热源的热作用所造成的。由于铝合金热导率大,因此当热源靠近某一节点时,该点温度迅速上升;当热源远离该点时,其温度又迅速下降。而且由于受到上一时间步热源的预热作用,节点处温度上升速率较下降速率稍快。由图 4.37(c),焊件上表面由于受到激光热源的直接作用,温度最高,熔池中心峰值温度达 1 702 ℃。随着距熔池中心的距离越来越远,节点处的峰值温度逐渐降低。节点 38 126 处由于受到激光热作用较小,因此温度变化较小。由图 4.37(d),焊件下表面温度变化趋势同上表面相近,但其温度远低于上表面。熔池中心峰值温度仅为 740 ℃,略高于合金熔点。

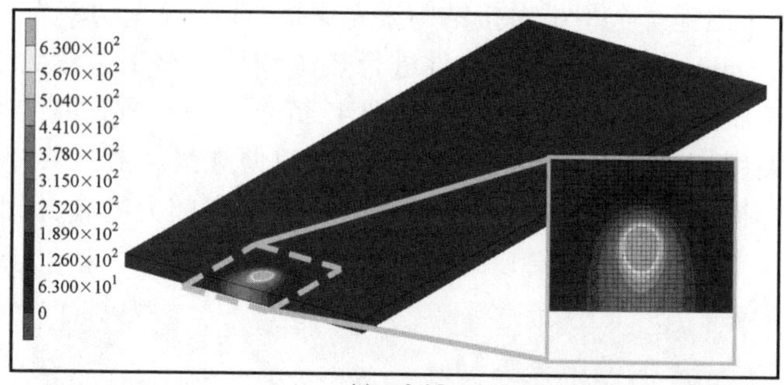

(a) t=0.15 s

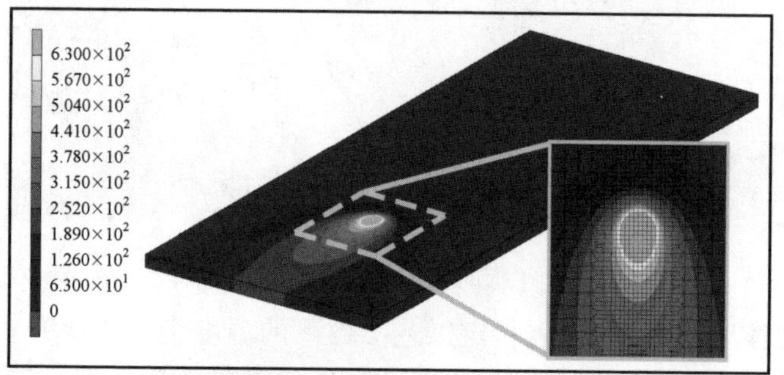

(b) t=0.9 s

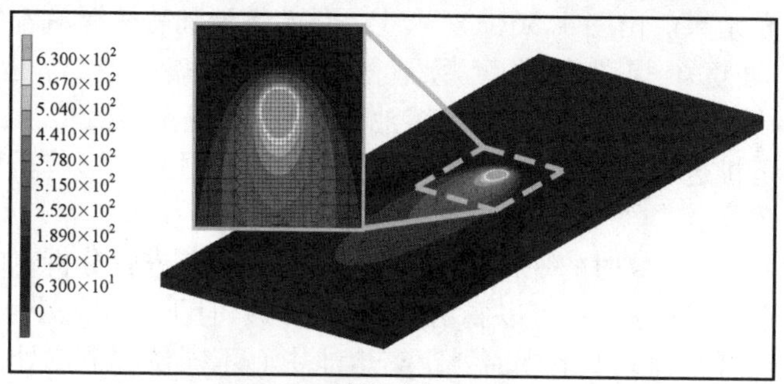

(c) t=1.8 s

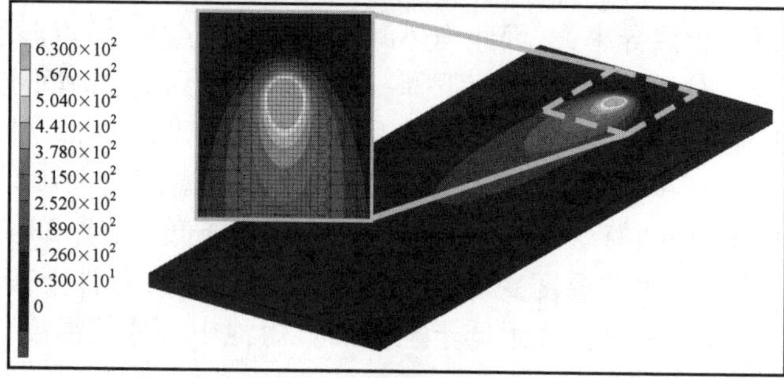

(d) t=2.7 s

图 4.36　2060 铝锂合金平板对接结构件焊接过程中不同时刻的温度场仿真结果

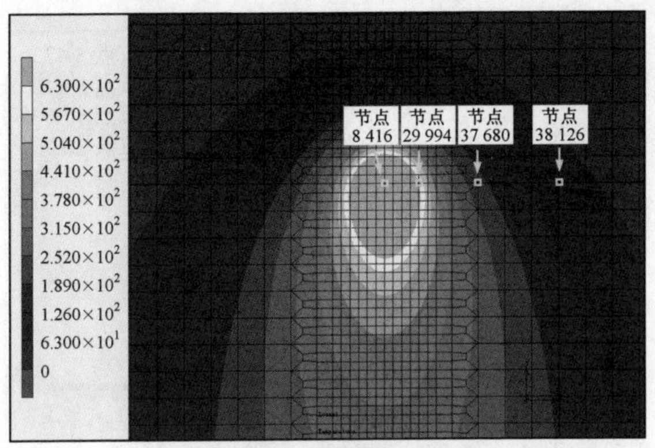

(a) 焊件上表面温度云图

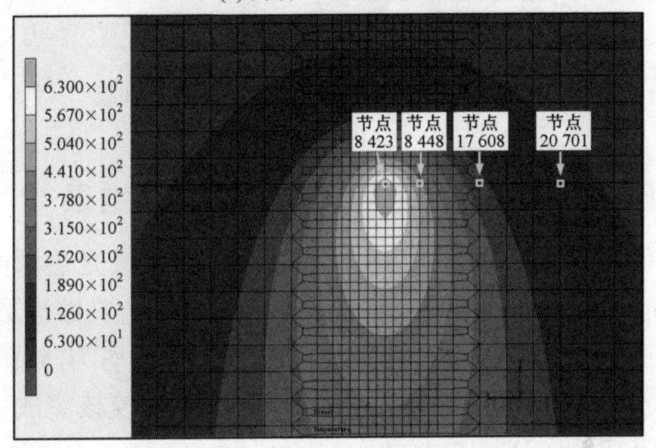

(b) 焊件下表面温度云图

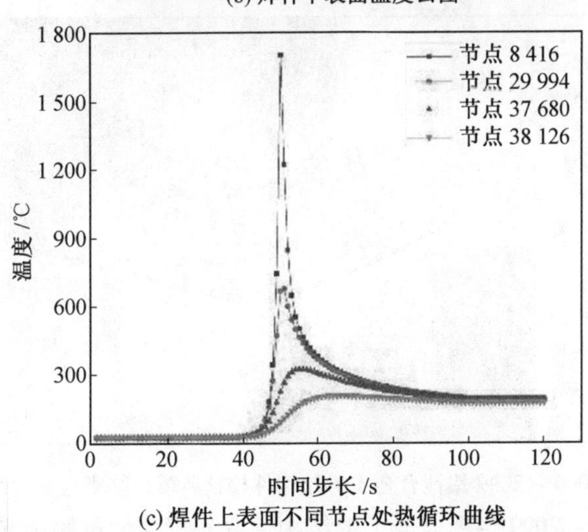

(c) 焊件上表面不同节点处热循环曲线

图 4.37　2060 铝锂合金平板对接结构件上、下两表面温度分布及热循环曲线

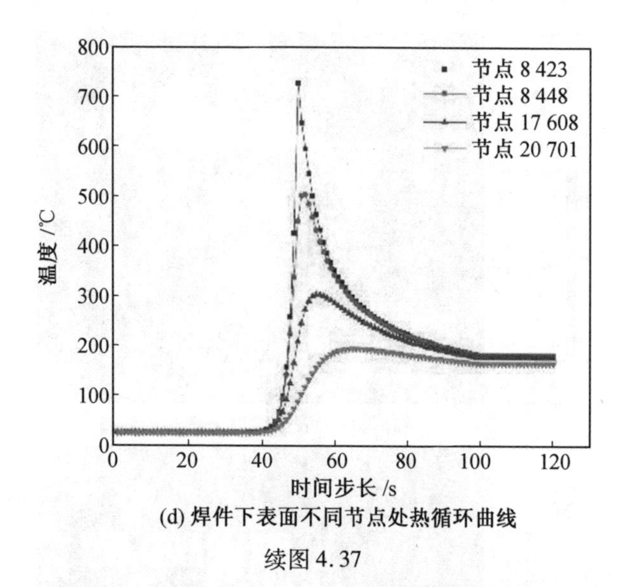

(d) 焊件下表面不同节点处热循环曲线

续图 4.37

4.2.6　T 形结构双激光束焊接温度场仿真结果

双激光束双侧同步焊接技术(DLBSW)采用双束激光热源同步进行焊接,以获得贯通熔池。图 4.38 所示为 T 形结构件温度场仿真熔池形貌同实际焊件横截面焊缝形貌对比结果。仿真与实验所选用的参数均为激光功率 2 000 W,焊接速度 5.5 m/min,激光入射角度 23°。可以发现,校核完成后,仿真结果与实验结果吻合较好。

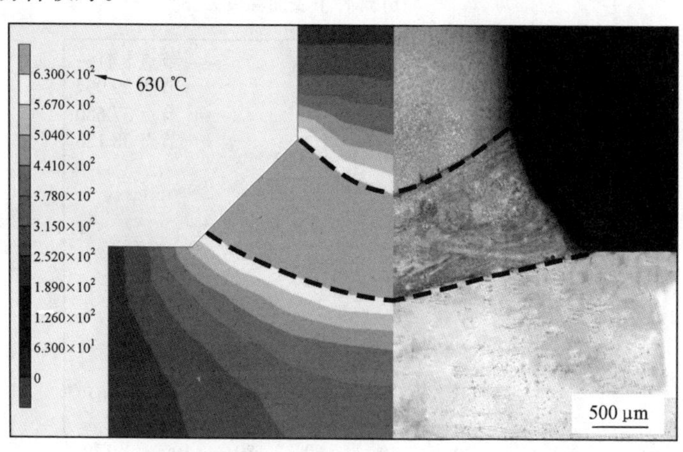

图 4.38　2060 - 2099 铝锂合金 T 形结构件校核后模拟结果与实验结果对比图

设定 2060 - 2099 铝锂合金 T 形结构件激光焊接的单侧激光工艺参数范围为:激光功率 2 000 ～ 3 200 W,焊接速度 5.5 ～ 7.5 m/min,激光入射角 15° ～ 30°。T 形结构件横截面温度场仿真结果如图 4.39 所示。观察图 4.39 中每一行所

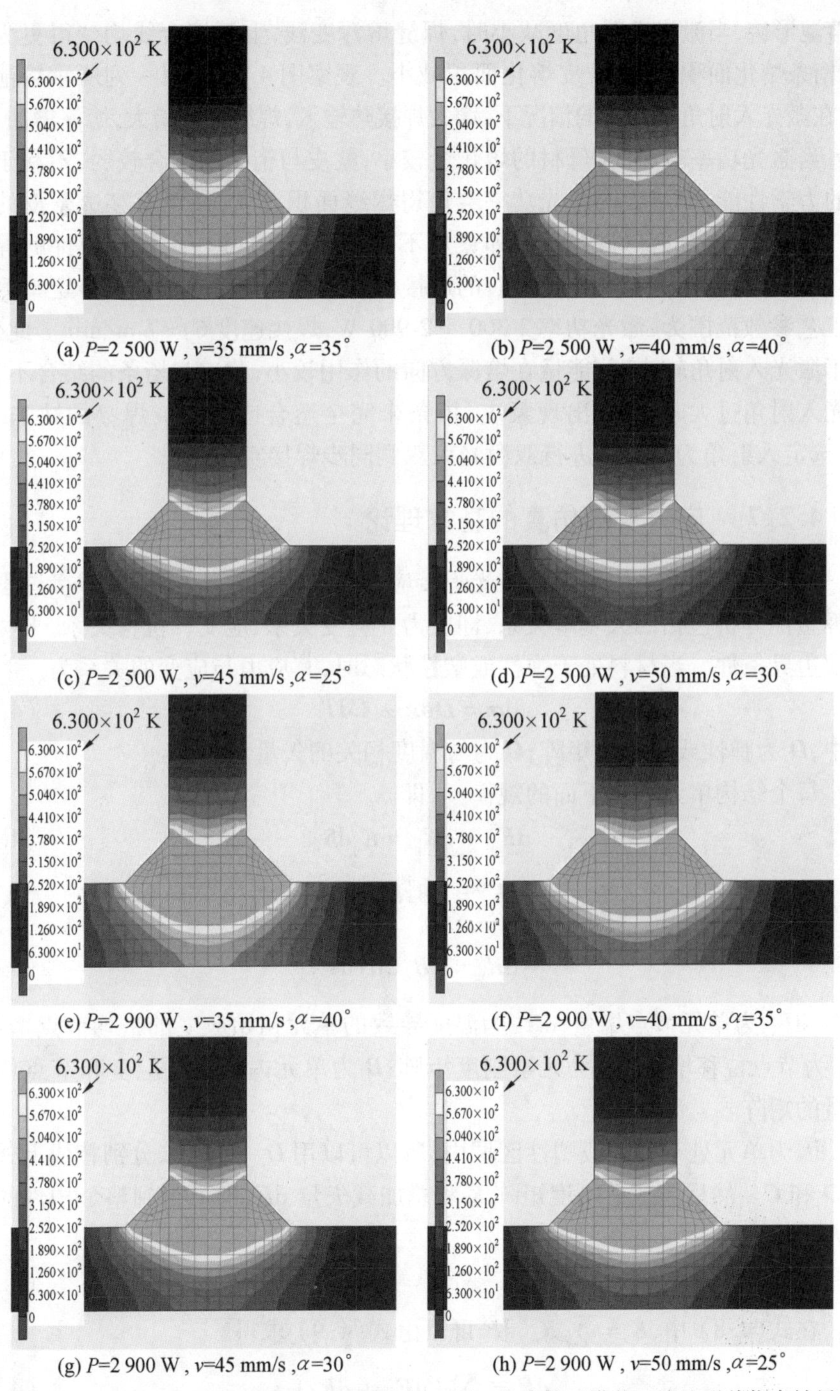

(a) P=2 500 W , v=35 mm/s ,α=35°　(b) P=2 500 W , v=40 mm/s ,α=40°

(c) P=2 500 W , v=45 mm/s ,α=25°　(d) P=2 500 W , v=50 mm/s ,α=30°

(e) P=2 900 W , v=35 mm/s ,α=40°　(f) P=2 900 W , v=40 mm/s ,α=35°

(g) P=2 900 W , v=45 mm/s ,α=30°　(h) P=2 900 W , v=50 mm/s ,α=25°

图4.39　2060 – 2099铝锂合金T形结构件不同工艺参数下横截面熔池形貌仿真结果

示熔池形貌,当激光入射角度减小时,焊缝熔深变浅,上下熔合线均变得更为平缓,桁条熔化面积增加,蒙皮熔化面积减小。观察图 4.39 中每一列所示熔池形貌,在激光入射角度一定的情况下,增大焊接热输入,焊缝面积增大,熔深增加。

当激光功率较小时,母材的熔化量较小,蒙皮与桁条的结合较弱,不利于焊件的力学性能;而过大的激光功率会使得焊缝面积过大,甚至有穿透蒙皮的可能。为了获得成形良好的焊缝,即蒙皮不会被穿透的同时,也保证焊件的焊合度,选择焊缝熔深为蒙皮一半左右的焊接参数为较优实验参数。初步定单侧激光工艺参数范围为:激光功率 2 300 ～2 900 W,焊接速度 6 ～7 m/min。此外,由于激光入射角较小时,能量在熔深方向的作用较小,蒙皮与桁条的结合不佳;激光入射角过大时,可能出现蒙皮、桁条未完全熔合或蒙皮被焊穿的缺陷,因此,选定入射角为 23° 来进行双激光束双侧同步焊接实验。

4.2.7　应力变形仿真的基本理论

热弹塑性理论是铝锂合金激光焊接应力变形仿真的基本理论,焊接过程的热弹塑性分析包括四大基本关系,即应力 - 应变关系、应变 - 位移关系、平衡条件及边界条件。当材料处于弹性或塑性状态时,其应力与应变的关系为

$$\mathrm{d}\boldsymbol{\sigma} = \boldsymbol{D}\mathrm{d}\boldsymbol{\varepsilon} - \boldsymbol{C}\mathrm{d}T \tag{4.4}$$

式中,$\boldsymbol{D}$ 为弹性或弹塑性矩阵;$\boldsymbol{C}$ 为与温度相关的矢量。

每个结构单元服从下面的规律[3],即

$$\mathrm{d}\boldsymbol{F}_{\mathrm{e}} + \mathrm{d}\boldsymbol{R}_{\mathrm{e}} = \boldsymbol{K}_{\mathrm{e}}\mathrm{d}\boldsymbol{\delta}_{\mathrm{e}} \tag{4.5}$$

$$\boldsymbol{K}_{\mathrm{e}} = \int \boldsymbol{B}^{\mathrm{T}}\boldsymbol{D}\boldsymbol{B}\mathrm{d}V \tag{4.6}$$

$$\mathrm{d}\boldsymbol{R}_{\mathrm{e}} = \int \boldsymbol{B}_{\mathrm{e}}\boldsymbol{C}\mathrm{d}T\mathrm{d}V \tag{4.7}$$

式中,$\mathrm{d}\boldsymbol{F}_{\mathrm{e}}$ 为单元节点增量;$\mathrm{d}\boldsymbol{R}_{\mathrm{e}}$ 为温度导致的单元初始应变的平均节点增量;$\mathrm{d}\boldsymbol{\delta}_{\mathrm{e}}$ 为节点位移增量;$\boldsymbol{K}_{\mathrm{e}}$ 为元素刚度矩阵;$\boldsymbol{B}$ 为单元内联系了应变和节点位移矢量的矩阵。

因为单元处于弹性或塑性区域内,所以可以用 $\boldsymbol{D}_{\mathrm{e}}$ 和 $\boldsymbol{C}_{\mathrm{e}}$ 来分别替代上式中的 $\boldsymbol{D}$ 和 $\boldsymbol{C}$。然后集成总刚度矩阵 $\boldsymbol{K}$ 和总加载矢量 $\mathrm{d}\boldsymbol{F}$,即可得到整个构件的平衡方程组[4]:

$$\boldsymbol{K}\mathrm{d}\boldsymbol{\delta} = \mathrm{d}\boldsymbol{F} \tag{4.8}$$

在式(4.8) 中,$\boldsymbol{K} = \sum \boldsymbol{K}_{\mathrm{e}}$,$\mathrm{d}\boldsymbol{F}$ 可以由式(4.9) 求得

$$\mathrm{d}\boldsymbol{F} = \sum (\mathrm{d}\boldsymbol{F}_{\mathrm{e}} + \mathrm{d}\boldsymbol{R}_{\mathrm{e}}) \tag{4.9}$$

在焊接过程中没有额外的力作用,每个节点对应的单元节点力是一个平衡

力系统。因此 $\sum \mathrm{d}\boldsymbol{F}_{\mathrm{e}} = 0$,由此可得 $\mathrm{d}\boldsymbol{F} = \sum \mathrm{d}\boldsymbol{R}_{\mathrm{e}}$。

进行热弹塑性有限元分析时,首先把构件分割为有限个单元,然后逐渐加载温度增量。在每次温度增量加载后,通过式(4.8)即可求得每个节点的位移增量 $\mathrm{d}\boldsymbol{\delta}$。再获得每个节点的位移增量 $\mathrm{d}\boldsymbol{\delta}$ 后,可以根据式(4.10)中每个单元的应变增量和位移增量关系,求出每个单元的应变增量 $\mathrm{d}\boldsymbol{\varepsilon}$[5],即

$$\mathrm{d}\boldsymbol{\varepsilon} = \boldsymbol{B}\mathrm{d}\boldsymbol{\delta} \tag{4.10}$$

最终通过式(4.4)～(4.10)即可计算得到每个单元的应力增量 $\mathrm{d}\boldsymbol{\sigma}$。并且焊接过程中应力、应变的动态变化,以及焊后残余应力和变形都能够被计算出来。

4.2.8　T形结构应力变形仿真研究

1. 应力仿真研究

求解T形结构应力变形结果,设定激光功率为2 500 W,焊接速度为35 mm/s,激光入射角为35°,通过有限元仿真后,得到该焊接参数下不同时刻的等效米塞斯应力仿真结果如图4.40～4.43所示。

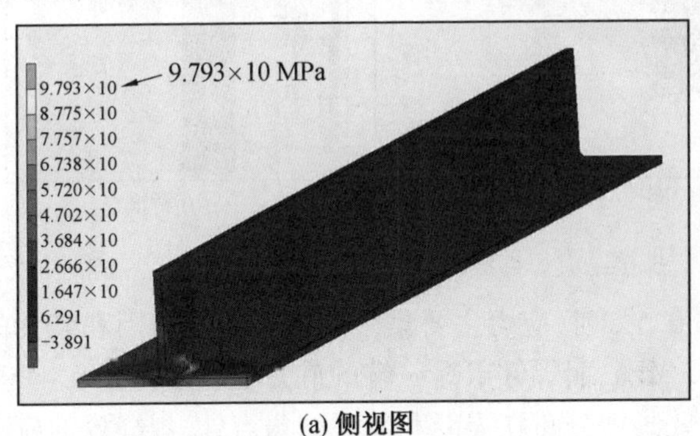

(a) 侧视图

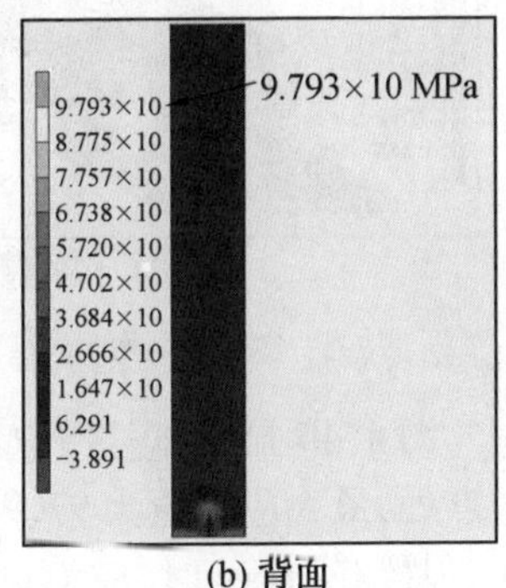

(b) 背面

图4.40　焊接开始0.5 s时的应力分布

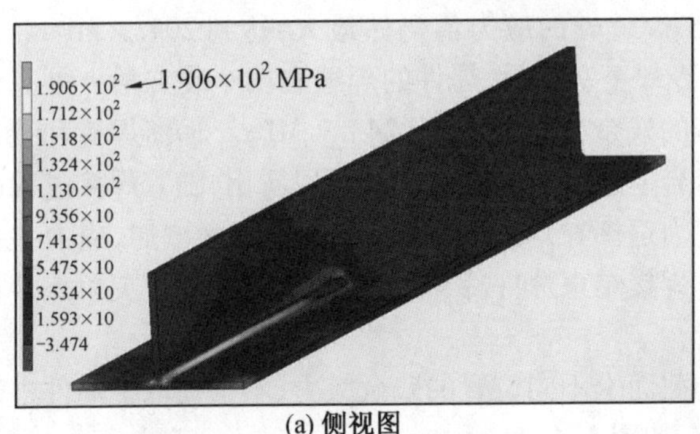

(a) 侧视图

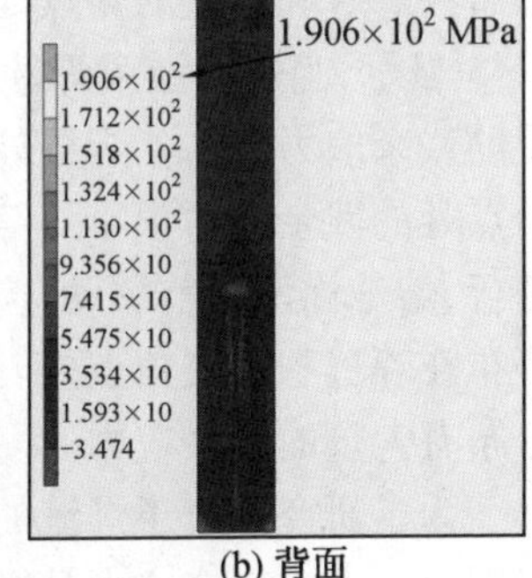

(b) 背面

图4.41　焊接开始5 s时的应力分布

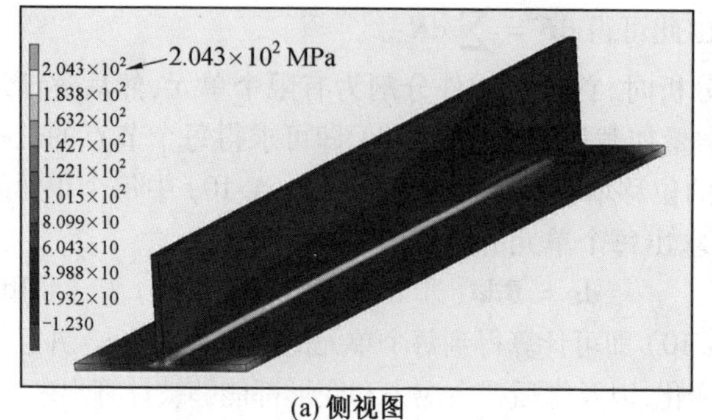

(a) 侧视图

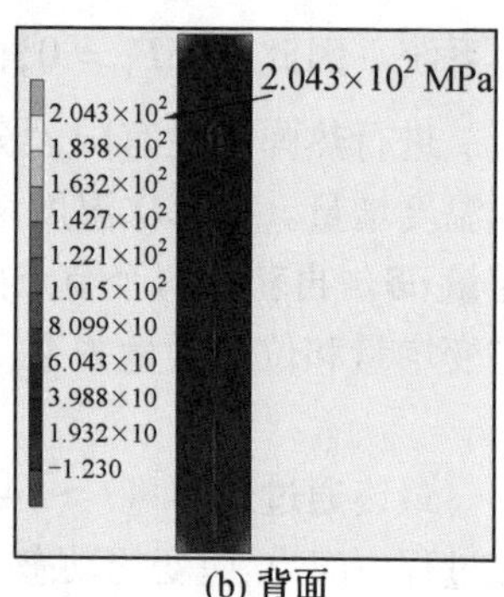

(b) 背面

图 4.42　焊接开始 11.57 s 时的应力分布

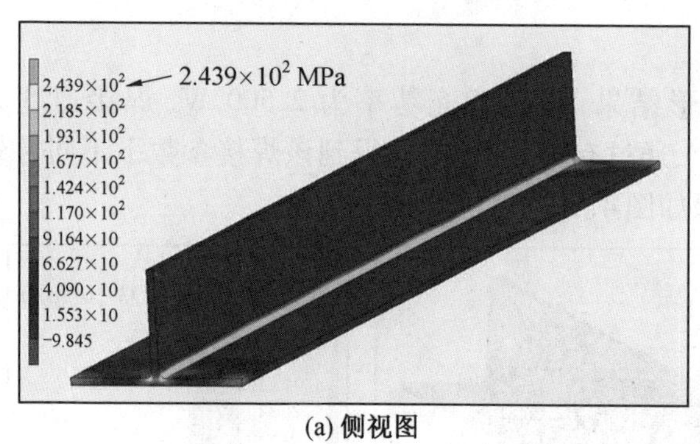

(a) 侧视图

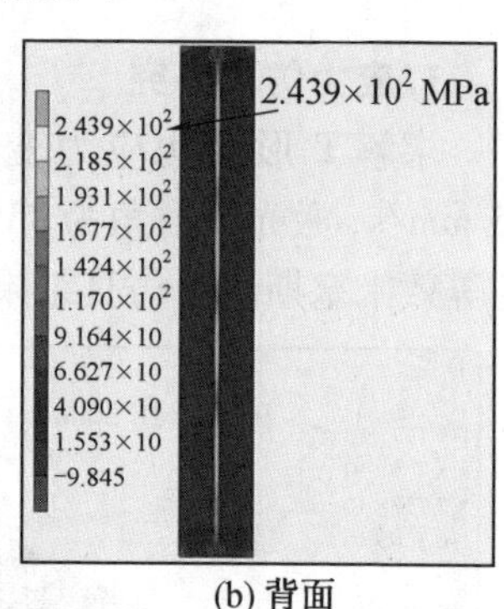

(b) 背面

图 4.43　焊接结束焊件冷却后的应力分布

图 4.40 显示,焊接开始 0.5 s 时,应力主要集中分布在熔池周围和装夹的角点处,最大应力值为 97.93 MPa,而焊件未焊一端的应力值较小。图 4.41 显示,焊接开始 5 s 时,应力主要集中分布在焊缝和装夹的角点处,焊缝处的应力值最大,达到 190.6 MPa。图 4.42 显示,焊接开始 11.57 s 时,应力仍主要集中分布在焊缝和装夹的角点处,焊缝处的应力值仍然最大,达到 204.3 MPa。图 4.43 显示,当焊接结束焊件冷却至室温后,焊件的焊缝和四个装夹角点处有大量的残余应力分布。焊缝处的残余应力最大,为 243.9 MPa。远离焊缝和装夹角点处的残余应力很小。综合上述应力的演化规律可以看出,随着焊接过程的进行,熔池逐渐向前移动,应力逐渐在焊缝处积累,应力值逐渐增加,应力主要分布在焊缝和装夹角点处。焊接结束焊件冷却至室温后,焊缝和装夹角点处仍分布有大量的残余应力。

为了研究垂直于焊缝的截面上不同位置的残余应力,本书提取了焊件中部不同路径上的残余应力分布,如图 4.44 所示。

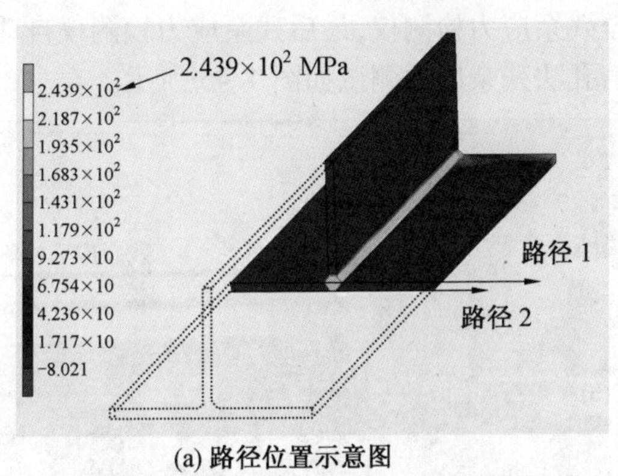

(a) 路径位置示意图

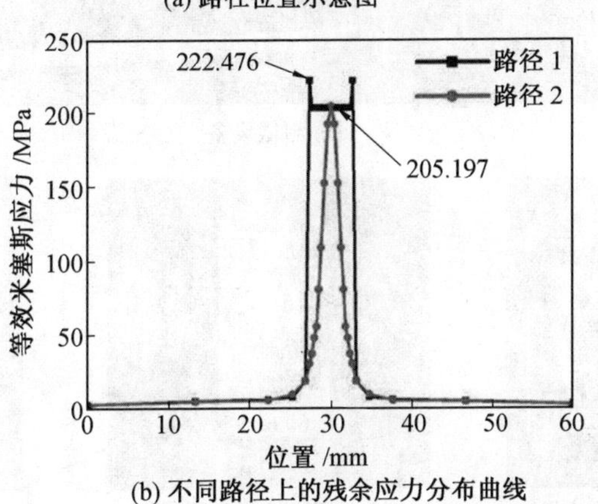

(b) 不同路径上的残余应力分布曲线

图 4.44　焊件中部不同路径上的残余应力分布

图 4.44(a) 显示,路径 1 位于蒙皮的上表面,路径 2 位于蒙皮的背面。图 4.44(b) 显示了路径 1 和路径 2 上不同位置的残余应力值。可以看出,在路径 1 上,桁条中心的残余应力值低于桁条两侧焊缝的残余应力值。桁条两侧焊缝处的残余应力值最高,达到了 222.476 MPa,蒙皮桁条上远离焊缝的位置残余应力较低。且整个 T 形结构残余应力的分布大致关于桁条中心线对称。路径 2 显示了蒙皮背面不同位置的残余应力分布,最高残余应力位于蒙皮中心位置,残余应力值达到了 205.197 MPa。蒙皮中心两侧的残余应力值随着与焊缝距离的增加逐渐降低。

为了验证残余应力仿真结果的准确性,采用 ZS21B 盲孔残余应力检测仪,对铝锂合金蒙皮桁条结构双激光束双侧同步焊接 T 形结构,进行残余应力检测。实验一共测试了接头上 5 个位置的残余应力,这 5 个位置分别为:蒙皮中心、蒙皮中心线两侧 10 mm 位置、蒙皮中心线两侧 23 mm 位置。测试前首先将应变片贴在蒙皮的背面,然后将应变片与残余应力检测仪连接,最后用钻头在应变片相应的位置上钻孔。钻孔后盲孔周围的残余应力得到释放,应变片将检测到的应变传输至残余应力检测仪,最后残余应力检测仪自动计算并显示出残余应力的数值。盲孔法残余应力测试如图 4.45 所示。

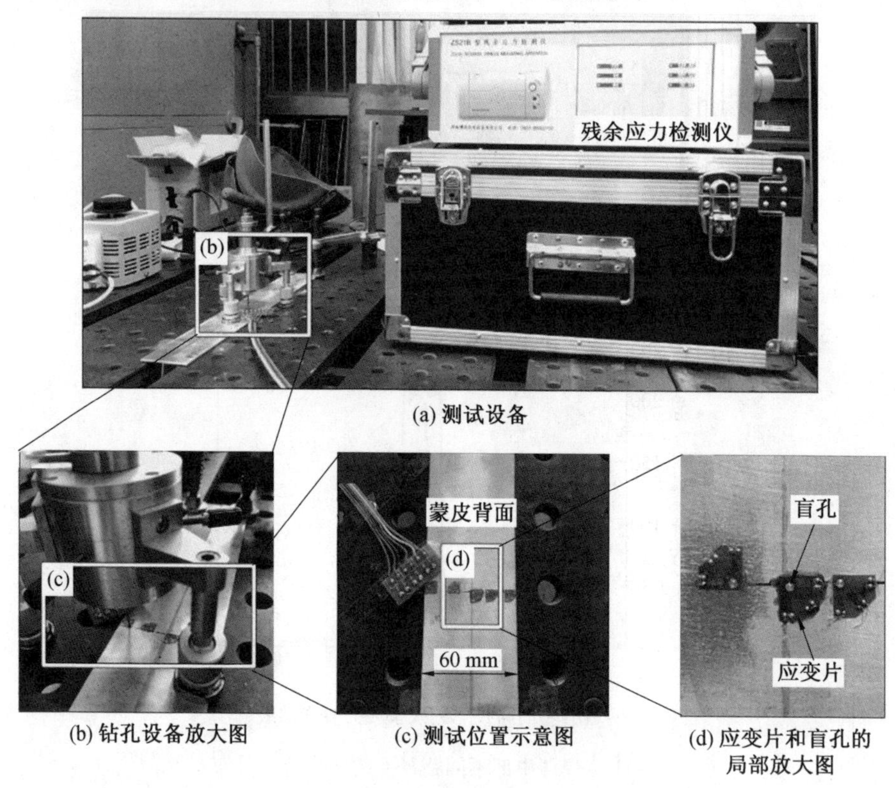

(a) 测试设备

(b) 钻孔设备放大图　(c) 测试位置示意图　(d) 应变片和盲孔的局部放大图

图 4.45　盲孔法残余应力测试

残余应力测试完成后,将测试的残余应力结果与仿真的残余应力结果进行对比,以验证残余应力仿真结果的准确性,残余应力的实验测试结果与模拟结果对比如图 4.46 所示。

实验测试结果显示蒙皮中心的残余应力值最高,为 216.74 MPa。模拟结果也显示蒙皮中心的残余应力最高,为 205.197 MPa。模拟的最高残余应力值达到实测最高残余应力值的 94.67%,说明焊接残余应力的模拟精度较高。另外,实验测试结果和模拟结果都显示,蒙皮中心线两侧随着与中心线距离的增大,残余应力逐渐降低,并且中心线两侧的残余应力分布大致关于中心线对称。通过对比残余应力的实际测试结果和模拟结果可以得出,虽然模拟结果与实际测试结果有一定的偏差,但两者的数值非常接近,残余应力的分布也大致相同。实验验证结果表明,蒙皮桁条结构 DLBSW 残余应力的仿真结果具有较高的准确性。

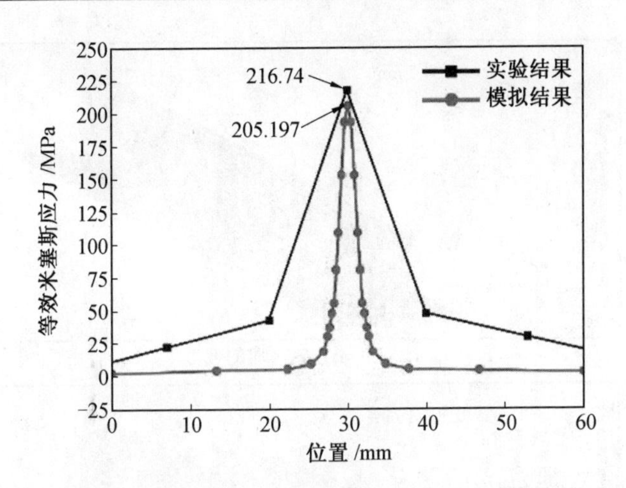

图 4.46　残余应力的实验测试结果与模拟结果对比

2. 变形仿真研究

焊接过程中,由于焊件受热不均匀,加之铝锂合金的热胀冷缩效应,温度高的部位热膨胀较大,温度低的部位热膨胀较小。焊件不同部位的热膨胀大小不同,导致焊件产生变形。另外,焊接熔池在冷却过程中从液态转化为固态,会产生较大的收缩量,进一步增加了焊件的变形量。当激光功率为2 500 W,焊接速度为35 mm/s,激光入射角为35° 时,焊件在不同时刻的变形仿真结果(10 ×)如图 4.47 所示。

图4.47 显示, 当焊接开始 0.5 s 时, 此时焊接变形量较小, 仅为 0.104 7 mm, 且变形主要发生在熔池附近。当焊接开始 5 s 时,变形量增加到 0.303 1 mm, 此时随着熔池的向前移动,蒙皮左右两边缘发生拱曲变形,蒙皮中心的桁条位置发生凹陷变形。当焊接开始 11.57 s 时,此时熔池到达焊接结束的一端,焊接的变形量最大,达到了 0.870 4 mm。此时整个蒙皮桁条焊件的中部发生较大的拱曲变形,蒙皮中轴线上桁条位置处发生一定量的凹陷变形,焊件整体变形后类似于马鞍的形状。然而在焊接结束冷却的过程中,随着焊件温度逐渐降低,焊件开始收缩,变形量逐渐减小,冷却结束后的最大变形量为 0.242 6 mm。变形后的焊件仍然类似于马鞍的形状,焊件中部拱曲,蒙皮中轴线上桁条的位置向下凹陷。

通过焊件在不同时刻的变形仿真结果可以看出,焊接开始后,随着熔池的向前移动,焊件的变形量逐渐增大。当焊接结束开始冷却时,由于焊件的温度逐渐降低,焊件的变形开始收缩减小,最后冷却结束时,焊件的最大变形量仅为 0.242 6 mm。

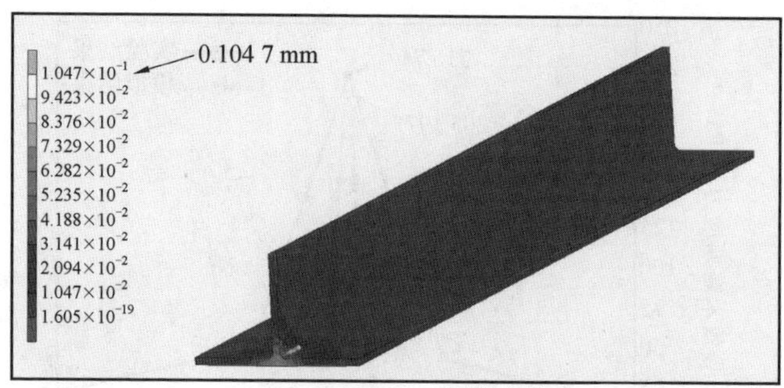

(a) t=0.5 s 时的变形

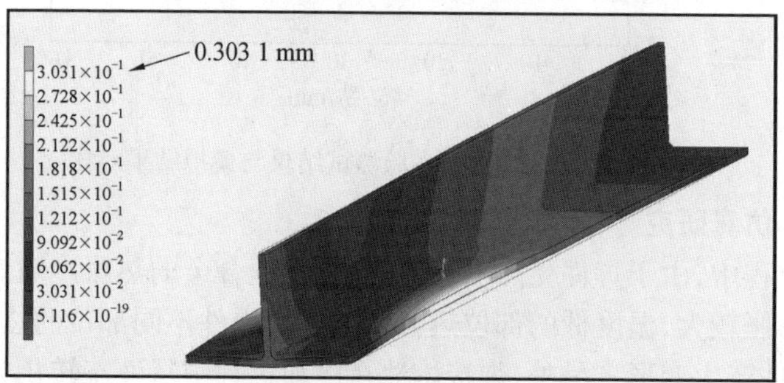

(b) t=5 s 时的变形

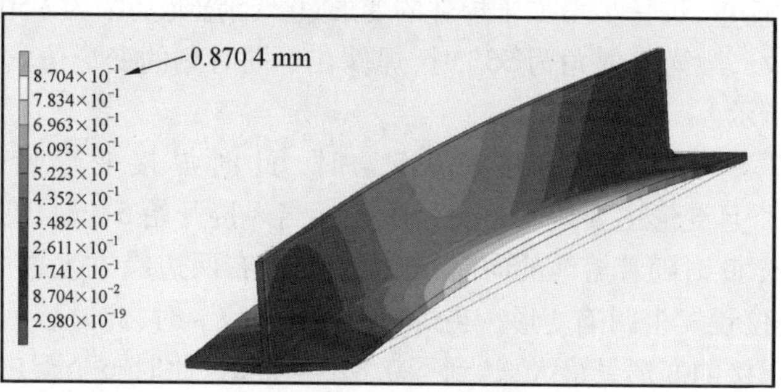

(c) t=11.57 s 时的变形

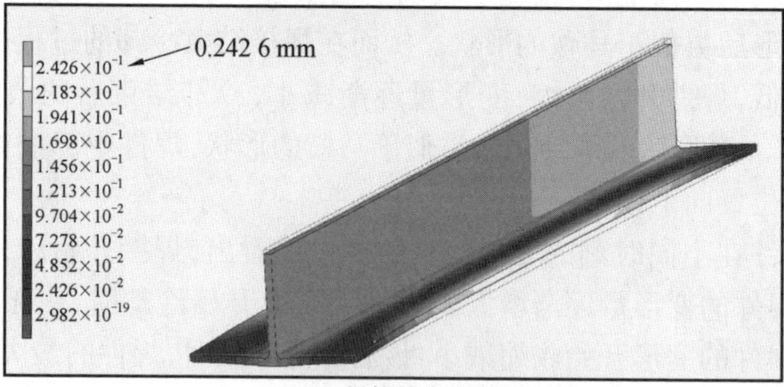

(d) 焊接结束冷却后

图 4.47　焊件在不同时刻的变形仿真结果(10 ×)

焊接变形仿真结束后,立即根据仿真结果开展验证性实验,主要采用高度尺测量蒙皮右侧边缘的拱曲变形量。高度尺测量的位置位于蒙皮右侧上边缘处,从起始端开始,每隔 45 mm 测量 1 个点,并记录该点的高度值,最后将各点的高度值减去蒙皮原有的厚度,即可得到蒙皮在该点处的拱曲变形量。完成蒙皮右边缘的拱曲变形测量后,把实际测量的变形量与仿真的变形量进行对比分析,以验证变形仿真结果的准确性,焊后变形的仿真结果与实验结果对比如图 4.48 所示。

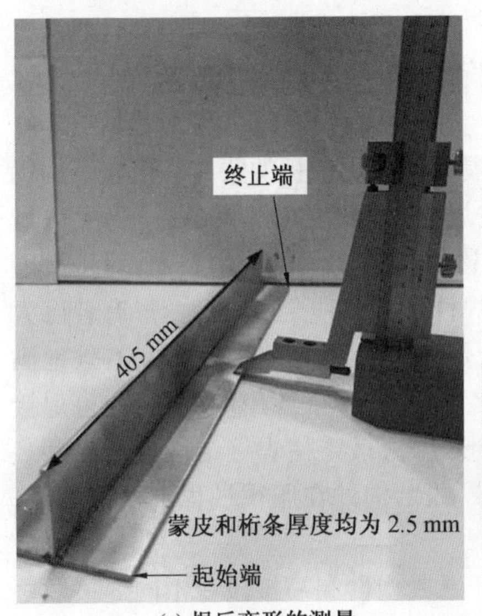

(a) 焊后变形的测量

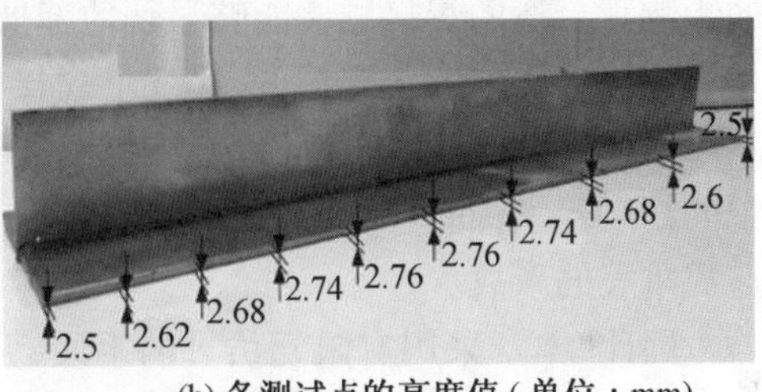

(b) 各测试点的高度值(单位:mm)

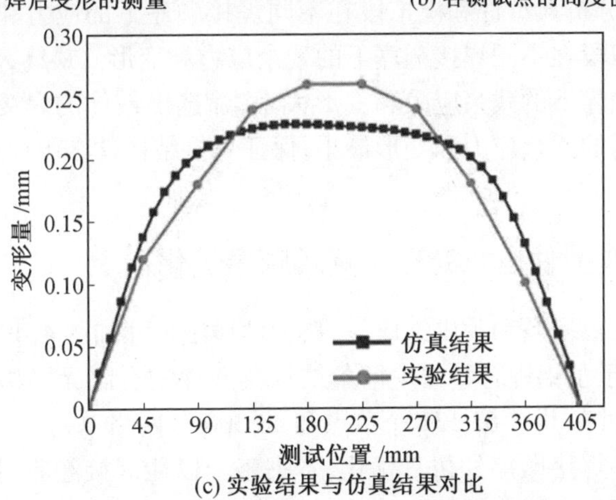

(c) 实验结果与仿真结果对比

图 4.48　焊后变形的仿真结果与实验结果对比

在焊接过程中,蒙皮两侧受热产生一定量的热膨胀,由于蒙皮的 4 个角被装夹固定住,不能通过自由变形来抵消材料的热膨胀,因此蒙皮两侧边缘由于热膨胀的累积而出现拱曲变形。图 4.48(c) 中的仿真结果显示,蒙皮右侧边缘中部位置的变形量最大,大约为 0.22 mm。焊接起始端和焊接终止端由于受到装夹固定作用,变形量最小。实验测量结果也显示蒙皮边缘中部位置的变形量最大,为 0.26 mm,焊接起始端和焊接终止端的变形最小。实验测量的最大变形量与仿真的最大变形量相差不大,并且实验测量的变形趋势与仿真的变形趋势基本吻合。

4.3　飞机壁板结构有限元数值模拟

本节案例主要采用建模仿真方法,开展了某飞机壁板的蒙皮 - 桁条结构铝合金 DLBSW 残余应力与变形研究[2]。在焊接过程中,由于设备有限,无法做到多根桁条同时焊接。因此,需要把桁条逐次焊接到蒙皮上。然而,对于薄壁复杂结构件而言,不同的桁条焊接顺序对焊件焊后的残余应力和变形有着巨大的影响。合适的焊接顺序能够显著地降低焊件焊后残余应力和变形,有效地满足了焊接结构件的装配精度,保证了焊接结构件的安全使用。反之,如果焊接顺序不合适,则会导致焊后残余应力和变形过大,最终使焊接结构件达不到装配的精度要求,而过大的残余应力甚至会导致结构件在服役过程中发生失效,造成重大的事故。

因此,本章采用有限元仿真的手段,开展典型件和模拟段在不同焊接顺序下的仿真研究,分析典型件和模拟段在不同焊接顺序下的应力和变形演化,预测典型件和模拟段在不同焊接顺序下的残余应力和变形。最终,对比焊接结构件在不同焊接顺序下的残余应力和变形大小,筛选出最优的焊接顺序,使焊接结构件在焊接后的残余应力和变形最小,保证焊接结构件在服役过程中的安全可靠性。

4.3.1　典型件应力变形仿真及顺序优化

典型件由三根桁条和蒙皮组成[2],典型件详细尺寸如图 4.49 所示。

图 4.50 显示了铝锂合金蒙皮桁条结构典型件的有限元网格模型,通过网格划分后,典型件一共有 62 131 个节点和 48 300 个网格单元。

针对典型件焊接顺序的仿真优化,本书基于以往焊接经验,初步设定了四种焊接顺序开展仿真研究:第一种焊接顺序为同向顺序焊接,第二种焊接顺序为首尾相连焊接,第三种焊接顺序为外侧对称焊接,第四种焊接顺序为中心对称焊接。典型件不同的焊接顺序示意图如图 4.51 所示。

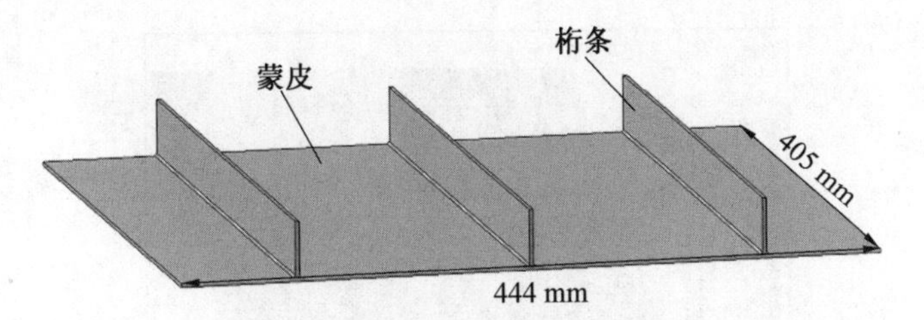

图4.49　典型件详细尺寸

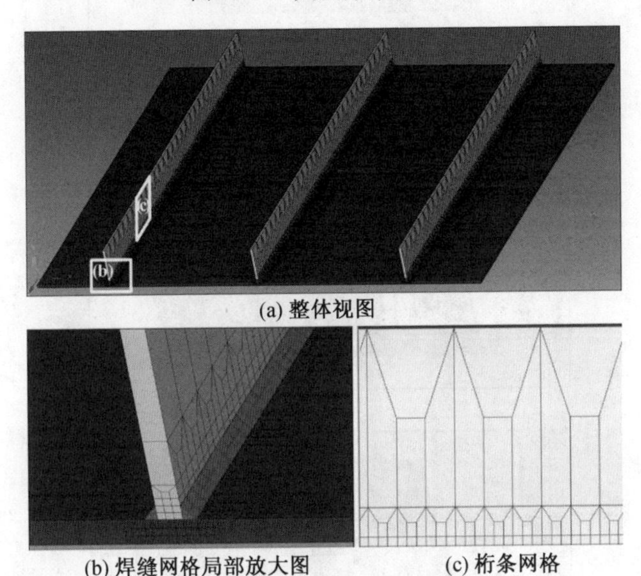

图4.50　典型件的有限元网格模型

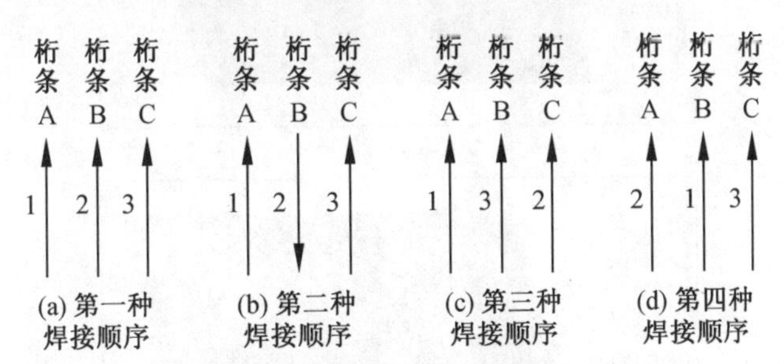

图4.51　典型件不同的焊接顺序示意图

1. 应力场仿真

典型件三根桁条的焊接顺序不同,导致焊件在焊接过程中的应力演化和最终的残余应力不同。为了观察焊接过程中不同时刻的应力分布情况分析应力演化规律,本书截取了不同焊接顺序下,不同焊接时刻的应力分布图,如图4.52～4.55所示。

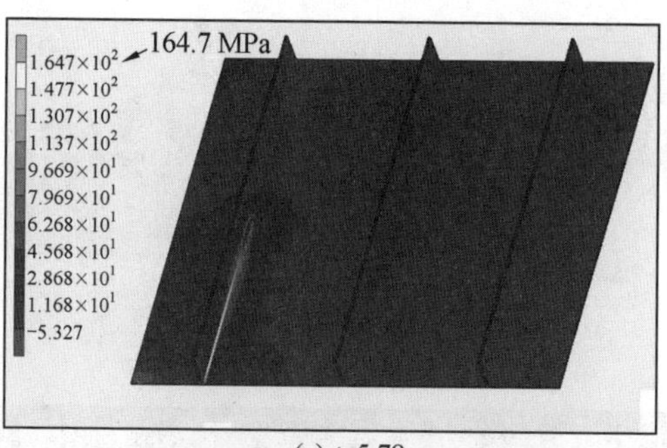

(a) t=5.79 s

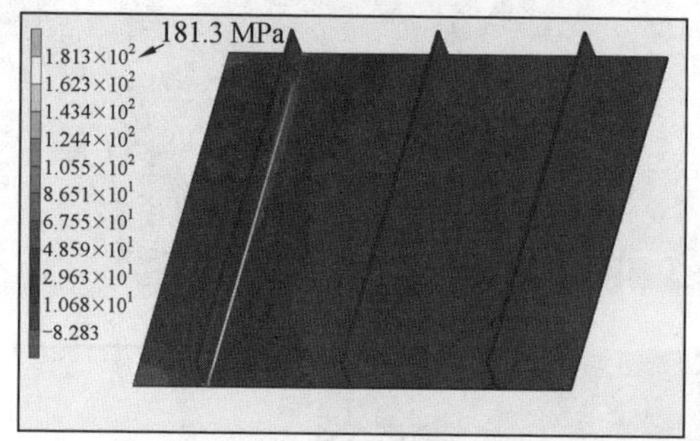

(b) t=11.54 s

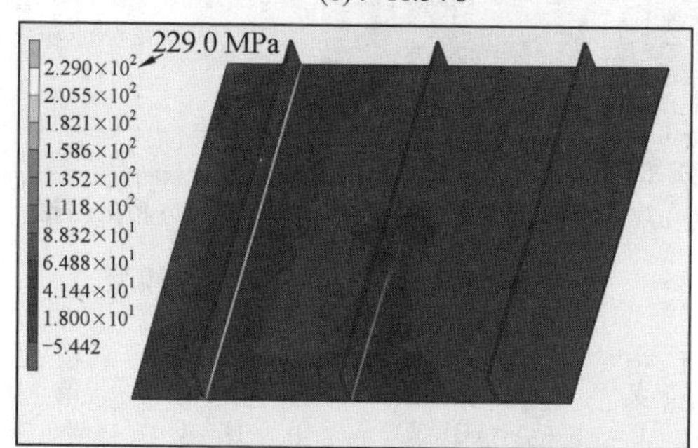

(c) t=27.36 s

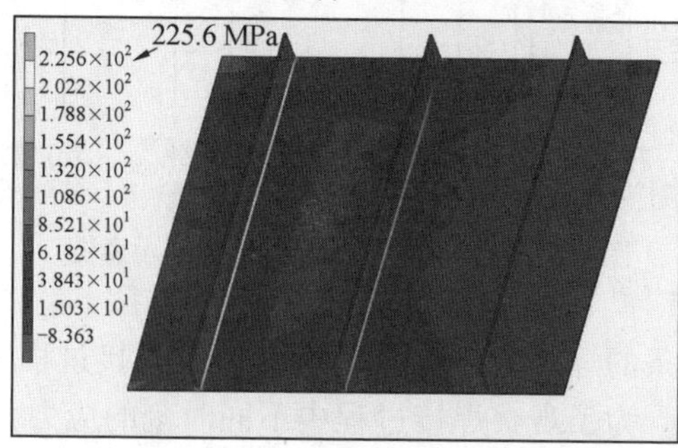

(d) t=33.02 s

图 4.52　第一种焊接顺序不同时刻的应力场仿真结果

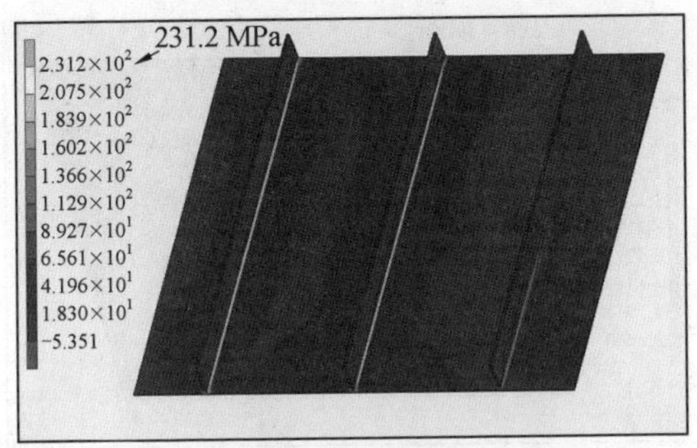

(e) t=48.93 s

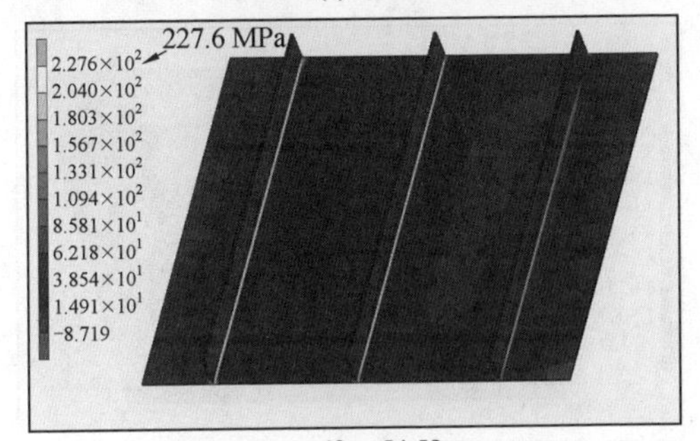

(f) t=54.59 s

续图 4.52

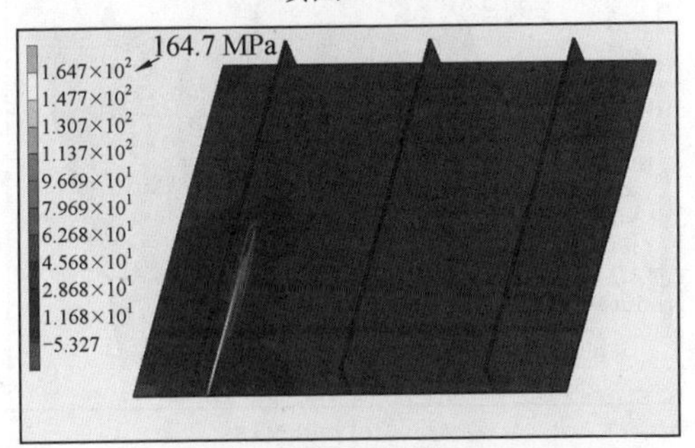

(a) t=5.79 s

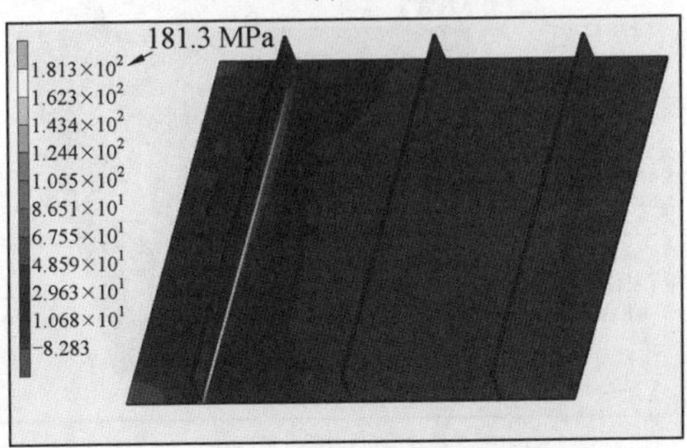

(b) t=11.54 s

图 4.53　第二种焊接顺序不同时刻的应力场仿真结果

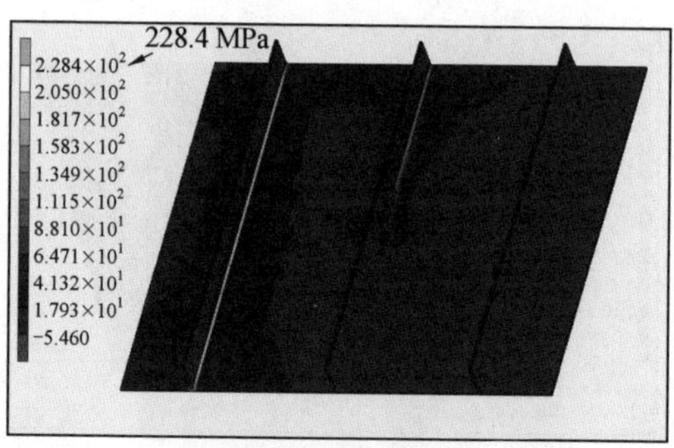

(c) t=27.36 s

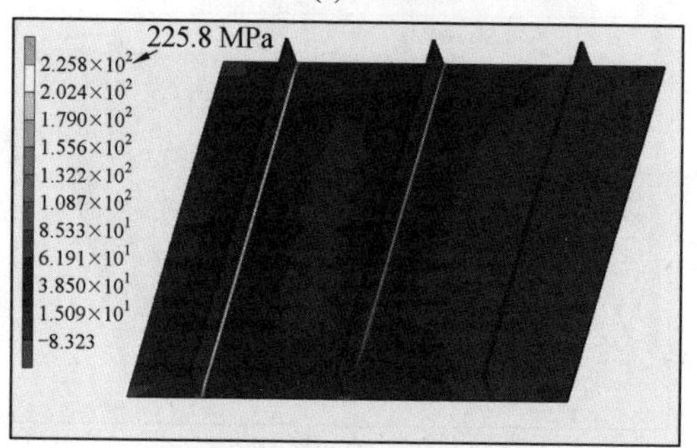

(d) t=33.02 s

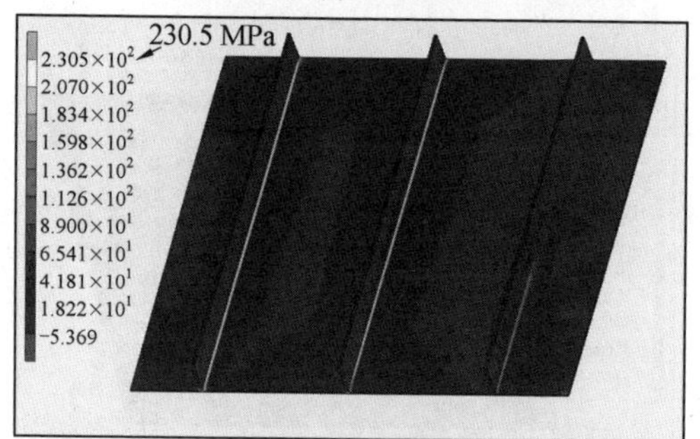

(e) t=48.93 s

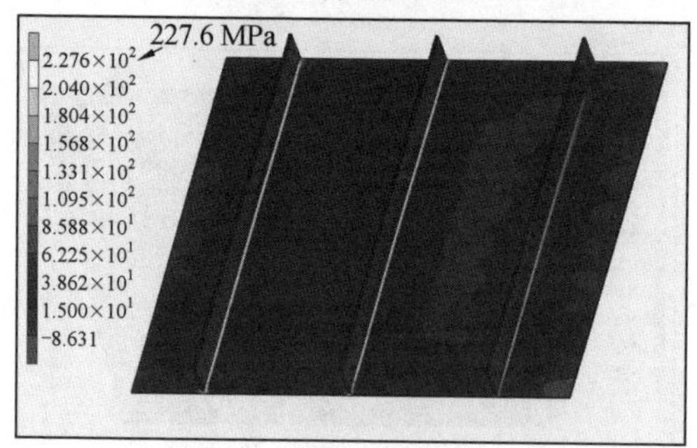

(f) t=54.59 s

续图 4.53

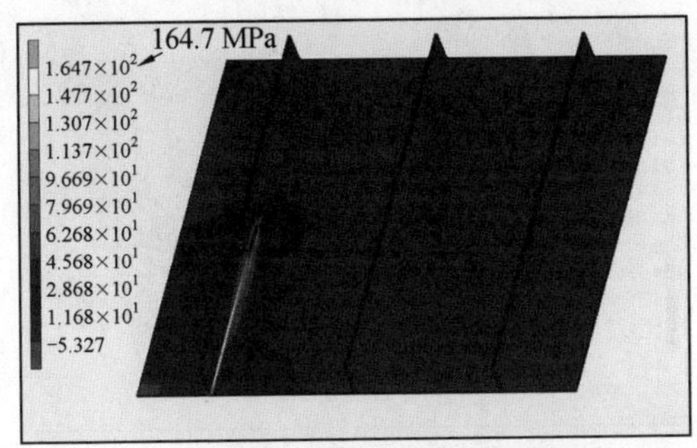

(a) t=5.79 s

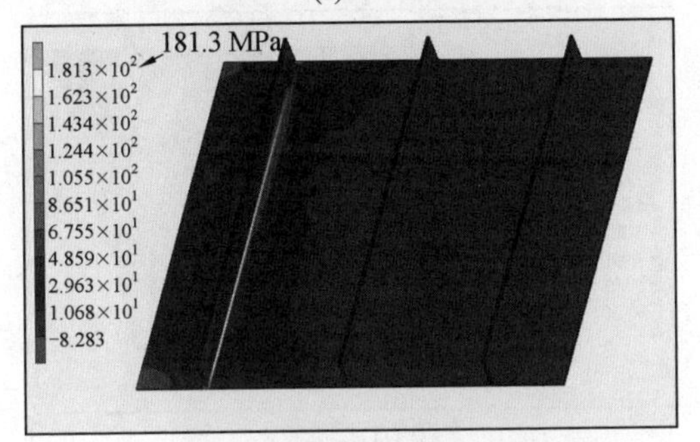

(b) t=11.54 s

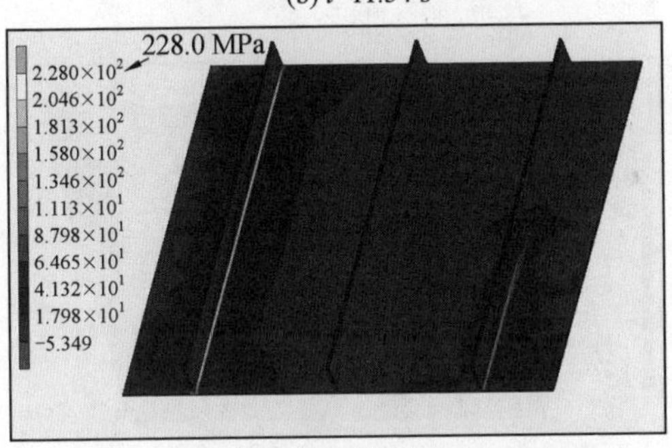

(c) t=27.36 s

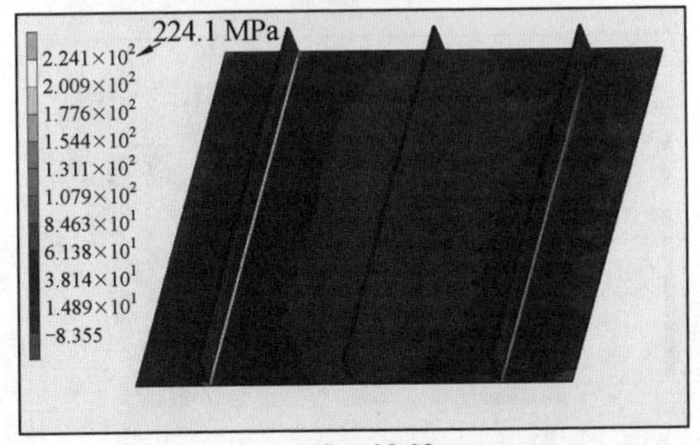

(d) t=33.02 s

图 4.54　第三种焊接顺序不同时刻的应力场仿真结果

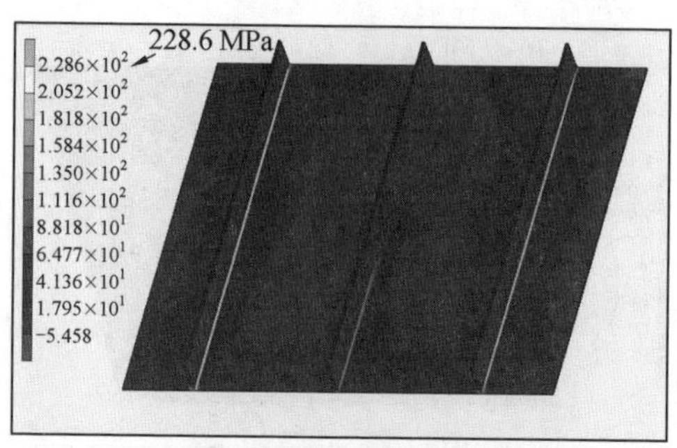

(e) t=48.93 s

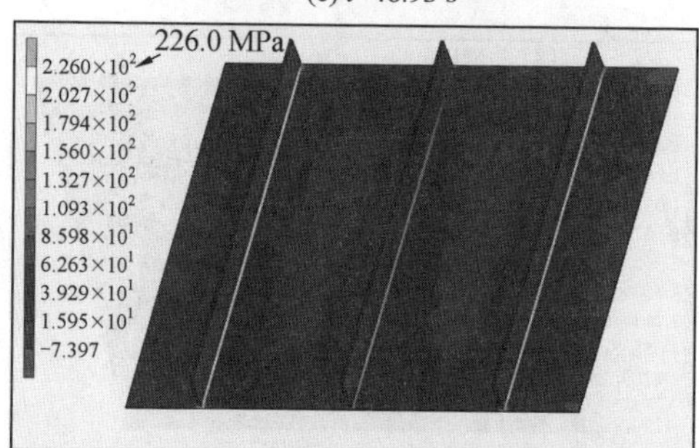

(f) t=54.59 s

续图 4.54

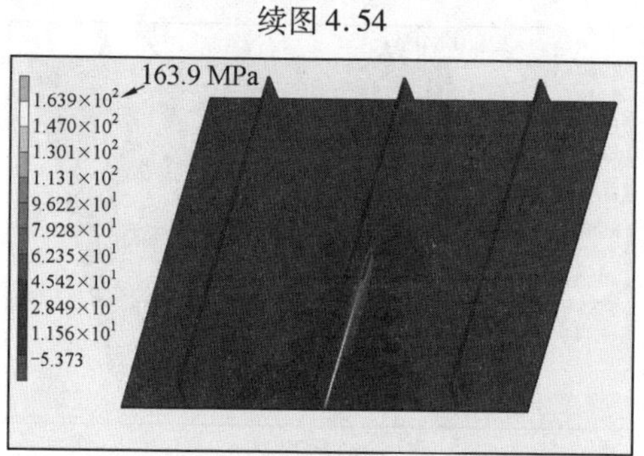

(a) t=5.79 s

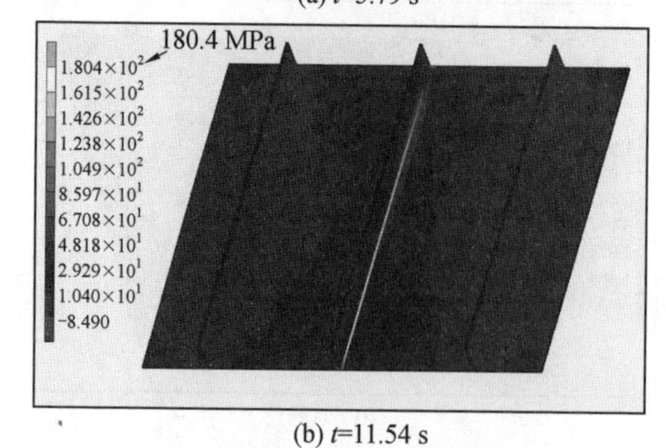

(b) t=11.54 s

图 4.55　第四种焊接顺序不同时刻的应力场仿真结果

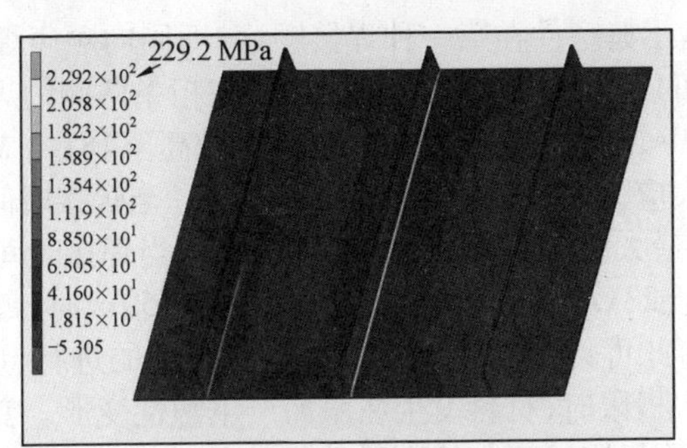

(c) t=27.36 s

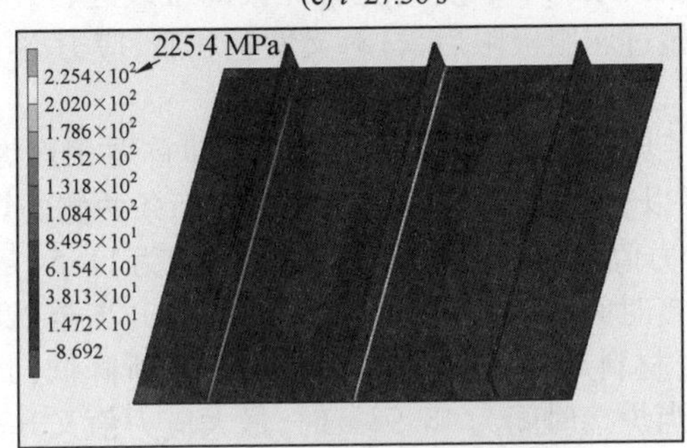

(d) t=33.02 s

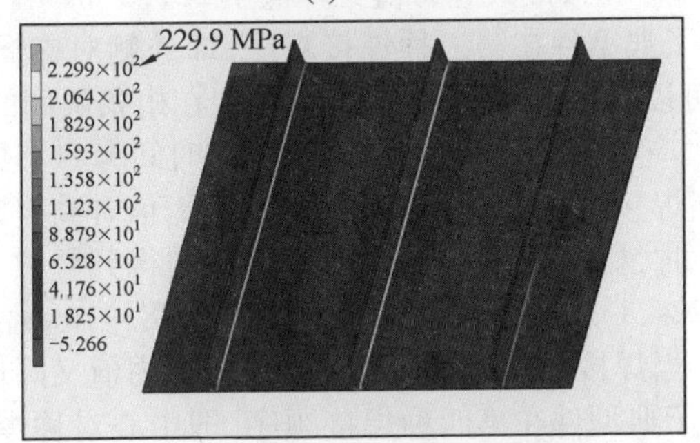

(e) t=48.93 s

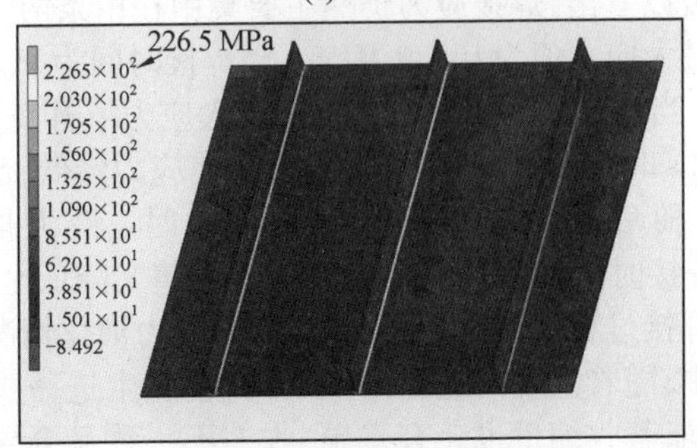

(f) t=54.59 s

续图 4.55

图4.52显示了典型件在第一种焊接顺序，即同向顺序焊接下的应力场仿真结果。从图中可以看出，焊接应力主要集中在桁条两侧的焊缝处。从焊接开始5.79 s至11.54 s，最大应力值从164.7 MPa升高至181.3 MPa。当焊接时间为27.36 s时，最大应力值继续升高至229.0 MPa。当焊接时间为33.02 s时，应力有所降低，此时最大应力值为225.6 MPa。随后当焊接时间为48.93 s时，最大应力值又升高至231.2 MPa。当焊接时间为54.59 s时，最大应力值又降低至227.6 MPa。由此可见，在焊接过程中，随着焊接的进行，应力值逐渐升高，当应力升高至屈服极限时，材料发生屈服而产生塑性变形。变形后应力得到释放，应力降低至屈服极限以下。然而随着焊接的继续进行，应力又逐渐累积升高，当最大应力值超过屈服极限后，材料又发生屈服，应力再次降低。屈服在焊接过程中不断循环，直至焊接结束。

图4.53显示了典型件在第二种焊接顺序，即首尾相连焊接下的应力场仿真结果。从图中可以看出，焊接应力主要集中在桁条两侧的焊缝处。焊接开始5.79 s时的最大应力值为164.7 MPa。当焊接时间为11.54 s时，最大应力值为181.3 MPa。当焊接时间为27.36 s时，最大应力值升高至228.4 MPa。当焊接时间为33.02 s时，材料局部区域发生屈服，应力有所降低，此时最大应力值为225.8 MPa。随后当焊接时间为48.93 s时，最大应力值又升高至230.5 MPa。当焊接时间为54.59 s时，最大应力值又降低至227.6 MPa。

图4.54显示了典型件在第三种焊接顺序，即外侧对称焊接下的应力场仿真结果。从图中可以看出，焊接应力仍主要集中在桁条两侧的焊缝处。焊接开始5.79 s时的最大应力值为164.7 MPa。当焊接时间为11.54 s时，最大应力值为181.3 MPa。当焊接时间为27.36 s时，最大应力值升高至228.0 MPa。当焊接时间为33.02 s时，材料局部区域发生屈服，应力得到释放而有所降低，此时的最大应力值为224.1 MPa。随后当焊接时间为48.93 s时，最大应力值又升高至228.6 MPa。当焊接时间为54.59 s时，最大应力值又降低至226.0 MPa。

图4.55显示了典型件在第四种焊接顺序，即中心对称焊接下的应力场仿真结果。从图中可以看出，焊接应力仍然主要集中在桁条两侧的焊缝处。焊接开始5.79 s时的最大应力值为163.9 MPa。当焊接时间为11.54 s时，最大应力值为180.4 MPa。当焊接时间为27.36 s时，最大应力值升高至229.2 MPa。当焊接时间为33.02 s时，材料局部区域发生屈服使应力降低，此时最大的应力值为225.4 MPa。随后当焊接时间为48.93 s时，最大应力值又升高至229.9 MPa。当焊接时间为54.59 s时，最大应力值又降低至226.5 MPa。

以上研究了焊接过程中，不同时刻典型件的应力演化情况。然而在焊接结束后的冷却过程中，随着温度的逐渐降低，材料会发生进一步的变形。由于不同区域的温度不同，其收缩量也会有差异，收缩不一致又会导致应力改变。因此，只有分析焊件冷却后的最终残余应力值及分布情况是否符合要求，才可以判断该焊件是否可以被安全使用。对于具有三根桁条的典型件而言，不同焊接顺序下的最终残余应力大小和分布不同。其中,典型件在四种不同焊接顺序下的最终残余应力仿真结果如图4.56所示。

图4.56显示,四种不同焊接顺序下的残余应力都主要集中分布在桁条两侧的焊缝处。典型件在第一种焊接顺序下的最大残余应力值为236.0 MPa,在第二种焊接顺序下的最大残余应力值为236.4 MPa,在第三种焊接顺序下的最大残余应力值为234.8 MPa,在第四种焊接顺序下的最大残余应力值为237.1 MPa。对比结果显示,典型件采用第三种焊接顺序,即外侧对称焊接时的残余应力值最小。

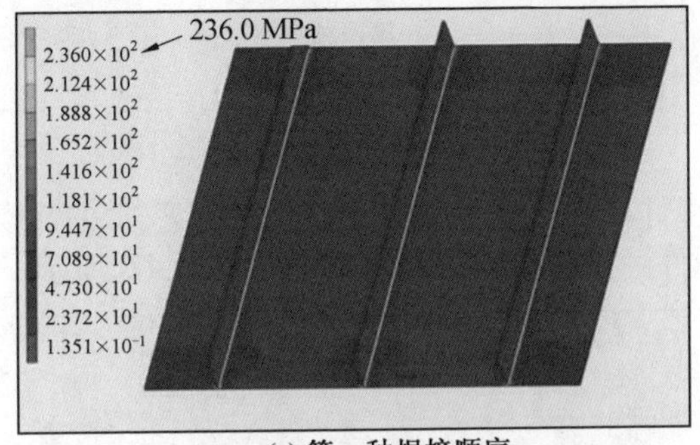

(a) 第一种焊接顺序

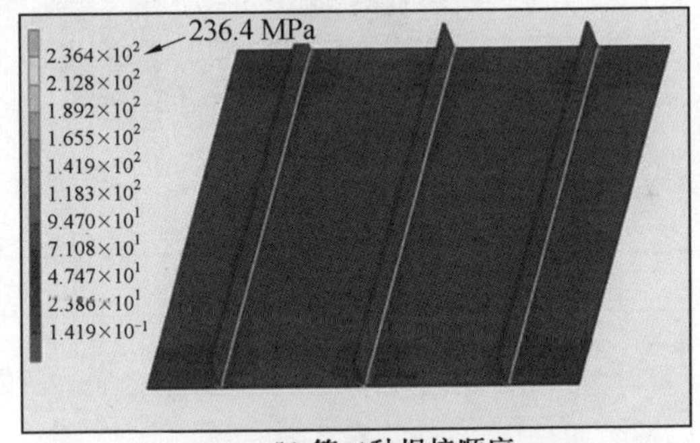

(b) 第二种焊接顺序

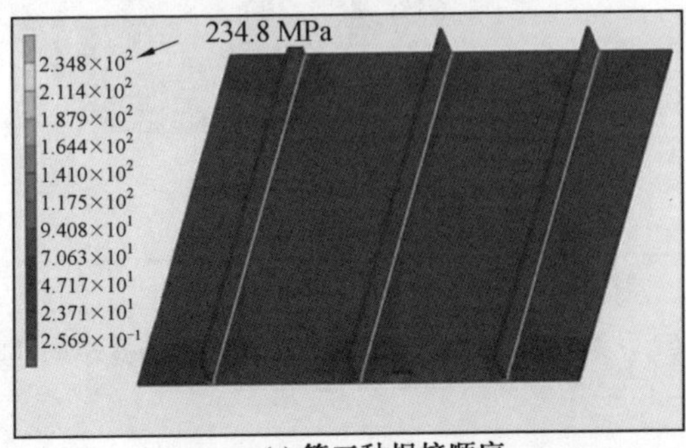

(c) 第三种焊接顺序

图4.56　典型件在四种不同焊接顺序下的最终残余应力仿真结果

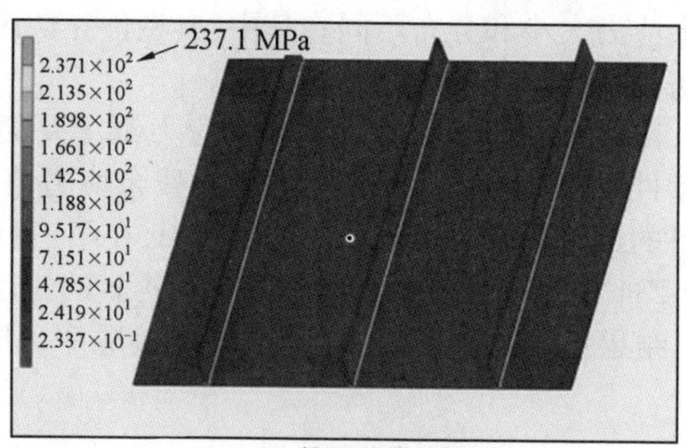

(d) 第四种焊接顺序

续图 4.56

2. 变形仿真

为了研究典型件在焊接过程中的变形演化情况，本书截取了不同焊接顺序下，不同时刻典型件的变形仿真结果如图 4.57 ～4.60 所示。

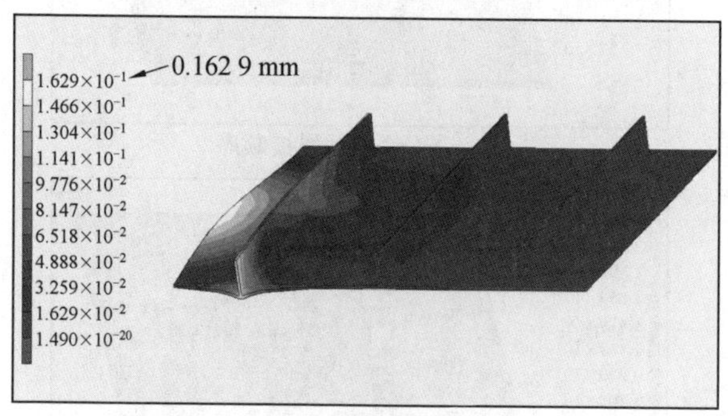

(a) t=5.79 s

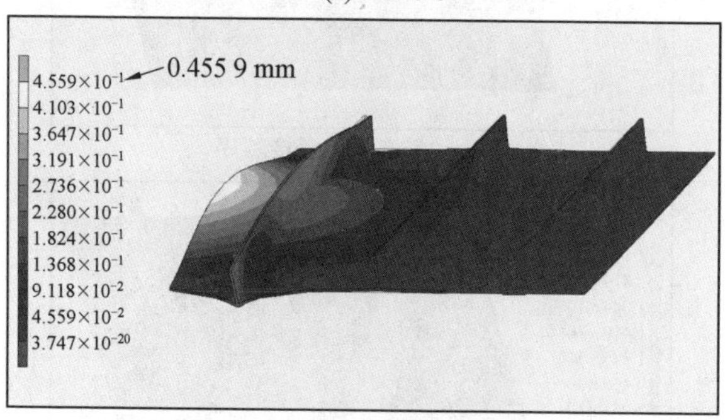

(b) t=11.54 s

图 4.57　第一种焊接顺序不同时刻的变形仿真结果(80 ×)

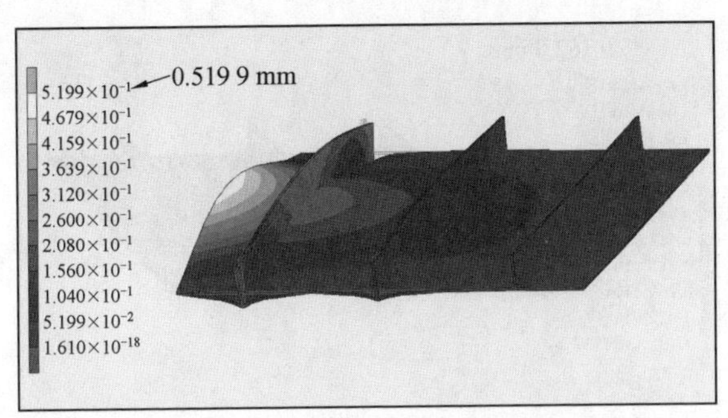

(c) t=27.36 s

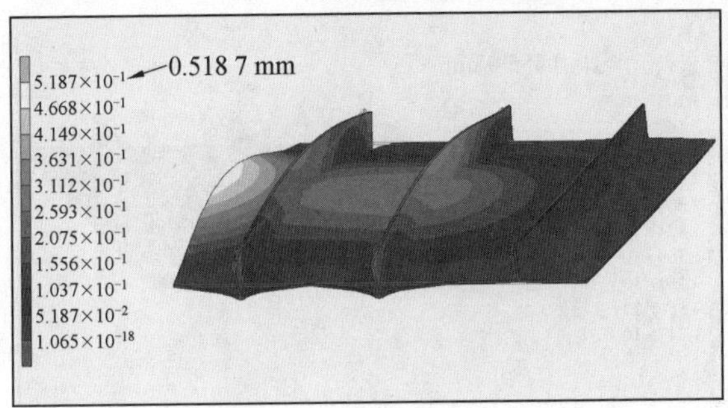

(d) t=33.02 s

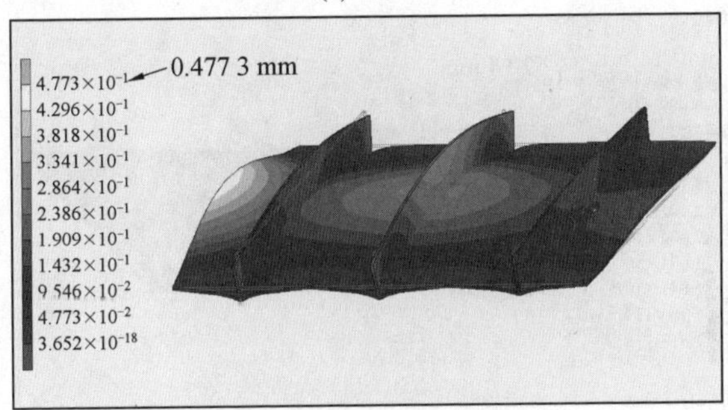

(e) t=48.93 s

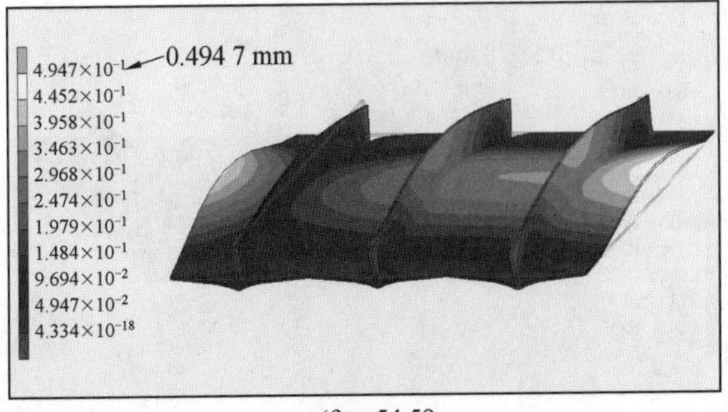

(f) t=54.59 s

续图 4.57

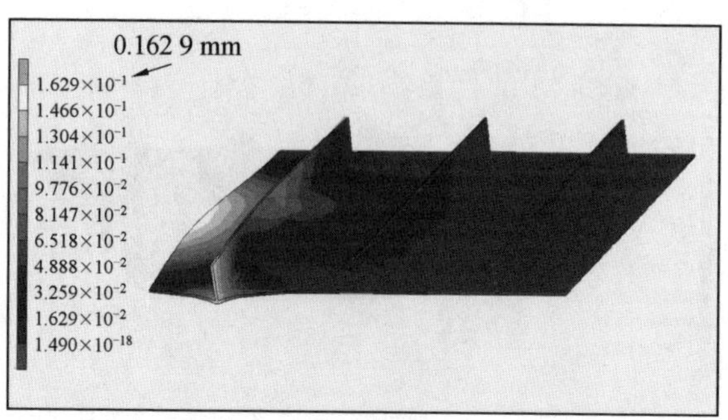

(a) t=5.79 s

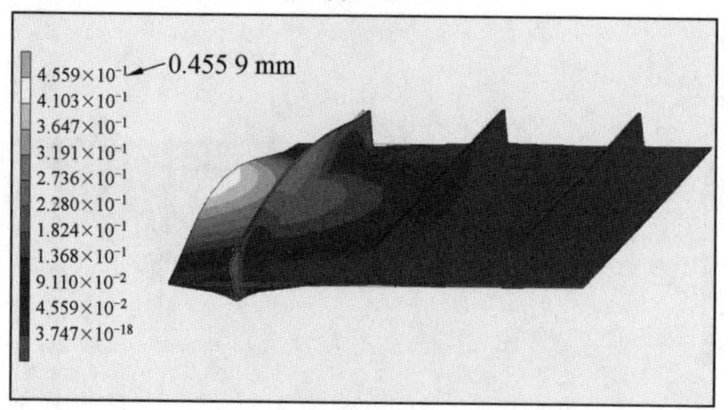

(b) t=11.54 s

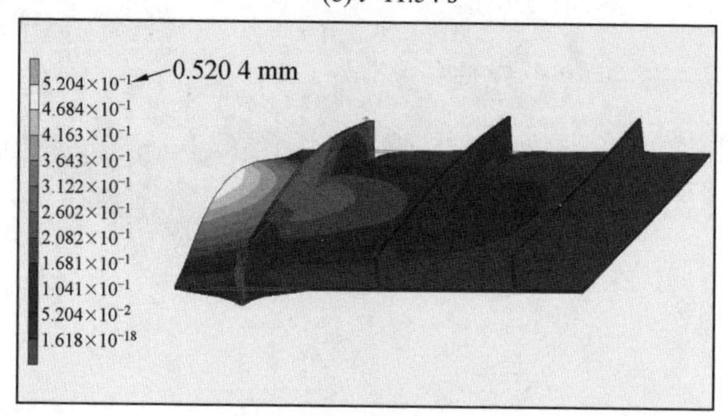

(c) t=27.36 s

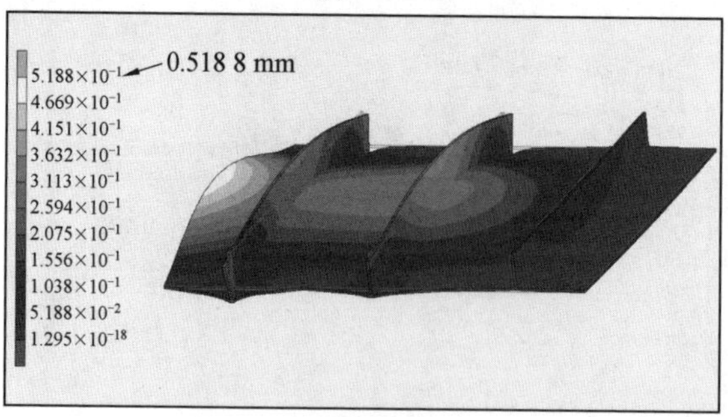

(d) t=33.02 s

图 4.58　第二种焊接顺序不同时刻的变形仿真结果(80 ×)

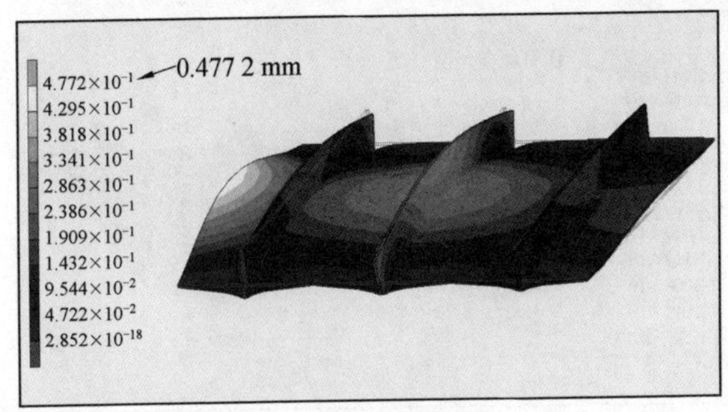

(e) t=48.93 s

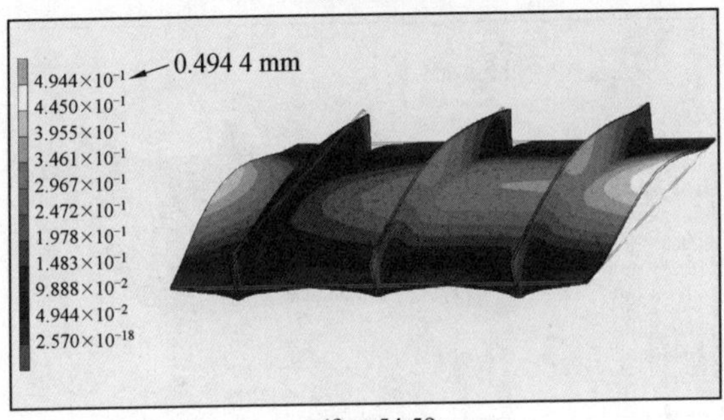

(f) t=54.59 s

续图 4.58

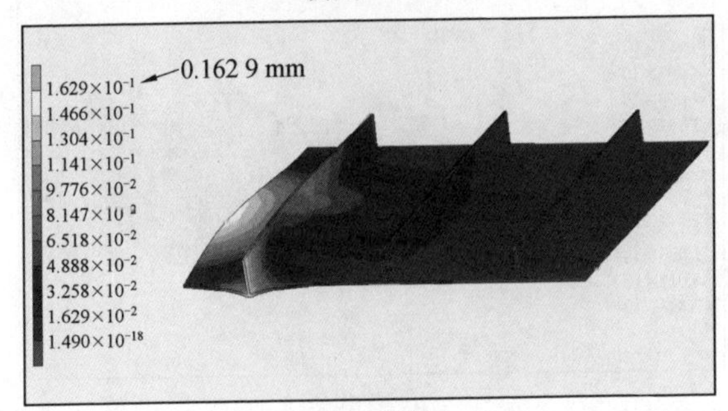

(a) t=5.79 s

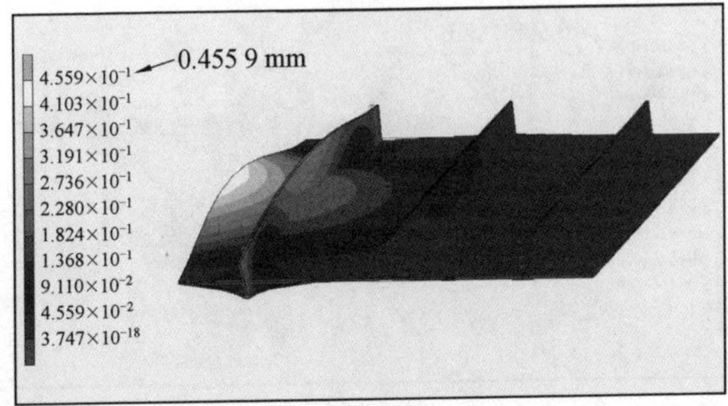

(b) t=11.54 s

图 4.59　第三种焊接顺序不同时刻的变形仿真结果(80 ×)

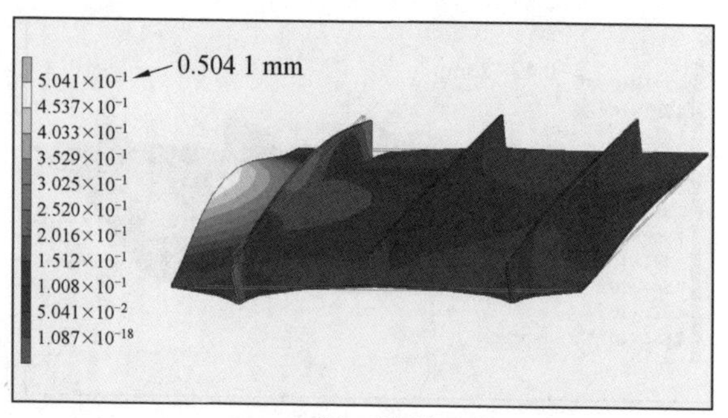

(c) t=27.36 s

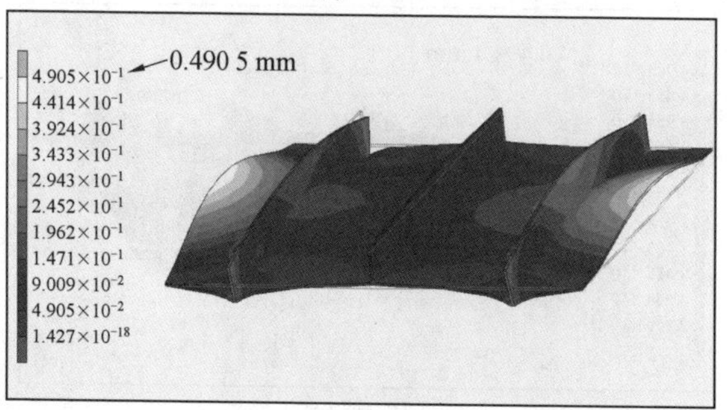

(d) t=33.02 s

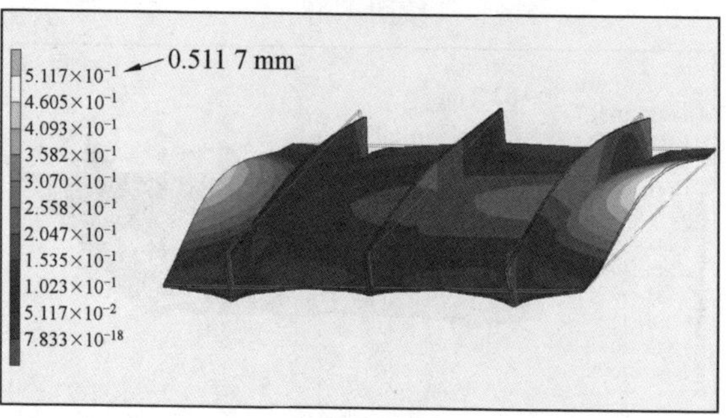

(e) t=48.93 s

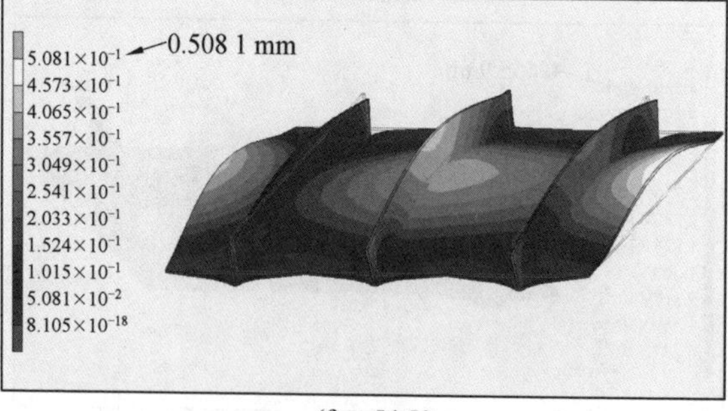

(f) t=54.59 s

续图 4.59

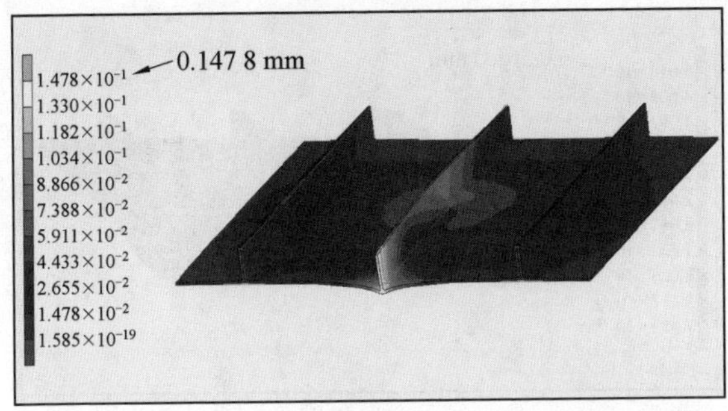

(a) t=5.79 s

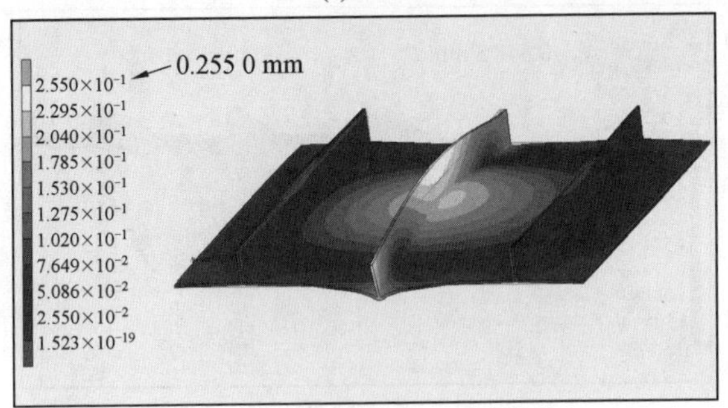

(b) t=11.54 s

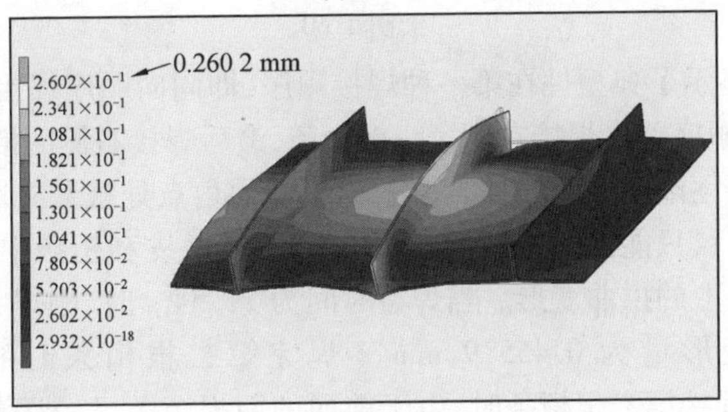

(c) t=27.36 s

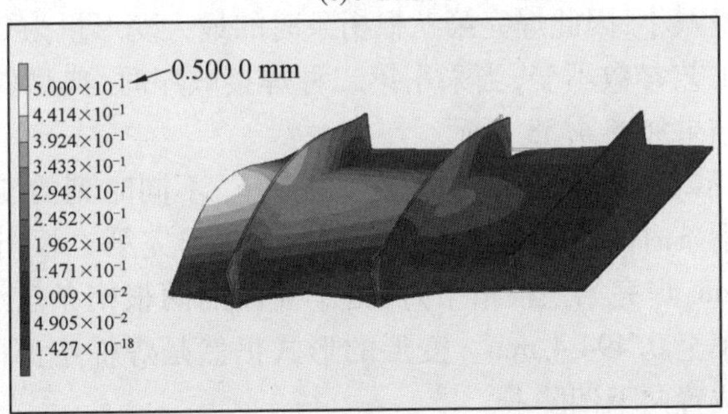

(d) t=33.02 s

图 4.60　第四种焊接顺序不同时刻的变形仿真结果(80 ×)

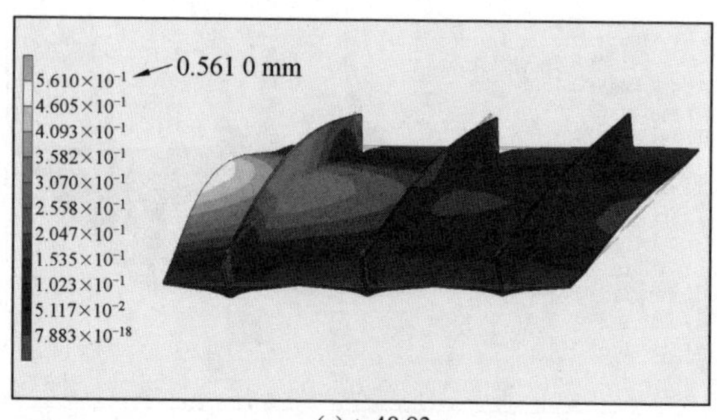

(e) t=48.93 s

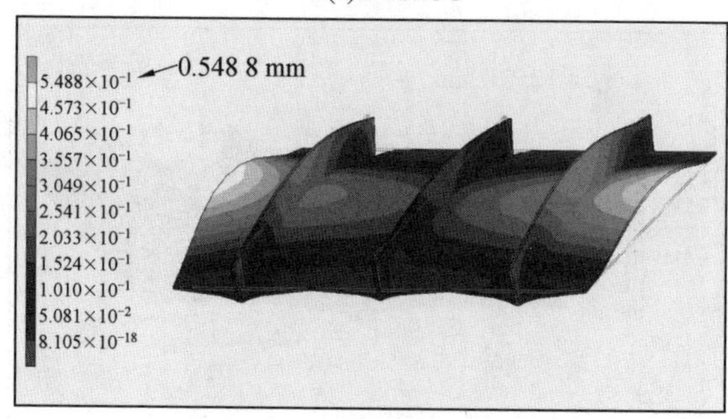

(f) t=54.59 s

续图 4.60

图 4.57 显示了典型件在第一种焊接顺序,即同向顺序焊接下的变形仿真结果。该焊接顺序首先焊接左侧第一根桁条,最后焊接右侧的桁条。因此变形先从左边开始,逐渐向右侧增加。由于典型件的角点处被装夹固定,因此焊缝周围受热膨胀后,只能向上进行拱曲变形。所以蒙皮和桁条中部在焊接结束后,都发生了向上的拱曲变形。当焊接时间为 11.54 s 时,刚焊完第一根桁条,此时的最大变形量为 0.455 9 mm。焊完第二根桁条时的最大变形为 0.518 7 mm,焊接第三根桁条时,由于前面的两根桁条已经逐渐冷却,焊件局部收缩使变形量减小,因此焊完第三根桁条时的最大变形量为 0.494 7 mm。

保持焊接工艺参数不变,当采用第二种焊接顺序时,典型件在不同焊接时刻的变形仿真结果如图 4.58 所示。

图 4.58 显示了典型件在第二种焊接顺序下,不同时刻的变形仿真结果。刚焊完第一根桁条时的最大变形为 0.455 9 mm,焊完第二根桁条时的最大变形为 0.518 8 mm,焊完第三根桁条时,由于前面的两根桁条已经逐渐冷却,焊件的变形量减小至 0.494 4 mm。变形的形式仍然是焊件中部向上拱曲,而桁条所在的蒙皮位置向下凹陷。

继续保持焊接工艺参数不变,仅改变典型件的焊接顺序。当采用第三种焊接顺序时,典型件在不同时刻的变形仿真结果如图 4.59 所示。

图4.59显示了典型件在第三种焊接顺序下,不同时刻的变形。由于该焊接顺序是先焊接典型件外部两侧的桁条,最后焊接中间的桁条,所以变形先从两侧开始,逐渐向中间增大。焊完第一根桁条时的最大变形为0.455 9 mm,焊完第二根桁条时的最大变形为0.490 5 mm,最后焊完中间桁条时的最大变形为0.508 1 mm。

保持与前三种焊接顺序所采用的焊接工艺参数不变,开展典型件在第四种焊接顺序下的变形仿真,其仿真结果如图4.60所示。

图4.60显示了第四种焊接顺序下,不同时刻的变形仿真结果。该焊接顺序先焊接中间的桁条,所以典型件中间先开始变形,焊完中间桁条时的最大变形量为0.255 0 mm。继续焊接左右两侧的桁条,刚焊完左侧桁条时的最大变形为0.500 0 mm,最终焊完右侧桁条时的最大变形为0.548 8 mm,变形形式仍以典型件中部拱曲变形为主。

上述展示了焊接过程中,不同时刻典型件的变形演化情况。而在焊接结束后的冷却过程中,由于温度的降低,材料会逐渐收缩,焊件的变形量也会随之逐渐减小。但当焊件冷却至室温后,焊件仍然会有一定量的变形。不同的焊接顺序,该变形量也会有所不同。图4.61展示了典型件在焊接结束冷却后,不同焊接顺序下的变形对比。

从图4.61中可以看出,典型件在焊接冷却后,左右两侧边缘的中间位置发生拱曲变形,桁条位置向下凹陷。由于桁条对结构的强化作用,典型件中间桁条的位置变形较小。在四种焊接顺序中,第三种焊接顺序对应的变形最小,最大变形量为0.308 7 mm。第一种焊接顺序对应的变形最大,最大变形量为0.318 3 mm。最终焊接变形由大到小的顺序为:第一种焊接顺序、第二种焊接顺序、第四种焊接顺序、第三种焊接顺序。综上所述,典型件采用外侧对称焊接,即先焊接外侧的桁条,最后焊接中间的桁条,能有效地控制焊后变形。

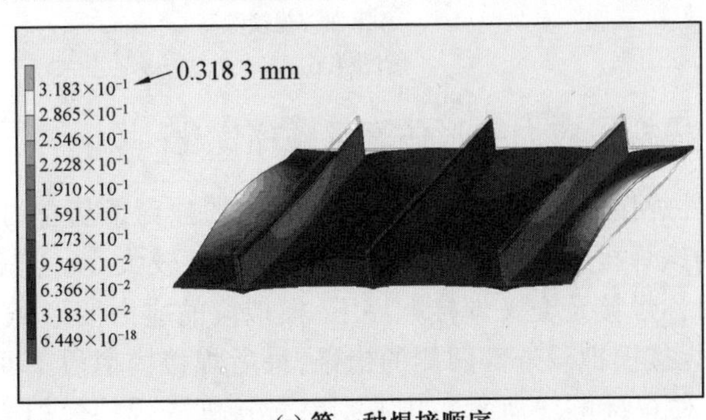

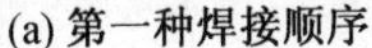
(a) 第一种焊接顺序

图4.61　典型件在四种不同焊接顺序下焊接结束冷却后的变形仿真结果(80 ×)

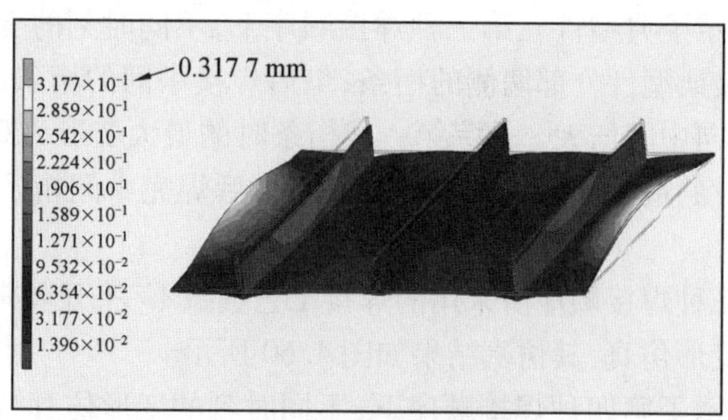

(b) 第二种焊接顺序

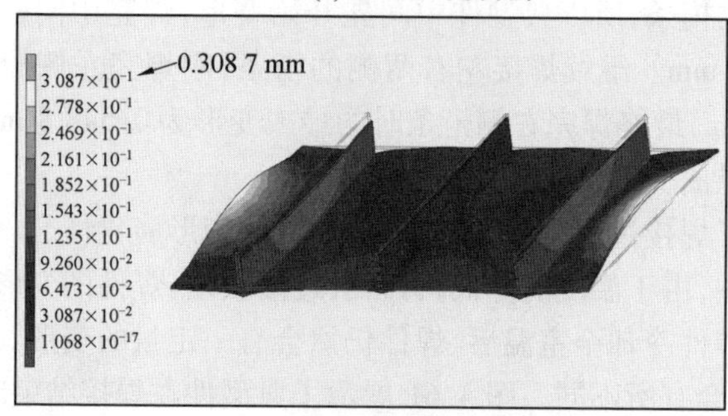

(c) 第三种焊接顺序

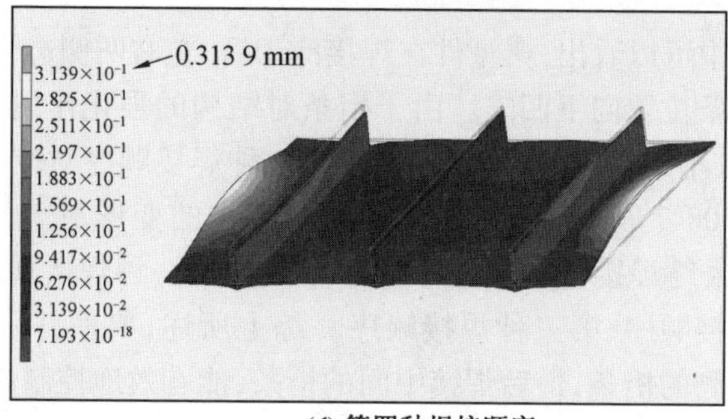

(d) 第四种焊接顺序

续图 4.61

4.3.2　模拟段应力变形仿真及顺序优化

基于典型件焊接顺序优化的仿真结果，模拟段摒弃了从左到右同向顺序焊接的方案，因为该焊接顺序下的残余应力和变形都较大[5]。进而开展外侧对称焊接、中心对称焊接及交叉焊接顺序下，模拟段的应力变形仿真研究。外侧对称焊接即先焊接模拟段外部两侧的桁条，最后焊接模拟段中间的桁条，如图 4.62 中的第一种焊接顺序所示。中心对称焊接即先焊接模拟段中间的桁条，然后再焊接模拟段外部两侧的桁条，如图 4.62 中的第二种焊接顺序所示。交叉焊接即桁条之间相互交叉进行焊接，如图 4.62 中的第三种焊接顺序和第四种焊接顺序所示。

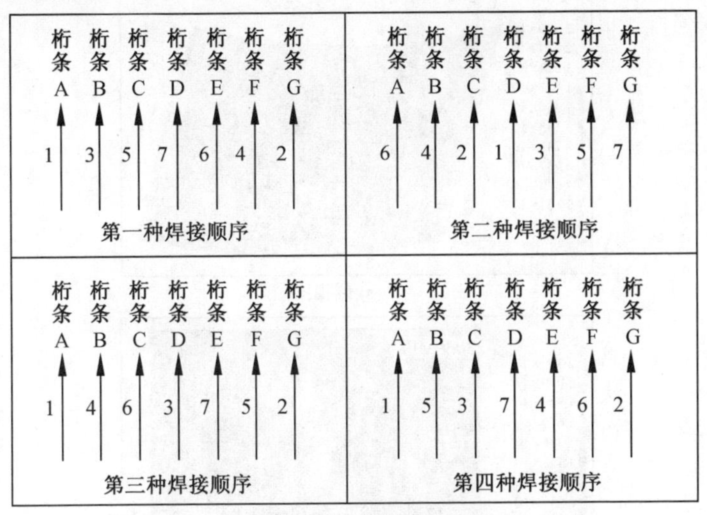

图4.62　模拟段的四种焊接顺序示意图

1. 应力仿真

通过有限元热力耦合仿真得到模拟段在焊接结束冷却后的残余应力分布情况。

其中，模拟段在第一种焊接顺序下的焊后残余应力如图4.63所示。图4.63显示，焊接结束焊件冷却后，焊缝是残余应力的主要集中位置，远离焊缝的蒙皮和桁条上残余应力很小。这是因为焊接时，焊缝处金属发生了固液转化，高温时膨胀严重，而冷却后又发生剧烈的收缩。又因为在焊接过程中焊件被装夹固定，不能自由地变形和移动来弥补收缩量，因此造成了应力在焊缝处集中。模拟段在第一种焊接顺序下，焊接冷却后的最大残余应力为230.9 MPa。

模拟段在第二种焊接顺序下的焊后残余应力如图4.64所示。图4.64显示，模拟段在第二种焊接顺序下，其焊接冷却后的最大残余应力为231.2 MPa。残余应力也主要集中分布在焊缝处，远离焊缝的蒙皮和桁条上的残余应力很小。

模拟段在第三种焊接顺序下的焊后残余应力如图4.65所示。图4.65显示，模拟段在第三种焊接顺序下，其焊接冷却后的最大残余应力为230.1 MPa。残余应力仍主要集中分布在焊缝处，远离焊缝的蒙皮和桁条上的残余应力依然很小。

模拟段在第四种焊接顺序下的焊后残余应力如图4.66所示。图4.66显示，模拟段在第四种焊接顺序下，其焊接冷却后的最大残余应力为233.7 MPa。残余应力依然主要集中分布在焊缝处，远离焊缝的蒙皮和桁条上的残余应力仍然很小。

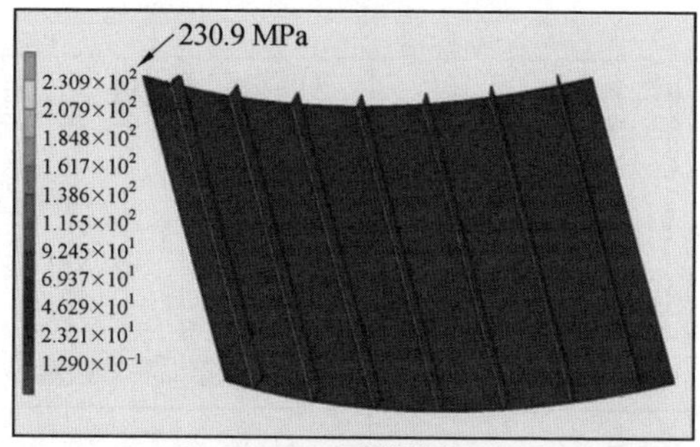

(a) 侧视图

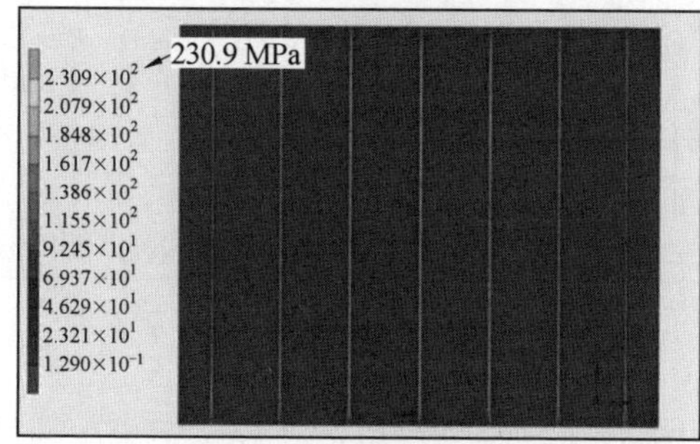

(b) 蒙皮背面

图 4.63　模拟段在第一种焊接顺序下的焊后残余应力

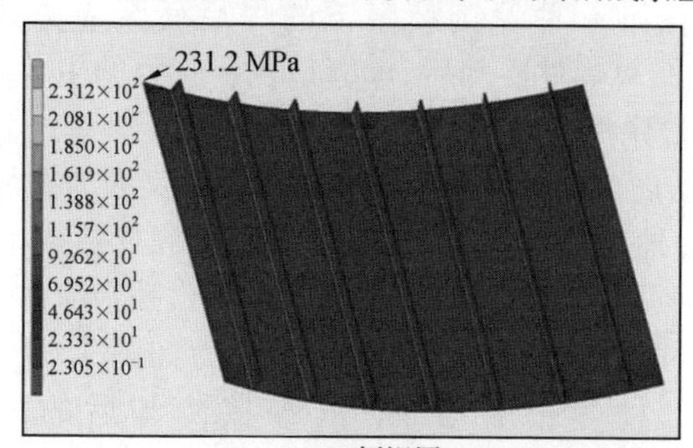

(a) 侧视图

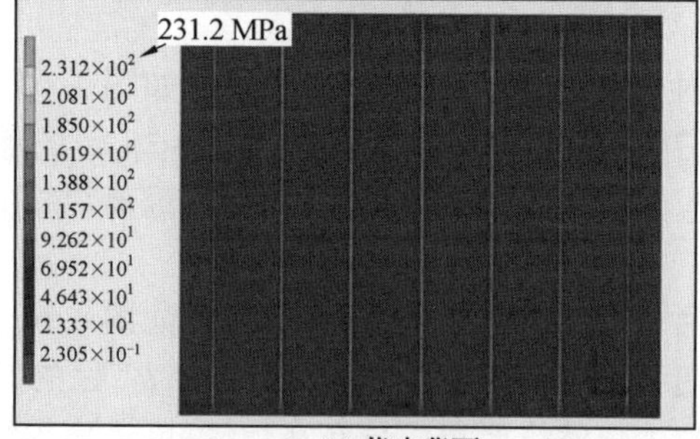

(b) 蒙皮背面

图 4.64　模拟段在第二种焊接顺序下的焊后残余应力

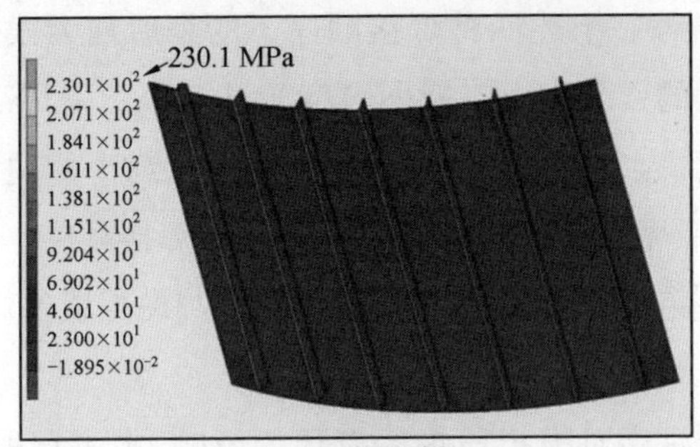

(a) 侧视图

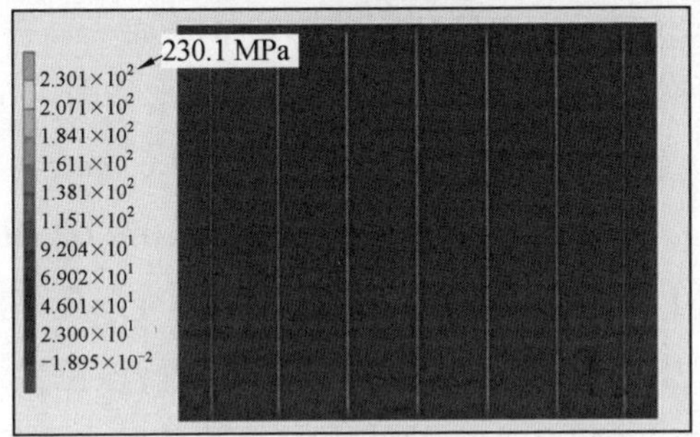

(b) 蒙皮背面

图4.65　模拟段在第三种焊接顺序下的焊后残余应力

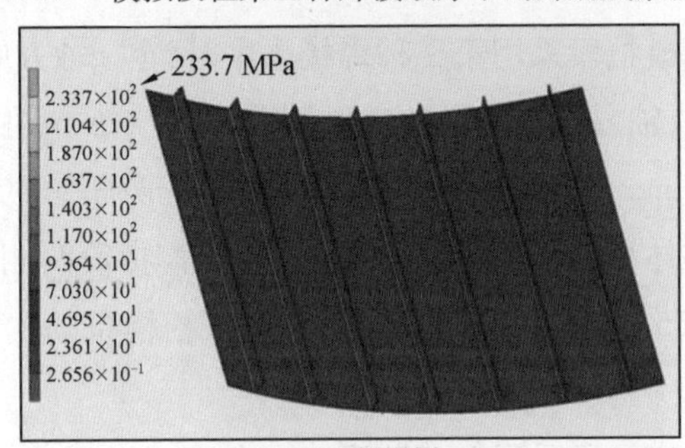

(a) 侧视图

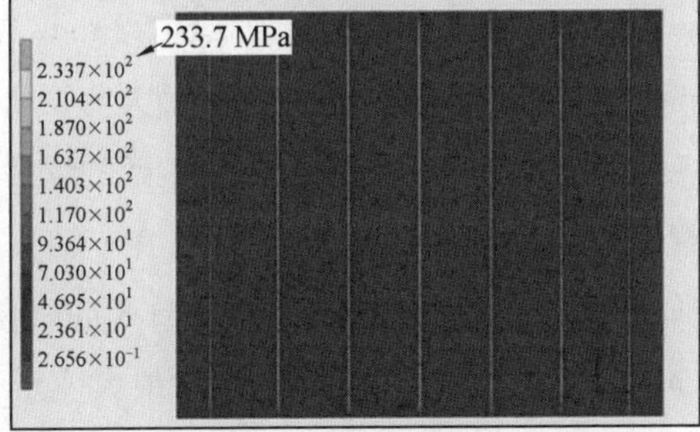

(b) 蒙皮背面

图4.66　模拟段在第四种焊接顺序下的焊后残余应力

对比分析模拟段在上述四种焊接顺序下的焊后最大残余应力发现，采用第三种焊接顺序时的残余应力值最小，为230.1 MPa。采用第四种焊接顺序时的残余应力值最大，为233.7 MPa。残余应力由大到小的顺序为：第四种焊接顺序、第二种焊接顺序、第一种焊接顺序、第三种焊接顺序。由此可以发现，当采用“1463752”的交叉焊接顺序时，可以有效控制模拟段的焊后残余应力。

2. 变形仿真

为了分析焊接顺序对模拟段焊后变形的影响，本书截取了不同焊接顺序下，模拟段在 xyz 三个轴方向及整体的变形分布情况。

其中，在第一种焊接顺序下，模拟段的焊后变形如图4.67所示。在该焊接顺序下，模拟段在 x 轴方向的最大变形量为0.140 6 mm，在 y 轴方向的最大变形量为0.681 6 mm，在 z 轴方向的最大变形量为0.072 62 mm。由此可以看出，模拟段在 y 轴方向上的变形最大，在 z 轴方向上的变形最小。模拟段的整体变形显示，最大变形位于模拟段两侧边缘的中间位置，该位置发生了向上的拱曲变形，最大变形量为1.967 0 mm。模拟段中间由于具有多根桁条的加强作用，因此结构刚度大，变形较小。

图4.68显示，模拟段采用第二种焊接顺序时，在 x 轴方向上的最大变形量为0.120 5 mm，在 y 轴方向上的最大变形量为0.629 6 mm，在 z 轴方向上的最大变形量为0.074 71 mm。模拟段在 y 轴方向上的变形仍然最大，在 z 轴方向上的变形仍然最小。整体变形显示，最大变形仍位于模拟段两侧边缘的中间位置，最大变形量为1.855 0 mm。模拟段中部具有多根桁条的加强作用，焊后变形仍然较小。

图4.69显示，模拟段采用第三种焊接顺序时，在 x 轴方向上的最大变形量为0.141 1 mm，在 y 轴方向上的最大变形量为0.647 8 mm，在 z 轴方向上的最大变形量为0.072 16 mm。模拟段的整体变形显示，最大变形仍位于模拟段两侧边缘的中间位置，最大变形量为1.872 0 mm，模拟段中部的焊后变形仍然较小。

图4.70显示，模拟段采用第四种焊接顺序时，在 x 轴方向上的最大变形量为0.154 1 mm，在 y 轴方向上的最大变形量为0.631 8 mm，在 z 轴方向上的最大变形量为0.071 92 mm。模拟段的整体变形显示，最大变形仍位于模拟段两侧边缘的中间位置，最大拱曲变形量为1.834 0 mm。模拟段中部由于多根桁条的加强作用，焊后变形仍然较小。

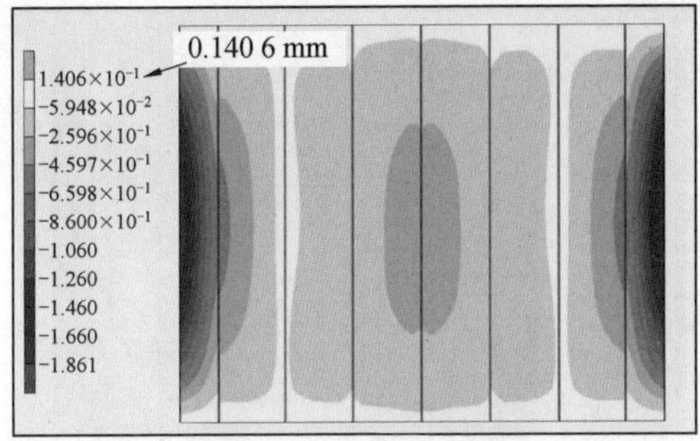

(a) x 轴向变形

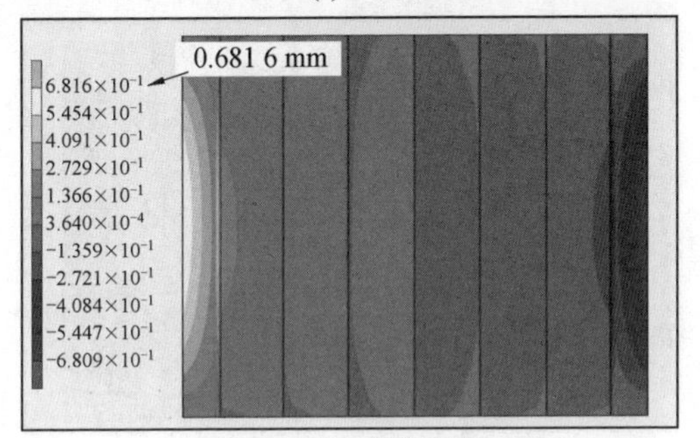

(b) y 轴向变形

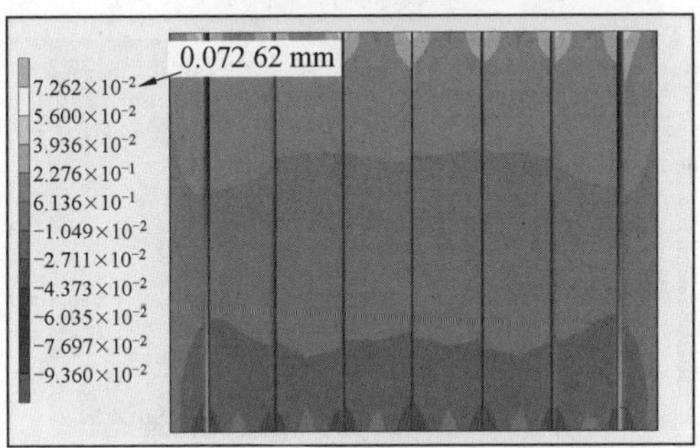

(c) z 轴向变形

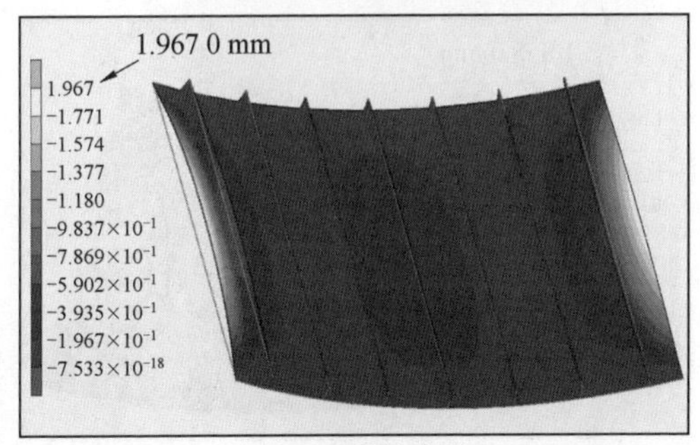

(d) 整体变形

图 4.67　模拟段采用第一种焊接顺序时的焊后变形(20 ×)

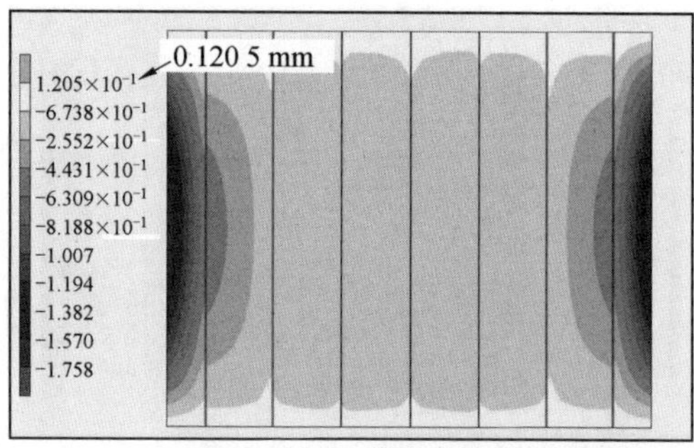

(a) x 轴向变形

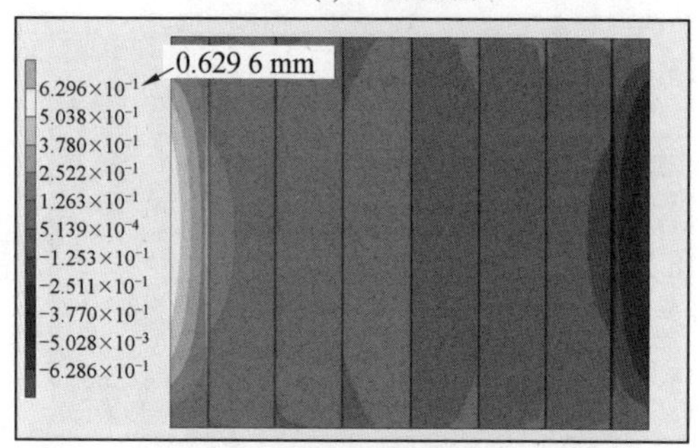

(b) y 轴向变形

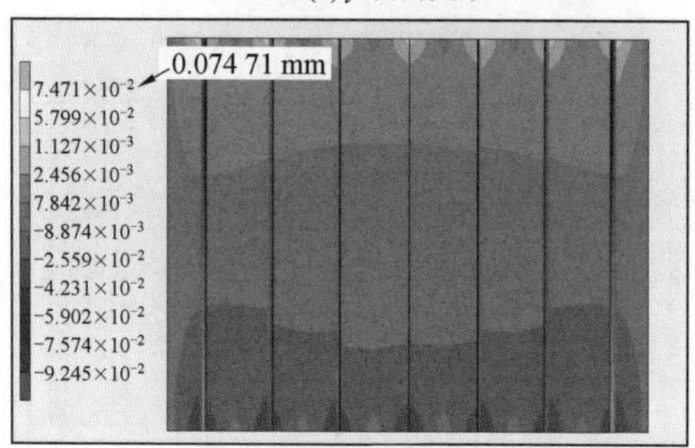

(c) z 轴向变形

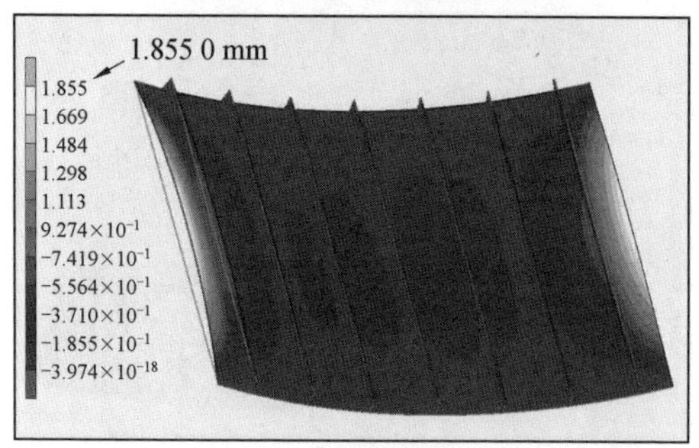

(d) 整体变形

图 4.68　模拟段采用第二种焊接顺序时的焊后变形(20 ×)

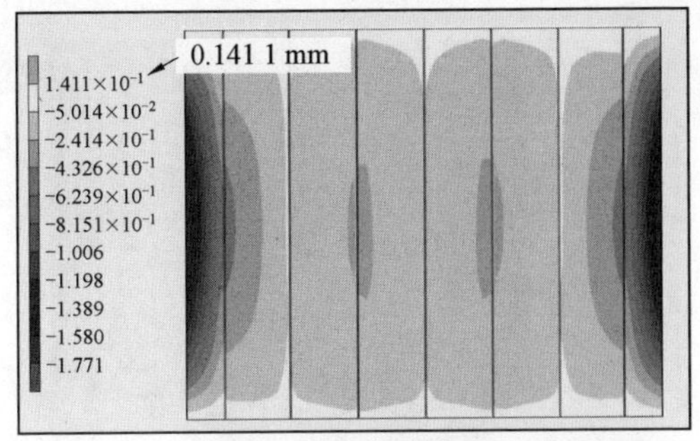

(a) x 轴向变形

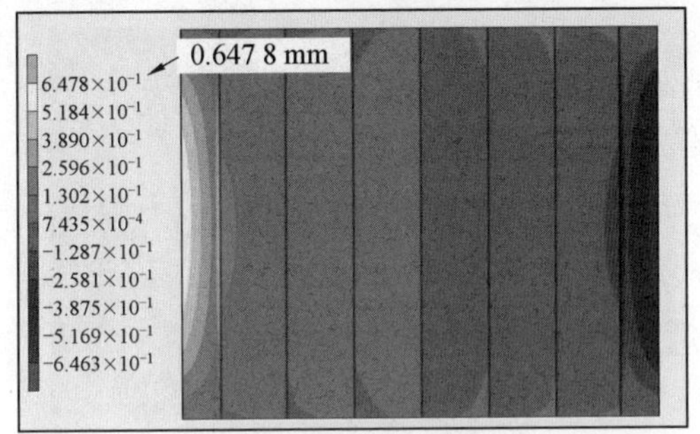

(b) y 轴向变形

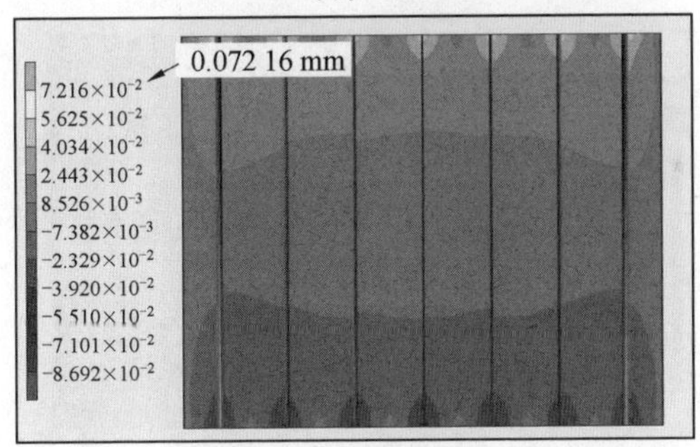

(c) z 轴向变形

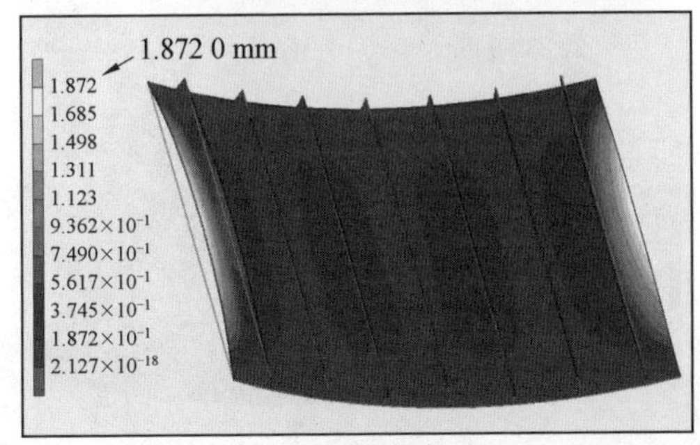

(d) 整体变形

图4.69　模拟段采用第三种焊接顺序时的焊后变形(20 ×)

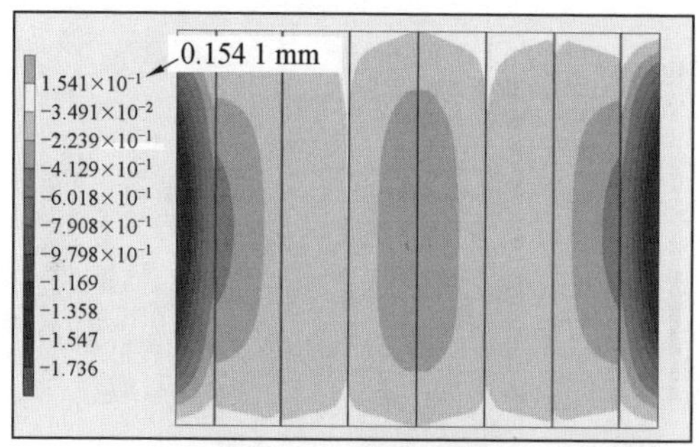

(a) x 轴向变形

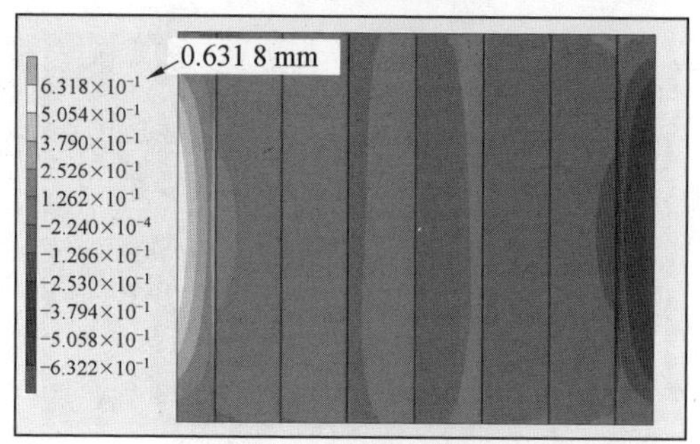

(b) y 轴向变形

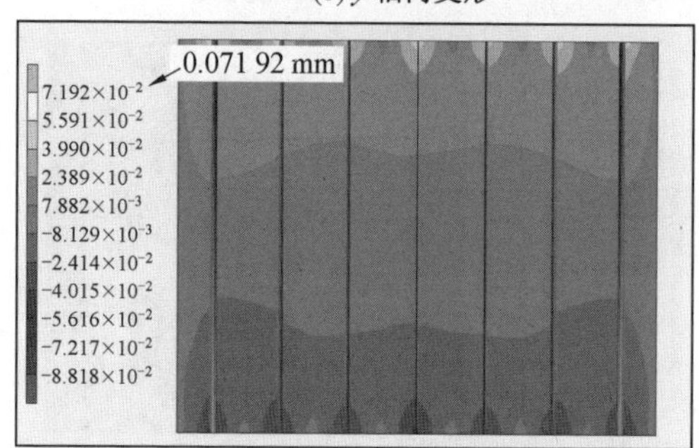

(c) z 轴向变形

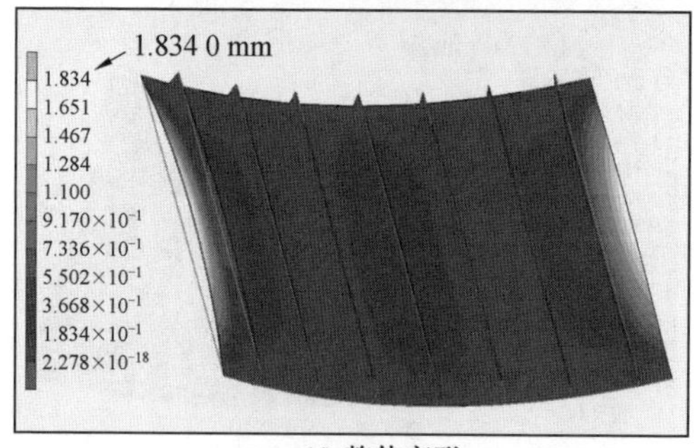

(d) 整体变形

图 4.70　模拟段采用第四种焊接顺序时的焊后变形(20 ×)

综合上述结果,整理了四种焊接顺序下,模拟段在 xyz 轴方向及整体的最大变形量(表4.1)。

表4.1　模拟段在四种焊接顺序下的焊后变形对比

焊接顺序	x 轴向变形 /mm	y 轴向变形 /mm	z 轴向变形 /mm	整体变形 /mm
第一种	0.140 6	0.681 6	0.072 62	1.967
第二种	0.120 5	0.629 6	0.074 71	1.855
第三种	0.141 1	0.647 8	0.072 16	1.872
第四种	0.154 1	0.631 8	0.071 92	1.834

表4.1显示,采用第四种焊接顺序时,模拟段的整体焊后变形最小,为1.834 mm。采用第一种焊接顺序时,模拟段整体焊后变形最大,为1.967 mm。模拟段焊后整体变形由大到小的顺序是:第一种焊接顺序、第三种焊接顺序、第二种焊接顺序、第四种焊接顺序。由此可以发现,当采用交叉焊接顺序“1537462”时,可以有效地减小模拟段的焊后变形。

本章参考文献

[1] WANG Lei,GAO Ming,ZENG Xiaoyan. Experiment and prediction of weld morphology for laser oscillating welding of AA6061 aluminium alloy[J]. Science and technology of welding and joining,2019,24(4):334-341.

[2] YU Haisong,ZHAN Xiaohong,KANG Yue,et al. Numerical simulation optimization for laser welding parameter of 5A90 Al - Li alloy and its experiment verification[J]. Journal of adhesion science and technology, 2019,33(2):137-155.

[3] 周洋. 船体大型结构件焊接变形预测[D]. 镇江:江苏科技大学,2016.

[4] DERAKHSHAN E D,YAZDIAN N,CRAFT B,et al. Numerical simulation and experimental validation of residual stress and welding distortion induced by laser-based welding processes of thin structural steel plates in butt joint configuration[J]. Optics and laser technology,2018, 104:170-182.

[5] 占小红,王磊磊. 航空航天高性能铝合金双激光束双侧同步焊接技术[M]. 北京:科学出版社,2023.

第5章　流体力学

5.1　计算流体力学简介

任何流体运动的规律都是以质量守恒定律、动量守恒定律和能量守恒定律为基础的。这些基本定律可由数学方程组来描述，如欧拉(Euler)方程、Navier-Stokes方程。采用数值计算方法，通过计算机求解这些数学方程，研究流体运动特性，给出流体运动空间定常或非定常流动规律，这样的学科就是计算流体力学。

计算流体力学是研究在流动基本方程控制下流动的数值模拟方法，其基本思想可概括为：把原来在时间域及空间域上连续的物理量用一系列有限个离散点上的变量值的集合来代替，通过一定的原则和方式对流动基本方程进行离散，建立起离散点上变量值之间关系的代数方程组，然后求解代数方程组获得变量的近似值。

随着计算机技术的不断发展与数值模拟技术的兴起，用于计算流体力学的数值解法层出不穷，不同解法主要区别在于对控制方程的离散方式，广泛采用的解法主要有有限差分法、有限元法和有限体积法。

(1) 有限差分法。

有限差分法是应用最早、最经典的数值方法，它将求解域划分为差分网格，用有限个网格节点代替连续的求解域，然后将偏微分方程的导数用差商代替，推导出含有离散点上有限个未知数的差分方程组。求解差分方程组，即微分方程定解问题的数值近似解。它是一种直接将微分问题变为代数问题的近似数值解法，这种方法发展较早，比较成熟，较多地用于求解双曲线型和抛物线型问题。

(2) 有限元法。

有限元法是20世纪80年代开始应用的一种数值解法，它吸收了有限差分法中离散处理的内核，又采用了变分计算中“选择逼近函数对区域进行积分”的合理方法。有限元法因求解速度较有限差分法和有限体积法慢，在计算流体力学中应用得不是特别广泛。

(3) 有限体积法。

有限体积法是将计算区域划分为一系列控制体积,将待解微分方程对每一个控制体积积分得出离散方程。它的关键是在导出离散方程过程中,需要对界面上的被求函数本身及其导数的分布做出某种形式的假定。用它导出的离散方程可以保证具有守恒特性,而且离散方程系数物理意义明确,计算量相对较小。1980年,S. V. Patanker在其专著*Vumerical Heat Transfer and Fluid Flou*中对有限体积法做了全面的阐述。此后,该方法得到了广泛的应用,是目前计算流体力学中应用最广的一种方法。

5.2　材料加工过程流体流动行为求解

5.2.1　金属液成形过程数值模拟方法

材料加工流体流动行为主要发生在金属热成形中,在金属液的充型过程中,熔融金属液的流动具有自由表面,与流动前沿及型壁中空气接触并氧化,同时与常温的型壁接触导致热量迅速损失,甚至形成局部凝固;金属液在铸型中的流动平稳程度直接影响着金属液体卷入的气体,以及最终在铸件中所形成的气孔和氧化夹渣缺陷程度;金属液的流动形态影响着金属液充型及充型完毕时刻的温度分布、金属液的凝固顺序及各种与温度分布有关的铸造缺陷,如缩孔、缩松与偏析等。因此,准确地预测金属液充型时的流速、流态及传热并加以控制,是消除有关铸造缺陷、提高铸件质量的关键。

然而,由于金属液充型问题非常复杂,影响因素多,金属液进入型腔后,流态是如何变化的,缺陷是如何产生的,目前采用普通的实验方法还难以给出精确的定量描述。

计算机技术的发展,铸造过程计算机数值模拟技术得到了发展和应用。采用数值模拟技术,可以定量研究金属液在铸型中的流动状态,并根据模拟得到的速度及压力等变化规律,优化浇冒口系统设计,防止浇道中吸气,消除金属液流股分离现象以避免氧化,减轻金属液对铸型的侵蚀;同时可以定量模拟出金属液的温度分布,从而可以定量地预测冷隔、浇不足、缩孔、缩松、热裂、偏析等铸造缺陷。

因此,铸件充型过程流动数值模拟是目前定量研究金属液充型过程的重要手段,可以为铸造工艺设计提供科学的指导。

对金属液充型过程流场进行数值模拟具有很大的难度,主要原因有两方面:一方面是金属液流动过程中存在着自由表面,它确定了计算流场的场域,如何确定瞬息万变的自由表面的位量和形状,将变化流场域转化为固定流场域是一大难点;另一方面是未知压力场,压力梯度构成动量方程中源项的一部分,然而还没有一个可以用来求得压力场的明显方程。

1. SIMPLE 法

SIMPLE 法是由美国明尼苏达州大学的 S. V. Patankar 和 Spalding 在 1972 年提出的,该技术和后来 Patankar 发展的 SIMPLER 法可用于计算非定域、不稳定速度场的问题,计算出的速度场不仅满足连续性方程的要求,也满足动量守恒方程的要求。SIMPLE 技术的最大特点是两场(压力场、速度场)同时迭代。其主要计算步骤如下。

(1) 给出一个估计的压力场 p'。

(2) 求解动量方程,得到试算速度场 u'、v'、w'。

(3) 求解压力校正方程,得到校正压力 p^*。

(4) 求得校正后压力 p,即 $p = p' + p^*$。

(5) 由速度校正公式计算速度场 u、v、w。

(6) 把校正后压力 p 作为新的估计压力,返回步骤(2)。

(7) 重复(2) ~(6) 步,直至求得收敛的解。

2. MAC 法

MAC 技术是由美国加利福尼亚大学的 F. H. Harlow 和 J. E. Welch 于 1965 年通过在矩形网格上建立流动方程的直接差分格式发展起来的,并于 1965 年首次应用质点漂移法求解具有自由表面的流体流动的 Navier-Stokes 方程。MAC 技术求解 Navier-Stokes 方程的方法就是对动量方程两端取散度,得到求解压力的泊松方程,并将连续性方程作为压力的约束条件对泊松方程变形,最后反复迭代 Navier-Stokes 方程及变形后的泊松方程,从而可以求得速度场和压力场。

MAC 技术的网格和物理量离散以后的定义位置采用交错网格的方法,即速度变量位于网格界面,其他变量位于网格中心。此外,在流体占据的区域内还引进了一组无质量的、随流体流动的标识点,亦称示踪粒子。标识点不参与力学量的计算过程,只表明自由表面的位置。

MAC 技术的特点是直接在直角坐标系下求解,因而无须对方程进行变形处理,同时因为这种方法直接求解 Navier-Stokes 方程,速度边界条件容易给定。但是 MAC 法在求解 Navier-Stokes 方程时需要反复迭代 Navier-Stokes 方程和泊松方程,因而计算步骤烦琐,计算速度慢。

3. SMAC 法

SMAC 技术是 MAC 技术的简化,它保留了 MAC 技术中用示踪粒子表示流体流动区域和自由表面的特点,并对解法做了改进,引入了势函数的概念。

在求解 Navier-Stokes 方程时,SMAC 技术不同于 MAC 技术,它不需要通过反复迭代压力的泊松方程和 Navier-Stokes 方程来求取速度和压力,而是一次迭代,即通过迭代求解势函数方程求得速度和压力。

SMAC 技术计算速度场时,其离散后的差分方程的迭代中没有压力项的计算,通常校正后压力项由校正势函数来替代,并用校正势函数来校正速度场。这种技术由于不求解压力的泊松方程,因而迭代求解的过程中迭代次数大大减少,数值求解速度提高。

对于三维情况来说,由于仍需设置大量示踪粒子追踪自由表面,因而储存量极大。

4. SOLA-VOF 法

SOLA-VOF 法是美国加利福尼亚大学 Los-Alamos 科学实验室发展起来的一种模拟技术,SOLA 即解法 solution algorithm 的简称,VOF 即体积函数 volume of fluid 的缩写。SOLA-VOF 技术是用体积函数 VOF 代替示踪粒子来确定自由表面的位置,即

$$F = \frac{V_f}{V} \tag{5.1}$$

式中,F 为体积分数函数;V_f 为网格空间内流体体积;V 为网格空间体积。

于是体积分数函数 F 的值就可以用来描述流体充填状态:$F = 0$,网格为空腔状态;$F = 1$,网格为充满状态,即内部网格;$0 < F < 1$,网格为半充满状态,即自由表面网格。

这样由 F 函数代替了大量示踪粒子来表示网格状态,提高了模拟运算速度。

SOLA-VOF 技术不同于 SMAC 技术,它不需要求解势函数方程,压力的计算采用随机假设计算。将随机假设中的压力代入 Navier-Stokes 方程中,求取假设压力计算出来的速度,然后通过反复调整网格压力而求取新的速度,直到计算出的速度满足连续性方程为止,这时求取的速度和压力即为所求。该技术要求求解的方程只有 Navier-Stokes 方程,而压力和速度用修正公式不断修正,因而迭代速度大大加快,求解速度也相对加快。

5.2.2　充型流动的数学模型

金属液的充填过程是一个伴随着热量散失和凝固的非恒温的流动过程。金属液的流动遵循质量守恒定律、动量守恒定律及能量守恒定律,可以采用连续性方程、动量方程、体积函数方程和能量方程组描述这一过程[1]。

1. 连续性方程 – 质量守恒方程

连续性方程是质量守恒定律对运动流体的基本描述,即

$$\frac{\partial\rho}{\partial t}+\nabla(\rho V)=0 \tag{5.2}$$

式中,ρ 为流体的密度;V 为流体的流速,其 x、y、z 轴方向的分量为 u、v、w;t 为时间;∇为矢量微分算子,$\nabla=\boldsymbol{i}\frac{\partial}{\partial x}+\boldsymbol{j}\frac{\partial}{\partial y}+z\frac{\partial}{\partial z}$。

$$\frac{\partial\rho}{\partial t}+\frac{\partial(\rho u)}{\partial x}+\frac{\partial(\rho v)}{\partial y}+\frac{\partial(\rho w)}{\partial z}=0 \tag{5.3}$$

对于不可压缩流体,其密度与时间及位置无关,无论是在稳态下还是在非稳态条件下,连续性方程均可简化为

$$\frac{\partial u}{\partial x}+\frac{\partial v}{\partial y}+\frac{\partial w}{\partial z}=0 \tag{5.4}$$

2. Navier-Stokes 方程 —— 动量守恒方程

$$\rho\frac{DV}{Dt}=-\nabla P-\nabla\tau+\rho G \tag{5.5}$$

式中,G 为重力;τ 为应力张量;D 为偏微分算子,$\frac{D}{Dt}=\frac{\partial}{\partial t}+u\frac{\partial}{\partial x}+v\frac{\partial}{\partial y}+w\frac{\partial}{\partial z}$。

对于不可压缩流体,有

$$\nabla\tau=-\mu\nabla^2 V \tag{5.6}$$

式中,μ 为动力黏度;∇^2为拉普拉斯算子,$\nabla^2=\frac{\partial^2}{\partial x^2}+\frac{\partial^2}{\partial y^2}+\frac{\partial^2}{\partial z^2}$。

3. 能量守恒方程

金属液充型流动过程中伴随着金属液与铸型之间的热交换,使金属液温度不断降低,特别是大型薄壁铸件,其充型散热时间长,金属液在充型过程中的温度降低更为明显,甚至发生凝固。金属液温度的降低又改变了金属液的物性参数,如密度、黏度等,这些物性参数的改变反作用于流场,影响金属液的充填流动形式。因此在研究金属液充型过程流场时,必须考虑金属液的传热,以保证模拟结果与实际相符。

根据傅立叶导热定律和能量守恒定律,可以得到流体传热的能量守恒方程,即

$$\frac{\partial(\rho c_p T)}{\partial t}+\frac{\partial(\rho c_p Tu)}{\partial x}+\frac{\partial(\rho c_p Tv)}{\partial y}+\frac{\partial(\rho c_p T)w}{\partial z}=\frac{\partial}{\partial x}\left(\lambda\frac{\partial T}{\partial x}\right)+\frac{\partial}{\partial y}\left(\lambda\frac{\partial T}{\partial y}\right)+\frac{\partial}{\partial z}\left(\lambda\frac{\partial T}{\partial z}\right) \tag{5.7}$$

式中,T 为流体的温度;c_p 为流体的比定压热容;λ 为流体的热导率。

对于密度、比定压热容及热导率为常量的情况,式(5.7) 变为

$$\frac{\partial T}{\partial t} + u\frac{\partial T}{\partial x} + v\frac{\partial T}{\partial y} + w\frac{\partial T}{\partial z} = \alpha\left(\frac{\partial^2 T}{\partial x^2} + \frac{\partial^2 T}{\partial y^2} + \frac{\partial^2 T}{\partial z^2}\right) \tag{5.8}$$

式中,α 为流体的热扩散系数,$\alpha = \lambda / c_p$。

4. 体积函数方程

对于不可压缩流体,体积函数方程为

$$\frac{\partial F}{\partial t} + u\frac{\partial F}{\partial x} + v\frac{\partial F}{\partial y} + w\frac{\partial F}{\partial z} = 0 \tag{5.9}$$

5.2.3　传热方程的离散

计算温度选在网格中心,即压力 p 和体积函数 F 的位置。

传热方程的离散格式有五种,即中心差分格式、上风方案、混合方案、幂函数方案、指数方案(精确解),考察一个一维的通用离散方程,即

$$a_i\phi_i = a_{i-1}\phi_{i-1} + a_{i+1}\phi_{i+1} \tag{5.10}$$

式中,ϕ 为通用变量;a 为系数。

令 $\phi_{i-1} = 0, \phi_{i+1} = 1$,则 ϕ_i 将是贝克列数(P) 的一个函数。

在一定的见克列数(P) 范围内,采用不同的离散格式计算的 ϕ_i 结果绘成曲线,如图 5.1 所示。从图中可以看出,除中心差分格式之外,所有格式都给出物理上真实的解。尤其是幂函数方法所得的结果与精确解极为相似。

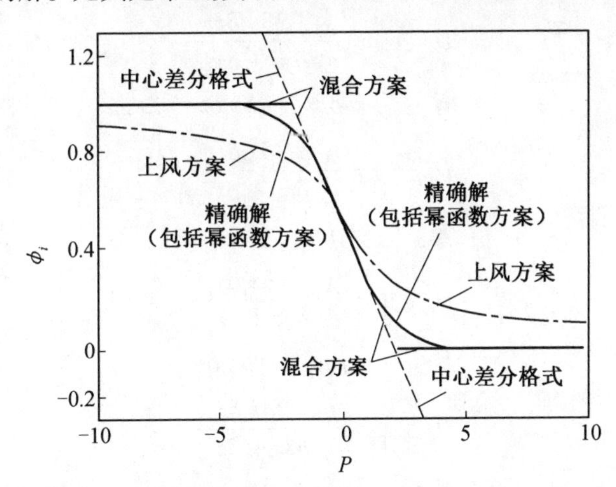

图 5.1　在一定的贝克列数范围内应用各种方案 ϕ_i 计算的值

对传热方程采用一个通用格式进行离散,离散方程为

$$a_{i,j,k}T_{i,j,k}^{n+1} = a_{1,i,j,k}T_{i,j,k}^{n} + a_{i+1,j,k}T_{i+1,j,k}^{n} + a_{i-1,j,k}T_{i-1,j,k}^{n} + a_{i,j+1,k}T_{i,j+1,k}^{n} + a_{i,j-1,k}T_{i,j-1,k}^{n} + a_{i,j,k+1}T_{i,j,k+1}^{n} + a_{i,j,k-1}T_{i,j,k-1}^{n} \tag{5.11}$$

其中

$$a_{i+1,j,k} = D_{i+\frac{1}{2},j,k}A(|P_{i+\frac{1}{2},j,k}|) + \max(-E_{i+\frac{1}{2},j,k},0)$$
$$a_{i-1,j,k} = D_{i-\frac{1}{2},j,k}A(|P_{i-\frac{1}{2},j,k}|) + \max(-E_{i-\frac{1}{2},j,k},0)$$
$$a_{i,j+1,k} = D_{i,j+\frac{1}{2},k}A(|P_{i,j+\frac{1}{2},k}|) + \max(-E_{i+\frac{1}{2},j,k},0)$$
$$a_{i,j-1,k} = D_{i,j-\frac{1}{2},k}A(|P_{i,j-\frac{1}{2},k}|) + \max(-E_{i-\frac{1}{2},j,k},0)$$
$$a_{i,j,k+1} = D_{i,j,k+\frac{1}{2}}A(|P_{i,j,k+\frac{1}{2}}|) + \max(-E_{i,j,k+\frac{1}{2}},0)$$
$$a_{i,j,k-1} = D_{i,j,k-\frac{1}{2}}A(|P_{i,j,k-\frac{1}{2}}|) + \max(-E_{i,j,k-\frac{1}{2}},0)$$
$$a_{1,i,j,k} = \frac{\rho\delta x_i\delta y_j\delta z_k}{\delta t}$$
$$a_{i,j,k} = a_{1,i,j,k} + a_{i+1,j,k} + a_{i-1,j,k} + a_{i,j+1,k} + a_{i,j-1,k} + a_{i,j,k+1} + a_{i,j,k-1}$$

式中，E 为流量；D 为传导性；P 为贝克列数，$P = E/D$。

各项表达式为

$$D_{i+\frac{1}{2},j,k} = \frac{\lambda}{c_p}\frac{2\delta y_j\delta z_k}{\delta x_i + \delta x_{i+1}}$$
$$E_{i+\frac{1}{2},j,k} = \rho u_{i+\frac{1}{2},j,k}\delta y_j\delta z_k$$
$$D_{i-\frac{1}{2},j,k} = \frac{\lambda}{c_p}\frac{2\delta y_j\delta z_k}{\delta x_i + \delta x_{i-1}}$$
$$E_{i-\frac{1}{2},j,k} = \rho u_{i-\frac{1}{2},j,k}\delta y_j\delta z_k$$
$$D_{i,j+\frac{1}{2},k} = \frac{\lambda}{c_p}\frac{2\delta x_i\delta z_k}{\delta y_j + \delta y_{j+1}}$$
$$E_{i,j+\frac{1}{2},k} = \rho v_{i,j+\frac{1}{2},k}\delta x_i\delta z_k$$
$$D_{i,j-\frac{1}{2},k} = \frac{\lambda}{c_p}\frac{2\delta x_i\delta z_k}{\delta y_j + \delta y_{j-1}}$$
$$E_{i,j-\frac{1}{2},k} = \rho v_{i,j-\frac{1}{2},k}\delta x_i\delta z_k$$
$$D_{i,j,k+\frac{1}{2}} = \frac{\lambda}{c_p}\frac{2\delta x_i\delta y_j}{\delta z_k + \delta z_{k+1}}$$
$$E_{i,j,k+\frac{1}{2}} = \rho w_{i,j,k+\frac{1}{2}}\delta x_i\delta y_j$$
$$D_{i,j,k-\frac{1}{2}} = \frac{\lambda}{c_p}\frac{2\delta x_i\delta y_j}{\delta z_k + \delta z_{k-1}}$$
$$E_{i,j,k-\frac{1}{2}} = \rho w_{i,j,k-\frac{1}{2}}\delta x_i\delta y_j$$

采用不同的离散格式，其差别在于选取不同的函数 $A(|P|)$。

不同离散格式的函数见表 5.1。

离散格式的物理意义很明确，热传导项 D 代表了热扩散的作用，幂函数 $A(|P|)$ 限制了这种作用，当贝克列数 P 很大时，$A(|P|)$ 趋于 0，热传导不起

作用,对流传热项 E 起决定作用,此时体现了上风格式的思想。符号 max 使离散系数 a 不出现负值而导致物理意义上不真实的解。$P=0$ 时,$A(|P|)=1$,热传导作用变得最大,此时流体对流传热项 $E=0$,属纯导热问题。

表 5.1　不同离散格式的函数

离散格式	对 $A(\|P\|)$ 的公式
中心差分格式	$1-0.5\|P\|$
上风方案	1
混合方案	$\max\{0,1-0.5\|P\|\}$
幂函数方案	$\max\{0,1(-0.5\|P\|)^5\}$
指数方案(精确解)	$\|P\|/(\exp(\|P\|-1))$

5.2.4　充型过程流场模拟程序编制

图 5.2 为充型过程流动数值模拟程序框图,求解过程如下。

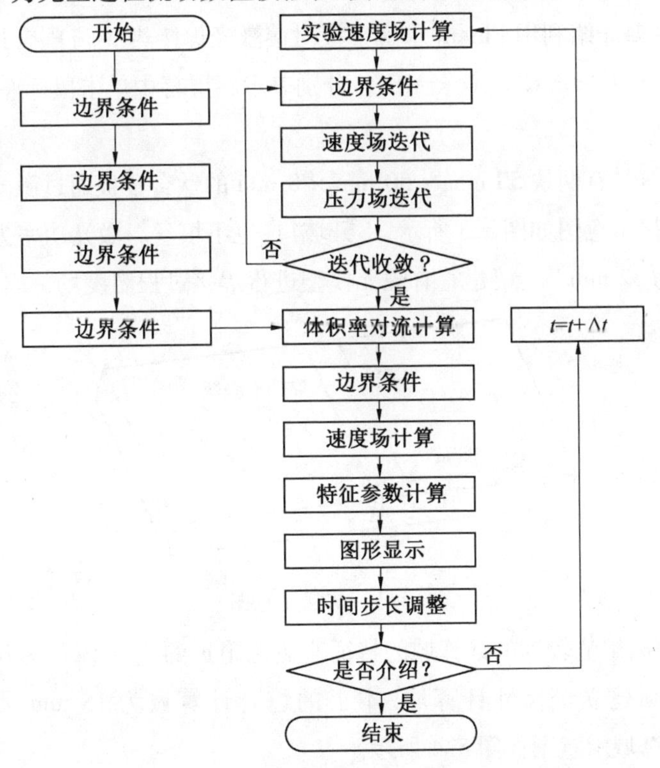

图 5.2　充型过程流动数值模拟程序框图

(1) 将初始条件和边界条件或前一时刻的计算值代入动量方程，求出新时刻的速度场估算值。

(2) 由校正压力公式计算各网格的校正压力，由速度校正公式求取新的速度场，并由此新速度场求出新的校正压力，如此迭代速度场和压力场，直至每个网格都满足连续性方程。

(3) 由体积函数方程计算各网格的体积函数 F，确定新时刻流体自由表面移动前沿。

(4) 由传热控制方程计算温度场并对物性值进行修正，作为下一时间步长的物性值。

(5) $t + \Delta t \rightarrow t$，重复上述各步骤，直至充型完毕或金属液停止流动。

5.3 Fluent 求解平板对接激光焊接热 – 流耦合过程

本节主要介绍利用 Fluent 求解平板对接激光焊接热 – 流耦合过程。软件中 G < ML >、G < MC >、G < MR > 分别表示在屏幕中单击鼠标左键、中键和右键。

问题描述：有两块 50 mm × 50 mm × 8 mm 的钛合金板通过激光焊接成一个平板，焊接示意图如图 5.3 所示，不开坡口，也不填丝。激光功率为 3 500 W，焊接速率为 32 mm/s。请建立有限元模型进行焊接过程温度场 – 流场计算。

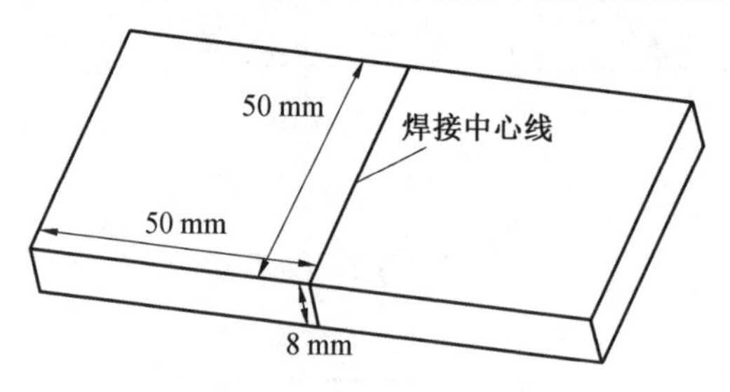

图 5.3　焊接示意图

由于距离熔池较远的计算域的特征对热源附近的热 – 流行为几乎没有影响，因此无须建立全尺寸计算域，本书的综合计算域为 15 mm × 10 mm × 12 mm，计算域示意图如图 5.4 所示。

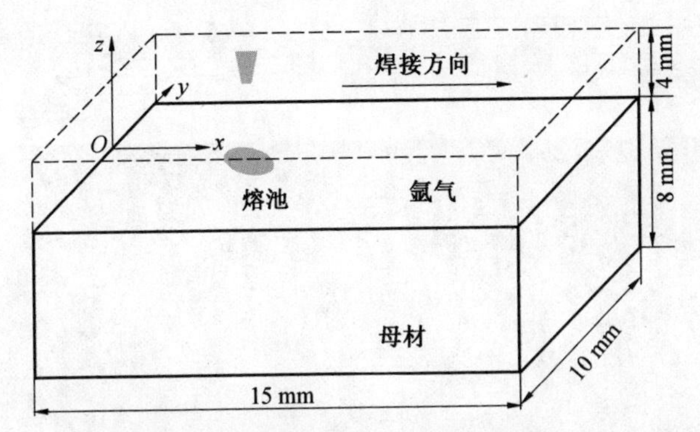

图5.4　计算域示意图(上表面为 inlet,空气域四周为 outlet,母材四周为 wall)

5.3.1　前处理,建立平板模型及网格划分

打开 hypermesh 软件,设置好保存路径。

G < ML >→ Geom → nodes(①) → 输入节点 x、y、z 坐标(②) → create(③)　/创建节点如图5.5所示。/

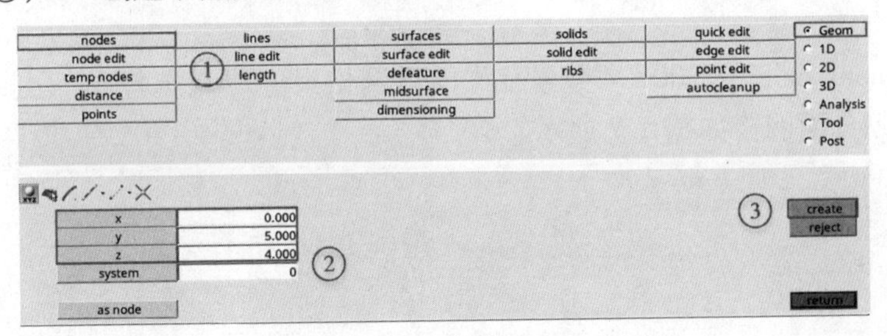

图5.5　创建节点

0 －5 4 → create

0 －5 4 → create

0 －5 －8 → create

0 －5 －8 → create

0 0 8 → create

0 5 0 → create　/为后面固相与气相网格移动提供参考点。/

G < ML > lines(①) →利用闭合线建立平面(②) →取消 Auto create(③)

G < ML > ④→⑤→⑥→⑦→ G < MC >　/连接④⑤⑥⑦建立直线。/

G < ML > ④→⑦→ G < MC >　/连接④⑦建立直线。/

G < ML > ②→③→ create　/创建平面,如图5.6所示。/

G < ML > 2D(①) → automesh(②) → 选中 surfs(③) → 选择网格类型(④) → 输入网格尺寸大小(⑤) → mesh(⑥)

网格类型选择 quads only　/拉伸之后是六面体网格,六面体网格便于计算。/

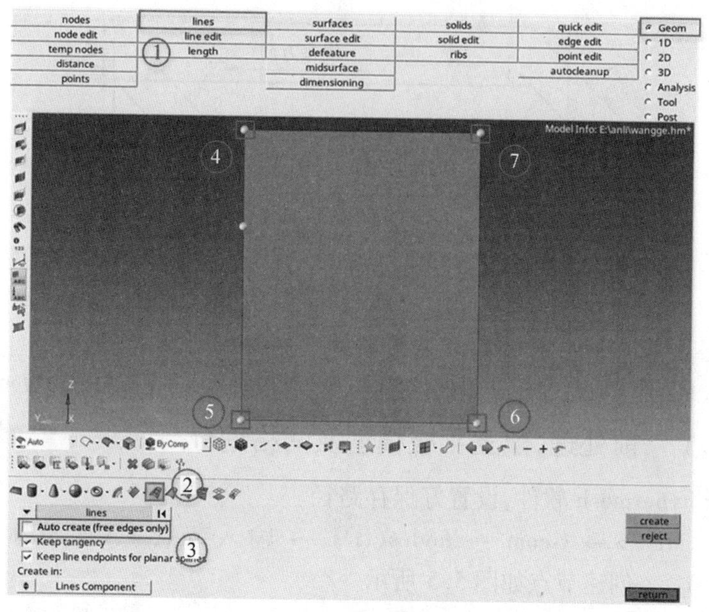

图 5.6　创建平面

element size　0.200　／数量允许的话网格尺寸尽量选择小一点，可以选到 0.1，划分面网格如图 5.7 所示。／

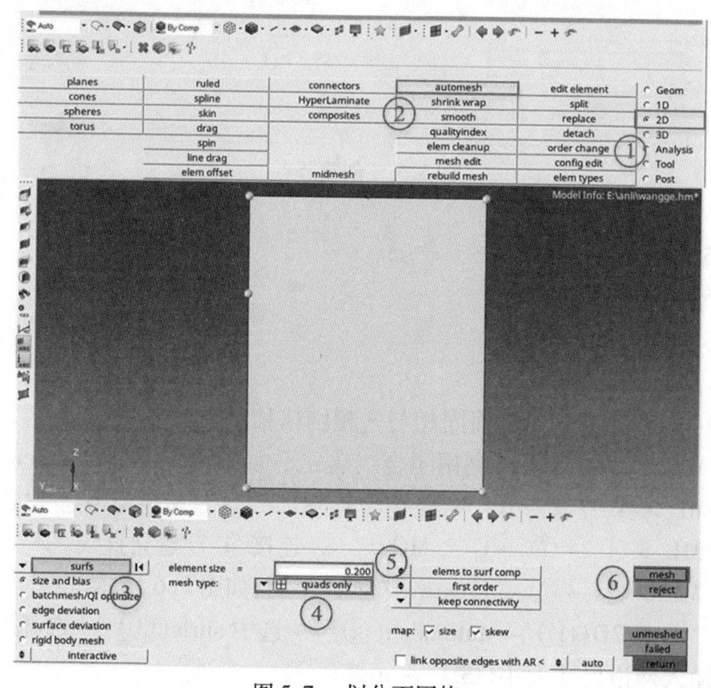

图 5.7　划分面网格

G < ML >→3D(①)→drag(②)→drag elems(③)→选中需要拉伸的单元(④)→选择拉伸的轴向(⑤)→拉伸的长度(⑥)→分割的数量(⑦)→拉伸的方向(drag + ⑧)

Shift + G < ML >　/框选需要拉伸的单元。/

distance　/拉伸的长度。/

on drag　/在选定的拉伸长度内分割的数量,拉伸至六面体网格如图5.8所示。/

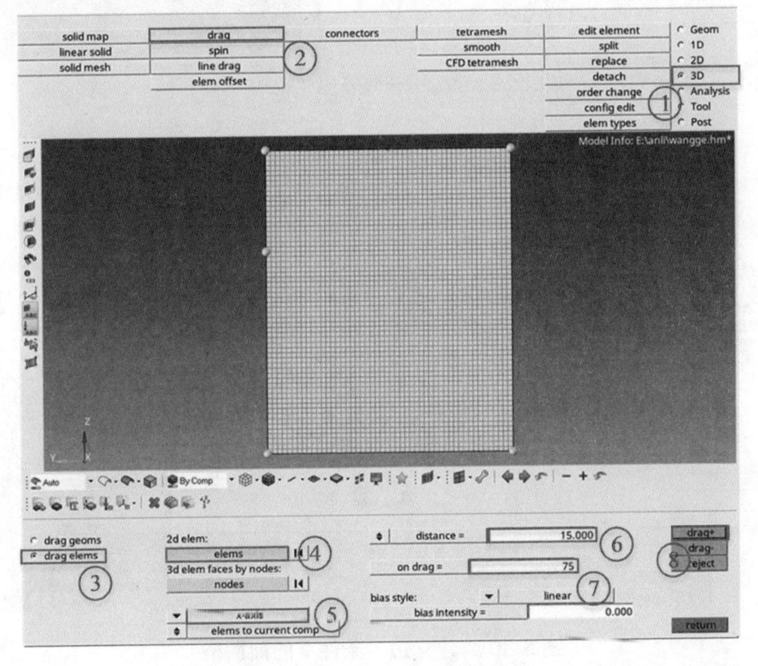

图5.8　拉伸至六面体网格

G < ML >→Components(①)→G < MR >→输入新的Components名称(②),分别命名为inlet、outlet和wall　/为后续不同边界条件的面网格移到不同Components做准备,三维体网格留在原始的Components里面,创建Components如图5.9所示。/

G < ML >→ Tools(①) → faces(②) → 选中 comps(③) → find faces(④)　/将三维网格的所有边界面网格提取出来,建立边界条件下的面网格如图5.10所示。/

G < ML >→ organize(①) → elems(②) → 选择 Components (③)→move(④)

选择elems时,先将体网格隐藏,然后Shift + G < ML >框选需要的网格。

在dest component里面将选取的边界网格移动到对应的Components,如图

5.11 所示。

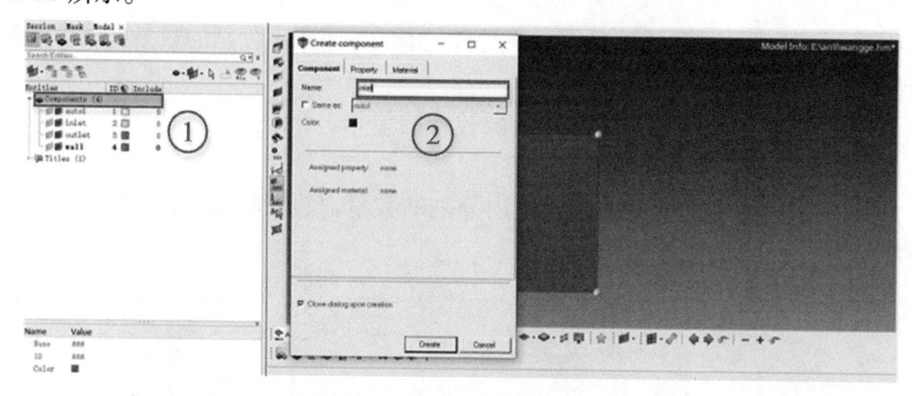

图 5.9　创建 Components

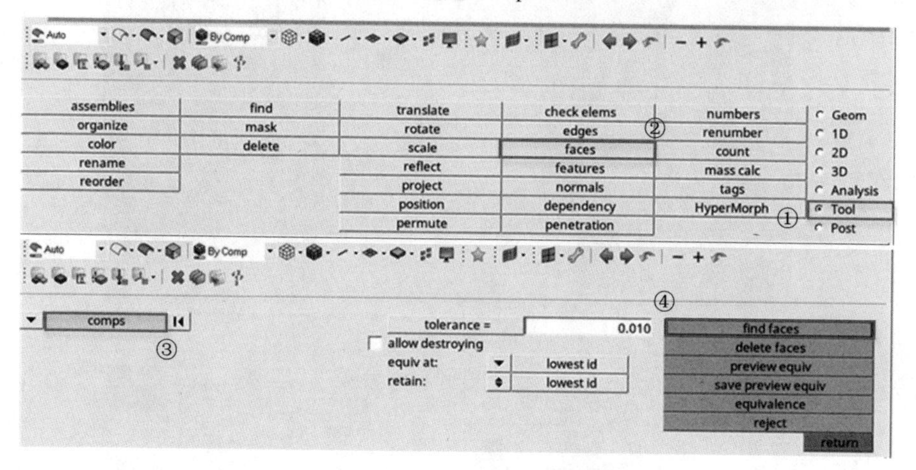

图 5.10　建立边界条件下的面网格

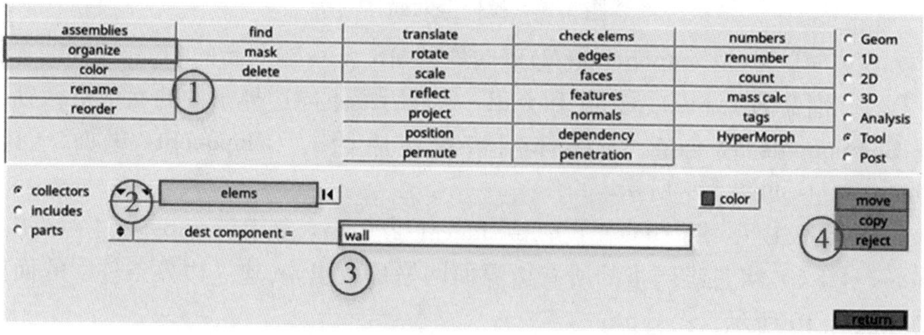

图 5.11　将选取的边界网格移动到对应的 Components 里面

G < ML >→ Preferences(①) → User Profiles(②) → Engineering Solutions(③) →CFD(④) →OK(⑤)　/切换至 CFD 模式,如图 5.12 所示。/

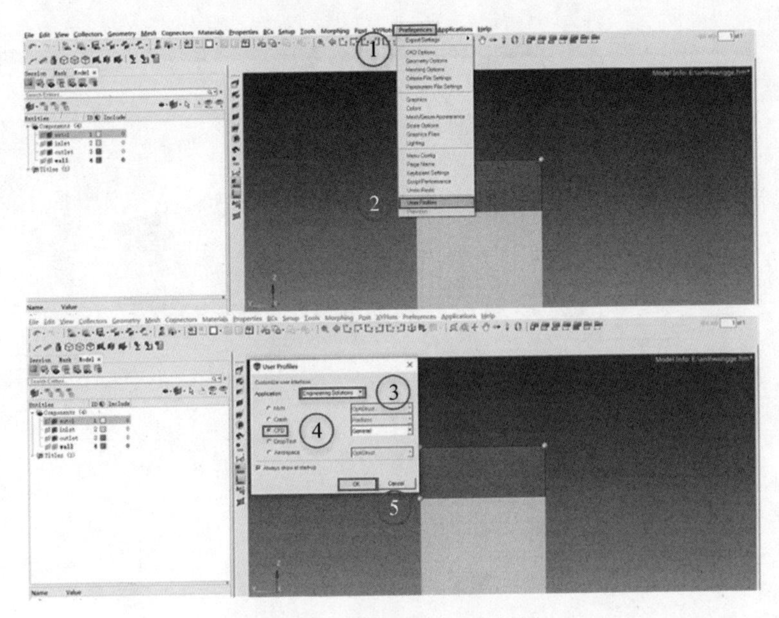

图5.12　切换至CFD模式

导出cas文件,然后打开fluent软件,导入Case文件,如图5.13所示。

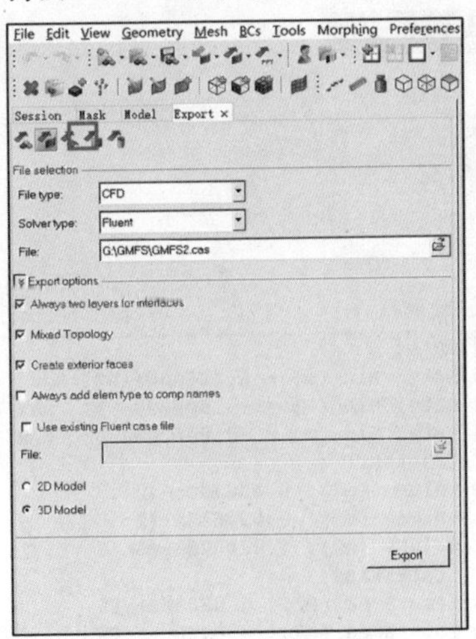

图5.13　导入Case文件

5.3.2　Fluent 求解器设置

File → Read → Case,导入界面如图5.14所示。

G < ML >→Display　／读入成功后点击Display,Edge Type选择All,显示所有信息,操作设置如图5.15所示。／

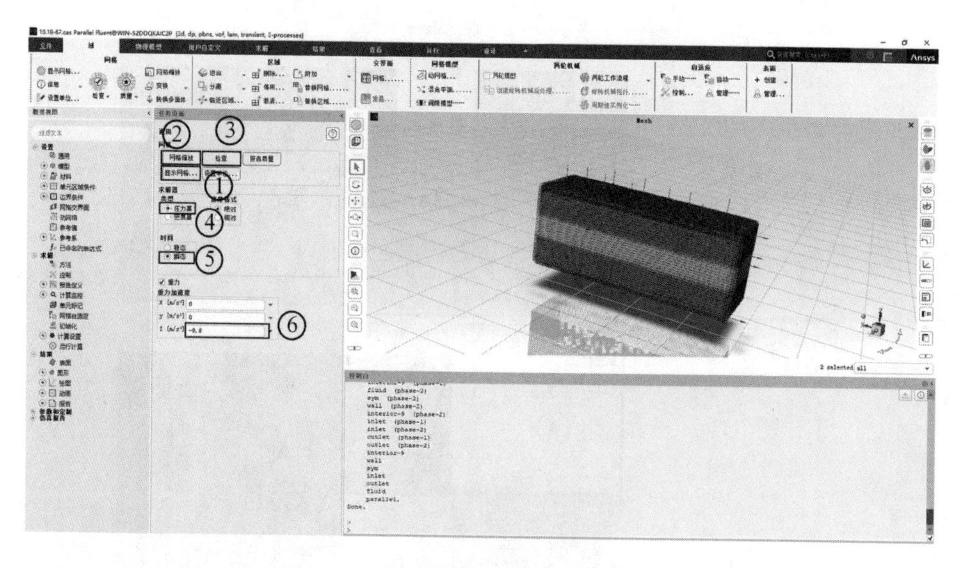

图 5.14　导入界面

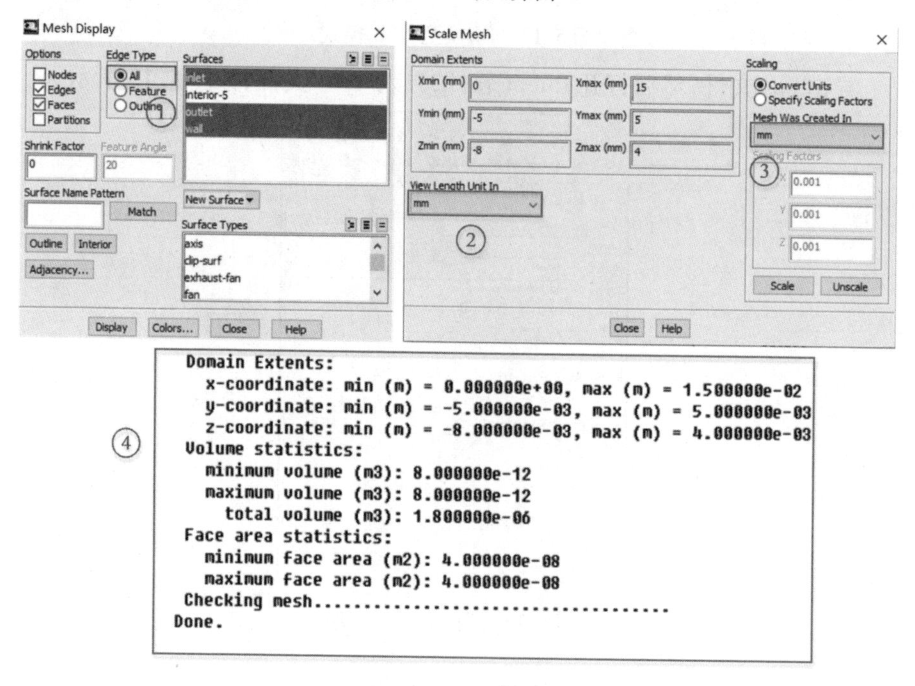

图 5.15　操作设置

G < ML >→Scale　/单位转换。hypermesh 和 fluent 的默认单位不一致，需要转换。/

G < ML >→Check　/设置之前先要检查网格。如果网格有问题的话，无

法计算,点击 Check,在状态栏内会出现如下信息,检查是否有报错,网格体积是否有负值等。/

G < ML >→Pressure - Based　/采用默认的压力基求解器。/

G < ML >→Transient　/求解类型属于瞬态。/

G < ML >→Gravity　/重力加速度方向为z轴负向,数值约为9.81 m/s^2。/

模型选择,本案例用到 Multiphase 模型、Energy 模型、Viscous 模型和 Solidfication & Melting 模型。

G < ML >→Multiphase(①)→Volume of Fluid(②)→选择两相(③)→勾选 Implicit Body Force(④)　/打开多相流模型,选择 VOF 方法,VOF 是一种界面追踪方法,并通过引入相体积分数这一变量来实现对计算域内相间界面的追踪,勾选 Implicit Body Force 这个选项能够提高离散方程的收敛性,如图5.16所示。/

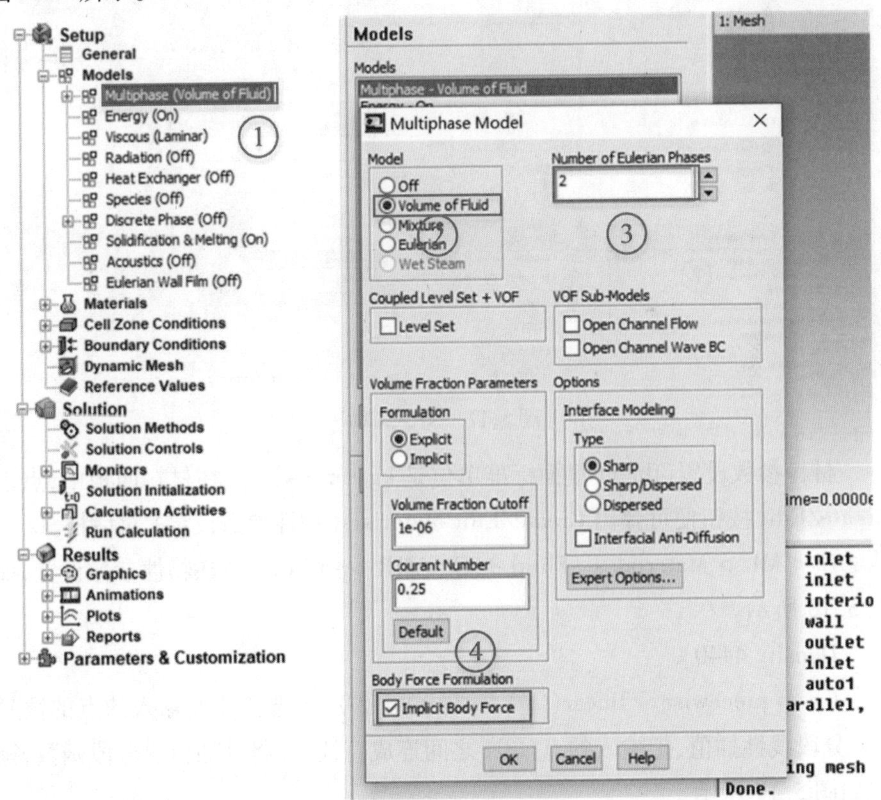

图5.16　多相流设置界面

G < ML >→Energy→勾选 Energy Equation　/在模型设定面板双击 Energy 按钮,弹出 Energy 对话框,勾选 Energy Equation 激活能量方程,单击 OK

按钮确认。/

G < ML >→ Viscous → Laminar

G < ML >→ Solidfication & Melting → 勾选 Solidfication & Melting

G < ML >→ Define(①) → User - Defined(②) → Function(③) → Complied(④),导入 UDF 如图 5.17 所示,之后点击 Memory　/导入自定义函数,开启记忆函数存储空间,比所用到的记忆函数多就行。/

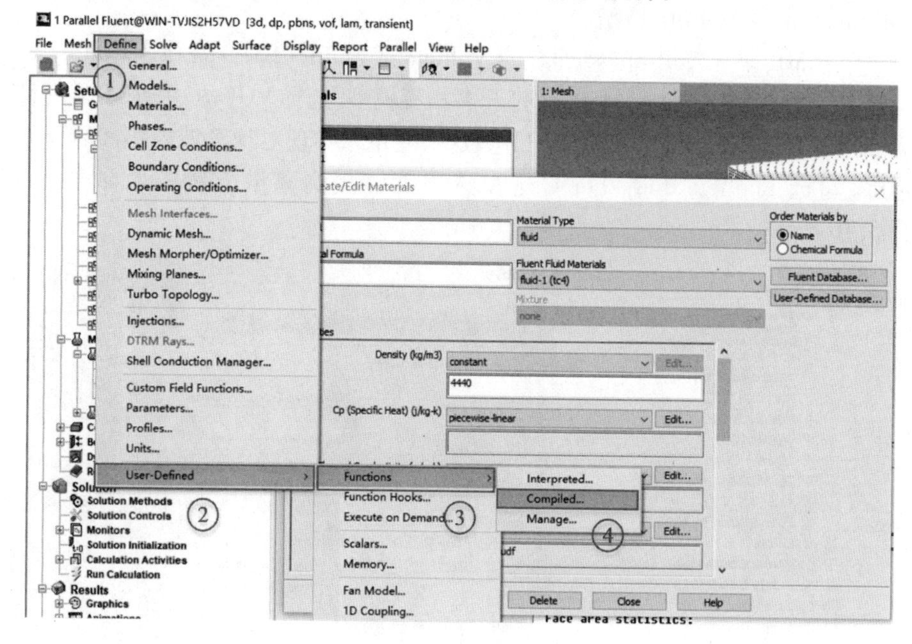

图 5.17　导入 UDF

材料参数设置(fluent 里面标准单位是 kg · m · s)　/在材料面板中,点击 Create/Edit 按钮便可弹出 Create/Edit Materials(物性参数设定)对话框。/

G < ML > Materials → Fluid → G < MR >→ New　/热物性参数设置,如图 5.18 所示。/

Density 4440

Cp → piecewise - linear(①) → Points(②) → 选择需要输入的点的数量　/分段线性插值,把输入的点(③)之间连成直线,并将其插值成分段函数,操作如图 5.19 所示。/

320　546　400　562　500　606　600　629　700　651

800　673　900　694　1100　734　1300　660　1500　696

1700　732　1900　759 2100　830　5000　830

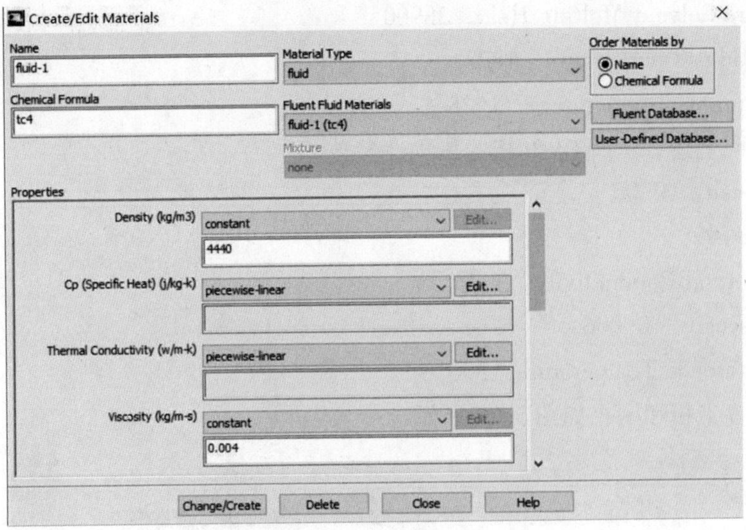

Create/Edit Materials
Name
fluid-1
Material Type
fluid
Order Materials by
Name
Chemical Formula
Chemical Formula
tc4
Fluent Fluid Materials
fluid-1 (tc4)
Fluent Database...
User-Defined Database...
Mixture
none
Properties
Density (kg/m3)
constant
Edit...
4440
Cp (Specific Heat) (j/kg-k)
piecewise-linear
Edit...
Thermal Conductivity (w/m-k)
piecewise-linear
Edit...
Viscosity (kg/m-s)
constant
Edit...
0.004
Change/Create
Delete
Close
Help

图 5.18　热物性参数设置

Create/Edit Materials
Name
fluid-1
Material Type
fluid
Order Materials by
Name
Chemical Formula
Chemical Formula
tc4
Fluent Fluid Materials
fluid-1 (tc4)
Fluent Database...
User-Defined Database...
Mixture
none
Properties
Cp (Specific Heat) (j/kg-k)
piecewise-linear
Edit...
①
Thermal Conductivity (w/m-k)
piecewise-linear
Edit...
Piecewise-Linear Profile
Define
Cp
In Terms of
Temperature
Points
15
②
Data Points
Point
1
Temperature (k)
320
Value (j/kg-k)
546
③
OK
Cancel
Help

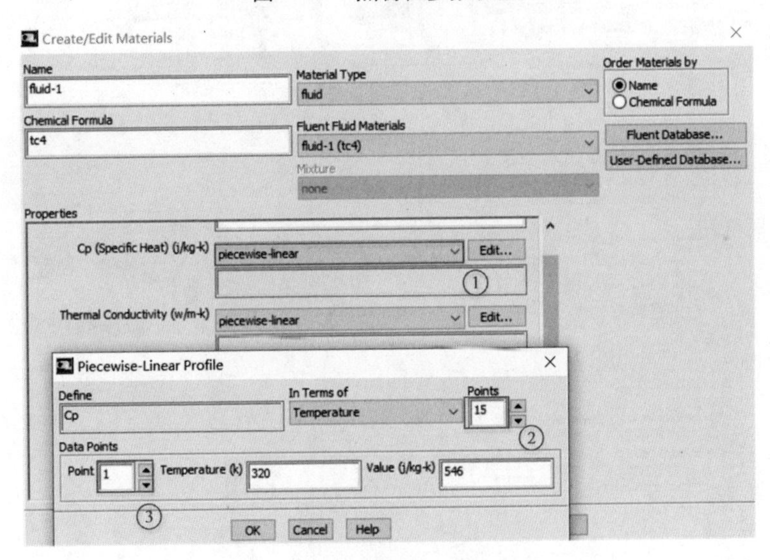

图 5.19　比热容设置过程

Thermal Conductivity → piecewise - linear

300　7　400　7.45　500　8.75　600　10.15　700　11.35

800　12.6　900　14.2　1100　17.8　1300　22.7　1500　22.9

1700　24.6　1900　27.6　2100　34.6　5000　34.6

Viscosity →　0.004

Reference Temperature　300

Pure Solvent Melting Heat　38900

Solidus Temperature　1878

Liquidus Temperature　1928

按照上述方法,输入气相的热物性参数。

Density　0.06

Cp　498

Thermal Conductivity　3.74

Viscosity　0.006

Reference Temperature　300

设置主相和副相如图 5.20 所示。

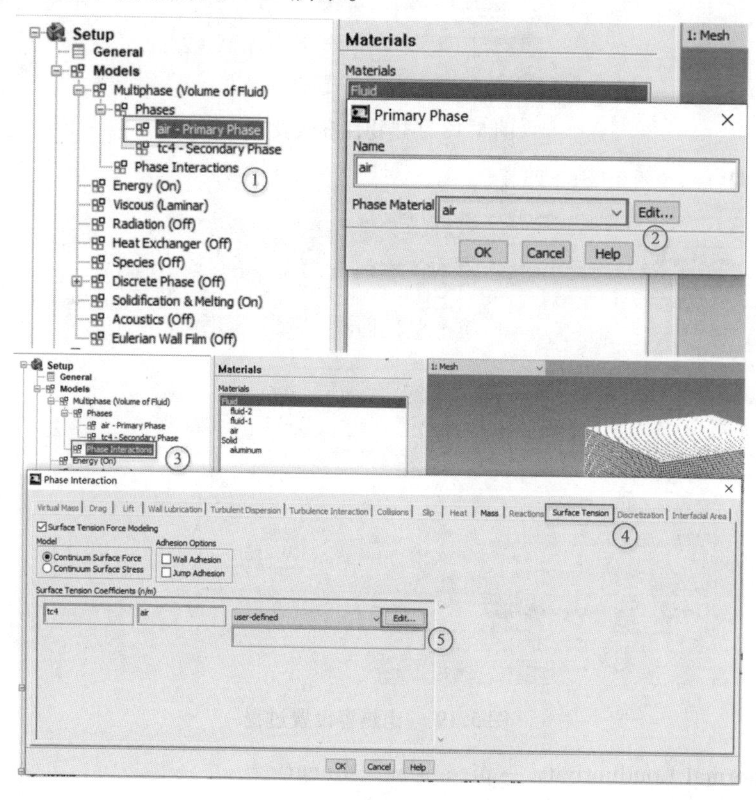

图 5.20　设置主相和副相

Primary Phase(①)→air(②) - Primary Phase→tc4　/设置空气为主相,设置钛合金为副相。/

Phase Interactions(③) → Surface Tension(④)　/加载表面张力/ edit(⑤)

计算域设置如图 5.21 所示。

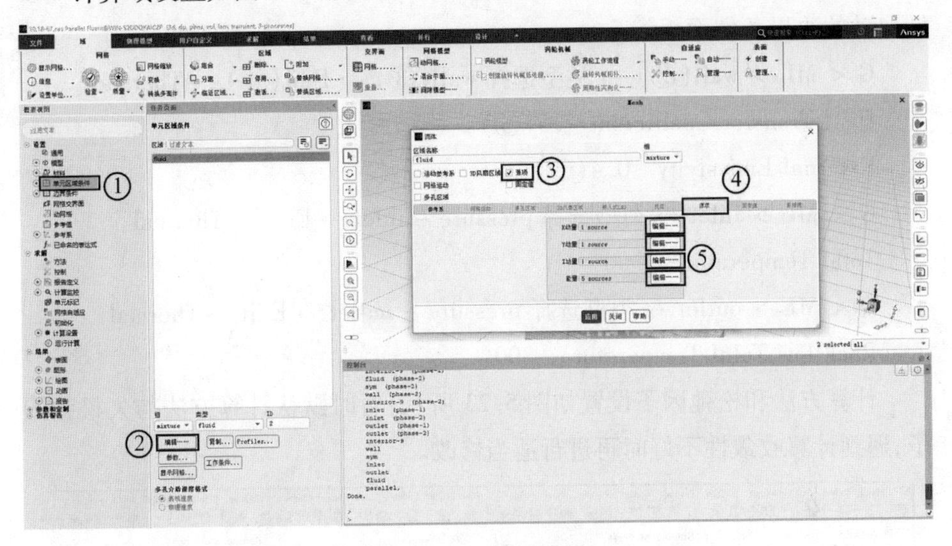

图 5.21　计算域设置

Cell Zone Condition(①) → Edit(②) → 勾选 Source Terms(③) → 加载源(④) 项 UDF(⑤)

Edit → Source Terms　/勾选 Source Terms,启动源项。/

边界条件设置如图 5.22 所示。

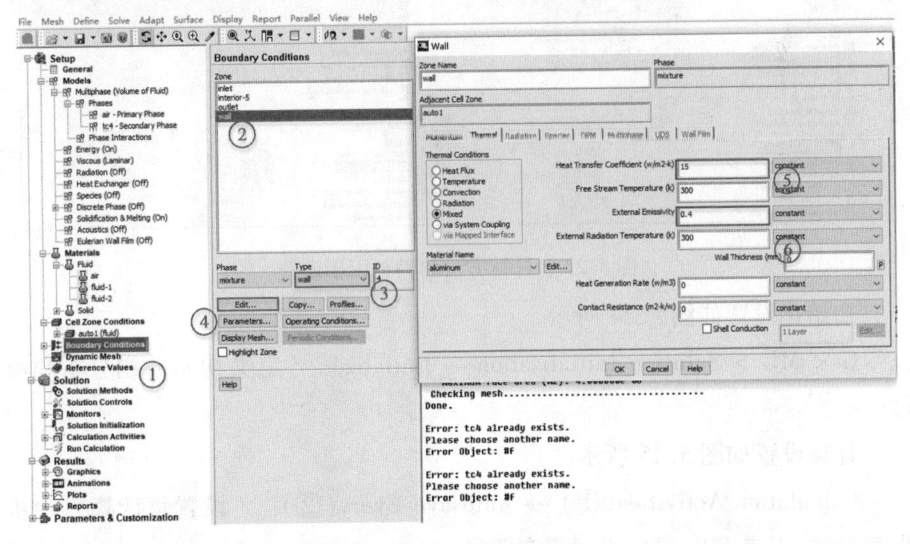

图 5.22　边界条件设置

G < ML > Boundary Conditions(①)　/点击主菜单中Boundary Conditions 按钮启动的边界条件面板。/

G < ML > wall(②) → 类型选择 wall(③) → Edit(④) → Thermal

Heat Transfer Coefficient　15(⑤)

External Emissivity　0.4(⑥)

G < ML > inlet → 类型选择 pressure - inlet → Edit → Thermal

Total Temperature　300

G < ML > outlet → 类型选择 pressure - outlet → Edit → Thermal

Backflow Total Temperature　300

计算方法和松弛因子设置如图 5.23 所示,暂时默认计算方法与欠松弛因子,遇到计算收敛性不好时再进行适当修改。

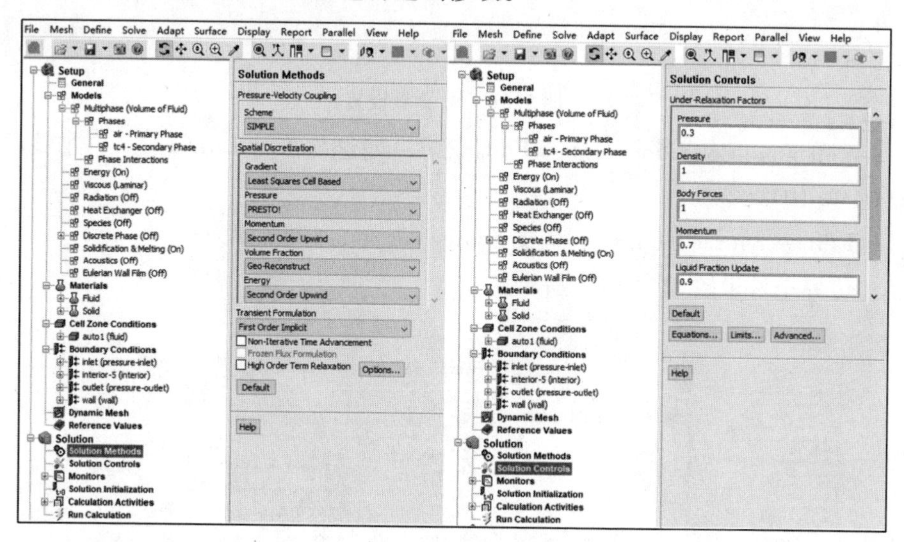

图 5.23　计算方法和松弛因子设置

初始化设置如图 5.24 所示。

G < ML > Solution Initialization → Initialize　/定义初始的相分布和温度。/

计算设置如图 5.25 所示。

Calculation Activities(①) → Autosave Every(②)　/设置每计算多少步保存一次,点击 Edit 可以设置保存路径。/

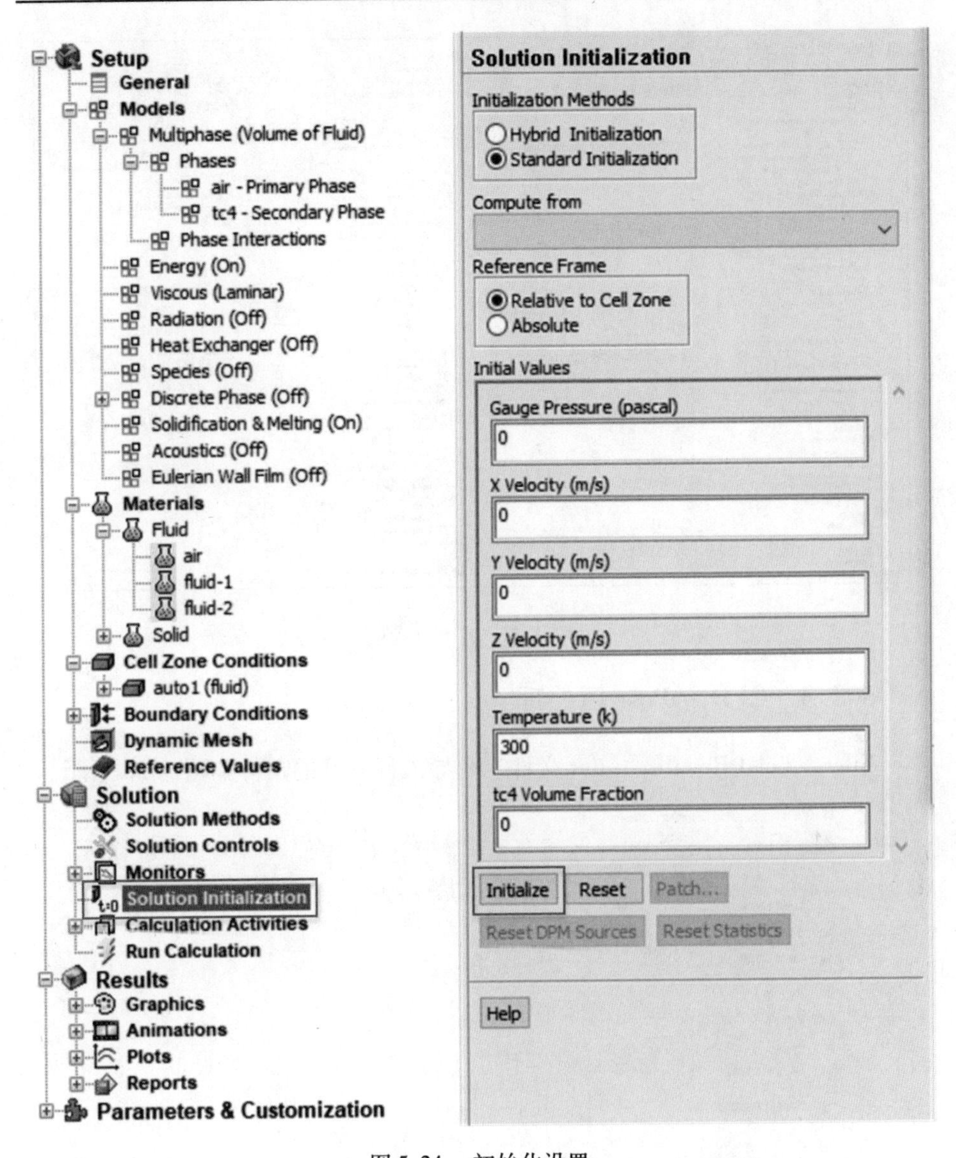

图5.24　初始化设置

Run Calculation(③)→Check Case(④)→Time Step Size(⑤)→Number of Time Steps(⑥)→Max Iterations/Time Step(⑦)　/Time Step Size里每一步的时间步长，一般在10^{-6}～10^{-4}之间，当收敛性不好的时候，可适当降低时间步长，Max Iterations/Time Step为每步的迭代次数。/

保存计算结果并退出。

File→Write→Case & Data　/保存案例文件和计算结果。/

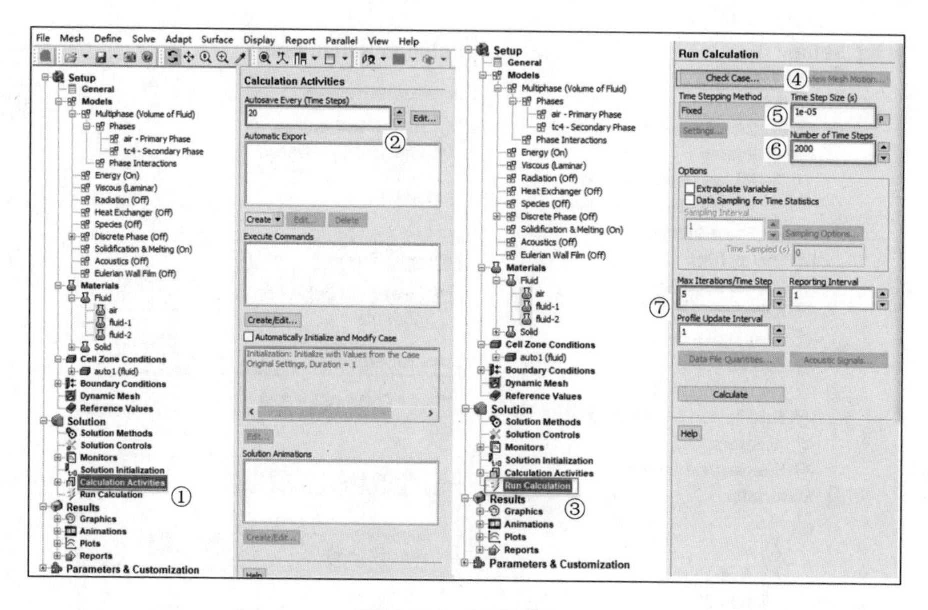

图 5.25　计算设置

5.3.3　CFD－Post 后处理

File → Load Results → dat 文件　／导入计算好的文件如图 5.26 所示。／

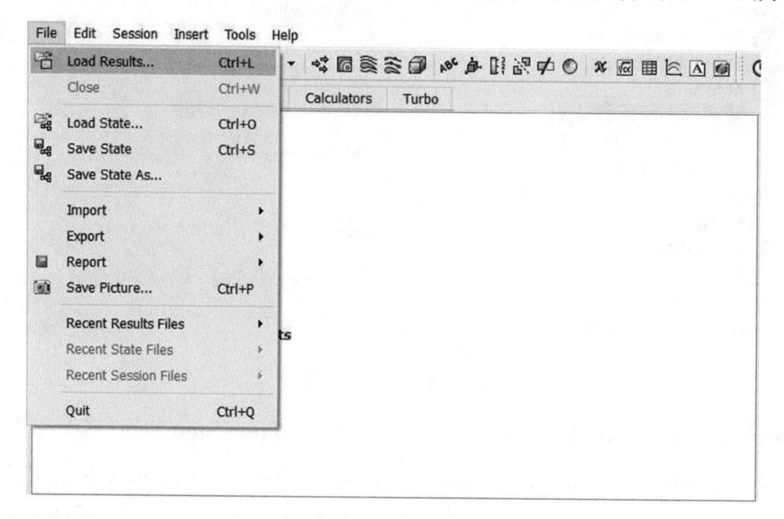

图 5.26　导入计算好的文件

G < ML > Location → Isosurface → Tc4.Volume Fraction → 0.5　／创建等值面，用于追踪固液界面，如图 5.27 所示。／

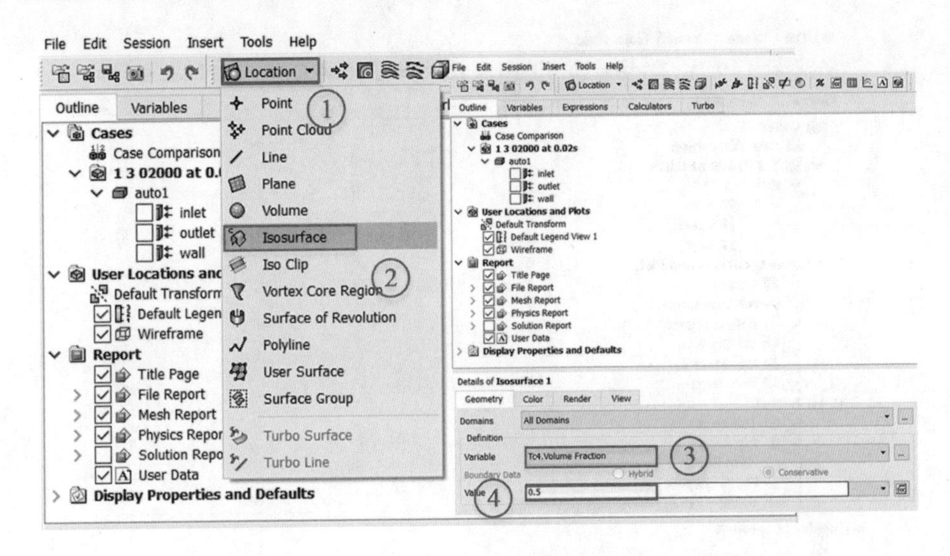

图 5.27　创建等值面

G < ML > Location → Iso Clip → Isosurface 1 → 添加约束条件　/在等值面上进一步添加约束条件,用于云图显示,如图 5.28 所示。/

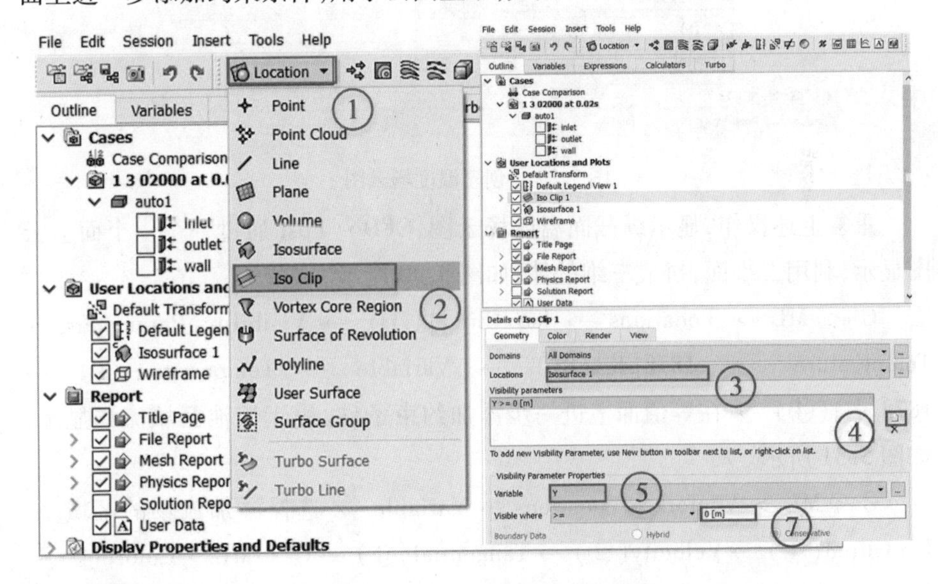

图 5.28　创建云图显示的区域

G < ML > Contour → Locations → Variable → Range　/在选定的位置上进行云图显示,同时对温度进行自定义,显示出熔池,如图 5.29 所示。/

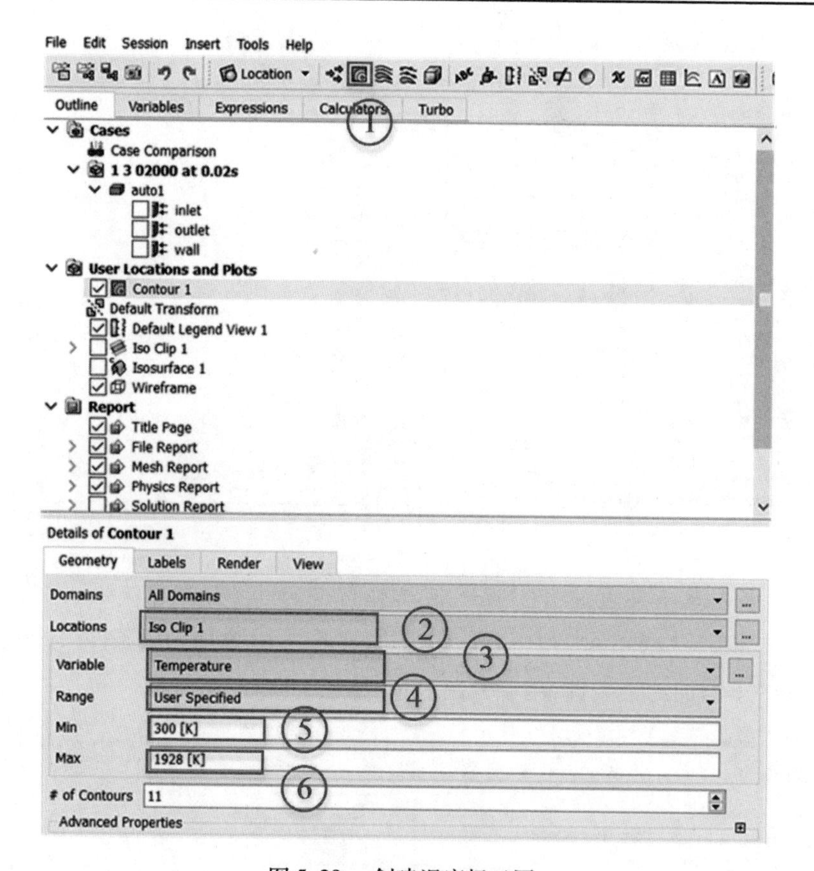

图 5.29　创建温度场云图

重复上述操作,显示纵截面温度场云图,CFD - Post 通过一个一个面上云图显示,利用二维面,拼成三维的体,如图 5.30 所示。

G < ML > Locations → Iso Clip 1(①) → Visibility Parameters → Temperature >= 1878[K](②) → Variable → Temperature(③) → 1878[K](④) /在等值面上进一步添加约束条件,用于熔池区域流场显示,如图 5.31 所示。/

G < ML > Vector → Locations → Variable /选择添加流场的区域。/ Iso Clip 3(①) → Velocity(②) → Tangential(③) → G < ML > Color(④) → Range → User Specified(⑤) /选择流速的范围。/

G < ML > Symbol(⑥) → Symbol Size(⑦) /选择流场箭头的大小。/

G < ML > Render(⑧) → Line Width(⑨) /选择流场箭头的宽度,如图 5.32 所示,显示结果如图 5.33 所示。/

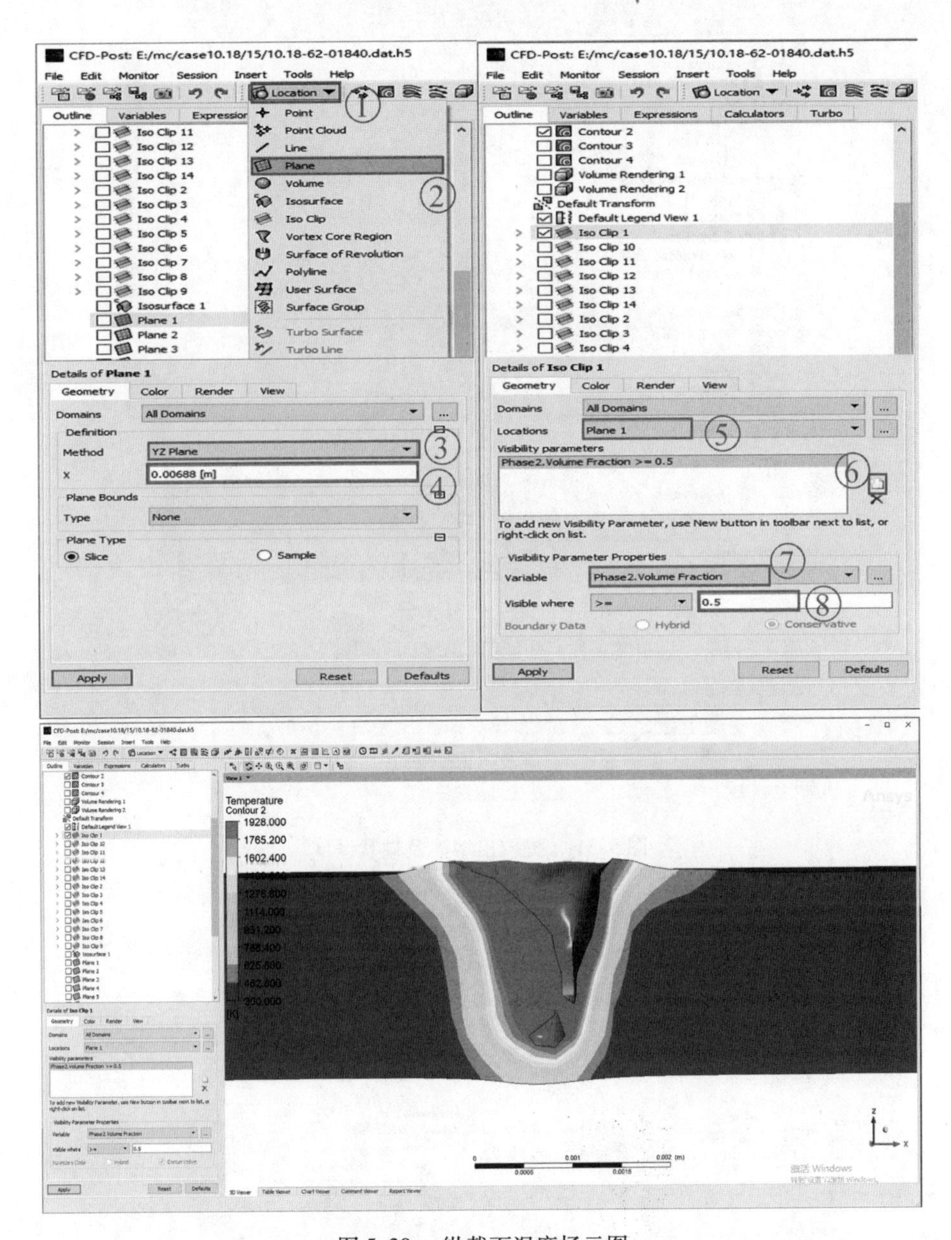

图 5.30　纵截面温度场云图

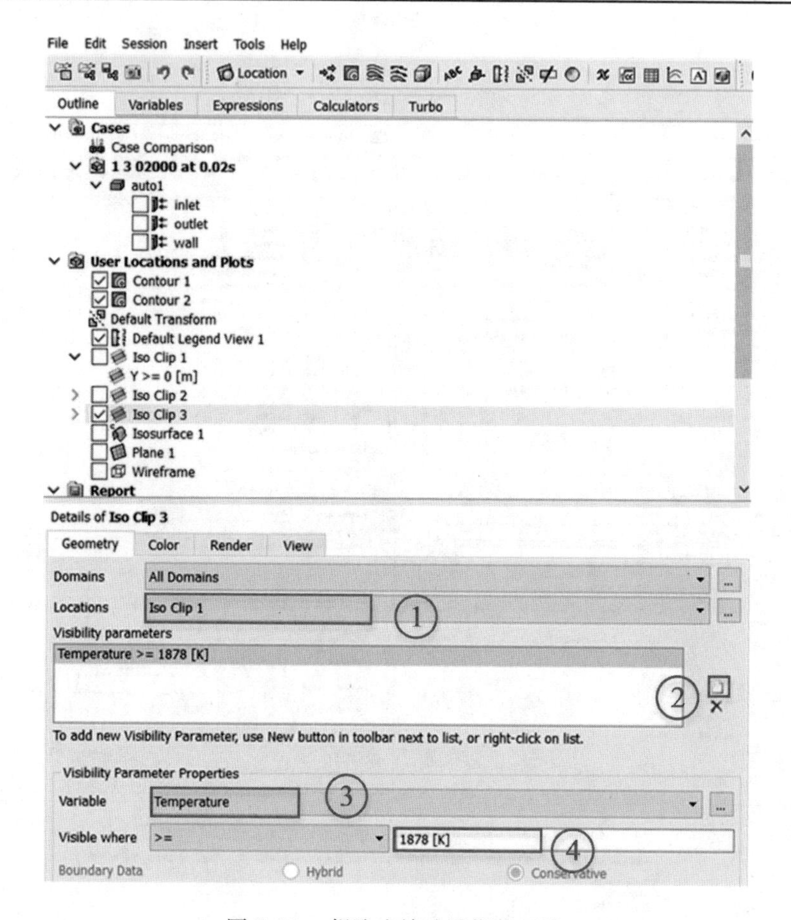

图 5.31　提取出熔池及糊状区域

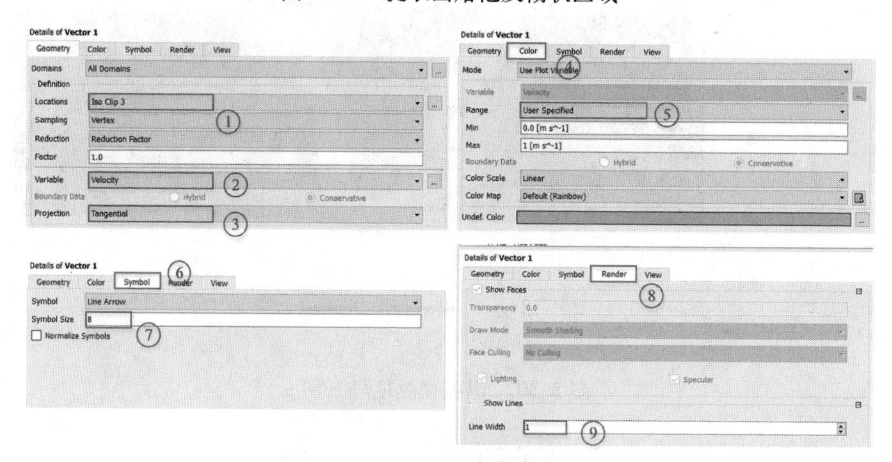

图 5.32　添加流场箭头

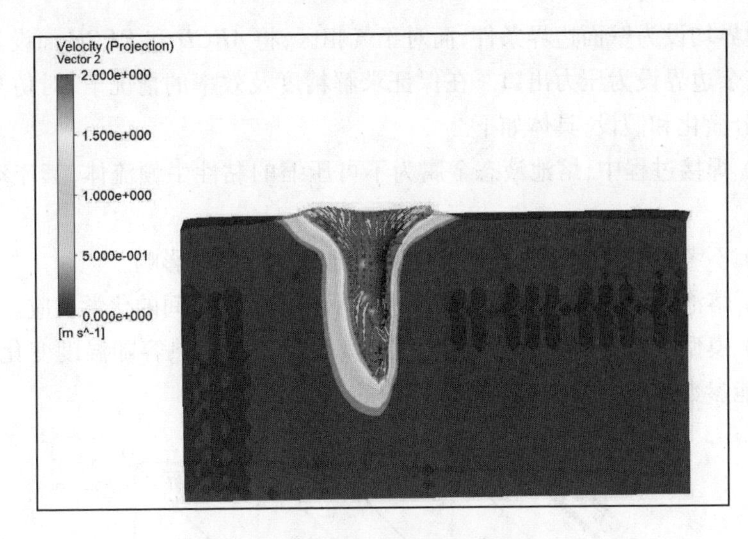

图5.33　熔池形貌及流动结果

5.4　焊接过程流场数值模拟

本节焊接过程流场数值模拟以2219铝合金T形结构双激光束双侧同步焊接技术(DLBSW)过程热-流耦合为例,基于传热学及流体力学相关理论,在质量、动量与能量守恒方程的基础上,充分考虑焊接过程的气-液相变及重力、表面张力、反冲压力等对熔池的作用,并基于实验结果对模型进行验证。

5.4.1　数学模型

1. 模型简化与假设

2219铝合金T形结构DLBSW过程具有复杂的传热与传质现象。该过程中,金属蒸发产生的蒸气/等离子体会对匙孔壁产生力的作用,并且激光束在匙孔内壁的反射会显著影响匙孔壁的动态平衡,进而影响焊接过程的熔池形貌及流动行为。在熔池与周围材料之间,同样存在由于流体流动、固液相变及熔池与环境介质热交换导致的热传输现象。

因此,构建2219铝合金T形结构的三维瞬态计算模型需考虑气-液-固相转变及由此导致的传热传质现象,并在计算过程中捕捉气-液-固界面。模型计算区域示意图如图5.34所示,将该模型置于笛卡儿坐标系中,x轴正向为焊接方向。计算域包含金属和气相区域,其中金属区为T形结构部分,气相区为计算域的其余部分,该区域主要包括等离子体和保护气体。对于T形结构部分,其边界均设为壁面边界条件,而对于气相区,将 $ABCD$ 和 $EFGH$ 面设为压力入口,其余边界设为压力出口。在保证求解精度及效率的情况下,对仿真模型进行部分简化和假设,具体如下。

(1) 焊接过程中,熔池液态金属为不可压缩的黏性牛顿流体,其流动状态为层流。

(2) 不考虑焊接过程中保护气体对熔池流动行为的影响。

(3) 熔池流体之间不发生相互渗透且不考虑各相之间的化学反应。

(4) 模型中焊接材料视为各向同性,其热导率及比热容随温度变化,其他材料性能参数均设为常数,其中固、液相的参数不同。

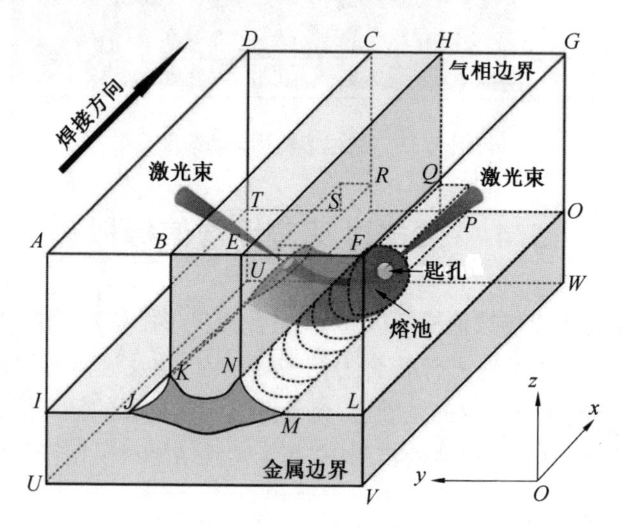

图 5.34 2219 铝合金 T 形结构 DLBSW 过程计算区域示意图

2. 边界条件

2219 铝合金 T 形结构 DLBSW 过程中,熔池高温液态金属、金属蒸气和等离子体的流动与传热行为中的所有物理量均遵循对应的守恒原理,即质量守恒方程、动量守恒方程和能量守恒方程组成的三维控制方程组[2]。

(1) 质量守恒方程。

$$\frac{\partial \rho}{\partial t}+\frac{\partial(\rho u)}{\partial x}+\frac{\partial(\rho v)}{\partial y}+\frac{\partial(\rho w)}{\partial z}=0 \tag{5.12}$$

式中,ρ 为材料密度;t 为焊接时间;u、v、w 为 x、y、z 轴方向的流体流速分量。

(2) 动量守恒方程。

x 轴方向有

$$\frac{\partial(\rho u)}{\partial t}+\frac{\partial(\rho uu)}{\partial x}-\frac{\partial(\rho uu_0)}{\partial x}+\frac{\partial(\rho uv)}{\partial y}+\frac{\partial(\rho uw)}{\partial z}$$

$$=-\frac{\partial P_1}{\partial x}+\frac{\partial}{\partial x}\left(\mu\frac{\partial u}{\partial x}\right)+\frac{\partial}{\partial y}\left(\mu\frac{\partial u}{\partial y}\right)+\frac{\partial}{\partial z}\left(\mu\frac{\partial u}{\partial z}\right)+S_u \tag{5.13}$$

y 轴方向有

$$\frac{\partial(\rho v)}{\partial t}+\frac{\partial(\rho vu)}{\partial x}-\frac{\partial(\rho vu_0)}{\partial x}+\frac{\partial(\rho uw)}{\partial y}+\frac{\partial(\rho vw)}{\partial z}$$

$$=-\frac{\partial P_1}{\partial y}+\frac{\partial}{\partial x}\left(\mu\frac{\partial u}{\partial x}\right)+\frac{\partial}{\partial y}\left(\mu\frac{\partial u}{\partial y}\right)+\frac{\partial}{\partial z}\left(\mu\frac{\partial u}{\partial z}\right)+S_v \tag{5.14}$$

z 轴方向有

$$\frac{\partial(\rho w)}{\partial t}+\frac{\partial(\rho wu)}{\partial x}-\frac{\partial(\rho wu_0)}{\partial x}+\frac{\partial(\rho wv)}{\partial y}+\frac{\partial(\rho ww)}{\partial z}$$

$$=-\frac{\partial P_1}{\partial z}+\frac{\partial}{\partial x}\left(\mu\frac{\partial u}{\partial x}\right)+\frac{\partial}{\partial y}\left(\mu\frac{\partial u}{\partial y}\right)+\frac{\partial}{\partial z}\left(\mu\frac{\partial u}{\partial z}\right)+S_w \tag{5.15}$$

式中,P_1 为流体压力;u_0 为热源相对工件的移动速度;μ 为流体黏度;S_u、S_v、S_w 分别表示 x、y、z 轴方向的动量源项。

本书采用焓孔隙技术(enthalpy-porosity technique)对焊接过程的金属熔化与凝固进行模拟,将固 - 液相混合区作为具有各向同性渗透率的多孔介质,其中多孔区域代表液态金属。基于热焓平衡法进行计算,可得到每个单元的多孔性,即金属液相的体积分数。对于固 - 液混合区域,其液相体积分数在0～1范围内。熔池液态金属在凝固过程中,固 - 液混合区的液相体积分数逐渐降低,其流体流速大小也相应下降,当熔池完全凝固时,液相体积分数与流速均变为零,该过程的熔池内部存在一定的动量损耗。借助焓孔隙技术,添加对应的源项可对固 - 液相混合区进行求解。

本书对应的动量源项计算公式分别为[3]

$$S_u=-A_{\text{mush}}\frac{(1-f_1)^2\mu}{f_1^3+B}(u-u_0) \tag{5.16}$$

$$S_v=-A_{\text{mush}}\frac{(1-f_1)^2\mu}{f_1^3+B}v \tag{5.17}$$

$$S_w=-A_{\text{mush}}\frac{(1-f_1)^2\mu}{f_1^3+B}w+\rho g\beta(T-T_{\text{ref}}) \tag{5.18}$$

式中,等式右侧第一项表示计算得到的糊状区动量损耗;f_1 为液相体积分数;B 为设定的一个极小常数(防止分母为零);A_{mush} 为与金属液相体积相关的 Darcy

常数;式(5.17)的等式右侧第二项为热浮力源项;β 为材料的热膨胀系数;g 为重力加速度;T_{ref} 为计算过程的参考温度,即环境温度(本书设置为300 K)。

对于糊状区的金属液相体积分数 f_l,其计算公式为

$$f_l = \begin{cases} 0 & (T < T_s) \\ \dfrac{T - T_s}{T_l - T_s} & (T_s < T < T_l) \\ 1 & (T > T_l) \end{cases} \tag{5.19}$$

式中,T_s 为焊接材料的固相线温度;T_l 为其对应的液相线温度。

(3)能量守恒方程。

$$\frac{\partial(\rho H)}{\partial t} + \frac{\partial(\rho uH)}{\partial x} - \frac{\partial(\rho u_0 H)}{\partial x} + \frac{\partial(\rho vH)}{\partial y} + \frac{\partial(\rho wH)}{\partial z} = \frac{\partial}{\partial x}\left(k\frac{\partial T}{\partial x}\right) + \frac{\partial}{\partial y}\left(k\frac{\partial T}{\partial y}\right) + \frac{\partial}{\partial z}\left(k\frac{\partial T}{\partial z}\right) + S_E \tag{5.20}$$

式中,k 为材料的热导率;H 为混合焓;S_E 为能量源项,其表达式为[4]

$$S_E = Q - m_v L_v - \left(\frac{\partial}{\partial t}(\rho\Delta H) + \frac{\partial}{\partial x}(\rho u\Delta H) + \frac{\partial}{\partial y}(\rho v\Delta H) + \frac{\partial}{\partial z}(\rho w\Delta H)\right) + \frac{\partial}{\partial x}(\rho u_0\Delta H) \tag{5.21}$$

式中,Q 为激光热源能量;m_v、L_v 和 ΔH 分别为单位体积的液相向气相转变的质量、蒸发潜热和相变潜热。

在2219铝合金T形结构DLBSW过程中,相变会持续在气-液界面和固-液界面产生且伴随着相变潜热能量的吸收和释放,这会对焊接过程熔池的温度场及流体流动产生显著影响。为合理处理能量守恒方程中的该部分能量,在此采用混合焓对固-液相变过程的能量变化进行探究。混合焓的组成为

$$H = h + \Delta H \tag{5.22}$$

式中,H 为混合焓;h 为显焓。

其中

$$h = h_{ref} + \int_{T_{ref}}^{T} c_p \mathrm{d}T \tag{5.23}$$

$$\Delta H = f_l L_m \tag{5.24}$$

式中,h_{ref} 为参考热焓;c_p 为比热容;L_m 为熔化潜热。

3. 初始条件及边界条件

为保证采用前述控制方程组对2219铝合金T形结构DLBSW过程进行顺利求解,必须在控制方程组中施加对应的初始条件及边界条件。

(1) 初始条件。

将两侧激光热源开始作用在T形结构的瞬间时刻定义为计算的初始时刻。此时激光能量还未传入焊件,焊件保持室温,熔池暂未形成,两侧热源与T形结构保持相对静止。此时有

$$T = T_{\mathrm{ref}} \tag{5.25}$$

式中,T为焊件温度。

$$u = v = w = 0 \tag{5.26}$$

(2) 边界条件。

焊接边界条件包括各控制参数在计算模型边界上的物理状态,以及其与周围环境之间的质量、动量、能量传输。焊件表面在激光热源的作用下,经历了复杂的热-力耦合作用。根据T形结构不同表面的受热特点,将其边界条件分为待焊表面和其余表面进行讨论。

a. 焊件待焊表面。

桁条两侧的待焊表面在激光束作用下会形成焊接熔池及匙孔,主要存在激光束照射、热对流、热辐射及金属蒸发的共同作用,包含的能量边界条件为

$$k\frac{\partial T}{\partial \boldsymbol{n}} = Q - q_{\mathrm{cov}} - q_{\mathrm{rad}} - q_{\mathrm{evp}} \tag{5.27}$$

式中,$\boldsymbol{n}$为熔池自由界面的法向矢量;q_{cov}为热对流能量损失;q_{rad}和q_{evp}分别为热辐射能量损失和蒸发能量损失。

其中

$$q_{\mathrm{cov}} = h_{\mathrm{c}}(T - T_{\mathrm{ref}}) \tag{5.28}$$

$$q_{\mathrm{rad}} = \varepsilon\sigma(T^4 - T_{\mathrm{ref}}^4) \tag{5.29}$$

$$q_{\mathrm{evp}} = m_v L_v \tag{5.30}$$

式中,h_{c}为对流传热系数;ε为热辐射系数;σ为Stefan-Boltzmann常数。

焊接过程的熔池流动边界条件为

$$-\mu\frac{\partial \boldsymbol{v}_{\mathrm{r}}}{\partial r} = \frac{\partial \gamma}{\partial T}\frac{\partial T}{\partial r} \tag{5.31}$$

式中,$\boldsymbol{v}_{\mathrm{r}}$为熔池界面切向流速矢量;$\partial\gamma/\partial T$为流体表面张力的温度梯度。

对于熔池中的匙孔自由界面,存在的压力边界条件为

$$P_{\mathrm{l}} = F_{\mathrm{s}} + P_{\mathrm{v}} + P_{\mathrm{m}} + F_{\mathrm{v}} \tag{5.32}$$

式中,F_{s}为界面表面张力;P_{v}为反冲压力;P_{m}和F_{v}分别为熔池流体静压力和流体动压力。

其中,反冲压力和表面张力为熔池流动的主要驱动力,两者会对熔池表面

及内部的流体流动产生影响。反冲压力和表面张力的表达式为[5]

$$P_v = AB_0 T_w^{-\frac{1}{2}} \exp\left(\frac{-ML_v}{N_A \sigma T_w}\right) \tag{5.33}$$

$$F_s = \gamma_0 + \frac{d\gamma}{dT}(T - T_m) \tag{5.34}$$

式中,A 为与气压相关的系数;B_0 为与材料相关的蒸发常数;T_w 为匙孔壁温度;M 为摩尔质量;N_A 为阿伏伽德罗常数;σ 为材料在熔点温度的表面张力;T_m 为材料熔点温度。

b. 其余表面。

对于本书研究的 T 形结构,其蒙皮背部在焊接过程未被熔透,且仅考虑焊接过程的热对流和热辐射现象。针对桁条表面及蒙皮侧面,同样只考虑热对流及热辐射的现象。因此,这些表面的边界条件的具体表达式为

$$u = u_0, \quad v = w = 0 \tag{5.35}$$

$$k\frac{\partial T}{\partial \boldsymbol{n}} = -q_{cov} - q_{rad} \tag{5.36}$$

4. 气 - 液界面追踪方法

对于2219 铝合金 T 形结构 DLBSW 过程的气 - 液界面追踪问题,本书采用 VOF 法进行处理,方程的表达式为

$$\frac{\partial T}{\partial t} + \nabla(v_1 F) = 0 \tag{5.37}$$

式中,v_1 为流体速度;F 为体积分数。

本书将计算模型的第一相设置为 2219 铝合金相,第二相则设置为气相。当 $F = 1$ 时,表明控制单元体中充满 2219 铝合金相;而当 $F = 0$ 时,则充满气相;当 F 介于 0 到 1 之间时,表明控制单元体中同时存在 2219 铝合金相和气相,该处的网格单元为相界面。

采用 VOF 法求解的是模型中各个控制单元体的相体积分数,而非质点的流动轨迹,能够保证计算效率,且计算精度较高,因此该方法可作为一种较为理想的研究自由界面的方法。在对模型进行求解后,需要对其气 - 液界面进行重构,基于已知的 VOF 方程构建出界面后,根据熔池流体的运动特性,进行下一时刻的 VOF 方程求解。本书采用 Young 界面重构法来进行熔池气 - 液界面重构,其示意图如图 5.35 所示。其中,虚线为实际的气 - 液界面,红色区域与蓝色区域交界线为重构的近似气 - 液界面。根据 VOF 法求解得到的2219 铝合金 T 形结构 DLBSW 过程横截面的相分布计算结果如图 5.36 所示。从图 5.36 可知,计算结果能够较为准确地捕捉气 - 液界面,这表明 VOF 法对于该模型的适用性较好。

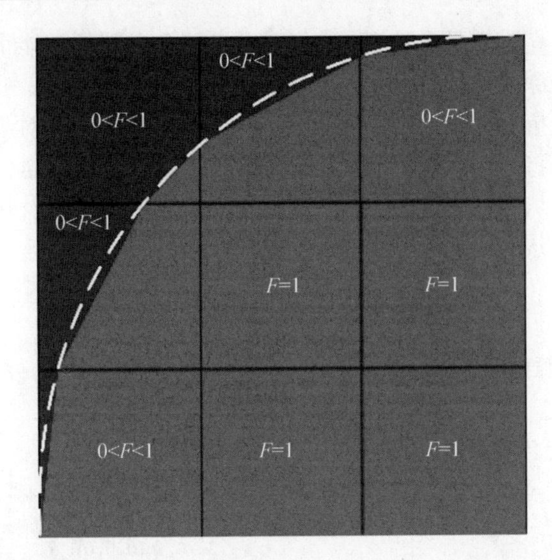

图 5.35　采用 Young 界面重构法的气 - 液界面重构示意图

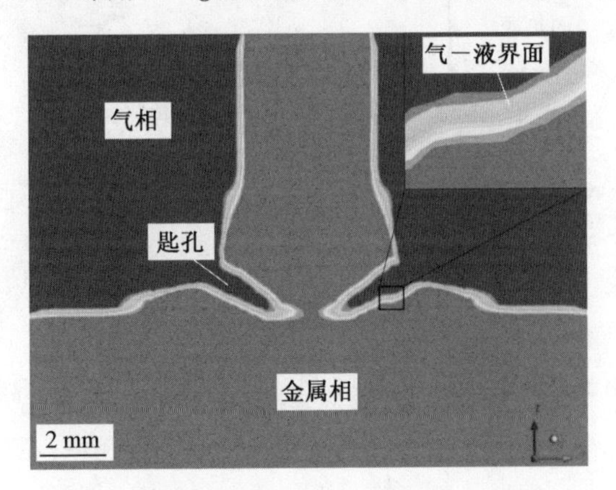

图 5.36　2219 铝合金 T 形结构 DLBSW 过程横截面的相分布计算结果

5.4.2　激光焊接热源模型建立

激光焊接热源模型对于 2219 铝合金 T 形结构 DLBSW 过程的熔池传热和流动极其重要。由于激光束能量的作用，母材金属受热熔化并蒸发形成匙孔，在焊接熔池上方形成具有极高能量的等离子体，相关研究表明，激光焊接过程中该区域的等离子体最高温度能够达到 20 000 K[6]。由于等离子体在熔池上方持续辐射能量，因此在建立激光焊接热源模型时，可以将等离子体的热辐射作用等效于一个作用在焊接熔池上方的面热源。熔池区域对激光能量的吸收包含两种吸收机制，即逆韧致吸收机制和菲涅耳吸收机制。在熔池内部的匙孔区域，这两种能量吸收机制的作用导致匙孔壁存在液态金属的持续蒸发现象，产生的金属蒸气充满着匙孔内部,因此可以将匙孔内部的高能量金属蒸气等效于一个具有一定深度的体热源。

基于上述分析,为了较为准确地计算焊接过程中激光束对T形结构的加热作用,本书采用组合热源模型来模拟激光束在焊接区域的能量传递。该组合热源模型由高斯面热源和高斯旋转体热源组成,激光热源作用及热源模型示意图如图5.37所示,其中高斯面热源的热流分布函数为

$$q_s(x,y)=\frac{\eta_1 Q_s}{\pi r_s^2}\exp\left(-\frac{\alpha_r(x^2+y^2)}{r_s^2}\right) \tag{5.38}$$

式中,η_1 为面热源能量集中系数;Q_s 为面热源有效能量;α_r 为修正系数;r_s 为热源有效作用半径。

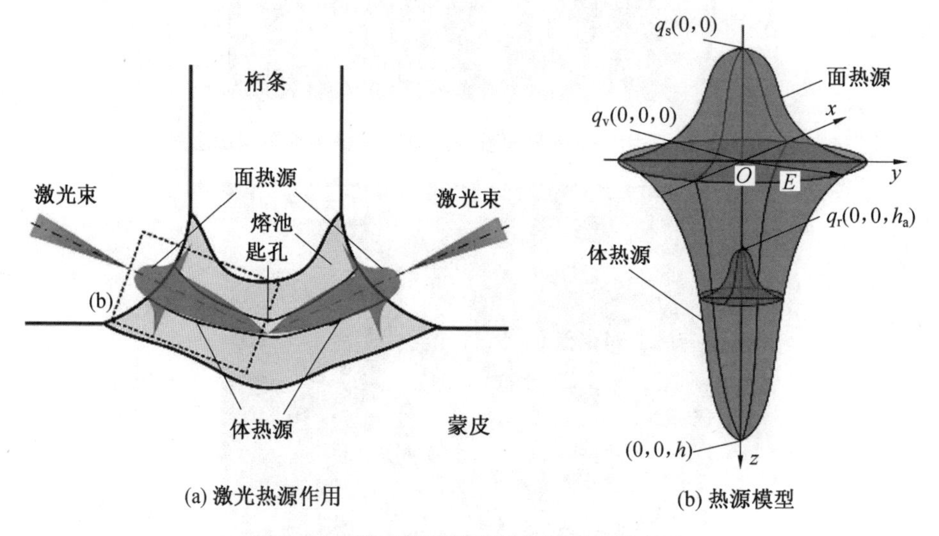

(a) 激光热源作用　　(b) 热源模型

图5.37　激光热源作用及热源模型示意图

高斯旋转体热源的热流分布函数为

$$q_v(x,y,z)=\frac{9\eta_2 Q_v}{\pi h_{\text{laser}} r_s^2(1-e^{-3})}\exp\left(\frac{-9(x^2+y^2)}{r_s^2\ln(h_{\text{laser}}/z)}\right) \tag{5.39}$$

式中,η_2 为体热源能量集中系数;Q_v 为体热源有效能量;h_{laser} 为体热源深度。

此外,两个子热源之间的关系为

$$Q\eta=Q_s+Q_v \tag{5.40}$$

式中,η 为母材金属对激光能量的吸收率。

根据2219铝合金T形结构在DLBSW过程的空间特性,需保证两激光束对称地分布在桁条两侧,并与水平面成相同的夹角 α。因此,必须相应地变换两激光热源的空间坐标系,首先假定两个热源模型的初始坐标系与三维计算模型的坐标系相同,随后将2个激光热源模型绕 x 轴分别进行逆时针和顺时针旋转,桁条左右

两侧(y 轴正向一侧为左侧) 的热源坐标系空间变换示意图如图 5. 38 所示。

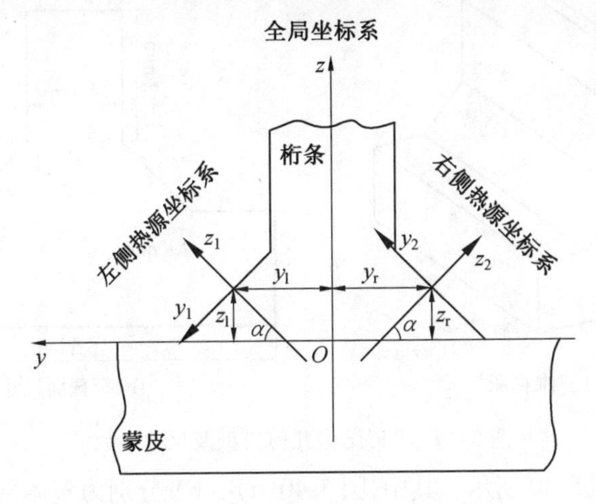

图 5. 38　热源坐标系空间变换示意图

左右两侧热源的坐标变换公式分别为

$$\begin{cases} x_{\text{rl}} = x_1 \\ y_{\text{rl}} = \cos\alpha(y - y_1) - \sin\alpha(z - z_1) \\ z_{\text{rl}} = \cos\alpha(z - z_1) + \sin\alpha(y - y_1) \end{cases} \tag{5.41}$$

$$\begin{cases} x_{\text{rr}} = x_{\text{r}} \\ y_{\text{rr}} = \cos\alpha(y - y_{\text{r}}) + \sin\alpha(z - z_{\text{r}}) \\ z_{\text{rr}} = \cos\alpha(z - z_{\text{r}}) - \sin\alpha(y - y_{\text{r}}) \end{cases} \tag{5.42}$$

式中,x、y、z 为坐标变换前的热源模型空间坐标;x_1、y_1、z_1、x_{r}、y_{r}、z_{r} 为坐标变换前的两侧热源模型空间坐标;x_{rl}、y_{rl}、z_{rl}、x_{rr}、y_{rr}、z_{rr} 为坐标变换后的两侧热源模型空间坐标。

5.4.3　几何模型与计算域网格划分

为保证计算过程的准确性和收敛性,需将计算过程每一迭代步的时间步长设置在 $10^{-6} \sim 10^{-4}$ s 之间。因此,考虑整个焊接构件及整个焊接过程的仿真难度极大,将耗费大量的计算和人力成本。本书选取沿焊接方向 20 mm 长的 T 形结构焊接区域和近焊接区域作为计算域,并根据焊后的焊缝形貌简化凸台尺寸后进行几何模型构建,T 形结构几何模型及尺寸参数如图 5. 39 所示。

采用 VOF 法进行气 - 液界面捕捉,首先需要对整个计算区域的气相和 2219 铝合金相进行初始化。为提高计算精度,在进行网格划分时,需对激光焊接作用区域的网格单元进行细化,并对初始的两相界面网格单元进行进一步细化。本模型采用的网格单元类型为六面体网格,2219 铝合金 T 形结构 DLBSW 的计算

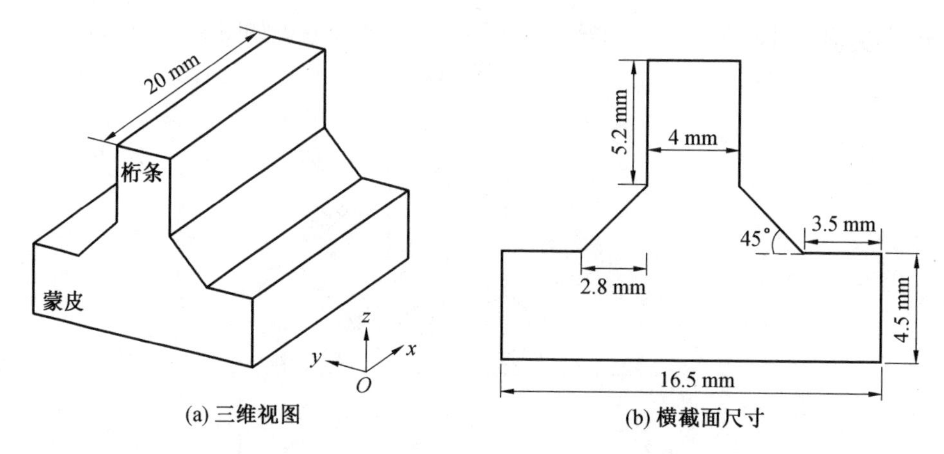

(a) 三维视图　　(b) 横截面尺寸

图 5.39　T 形结构几何模型及尺寸参数

域网格模型如图 5.40 所示。其中,图 5.40(a)、(b) 分别为整体网格模型和界面处网格划分,图 5.40(c)、(d) 分别为 T 形结构网格模型和气相区域网格模型。在整体网格模型中,最小单元边长为 0.15 mm,总体网格单元数量为 542 608。

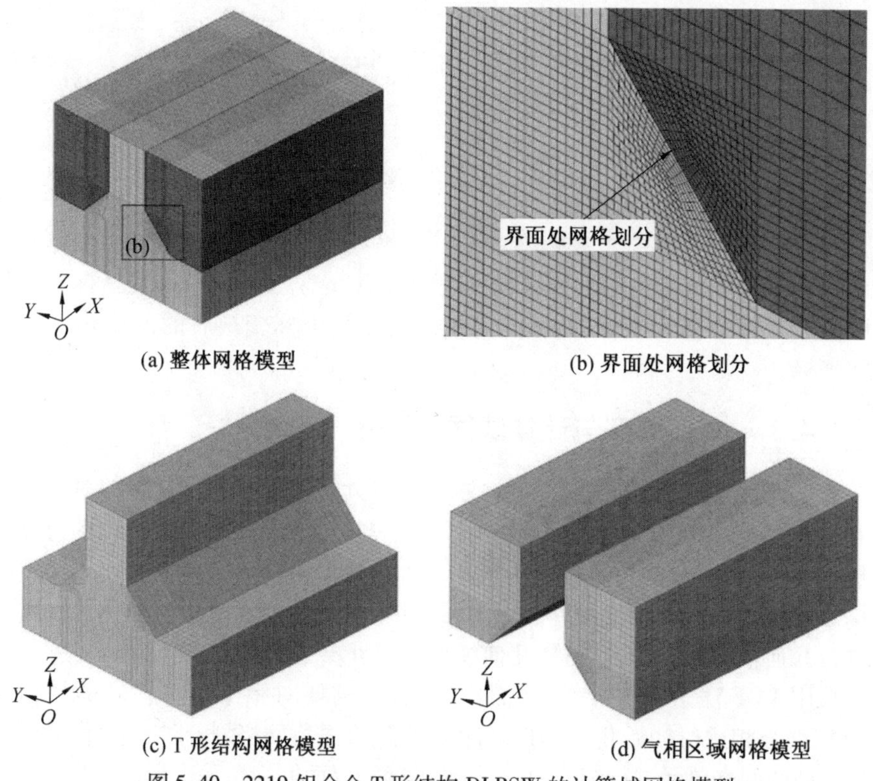

(a) 整体网格模型　　(b) 界面处网格划分

(c) T 形结构网格模型　　(d) 气相区域网格模型

图 5.40　2219 铝合金 T 形结构 DLBSW 的计算域网格模型

5.4.4　材料热物理性能参数

在2219铝合金T形结构DLBSW过程的热－流耦合仿真计算中,为保证计算结果的准确性,必须采用与所用焊接材料属性相同的热物理性能参数,需要查阅大量文献并利用相应计算软件进行高温参数推算[7]。仿真所用的2219铝合金主要热物理性能参数见表5.2。此外,为提高计算的准确性,针对2219铝合金的热导率及比热容,建立了其与温度的曲线关系并加载到模型中,2219铝合金主要热物理性能参数随温度变化的曲线如图5.41所示。

表5.2　2219铝合金主要热物理性能参数

名称	符号	单位	数值
固相密度	ρ_s	$kg \cdot m^{-3}$	2 700
液相密度	ρ_l	$kg \cdot m^{-3}$	2 400
熔化潜热	L_m	$J \cdot kg^{-1}$	3.87×10^5
蒸发潜热	L_v	$J \cdot kg^{-1}$	1.08×10^7
熔点温度的表面张力	γ_0	$N \cdot m^{-1}$	0.914
表面张力温度系数	A_γ	$N \cdot m^{-1} \cdot K^{-1}$	-0.35×10^{-3}
动态黏度系数	μ	$kg \cdot m^{-1} \cdot s^{-1}$	0.006
热膨胀系数	β	K^{-1}	2.36×10^{-5}
固相线温度	T_s	K	820
液相线温度	T_l	K	930
对流传热系数	h_c	$W \cdot K^{-1} \cdot m^{-2}$	15
热辐射系数	ε	/	0.4
环境温度	T_{ref}	K	300

针对模型中的等离子体及保护气体计算区域,由于模型忽略了保护气体对熔池的影响,因此将该区域的材料属性设置为等离子体的热物理性能参数,其主要热物理性能参数见表5.3。

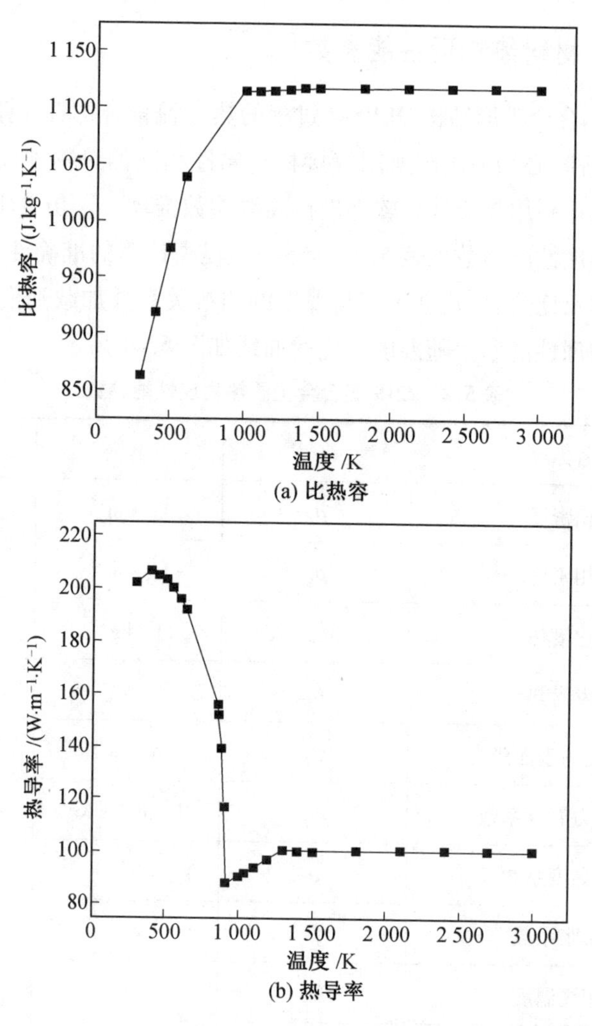

(a) 比热容

(b) 热导率

图 5.41　2219 铝合金主要热物理性能参数随温度变化的曲线

表 5.3　等离子体主要热物理性能参数

名称	符号	单位	数值
密度	ρ_p	$kg \cdot m^{-3}$	0.06
比热容	c_p	$J \cdot kg^{-1} \cdot K^{-1}$	49
热导率	k_p	$W \cdot m^{-1} \cdot K^{-1}$	3.74
黏度	μ	$kg \cdot m^{-1} \cdot s^{-1}$	0.006

5.4.5　数值计算方法

采用CFD软件对2219铝合金T形结构DLBSW过程的温度场和流场进行求解。首先，利用有限体积法(FVM)对整体计算域进行离散化处理，然后在每个离散单元中采取特定的数值计算方法进行各控制方程组的求解。图5.42为三维计算模型的有限体积法控制体积示意图。

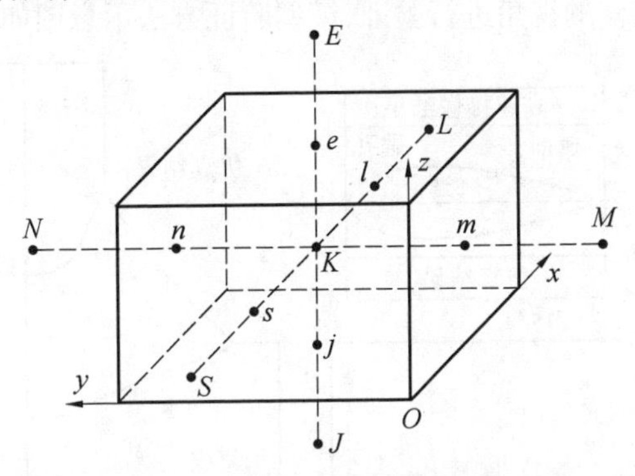

图5.42　三维计算模型的有限体积法控制体积示意图

其中，假定K为空间中的一个广义节点，其周围的6个节点分别以L、S、N、M、E及J表示。在控制体积区域内，垂直于x轴的前、后部界面分别用符号s、l表示，垂直于y轴的左、右部界面分别用符号n、m表示，垂直于z轴的上、下部界面分别用符号e、j表示。控制体积在x轴方向的宽度用Δx表示，在y轴方向的宽度用Δy表示，在z轴方向的宽度用Δz表示，因此控制体积的计算公式为

$$\Delta V = \Delta x \times \Delta y \times \Delta z$$

对于每一个节点，离散控制方程为

$$\frac{\partial(\rho\phi)}{\partial t} + \mathrm{div}(\rho\boldsymbol{v}\phi) = \mathrm{div}(\Gamma \mathrm{grad}\ \phi) + S_0 F(x,y,z,t) \tag{5.43}$$

式中，ρ为材料的密度；ϕ为广义变量；$\boldsymbol{v}$为速度矢量；Γ为扩散系数；S_0为广义源项。

本书采用压力求解隐式分裂(PISO)算法对离散后的控制方程组进行求解计算。PISO算法作为一种改进的两步校正算法，能更好地同时满足动量守恒方程和质量守恒方程，并且它采用了预估－校正－再校正的3个步骤，可以明显地提高单个迭代时间步的收敛速度。

此外，在进行计算时，需借助C++程序语言对计算模型进行二次开发，编写自定义函数(UDF)对整个计算域的初始化、材料参数、动量及能量源项进行添加。

5.4.6　模型验证

为验证所建模型的准确性，将 2219 铝合金 T 形结构 DLBSW 的实际焊接工艺参数应用到模型中进行仿真求解，并将仿真结果与实验结果进行对比。针对模型验证方法，采用熔合线轮廓对比和熔池表面轮廓对比的方式进行验证。其中，由于高速摄像机的拍摄角度并非垂直于上表面，而是与水平面成 15°，因此对于仿真结果选取同样的视角进行验证，模型验证方法示意图如图 5.43 所示。

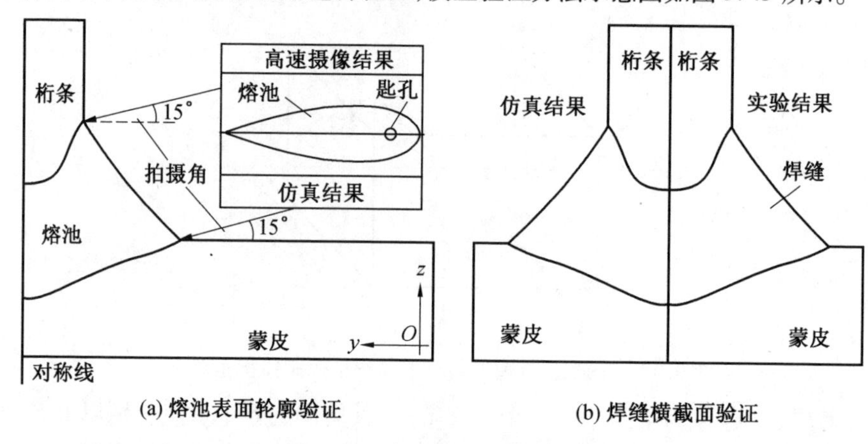

图 5.43　模型验证方法示意图

为全面校核模型的准确性，进行了表 5.4 中 7 组焊接工艺参数下的仿真结果验证，2219 铝合金 T 形结构 DLBSW 过程热 – 流耦合模型验证结果如图 5.44 所示。从图 5.44 可知，仿真结果与实验结果吻合良好，尽管部分熔池或者焊缝尺寸参数与实验结果存微小偏差，但总体而言，焊缝横截面轮廓及熔池表面轮廓的仿真结果与实验结果基本一致，模型精度的平均误差小于 4%（图 5.45），这表明本书所建的仿真模型较为准确，可应用于随后的 2219 铝合金 T 形结构 DLBSW 过程仿真分析。

表 5.4　2219 铝合金 T 形结构 DLBSW 工艺参数

实验编号	激光功率 /W	焊接速度 /($m \cdot min^{-1}$)	激光入射角 /(°)
1	3 800	2.1	30
2	4 100	2.1	30
3	4 400	2.1	30
4	4 400	2.5	30
5	4 400	2.9	30
6	4 400	2.5	35
7	4 400	2.5	40

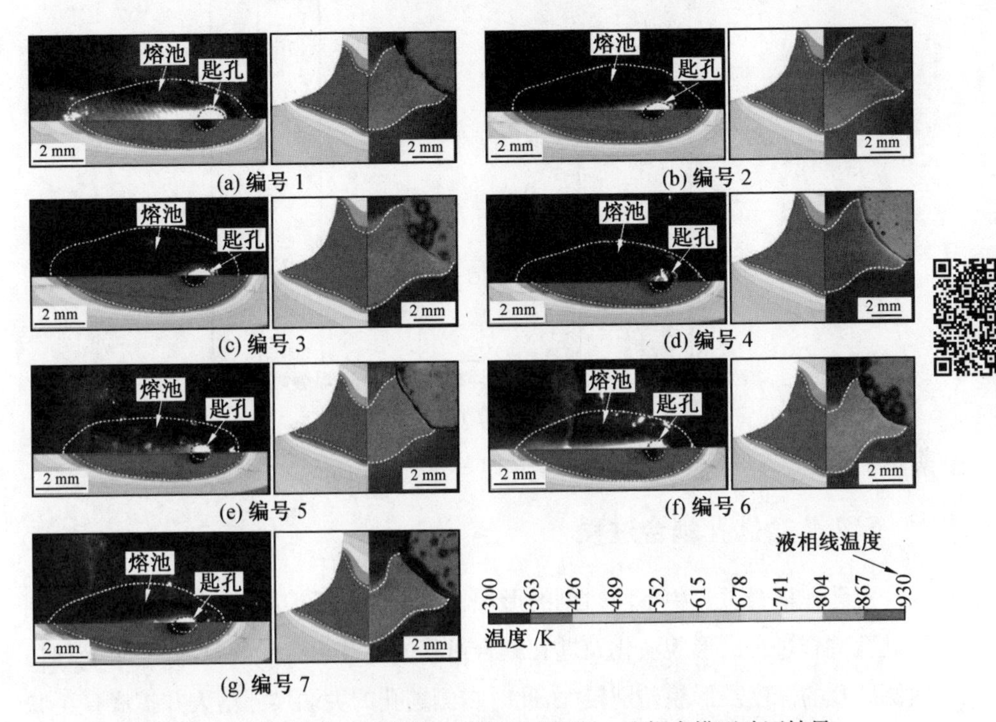

图 5.44　2219 铝合金 T 形结构 DLBSW 过程热 - 流耦合模型验证结果

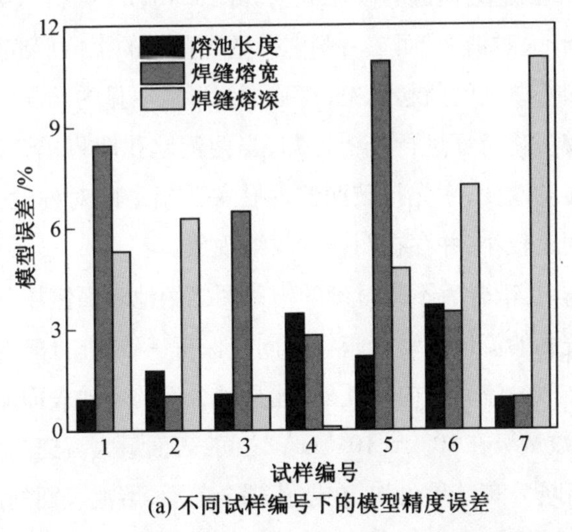

(a) 不同试样编号下的模型精度误差

图 5.45　2219 铝合金 T 形结构 DLBSW 过程热 - 流耦合模型精度误差

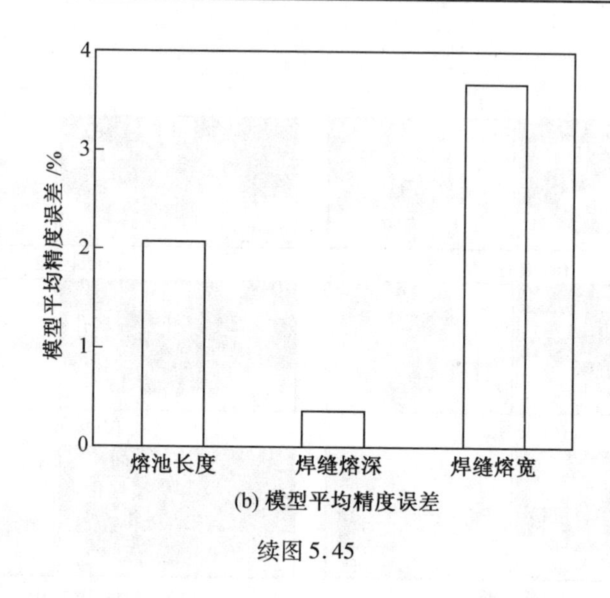

(b) 模型平均精度误差

续图 5.45

5.4.7　匙孔耦合过程

对匙孔耦合过程中不同时刻的形貌特征进行分析。图5.46和图5.47分别为匙孔耦合过程的形貌演化及匙孔耦合过程的匙孔三维形貌。当$t = 34$ ms时，两侧匙孔的深度及形貌差别较大，此时右侧匙孔的尖端尺寸增大并扩展直至联合熔池中部。当$t = 34.8$ ms时，两侧匙孔形成一个两侧贯通的耦合匙孔，匙孔耦合区域的左侧匙孔壁存在明显的凸起，如图5.46(b)和图5.47(b)所示。该凸起在$t = 35.6$ ms时消失，而在右侧匙孔壁开口处的上侧形成明显的凸起，直至$t = 36.8$ ms时，该处的凸起消失，在其下侧形成明显的凸起状。通过对匙孔耦合过程的形貌演化特征进行分析可知，当两侧匙孔即将耦合时，一侧的匙孔形貌会发生明显的改变，率先打破两侧匙孔关于桁条的对称性，匙孔耦合区域的上下匙孔壁间距较小，并存在明显的收缩现象。

图5.48为匙孔耦合后不同时刻的桁条两侧熔池表面流场分布结果。可以发现两侧熔池表面的流体流动分布特征同样保持一致，并且与匙孔耦合前的熔池表面存在着类似的流动方向。此外，匙孔耦合后的熔池表面流体流速范围也与耦合前相似，数量级在$10^{-2} \sim 10^{-1}$ m/s之间，表面最大流速约为0.4 m/s。基于熔池表面的流场分布结果可知，在匙孔耦合前后，熔池表面的流体流动特征、流速大小及分布特点均存在较小差别。

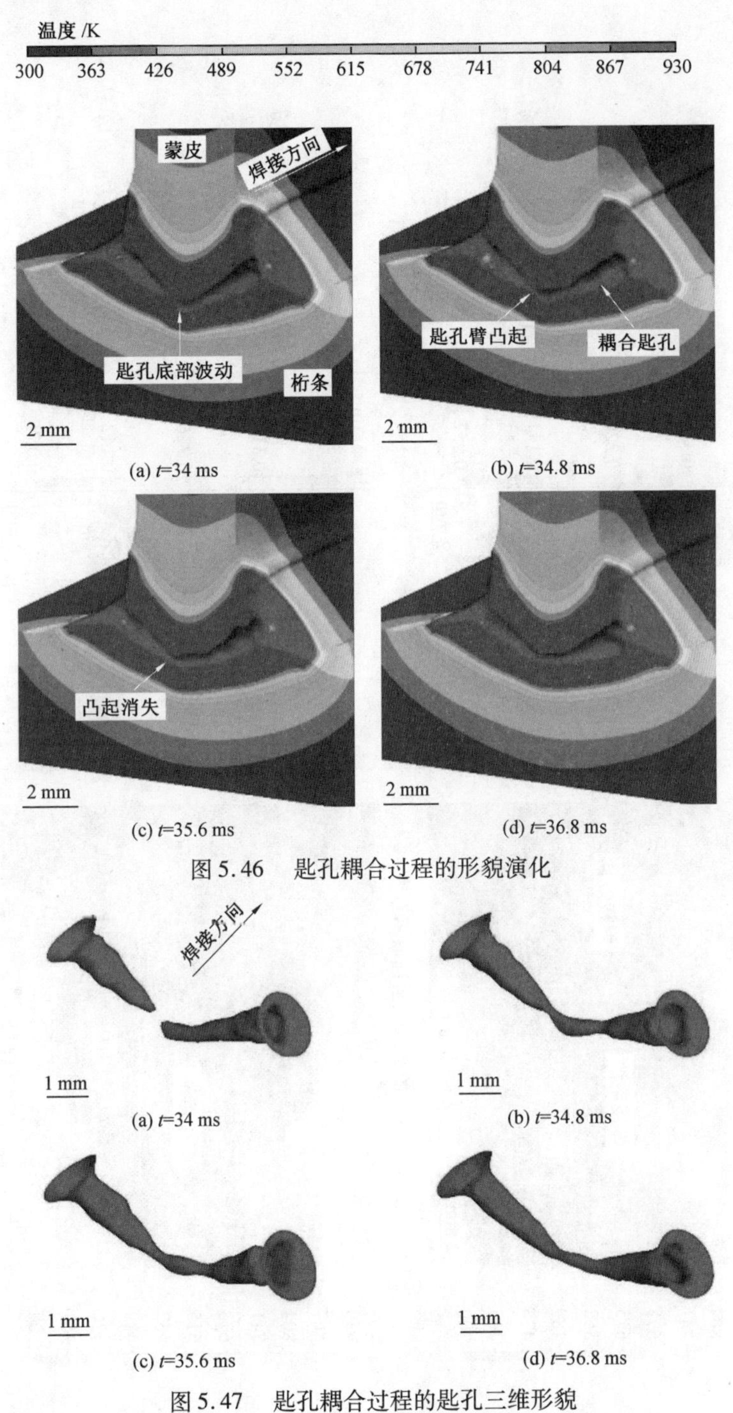

(a) t=34 ms　(b) t=34.8 ms

(c) t=35.6 ms　(d) t=36.8 ms

图 5.46　匙孔耦合过程的形貌演化

(a) t=34 ms　(b) t=34.8 ms

(c) t=35.6 ms　(d) t=36.8 ms

图 5.47　匙孔耦合过程的匙孔三维形貌

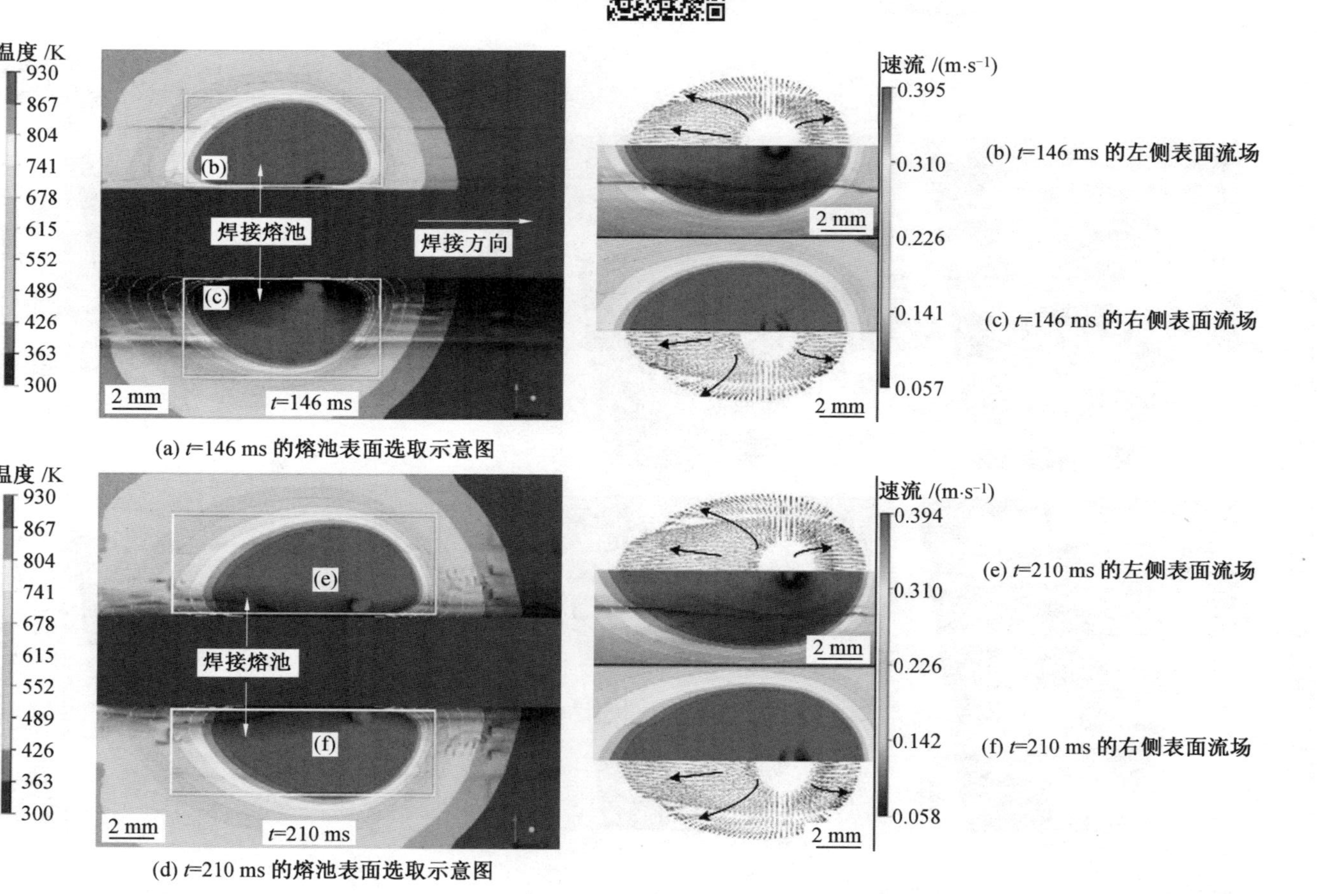

(a) t=146 ms 的熔池表面选取示意图

(b) t=146 ms 的左侧表面流场

(c) t=146 ms 的右侧表面流场

(d) t=210 ms 的熔池表面选取示意图

(e) t=210 ms 的左侧表面流场

(f) t=210 ms 的右侧表面流场

图 5.48 匙孔耦合后不同时刻的桁条两侧熔池表面流场分布结果

针对匙孔耦合后的匙孔壁区域流体流动情况进行分析,如图 5.49(a) 所示,为 $t=146$ ms 时的匙孔壁区域流场分布结果。从图中可以发现,耦合后的匙孔在开口处存在明显的流体绕流特征。在耦合匙孔的底部,存在着绕匙孔壁向上的流体流动特征,并且在上侧匙孔壁区域存在着沿匙孔壁向下流动的流体。该时刻下的流体高流速区主要分布在匙孔近开口区域,最大流速达到 2.315 m/s。

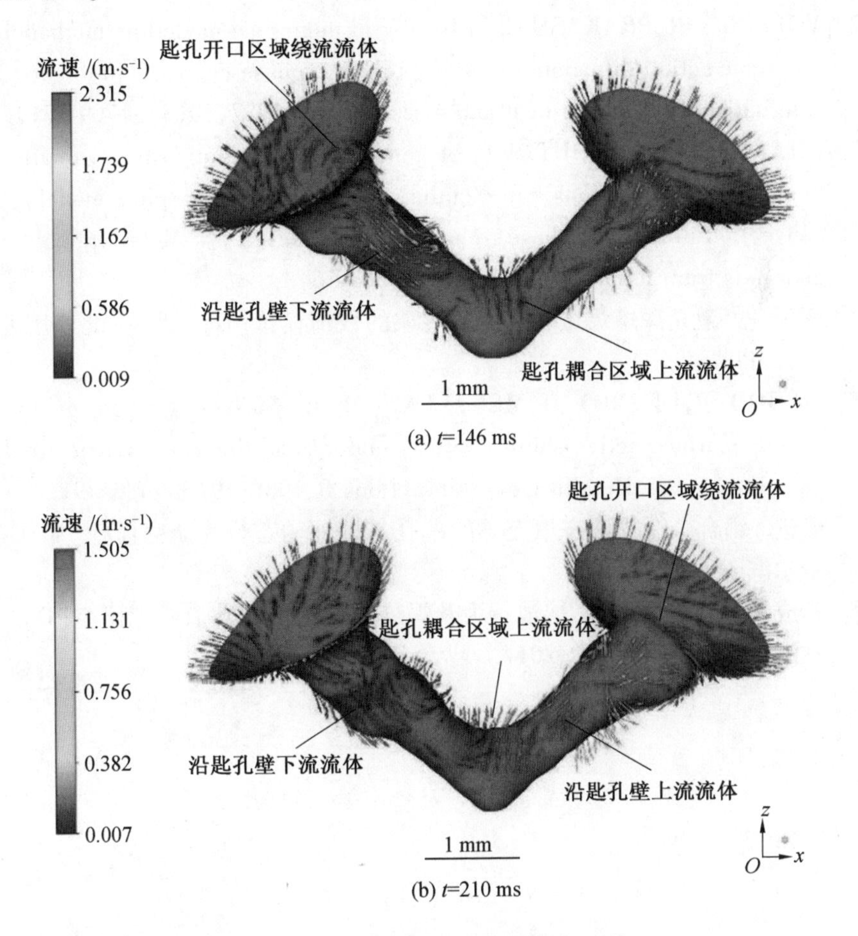

图 5.49　匙孔耦合后的匙孔壁流场分布结果

随着焊接过程继续进行,直到 $t=210$ ms 时,耦合匙孔壁区域流场分布如图 5.49(b) 所示。从图中可知,匙孔壁的上侧区域存在沿壁面向上流动的流体,匙孔底部同样存在着绕匙孔壁向上的流体流动现象,而在匙孔的开口附近则伴随着沿匙孔壁绕流的流体流动特征。此外,该时刻的流体最大流速达到 1.505 m/s,这表明在匙孔耦合前后,匙孔壁区域的流体最大流速随时间呈动态变化的特征。

本章参考文献

[1] 张凯锋,魏艳红,魏尊杰,等. 材料热加工过程的数值模拟[M]. 哈尔滨:哈尔滨工业大学出版社,2001.

[2] VOLLER V R,PRAKASH C. A fixed grid numerical modelling methodology for convection-diffusion mushy region phase-change problems[J]. International journal of heat and mass transfer,1987,30(8):1709-1719.

[3] CHAKROBORTY S,DUTTA P. A generalized formulation for evaluation of latent heat functions in enthalpy-based macroscopic models for convection-diffusion phase change processes[J]. Metallurgical and materials transactions B,2001,32(3):562-564.

[4] 汪任凭. 激光深熔焊接过程传输现象的数值模拟[D]. 北京:北京工业大学,2011.

[5] SAHOO P,DEBROY T,MCNALLAN M J. Surface tension of binary metal—surface active solute systems under conditions relevant to welding metallurgy[J]. Metallurgical transactions B,1988,19(3):483-491.

[6] 彭进. 铝合金激光液态填充焊的匙孔与熔池动态行为研究[D]. 哈尔滨:哈尔滨工业大学,2016.

[7] 刘成财. 铝合金 EBW 熔池行为及焊缝成形规律的数值模拟研究[D]. 哈尔滨:哈尔滨工业大学,2017.

第6章　分子动力学

6.1　分子动力学原理

6.1.1　分子动力学的基本知识

物质的基本构成为分子和原子,通过分子、原子这种微观水平上来考察整个多体的物质世界,能够更清楚地了解宏观世界。材料的某些物性的观测参数,如热传导、温度、压力、黏性等,需要我们从微观的角度进行考虑,这便出现了分子动力学(MD)。分子动力学是一门结合物理、数学和化学的综合技术。分子动力学是一套分子模拟方法,该方法主要是依靠牛顿力学来模拟分子体系的运动,在由分子体系的不同状态构成的系统中抽取样本,从而计算体系的构型积分,并以构型积分的结果为基础,进一步计算体系的热力学量和其他宏观性质。其设定微观粒子间存在相互作用,假设分子为刚性球体,分子间的作用只取决于分子间的距离。MD 方法能实现将分子的动态行为显示到计算机屏幕上,便于直观了解体系在一定条件下的演变过程。MD 含温度与时间,因此还可得到如材料的玻璃化转变温度、热容、晶体结晶过程、输送过程、膨胀过程、动态弛豫(relax) 及体系在外场作用下的变化过程等,应用于物理、化学、生物、材料等领域。

分子动力学的基本原理为用牛顿经典力学计算许多分子在相空间中的轨迹,求解系统中的分子或原子间作用势能和系统外加约束共同作用的分子或原子的牛顿方程,模拟系统随时间推进的微观过程,通过统计方法得到系统的平衡参数或输送性质,其计算程序较为复杂,占用较多内存。MD 的主要步骤如下。

(1) 选取要研究的系统及其边界,选取系统内粒子间的作用势能模型。

(2) 设定系统中粒子的初始位置和初始动量。

(3) 建立模拟算法,计算粒子间作用力及各粒子的速度和位置。

(4) 当体系达到平衡后,依据相关的统计公式,获得各宏观参数和输运性质。

计算分子间势能及相互作用时,N 个粒子系统的总势能为

$$V = V(r_{12}) + V(r_{13}) + \cdots + V(r_{1N}) + V(r_{23}) + \cdots + V(r_{2N}) + \cdots + V(r_{N-1,N}) = \sum_{i<j=1}^{N} V(r_{ij}) \tag{6.1}$$

$V(r)$ 主要有以下 3 种模型(图 6.1),钢球模型、斥力力心点模型和 Southerland 模型分别为

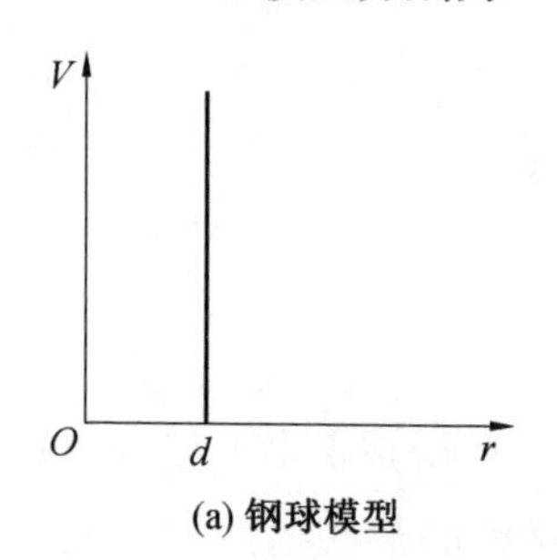

(a) 钢球模型

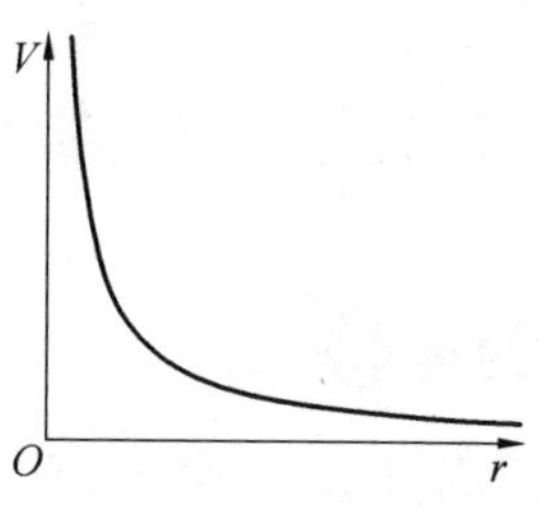

(b) 斥力力心点模型

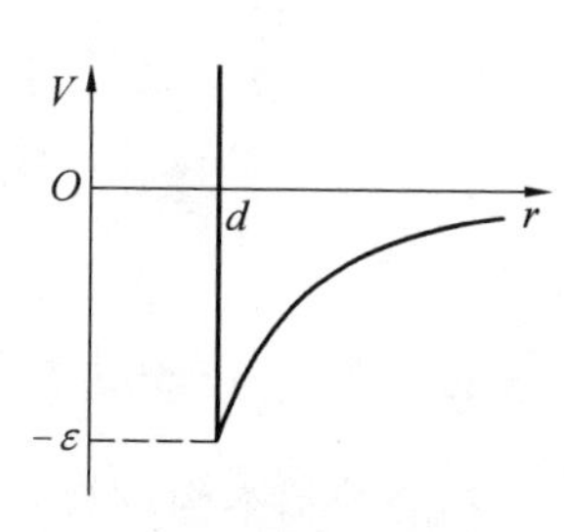

(c) Southerland 模型

图 6.1 $V(r)$ 模型

$$V(r) = \begin{cases} \infty & (r < d) \\ 0 & (r > d) \end{cases} \tag{6.2}$$

$$V(r) = \left(\frac{d}{r}\right)^{V} \tag{6.3}$$

$$V(r) = \begin{cases} \infty & (r < d) \\ -\varepsilon^{V} & (r > d) \end{cases} \tag{6.4}$$

Lennard-Jones 势能为

$$V(r) = 4\varepsilon\left(\left(\frac{\sigma}{r}\right)^{12} - \left(\frac{\sigma}{r}\right)^{6}\right) \tag{6.5}$$

式中,ε 为能量尺度;σ 为长度尺度。

为计算方便,时常归一化处理为

$$\frac{V(r)}{\varepsilon} = 4\left(\left(\frac{1}{r/\sigma}\right)^{12} - \left(\frac{1}{r/\sigma}\right)^{6}\right) \tag{6.6}$$

记 V/ε 为 V,r/σ 为 r,则式(6.6) 简记为

$$V(r) = 4\left(\left(\frac{1}{r}\right)^{12} - \left(\frac{1}{r}\right)^{6}\right) \tag{6.7}$$

表 6.1 所示为气体的参数。

表 6.1 气体的参数

气体名称	氖气	氩气	氪气	氙气	氮气
σ/nm	0.275	0.340 5	0.360	0.410	0.370
$\frac{\varepsilon}{k_B}$/K	36	119.8	171	221	95

其中，$k_B = 1.38 \times 10^{-23}$ J/K，为 Boltzmann 常数。

粒子相互作用的标量形式和直角坐标形式为

$$\frac{\boldsymbol{F}}{m} = -\nabla V(r) \tag{6.8}$$

$$\frac{f}{m} = -\frac{\partial}{\partial r}V(r) \tag{6.9}$$

至此，各粒子间相互作用已知，可进行模拟，得

$$\frac{f_x}{m} = -\frac{\partial V(r)}{\partial r}\frac{x}{r} \tag{6.10}$$

$$\frac{f_y}{m} = -\frac{\partial V(r)}{\partial r}\frac{y}{r} \tag{6.11}$$

6.1.2　MD 模拟的数学方法

(1) Euler 法和 Euler-Cromer 方法。

由于不能保持总能量守恒，因此不能使用，Verlet 算法的速度形式为

$$\begin{cases} x_{n+1} = x_n + v_n\Delta t + \dfrac{1}{2}a_n\Delta t^2 \\ v_{n+1} = v_n + \dfrac{1}{2}(a_{n+1} + a_n)\Delta t \end{cases} \tag{6.12}$$

$$\begin{cases} v_{n+\frac{1}{2}} = v_n + \dfrac{1}{2}a_n\Delta t \\ v_{n+1} = v_{n+\frac{1}{2}} + \dfrac{1}{2}a_n\Delta t \end{cases} \tag{6.13}$$

(2) Leap-frog 算法。

$$v_{n+1/2} = v_{n-1/2} + \Delta t a_n \tag{6.14}$$

$$x_{n+1} = x_n + \Delta t v_{n+1/2} \tag{6.15}$$

$$v_n = v_{n-1/2} + \frac{\Delta t}{2}a_n \tag{6.16}$$

式中，x 的截断误差为 $O(\Delta t^4)$；v 的截断误差 $O(\Delta t^2)$。

(3) 边界条件。

由于模拟条件限制，不能模拟大量分子，只能模拟有限空间中的有限个分子，有限空间就意味着存在边界。固体(刚性) 边界条件如下。

① 不仅仅有分子间的作用力，还引入了壁面的作用。

② 分子量大时，壁面作用可忽略不计。

总分子数为

$$N \propto a^3$$

和壁面作用分子数 ∝ 壁面积为

$$\frac{\text{和壁面作用分子数}}{\text{总分子数}} \propto \frac{\text{壁面积}}{\text{体积}} \propto \frac{6a^2}{a^3} \propto \frac{1}{a} \propto \frac{1}{\sqrt[3]{N}} \tag{6.17}$$

取 $N = 10^2 \sim 10^6$,前比值为0.2～0.01。

取前值时,模拟粗糙;取后值时,模拟计算量太大,因此使用周期性边界条件,两种不同粒子在 x 或 y 轴方向上的最大分离距离为 $a/2a$。最小像约定:任意一个粒子只与最近邻的粒子发生相互作用,而不考虑更远处的其他像粒子。

(4) 初始条件。

两种初始条件:规则给法和随机给法。

随机初始条件给法之一:要求 $|v| = V_{max}$。

大小为

$$v = V_{max}(2 \times \text{random} - 1) \tag{6.18}$$

式中,random 为随机数产生函数,产生(0,1)之间的随机数。

方向(按球坐标给法)为

$$\alpha = \arccos(2(\text{random} - 0.05)) \tag{6.19}$$

$$\varphi = \text{sign}(\text{random} - 0.05) \times \arccos(2(\text{random} - 0.05)) \tag{6.20}$$

$$\begin{cases} 0 < \alpha < 180° \\ -180° < \varphi < 180° \end{cases} \tag{6.21}$$

分量为

$$v_x = v\sin\alpha\cos\varphi \tag{6.22}$$

$$v_y = v\sin\alpha\sin\varphi \tag{6.23}$$

$$v_z = v\cos\alpha \tag{6.24}$$

6.2　原子间作用势模型

6.2.1　概念

原子之间的结合力决定着材料的结构及其内聚力和电磁特性。在固体物理和键合化学领域,普遍认为有四种不同的原子间结合键,亦即金属键、离子键、共价键和范德瓦耳斯键。除了一些特殊情况诸如石墨中近邻{0002}面的聚合,范德瓦耳斯力是非常弱的,并且在材料模拟研究中常常可以忽略不计。范德瓦耳斯力对内聚力的贡献,一般要比其他类型的键小一个量级以上。其余3种键可以分成两类:第一类是电子退定域为巡游电子态而形成大的分子轨道(金属键和共价键);第二类是指电子从一个离子转移到另一个离子(离子键)。

金属键、共价键及离子键三种主要键型是对实际系统的唯象简化,因为在实际系统普遍存在着混合结合键。例如,对于大多数过渡金属来说,方向性共价键与金属键形成互补,自 Hume-Rothery 和 Cottrell 的开创性工作以来,以原子间作用力为基础,定量预测结合键和实际材料的结构一直是材料科学家们追求的目标。自量子力学出现以后,越来越清楚地表明,任何定量成键理论都应该包括那些与原子结合在一起的价电子的非经典特性。因而,对预测计算原子之间的结合键而言,我们必须求解多体(约1 024个粒子)问题的薛定谔方程。显然,由于包括了巨大数目的原子,要实现这一方法是非常困难的。也正因为如此,人们提出了各种不同的原子间作用势近似模型,这些模型或多或少都带唯象的痕迹。

量子力学方法与采用经验势及运动方程的经典力学方法具有相似性,巩固了某些假说的基础。这些假说包括:把完整薛定谔方程的解分为与时间相关的和与时间无关的两部分,波恩奥本海默近似,以及用经典动量代替量子力学动量。通过这些近似,我们可以将采用的势从一个原子环境变换到另一个原子环境,从电子的观点上看,这一问题的正确性并不那么简单明了,尤其是对含有诸如溶质杂质原子、位错和界面等晶格缺陷的实际材料模拟时,由于局域原子组态的变化,电子配置将会出现较大的涨落。

然而,经典原子系统中存在结构缺陷(如位错芯和内界面)在内的一些基本物理概念,一般认为关于上述势函数的详细细节可以忽略。例如,采用对势并通过分子动力学模拟方法,可以解释体心立方金属的螺旋位错芯与其迁移率之间的基本关系。尽管这些相对简单的势函数仅能提供关于实际材料结合键的近似信息,但当用其阐明了体心立方金属塑性以后,也就充分体现了模拟的重要价值。

有了势的概念,只要提供充足可靠的计算机设备,研究者就可以实现$10^6 \sim 10^8$个原子的纳米尺度分子动力学模拟。当然,上述讨论仍不能给出完全意义上的材料介观尺度模拟,因为在介观尺度要包含10^{23}个原子。但是,它是揭示原子作用机理和本征结构特性最为可行的方法。这一结论可以通过在较大尺度上建立和求解连续体介观模型而被具体化。

现在,已有一大批原子间作用势被用于晶格缺陷的模拟。这些势包括:通用的径向对称经验对相互作用;非径向对称键,它在有关的过渡金属晶格缺陷的模拟中很有用;更为基本的近似方法诸如半经验紧束缚近似,能给出与真实原子轨道相同的角动量;以及局域密度泛函理论。应当强调指出,建立合理的公式化势模型不仅是分子动力学方法的需要,而且在 Monte Carlo 方法和有限元变分法等模拟方法中,其重要性也在日益增加。本章将对这些概念从其相关的微结构模拟角度进行评述,并讨论这些势函数的特性及其应用前景。

6.2.2　经验性对势模型和弱赝势模型

从20世纪50年代到80年代,大多数分子动力学模拟都是采用经验性径向对称势描述原子之间的相互作用。在这些早期的经典势函数中,原子与其近邻之间的相互作用能和作用力是按一对一对的贡献求和给出的,其中没有包含另外的内聚力赝势的贡献。在上述经验势函数表达式出现的各参数可通过将该经验势与材料内禀参数(例如弹性常数、晶体结构、结合能、堆垛层错能和晶格参数)及大块体材料性质的拟合获得。基本的势函数通常呈现为包含任意指数形式或高阶多项式形式的表达式。

这些经典势大多数是用于基本结构方面的模拟,例如单一晶格缺陷及其动力学。因为这些势具有简单的数学结构,所以在需要考虑大量的原子时,它们特别受欢迎。通过对满壳层单原子气体(例如 Ar 或 He) 全面地表征可进一步弄清楚包含于经典对势中的经验项的物理含义(泡利排斥、偶极 - 偶极吸引)。

对势有两种类型:第一类称为经典对势,它描述了系统的总能量,但没有包括深一层的内聚力项;第二类称为各向同性弱赝势,它描述了由于结构变化引起的系统能量的改变,其中包含深一层的内聚力项。

经典对势在不考虑目标原子与其他较远原子之间的相互作用时,可以完全确定系统的总能量。假定把原子看作质点,若只考虑原子与其最近邻原子之间的“有心” 相互作用,则任何原子对之间的相互作用只依赖于其间距。

这就意味着,上述作用势最重要的特点,就是径向对称性,亦即其大小与目标原子周围其他原子的方位角没有关系。势函数所需要的参数可以通过拟合材料性质求得,这在实验上是容易做到的。因此,经典对势可以写成[1]

$$E = \frac{1}{2}\sum_{i=1\neq j}^{N}\sum_{j=1\neq i}^{N}\Psi_{ij}(r_{ij}) \tag{6.25}$$

式中,r_{ij} 表示 i 和 j 两个原子之间的距离,$r_{ij} = | r_{ij} |$;Ψ_{ij} 为对势。

不包括任何内聚力的最简单的经典对势就是硬球模型,即

$$\Psi_{ij}(r_{ij}) = \begin{cases} \infty & (r_{ij} \leqslant r_0) \\ 0 & (r_{ij} > r_0) \end{cases} \tag{6.26}$$

式中,r_0 为内截止半径,这里相当于硬球半径。

既包含排斥作用又包含吸引作用的较光滑的势就是所谓的勒纳德 - 琼斯(Lennard-Jones) 势,它是针对惰性气体的研究而发展起来的。这种势包含两

部分，即经验性吸引作用项，它描述了在长距离起支配作用的范德瓦耳斯键，以及经验性排斥作用项，它描述了原子核的库仑相互作用和在短距离起支配作用的由电子不相容规则引起的泡利排斥作用。用公式表示为

$$\Psi_{ij}(r_{ij}) = \frac{C_{IJ1}}{r_{ij}^{n}} - \frac{C_{IJ2}}{r_{ij}^{m}} \tag{6.27}$$

这种势在使用时，大多数取为所谓的12－6形式，即$n=12,m=6$。其中的常数$C_{IJ1}=4\varepsilon\sigma^{n}$和$C_{IJ2}=4\varepsilon\sigma^{m}$，这里$\varepsilon$和$\sigma$均是可调参数。莫尔斯(Morse)给出了类似的表述，即

$$\Psi_{ij}(r_{ij}) = C_{M1}(\exp(-2\alpha(r_{ij}-r_0)) - 2\exp(-\alpha(r_{ij}-r_0))) \tag{6.28}$$

式中，C_{M1}、α和r_0均为可调参数。

对于模拟离子系统、富勒烯(C_{60})体系及范德瓦耳斯键占优势(例如分子晶体)的情况，经典对势是很适合的。

本节讨论的第二类对势就是在平均原子密度恒定的情况下，描述组态改变所引起的能量变化，而不是系统的总能量。

采用比较通用的方程式，可将总能量E_{tot}表示为

$$E_{\text{tot}} = \frac{1}{2}\sum_{i=1\neq j}^{N}\sum_{j=1\neq i}^{N}\Psi_{ij}(r_{ij}) + U(\Omega) \tag{6.29}$$

式中，$U(\Omega)$表示内聚作用对总能量的贡献；Ω为材料的平均密度。

这一观点与用赝势对简单sp键金属(例如Li、Na、K、Mg、Al)离子芯情况的描述相吻合。于是，假定总能量由两部分组成：其一，是与结构无关而与其密度直接相关的部分$U(\Omega)$；其二，是由相互作用对势$\Psi_{ij}(r_{ij})$表示的与结构直接相关的部分。应当注意，赝势方法并不等同于各种不同的多体势，诸如嵌入原子势等，嵌入原子法考虑的是局域密度而不是材料的平均密度。

尽管经典对势的引入使得我们在处理10^8个粒子的原子论问题时有了较快的运算速度，但是经典对势存在着一些严重的缺点。例如，如果每个原子的结合能准确给出，则空位形成能就不能准确知道；反之亦然。此外，经典对势的主要缺点还表现在，其用于金属柯西偏差的模拟预测时给出了不恰当的结果。为了描述立方系金属的线性各向异性弹性性质，我们需要知道3个常数，亦即$C_{1111}(C_{11})$、$C_{1122}(C_{12})$和$C_{2323}(C_{44})$。这些弹性常数是势关于空间坐标的2阶导数。利用相应的解析表达式可以证明，$C_{1122}-C_{2323}$的值等于$2\mathrm{d}U/\mathrm{d}\Omega+\Omega\mathrm{d}^2U/\mathrm{d}\Omega^2$。从而，对于对势的第一类型，我们可以得到柯西关系(Cauchyrelation)$C_{1122}=C_{2323}$。然而，对于第二类对势，其柯西关系通常是不易得到的。同时，对于范德瓦耳斯固体和离子晶体常可以满足柯西关系，而对于立方系金属则通常是不满足的。通过简单的估算可清楚地看到这一点。例如，

对绝大多数金属，其泊松比（Poisson's ratio）$\nu \approx 1/3$，以及齐纳系数（Zener ratio）$A \approx 1$（各向同性极限，仅在钨中被观察到）。对立方系金属，前一个常数由 $\nu = C_{1122}/(C_{1111} + C_{1122})$ 给出，后一个则由 $A = 2C_{2323}/(C_{1111} - C_{1122})$ 给出。利用上述方程，在取各向同性极限时可推得

$$C_{1122} - C_{2323} = C_{2323}/2 \neq 0$$

对于六角（hexagonal）和一角（trigonal）系金属，其柯西关系为 $C_{1133} = C_{2323}$ 和 $3C_{1122} = C_{1111}$，类似的偏差在立方系材料中也是存在的。存在于金属晶体弹性常数之间的柯西偏差，当且仅当所用模型附加有晶格常数小于其平衡值的边界条件，才能得到与实验值相符合的结果。第二类对势所描述的经典经验件原子间作用力，在其中引入了赝势，并且含有较大的与平均密度相关的贡献，对模拟晶格缺陷来说，这种均匀密度假说通常是不正确的。

最后应该强调，这些经典对势都是径向对称的。所以，它们不能反映键的方向特性。然而，键的方向性对于模拟过渡金属晶格缺陷动力学是必不可少的。研究表明，近费米能级 d 电子的存在将破坏这种简单模型的径向对称性。对于金属，其中提供内聚力的最外层 s 和 p 电子，由于弱离子赝势将在布里渊区边界形成小带隙的自由电子能带，从而比过渡金属更容易达到各向同性极限。

6.2.3　各向同性多体对泛函势

各种各向同性多体或简单的对泛函势是一类改进完善的经验或半经验势。这些模型大多数都遵循一个原则，即原子内聚能主要由该原子所在的晶格位置处的局域电子密度决定。局域电子密度来自于目标原子格座的近邻原子的贡献。存在于这些大多数方法中的减聚能可由主要反映静电排斥作用的对势贡献来解释。各向同性多体势既可用于研究那些更严格的方法所难以处理的复杂系统，也可用于不太依赖于能量关系细节的那些普通性质的研究。

这类近似势模型的主要形式有：二次矩、有效介质理论、嵌入原子模型、凝胶模型及 Finnis-Sinclair 模型。这一类模型有时也被统称为对泛函方法。

根据上述介绍的物理思想，对于系统在绝对零度时的总能量 E_{tot} 来说，在这些模型中具有如下的泛函形式，即

$$E_{\text{tot}} = \sum_{i}^{N} F(\rho_i) + \frac{1}{2}\sum_{i=1\neq j}^{N}\sum_{j=1\neq i}^{N} V(r_{ij}) \tag{6.30}$$

式中，$F(\rho_i)$ 表示相互吸引作用，它是目标原子处局域电子密度的函数，有时被称为嵌入函数或凝胶函数；$V(r_{ij})$ 描述了按对给出的各向同性原子间势函数，其主要是排斥作用，并仅仅依赖于原子间隙 r_{ij}。

$V(r_{ij})$ 一般是通过拟合实际数据得到，在二次矩和 Finnis-Sinclair 势中，嵌入函数 F 是一个平方根，这一平方根特性是由电子态密度的紧束缚简化模型推

出来的，在嵌入原子方法及与其相似的近似方法中，嵌入函数可由嵌入原子能量导出，其嵌入原子被埋入局域电子密度为 ρ_i 的均匀自由电子气中。不论哪种情况，嵌入函数都是 ρ_i 的负值凹型函数，即

$$\rho_i = \sum_{i=1\neq j}^{N} \phi(r_{ij}) \tag{6.31}$$

上式可解释为近邻原子的球对称（电子）电荷密度 ϕ 决定了在第 i 个原子核处的电荷。关于嵌入原子方法和 Finnis-Sinclair 近似在金属粒子内聚力的紧束缚理论中的等价性，已由 Ackland、Finnis 和 Vitek 进行了讨论。

正如不同作者所指出的，各向同性多体势具有很相似的应用特性，并且几乎就像经典对势那样可以直接进行计算（与对势相比，其计算时间增加两倍）。就早期的径向对称多体势而言，其主要局限性在于没有考虑键的方向性。因此，对过渡金属键中的共价键贡献（d 轨道）无法予以恰当的描述。同样地，对 Si 中的半满 sp 能带，将形成具有角度特征的共价键。所以，对于负柯西压和非密排晶格结构的稳定性都不能给出正确的预测。

然而，各向同性多体势的主要优点表现在，其中包含了与原子配位数相关的键合强度的近似变化。对原子之间形成的键来说，随着原子配位数的变大，其各个键的强度将减弱，而键长在增加。为了满足处理含有键合各向异性问题的需要，除了考虑紧束缚近似（该方法考虑键的方向性）之处，对角相关多体势的使用频率也在逐渐增加。

6.2.4　壳模型

作为原子间作用势的一个类型，壳模型势主要用于有关材料在原子层次上的模拟。这时，在所模拟的材料中，主要是离子键或共价键。例如，壳模型势可用于纯离子型固体、氧化物、硅酸盐和纯共价型材料的分子动力学模拟。

壳模型可以认为是从对泛函模型派生出来的，不过前者着眼于更多离子键的情况。其总能量 E_{tot} 可以表示为单体（$E_i(r)$）、两体（$V(r_{ij})$）及更高次（$U(r_{ij}, r_{jk}, r_{ki})$）相互作用之和，即

$$E_{\mathrm{tot}} = \sum_{i}^{N} E_i(r) + \sum_{i<j}^{N} V(r_{ij}) + \sum_{i<j<k}^{N} U(r_{ij}, r_{jk}, r_{ki}) \tag{6.32}$$

式中，r 表示点阵（晶格）间隔；r_{ij} 为原子 i 和 j 的间距。

式(6.32)中第一项可理解为重排能量，它表示要把自由空间离子转换为晶体离子所需要的能量。作为离子与其最近邻间距 r 的函数，其重排能可表示为

$$E_{\mathrm{rearr}}(r) = E_0 + \exp\left(-\frac{r}{R_{\mathrm{rearr}}}\right) \tag{6.33}$$

式中,R_{rearr} 可由玻恩－迈耶势经验地确定,对相互作用项,通常以玻恩－迈耶形式给出。

6.2.5 键级势模型

键级势模型的主要思想就是对通用势函数求导数。这里的通用势函数是能够对具有不同化学键和不同结构材料中的原子间相互作用进行表述的一般函数,从化学赝势理论和定域轨道基集出发,Abell给出了每个原子结合能 E_i 的解析表达式,在平移周期结构中,E_i 作为原子与其最近邻距离 r 的函数,即

$$E_i = \frac{1}{2}\sum_{j=1}^{Z}\left(qV_{rep}(r) + bV_{att}(r)\right) \tag{6.34}$$

式中,Z 为最近邻数;q 为每个原子的价电子数;b 为键级;$V_{rep}(r)$ 为该函数描述了近邻原子间双中心排斥力;$V_{att}(r)$ 为对应于描述吸引力的函数。

键级 b 与其键长无关。我们可以根据近邻原子决定的分子系数的平方计算键级。键级大小是化学键强度的量度,它与配位数 Z 的平方根成反比,即

$$b \propto \frac{1}{\sqrt{Z}} \tag{6.35}$$

根据Abell的理论,排斥和吸引项最好的近似就是用指数函数表示,从而式(6.34)可以写为

$$E_i = \frac{1}{2}\sum_{j=1}^{Z}\left(C_{b01}\exp(-\sigma r) - \frac{1}{\sqrt{Z}}C_{b02}\exp(-\lambda r)\right) \tag{6.36}$$

式中,C_{b01}、C_{b02}、σ 和 λ 均为由实验确定的系数。

6.2.6 紧束缚(TB)模型

紧束缚(TB)势作为近似方法,介于更基本的局域密度泛函理论和更经验的各向同性多体对泛函势之间。紧束缚方法是能够把量子力学原理并入作用势计算的最简单可行的方法,与自由电子模型不同,紧束缚方法是基于采用无重叠或弱重叠的原子基函数。所以,用原子轨道的线性组合作为基函数或采用平面波基集是紧束缚解法的基本思想。在原子轨道的线性组合(linear combination of atomic orbitals, LCAO)方法中,用类原子轨道作为基函数可以给出与真实原子轨道相同的能量,但它具有径向依赖性。正如下面所表明的,原子函数的组合能够描述非定域态,因而可模拟能带结构。

与前几节中讨论的经验和半经验势不同,在紧束缚势中,同时还考虑了键的方向性(尤其是p、d原子轨道的影响)、成键态和反键态,以及原子位移引起的能量变化。

利用原子轨道的线性组合,系统 $\Psi^{(n)}$ 的第 n 个本征态波函数可表示为

$$\Psi^{(n)} = \sum_{i}^{N} C_i^{(n)} \phi_i \tag{6.37}$$

式中,N 为原子基函数的数目;ϕ_i 为第 i 个基函数。

例如,对于由 2 个原子(1 和 2) 组成的分子,令 ϕ_1 表示原子 1 对应于哈密顿量 H_1 的价电子波函数,则有

$$H_1\phi_1 = E\phi_1 \tag{6.38}$$

同理,设 ϕ_2 为原子 2 相对于哈密顿量 H_2 的价电子波函数,亦即

$$H_2\phi_2 = E\phi_2 \tag{6.39}$$

且有

$$H = \frac{\hbar^2}{2m}\nabla^2 + \nu(r) \tag{6.40}$$

式中,$\hbar = h/2\pi$;∇为劈形算符;m 为电子有效质量;$\nu(r)$ 是能量为 E 的电子所感受到的静电赝势。

式(6.37) 中的级数展开系数 $C_i^{(n)}$ 可由组合波函数 $\Psi^{(n)}$ 代入薛定谔方程而求得,即

$$H\sum_{i}^{N} C_i^{(n)}\phi_i = E^{(n)} \sum_{i}^{N} C_i^{(n)}\phi_i \tag{6.41}$$

式中,H 为系统的总哈密顿量;$E^{(n)}$ 为第 n 个本征态的能量期望值。

若假定这 N 个基函数满足正交归一化条件,即

$$\int_{\mathrm{vol}} \widetilde{\phi}_i h \phi_i \mathrm{d}V = 1 \tag{6.42}$$

则可得到 N 个久期方程,即

$$\sum_{j}^{N} H_{ij} C_j^{(n)} = E^{(n)} C_i^{(n)} \tag{6.43}$$

式中,H_{ij} 为哈密顿矩阵元,用体积积分可将其定义为

$$H_{ij} = \int_{\mathrm{vol}} \widetilde{\phi}_i H \phi_i \mathrm{d}V \tag{6.44}$$

上述 N 个久期方程描述的是本征值问题,这可以根据矩阵对角化求解。由计算得到的本征值或本征矢量,同时又是线性组合系数。由于本征矢量在整个固体都不能为零,所以通过线性地组合原子轨道就可以描述非定域态,并由此模拟能带结构。

根据泡利原理,每个本征态可以容许 2 个自旋相反的电子占据。因此,如果系统含有 $2z$ 个电子,则在 $T = 0$ K 时仅有 z 个最小本征值的态是被占有的,而其余的状态都是空的未被占据的。这样,能带的能量就等于

$$E_{\mathrm{band}} = 2\sum_{n=1}^{Z} E^{(n)} \tag{6.45}$$

综合考虑式(6.41) 和式(6.44) 可得

$$E_{\mathrm{band}} = \sum_{ij} 2\sum_{n=1}^{Z} C_i^{(n)} \tilde{C}_j^{(n)} H_{ji} = \sum_{ij} \rho_{ij} H_{ji} \tag{6.46}$$

式中,ρ_{ij} 为密度矩阵元,

$$\rho_{ij} = 2\sum_{n=1}^{Z} C_i^{(n)} \tilde{C}_j^{(n)} \tag{6.47}$$

这些矩阵元的物理意义是,它们表示了电荷密度函数的系数。这里的电荷密度可由原子电荷密度与键电荷密度之和给出。其非对角矩阵元被称为键级,由此我们可计算成键态和反键态上的电子数,即

$$\rho_{ij} + \rho_{ji} = n_{\mathrm{bond}} - n_{\mathrm{antiband}} = 2\sum_{n=1}^{Z} \left(C_j^{(n)} \tilde{C}_i^{(n)} + C_i^{(n)} \tilde{C}_j^{(n)} \right) \tag{6.48}$$

根据 Hellmann-Feynman 定理,即

$$\frac{\delta E_{\mathrm{bond}}}{\delta x_k} = \sum_{ij} \left(\rho_{ij} \frac{\partial H_{ji}}{\partial x_k} + \rho_{ji} \frac{\partial H_{ij}}{\partial x_k} \right) \tag{6.49}$$

式中,δx_k 为原子 k 在 x 轴方向上的无穷小位移。

由此,我们可计算出作用于每个原子上的合力。

6.2.7　局域电子密度泛函理论

严格地讲,局域电子密度泛函理论不属于有关用于模拟原子相作用及其动力学的势的论述的章节所涉及的内容。局域电子密度泛函理论与经典分子动力学方法的主要区别在于,前者要研究的是电子的动力学问题,而后者则是原子的动力学。当然,这两者是密切相关的。但是,采用绝热玻恩奥本海默近似之后,已人为地把完整的薛定谔方程分成了两部分,即描述电子动力学的部分和描述原子核动力学的部分。

就经典分子动力学而言,只考虑原子核的运动而认为所有电子都处于其基态,而后近似求解这种简化的薛定谔方程;然而,电子动力学模拟则认为原子核位置固定不变而近似求解只有电子运动的薛定谔方程。

Hohenberg-Kohn 定理和 Kohn-Sham 方程是局域电子密度泛函理论的基础。简单来说,它们表明了电子多体系统的基本总能量是电子密度的唯一泛函。这种着眼于电子密度而非多体波函数的基本思想,可以让我们建立起一个实际可使用的等效薛定谔方程。这种等效波动方程除了每个电子感受一个附加吸引势之外,类似于 Hartree-Fock 近似。从原理上说,基于 Hartree-Fock 定理和 Kohn-Sham 方程的这种近似方法,给出了一个没有物理缘由的假定,这就是

把电子之间的库仑作用当作独守粒子进行处理。通过由一个等效的单粒势代替电子之间的库仑作用使这一想法具体化。上述电子密度泛函方法考虑了电子之间的所有关联，使得任何一个给定的电子都围绕着一个空穴或禁区以禁止其他电子进入。由于我们并不知道这一禁区的严格形状，为此常用一个近似空穴来代替严格意义上的空穴，其中假定电子时刻处于目标电子所感受到的等密度均匀电子气的环境中。对禁区的这种近似处理是局域电子密度泛函方法的基础。根据上述讨论，其等效薛定谔方程可写为

$$\left(\frac{\hbar^2}{2m}\nabla^2 + \nu_{\mathrm{H}}(\boldsymbol{r}) + \nu_{\mathrm{hole}}(\boldsymbol{r})\right)\psi_i(\boldsymbol{r}) = E_i\psi_i(\boldsymbol{r}) \tag{6.50}$$

式中，$\boldsymbol{r}$ 为电子的位置矢量（这时的势函数不一定是径向对称的）；$\nu_{\mathrm{H}}(\boldsymbol{r})$ 为离子和电子库仑相互作用的 Hartree-Fock 势；$\nu_{\mathrm{hole}}(\boldsymbol{r})$ 为来自禁区的附加吸引作用势。

其总能量可以表示为

$$U = \sum_i E_i - \frac{1}{2}\iint \frac{e^2\rho(\boldsymbol{r})\rho(\boldsymbol{r}')}{4\pi\varepsilon_0 |\boldsymbol{r}-\boldsymbol{r}'|}\mathrm{d}\boldsymbol{r}\mathrm{d}\boldsymbol{r}' - \int\rho(\boldsymbol{r})(\nu_{\mathrm{hole}}(\rho(\boldsymbol{r}))) - \varepsilon_{\mathrm{hole}}(\rho(\boldsymbol{r}))\mathrm{d}\boldsymbol{r} + U_{\text{ion-ion}} \tag{6.51}$$

式中，$\varepsilon_{\mathrm{hole}}(\rho(\boldsymbol{r}))$ 是密度为 $\rho(\boldsymbol{r})$ 的均匀电子气中每个电子的交换关联能；e 为基本电荷。

6.3　原子系统的运动方程

对于具有明确的模拟势函数描述其相互作用的 N 个原子或分子组成的系统，本节将专门讨论该系统经典运动方程的建立问题。

根据由哈密顿最小作用原理得到的拉格朗日方程，可给出完整约束保守系运动方程的最基本的形式。由动能和势能确定拉格朗日－欧拉函数 L，它是广义坐标 x 及其时间导数 $\dot{\boldsymbol{x}}$ 的函数。广义坐标可以表示成空间坐标的组合函数。

若用 E_{kin} 和 E_{pot} 分别表示动能和势能，则 Lagrange-Euler 函数可表示为

$$L = E_{\mathrm{kin}} - E_{\mathrm{pot}} \tag{6.52}$$

这时，势能是 $\boldsymbol{x}$ 的函数，动能是 $\dot{\boldsymbol{x}}$ 的函数。

利用哈密顿最小作用原理，我们可以推出运动方程的拉格朗日形式。最小作用原理指出，对于保守系统，质量元在2个确定的时间－空间点之间的运动使得 Lagrange-Euler 函数对时间的积分取极小值，即

$$\int L\mathrm{d}t \rightarrow 极小 \Leftrightarrow \int \delta L\mathrm{d}t = 0 \tag{6.53}$$

因为 L 是广义坐标 $\boldsymbol{x}$ 及其时间导数 $\dot{\boldsymbol{x}}$ 的显函数，因而式(6.53)变分为

$$\int \delta L \mathrm{d}t = 0 - \int \left(\left(\frac{\partial L}{\partial \boldsymbol{x}} \right) \delta \boldsymbol{x} + \left(\frac{\partial L}{\partial \dot{\boldsymbol{x}}} \right) \left(\frac{\mathrm{d}\delta \boldsymbol{x}}{\partial t} \right) \right) \mathrm{d}t \tag{6.54}$$

考虑到积分 $\delta \boldsymbol{x}$ 在两端点为零，则由导数 $\left(\frac{\mathrm{d}\delta \boldsymbol{x}}{\partial t} \right)$ 对时间分部积分可推出式(6.54) 右边为

$$\int \left(\left(\frac{\partial L}{\partial \boldsymbol{x}} \right) - \left(\frac{\mathrm{d}}{\mathrm{d}t} \right) \left(\frac{\partial L}{\partial \dot{\boldsymbol{x}}} \right) \right)$$

式中，$\delta \boldsymbol{x}$ 的系数在积分区间的任一时刻都必须为零。

由此导出运动方程的拉格朗日形式为

$$\frac{\mathrm{d}}{\mathrm{d}t} \left(\frac{\partial L}{\partial \dot{\boldsymbol{x}}_i} \right) - \left(\frac{\partial L}{\partial \boldsymbol{x}_i} \right) = 0 \tag{6.55}$$

上述运动方程的拉格朗日形式也可变形为等价的哈密顿形式。哈密顿力学也适用于描述完整约束保守系质量元的时间反演运动。而且，在哈密顿形式中，可用共轭动量 $\boldsymbol{p}$ 代替运动方程中的速度 $\dot{\boldsymbol{x}}$。通过下列式子由拉格朗日形式就可建立运动方程的哈密顿形式，即

$$\boldsymbol{p} = \frac{\partial L(\boldsymbol{x}, \dot{\boldsymbol{x}})}{\partial \dot{\boldsymbol{x}}} \text{ 和 } H(\boldsymbol{x}, \boldsymbol{p}) = (\dot{\boldsymbol{x}}\dot{\boldsymbol{p}}) - L \tag{6.56}$$

采用简单的各向同性对势，总势能 E_{pot} 可表示为

$$E_{\mathrm{pot}} = \frac{1}{2} \sum_{i=1 \neq j}^{N} \sum_{j=1 \neq i}^{N} \boldsymbol{\Psi}(|\boldsymbol{x}_i - \boldsymbol{x}_j|) \tag{6.57}$$

式中，$\boldsymbol{\Psi}$ 为原子间作用势，仅与近邻原子间距$(\boldsymbol{x}_i - \boldsymbol{x}_j)$ 的大小有关。

上式中的下标 $i(i = 1, 2, \cdots, N)$ 表示第 i 个原子，而不是矢量 $\boldsymbol{x}$ 的第 i 个分量。动能为

$$E_{\mathrm{kin}} = \sum_{i=1}^{N} m_i \dot{\boldsymbol{x}}_i^{\mathrm{T}} \dot{\boldsymbol{x}}_i \tag{6.58}$$

式中，m_i 为第 i 个原子的质量；$\dot{\boldsymbol{x}}_i^{\mathrm{T}}$ 为 $\dot{\boldsymbol{x}}_i$ 的转置矩阵。

将拉格朗日形式的运动方程运用于最简单的情况，就可以导出粒子在笛卡儿坐标$(\boldsymbol{r}_i)$ 系中的牛顿运动方程，即

$$m_i \ddot{\boldsymbol{r}}_i = -\frac{1}{2} \sum_{i=1 \neq j}^{N} \frac{\mathrm{d}\boldsymbol{\Psi}(|\boldsymbol{r}_i - \boldsymbol{r}_j|)}{\mathrm{d}\boldsymbol{r}_i} \tag{6.59}$$

此外，一个重要方面就是把原子尺度上的模拟结果与实验观测结果进行比较。为此，在分子动力学模拟中，对于所考虑的环境约束，应引入拉格朗日函数。

6.4　运动方程的积分

对于给定势函数情况下的 N 个运动方程，可以利用有限差分算法进行求

解。根据有限差分法的基本原理,其中Gear预测－校正和时间反演Verlet算法是在分子动力学模拟中经常使用的2种方法,下面简要讨论一下后一种算法。

利用Verlet算法,可以在笛卡儿坐标系(在一般的拉格朗日方程中,应注意笛卡儿坐标$\boldsymbol{r}$与广义坐标$\boldsymbol{x}$之间的区别)中计算第i个原子在时间t的现时位置$\boldsymbol{r}_i$和现时速度$\dot{\boldsymbol{r}}_i$。由泰勒展开式得到t时刻附近的位移公式为

$$\boldsymbol{r}_i(t+\delta t)=\boldsymbol{r}_i(t)+\dot{\boldsymbol{r}}_i(t)\delta t+\frac{1}{2}\ddot{\boldsymbol{r}}_i(t)(\delta t)^2+\frac{1}{3!}\dddot{\boldsymbol{r}}_i(t)(\delta t)^3+\frac{1}{4!}\ddddot{\boldsymbol{r}}_i(t)(\delta t)^4+\cdots \tag{6.60}$$

$$\boldsymbol{r}_i(t-\delta t)=\boldsymbol{r}_i(t)-\dot{\boldsymbol{r}}_i(t)\delta t+\frac{1}{2}\ddot{\boldsymbol{r}}_i(t)(\delta t)^2-\frac{1}{3!}\dddot{\boldsymbol{r}}_i(t)(\delta t)^3+\frac{1}{4!}\ddddot{\boldsymbol{r}}_i(t)(\delta t)^4\mp\cdots \tag{6.61}$$

把式(6.60)和式(6.61)相加,可得到第i个原子的位置作为其加速度函数的表达式,即

$$\begin{aligned}\boldsymbol{r}_i(t+\delta t)&=2\boldsymbol{r}_i(t)-\boldsymbol{r}_i(t-\delta t)+\ddot{\boldsymbol{r}}_i(t)(\delta t)^2+\frac{1}{4!}\ddddot{\boldsymbol{r}}_i(t)(\delta t)^4+\cdots\\&\approx 2\boldsymbol{r}_i(t)-\boldsymbol{r}_i(t-\Delta t)+\ddot{\boldsymbol{r}}_i(t)(\Delta t)^2\end{aligned} \tag{6.62}$$

根据保守力$\boldsymbol{F}_i$、原子质量m_i及$T\neq 0$时的热力学摩擦系数$\xi(t)$可计算出所要求的第i个原子的加速度,力可由各个作用势的导数求出。由式(6.60)减去式(6.61),我们推导出原子速度的表达式为

$$\dot{\boldsymbol{r}}(t)\approx\frac{\boldsymbol{r}_i(t+\Delta t)-\boldsymbol{r}_i(t-\Delta t)}{2\Delta t} \tag{6.63}$$

由此看出,如果原子的前两个位置是已知的,则根据上述方程就可利用Verlet算法进行相关的计算。然而,在典型的分子动力学模拟中,只有初始位置和初始速度是给定的。所以,在利用递归的Verlet算法开始计算之前,首先要找到原子第二个位置的计算方法。一般地,为了解决这一问题,实际办法是在前两个模拟时间步中把力看作常量且应用普遍运动学方程,亦即

$$\boldsymbol{r}_i(t+\Delta t)\approx\boldsymbol{r}_i+\Delta t\dot{\boldsymbol{r}}_i(t)+\frac{(\Delta t)^2}{2}\ddot{\boldsymbol{r}}_i(t) \tag{6.64}$$

6.5　边界条件

对于分子动力学模拟来说,要建立恰当边界条件必须考虑2个主要方面的问题。第一,为减少计算工作量(如计算时间、编码方便、所需随机数据的存取量),模拟箱的尺寸应尽可能地小。同时,模拟元胞还应该足够大,以排除任何

可能的动力学扰动再次进入模拟单元，从而避免对所研究的晶格缺陷人为地造成干扰。此外，模拟箱必须足够大以满足统计学处理的可靠性要求。对此，要认真仔细地检验以便在上述两种需求之间找到一种恰当的折中方案；另外，从物理角度考虑体积膨胀、应变相容性及模拟元胞与其环境的应力平衡三者之间的实际耦合问题。

在材料的体性质或简单晶格缺陷不具有内禀周期性和不考虑长程相互作用的情况下，一般采用简单的周期边界条件进行研究处理。周期边界条件限制了表面效应对模拟结果的影响。

为了在对禁闭于体积Ω的N个粒子进行模拟时使用周期性边界条件，我们可以假定这个体积仅是样品的一小部分。这个体积Ω被称为“原胞”，它是体材料的一个缩影。同时，假设块体样品是由许多的原胞的精确复制品围绕着原胞堆砌而成。这些复制元胞被称为“镜像元胞”。

在对晶界畴和位错畴的模拟中，在物理上自然地存在周期性，例如含有高密度吻合座格点的大角晶界或由位错规则排列形成的小角晶界，尤其在这些情况中，不论采用势的“质量”如何，人为周期性的叠置使得模拟毫无意义。

在对材料中声波及晶格缺陷动力学进行模拟时，通常使用的边界条件有玻恩 - 范卡曼边界条件、反周期默比乌斯边界条件和广义的螺旋周期性边界条件，为了探讨自裂纹尖端的位错发射问题，Kohlhoff、Gumbsch 和 Fischmeister 在其研究中引入了把有限元法与分子动力学模拟结合在一起的集成方法；类似地，为了处理固体的形变问题，由 Tadmore、Phillips 和 Ortiz 提出了一个把原子论和连续体组合在一起的所谓混合模型。

虽然分子动力学是确定性的，但它也含有随机性因素，亦即初始组态的设定。对于每次分子动力学模拟，这种系统初态都是应该给定的。所以在相关数据筛选之前，系统已经度过其弛豫时间。选择合适的初始组态可使弛豫振荡周期缩短。为实现这一目的，可采用满足麦克斯韦分布的初始速度场且规定原子之间的最小间距。

在晶格缺陷分子动力学模拟中采用的各种可能的边界条件，已从不同角度进行了研究讨论，例如一级相变问题、位错芯的情况、级联结构和辐照损伤、晶界问题，以及裂纹尖端情况。

6.6　分子动力学在材料科学中的应用

分子动力学应用的领域包括高分子、生命科学、药物设计、催化、半导体、其他功能材料、结构材料等。分子动力学能实时将分子的动态行为显示到计算机屏幕上,便于直观了解体系在一定条件下的演变过程。对于材料科学学科来说,它包含温度与时间,因此还可得到如材料的玻璃化转变温度、热容、晶体结晶过程、输送过程、膨胀过程、动态弛豫(relax)及体系在外场作用下的变化过程等。

分子模拟较早应用于高分子问题的研究,应用于物理性质、结构、构象与弹性、晶体结构、力学性能、玻璃态与玻璃化转变、光谱性质、非线性光学性质、电性质、共混与分子间相互作用等。应用于生物科学和药物设计也十分普及,如蛋白质的多级结构与性质,病毒、药物作用机理、特效药物的大通量筛选与快速开发等。在化学领域,用于表面催化与催化机理、溶剂效应、原子簇的结构与性质研究等。在材料科学领域,用于材料的优化设计、结构与力学性能、热加工性能预报、界面相互作用、纳米材料结构与性能研究等。

已有很多研究者采用分子动力学在原子尺度上进行了材料性质及结构的模拟,在材料科学领域,相变及晶格缺陷结构的研究一直是普遍关注的热点,在这方面,人们关注的焦点集中在同相和异相界面、位错、裂纹、界面偏析、失配(misfit)位错、次级晶界位错及聚合物中的结构等问题,而且,原子尺度上的材料合成和设计已经取得实质性进展,也正是在这一点上,应力被分别地引入金属、聚合物和陶瓷材料的具体研究当中,已发表的工作包括:经典例子和基本原理、外界环境条件、失配位错的结构、界面结构及其迁移率、晶格位错的结构和能量、偏析效应、微裂纹结构、薄膜和表面、异相界面、材料设计、原子论和有限元[2]。

1. 固体相结合性能的研究

Parrinello 和 Rahman 是最先采用分子动力学方法研究固体性能的,以此代替 Milstein 和 Faber 的静力学计算。其对象是 Ni 单晶在单轴压力下由面心立方结构向密排六方结构转变的过程,这是等温 - 等压分子动力学问题,所用势函数是 Morse 对势,其结果给出了应力 - 应变曲线,并与 Milstein 和 Faber 的计算结果符合得很好,Zhong 等利用在嵌入原子法(EAM)的基础上发展起来的 MBA 势研究 Pd-H 系统的力学稳定性,所选取的势函数形式是 Morsc 势,其中利用了 Nose 和 Rahman-Parrinello 分子动力学形式,结果表明,氢脆的微观起因是氢饱和使某些区域的韧性和塑性增强,这与假定的氢增强局域塑性的机制相一致。Li 等[3] 模拟了 α - Fe 中位错和氢空位复合物之间的相互作用。当位错通过时,未氢化的空位被位错吸收,而空位氢络合物在与位错相遇时不会被位错吸附,结果表明,空位氢络合物具有较高的稳定性。Song 等[4] 模拟了氢对 α - Fe 位错迁移率的影响,并通过 MD 模拟研究了 HELP 理论的纳米尺度机制,结果表明,氢在移动位错周围形成 Cottrell 气氛,导致溶质拖曳,从而降低位错迁移率。

为了用原子尺度的细节揭示氢和裂纹之间的相互作用,MD 模拟已被广泛采用,Kanezaki 等[5] 研究了氢原子对奥氏体不锈钢疲劳裂纹扩展行为的影响,发现裂纹尖端的氢原子增加了局部塑性变形。Xing 等[6] 通过施加循环载荷,模拟了预充氢条件下单个裂纹的扩展行为。在加载和卸载过程中,氢原子扩散到裂纹尖端以形成富氢区域。一旦形成富氢区域,由于氢引起的脆化,裂纹在卸载过程中扩展。裂纹尖端穿过富氢区域后,变得钝,并可能捕获更多的氢原子。

2. 薄膜形成过程及特性的研究

薄膜研究是当今科学研究的热点之一,目前在很多薄膜制备方法中,都应用了低能离子轰击技术,如离子束增强沉积、等离子体辅助化学气相沉积、溅射沉积、离子辅助分子束外延等。在这些方法中,低能离子、表面相互作用在控制薄膜的微观结构方面起着重要的作用。由于离子、表面相互作用的时间间隔小于 10^{-12} s 数量级,因而特别适合用分子动力学模拟方法对这一过程进行描述。

Garrison、Kitabatake 等分别用低能粒子轰击 Si(001) - 2 × 1 表面,由此可用分子动力学方法研究低能粒子对表面原子行为的影响。研究表明,10 eV、100 eV 粒子的轰击,一方面增强了表面原子形成二聚体的能力,使表面二聚体键数增加,另一方面也使表面原子的排列更趋无序。

Ethier 和 Lewis 模拟了纯 Si、$Si_{0.5}Ge_{0.5}$ 和纯 Ge 在 Si(100) - 2 × 1 再构表面上用分子束外延(MBF) 法生长膜的过程,其结果给出了薄膜质量与衬底温度之间的关系,即衬底温度较低时,形成的结构有序性较差;在高的衬底温度下,发生外延生长。对于纯 Ge 的外延生长,只有最初的三层结晶。以后出现岛状结构,这在定性上与实验和理论结果相一致。

Yang 等研究了 Ni(100) 面涂 Ag 层的结构和动力学行为,并对嵌入原子法(EAM) 和电势结果做了比较。Rahman 等对上述问题做了进一步研究,给出了单层 Ag 在 Ni(100) 面上的结构与温度之间的关系,即室温下,Ag 在 Ni 衬底上前后滑动,距 Ni 上表面的平均距离为 0. 215 nm,温度为 1 200 K 时,Ag 在 Ni 上形成孔泡;温度为 11 300 K 时,Ag 在 Ni 上形成单晶,这些工作足以说明用分子动力学方法研究界面问题是可行的。虽然获得界面处势函数形式存在很大的困难,但只要做适当的选择,其模拟结果依然很好。

Tian 等[7] 和 Sun 等[8] 通过分子动力模拟验证了 2 种不同的方法来调节石墨烯纳米孔的渗透性和选择性,Tian 等[7] 提出了通过涂覆离子液体单层来动态调节非选择性孔尺寸的方法。他们表明,该方法可以使直径为 1 nm 的非选择性大孔具有选择性,CH_4 选择性和高达 42% 。同时,Sun 等[8] 表明,石墨烯表面的部分电荷也可以调节石墨烯纳米孔的磁导率和选择性。并且,Liu 等[9] 发现,在临界层间距离以下,气体分子通过双层石墨烯膜的渗透性随着层间距离和孔偏移的增加而增加,选择性渗透随着层间间距和孔偏移量的不断增加而从 CO_2 转移到 H_2。

3. 复合材料中的性能设计

Wang 等[10] 通过基于 Souza Martins 方法的耗散粒子动力学模拟,介绍了聚酰胺和超高分子量聚乙烯共混物的流动动力学。模拟在 Materials Studio 的 Mesocite 模块中进行,研究了分布和形态,重点研究了拉伸流、剪切流和拉伸-剪切耦合流对这些参数变化率的影响。Goudeau 等[11] 研究了水动力学作用下聚合物的节段迁移率。聚合物链通过 MC 模拟进行建模,水通过 SPC/E 模型加入系统。在高温和增加的水含量下观察到水的取向和平移,扩散系数只能在较高温度下计算。酰胺基团附近的水分子量增强了酰胺的重取向。Skomorkhov 等[12] 研究了与三元蒙脱土增强聚酰胺纳米复合材料的结构和力学行为有关的界面研究。LAMMPS 软件包用于模拟,CVFF 用于计算聚合物分子的原子间相互作用,ClayFF 用于描述黏土结构。研究发现,在纳米复合材料中,靠近纳米填料的区域的硬度是纯聚合物的 2 倍。弹性模量增加,黏土表面附近的原子迁移率受限。Yang 等[13] 研究了官能团对碳纳米管基纳米复合材料中聚合物纳米填料界面相互作用的影响。模拟在 Materials Studio 的 Discover 模块中进行,并使用指南针作为力场。推测除烷基基团外,所有基团都增加了纳米复合材料的界面结合能(IBE),官能团中的氧原子越多,IBE 越高。Eslami 等[14] 模拟了夹在石墨烯层之间的聚酰胺,以研究热传输和链有序化的影响。模拟依赖于 YASP 包,RNEMD 技术使用 NAPT 集成方法实现。在聚合物层中观察到各向异性热传导,平行于表面方向的热流大于垂直方向的热流,发现热导率取决于孔径和聚酰胺分层程度。

目前,分子动力学模拟方法在材料科学领域已越来越活跃,已成为材料科学工作者的一个强有力的工具。

本章参考文献

[1] 罗伯 D. 计算材料学[M]. 项金钟,吴兴惠,译. 北京:化学工业出版社,2002.

[2] 周静. 近代材料科学研究技术进展[M]. 武汉:武汉理工大学出版社,2012.

[3] LI Suzhi, LI Yonggang, LO Yucheh, et al. The interaction of dislocations

and hydrogen-vacancy complexes and its importance for deformation-induced proto nano-voids formation in α-Fe[J]. International journal of plasticity,2015,74: 175-191.

[4] SONG J,CURTIN W A. Mechanisms of hydrogen-enhanced localized plasticity: an atomistic study using α-Fe as a model system[J]. Acta materialia,2014,68: 61-69.

[5] KANEZAKI T,NARAZAKI C,MINE Y,et al. Effects of hydrogen on fatigue crack growth behavior of austenitic stainless steels[J]. International journal of hydrogen energy,2008,33(10): 2604-2619.

[6] XING Xiao,CHEN Weixing,ZHANG Hao. Atomistic study of hydrogen embrittlement during cyclic loading: quantitative model of hydrogen accumulation effects[J]. International journal of hydrogen energy,2017, 42: 4571-4578.

[7] TIAN Ziqi,MAHURIN S M,DAI Sheng,et al. Ion-gated gas separation through porous graphene[J]. Nano letters,2017,17(3): 1802-1807.

[8] SUN Chengzhen,BAI Bofeng. Improved CO_2/CH_4 separation performance in negatively charged nanoporous graphene membranes[J]. The journal of physical chemistry C,2018,122(11): 6178-6185.

[9] LIU Quan,GUPTA K M,XU Qisong,et al. Gas permeation through double-layer graphene oxide membranes: the role of interlayer distance and pore offset[J]. Separation and purification technology,2019,209: 419-425.

[10] WANG Junxia,LI Ping,CAO Changlin,et al. A dissipative particle dynamics study of flow behaviors in ultra high molecular weight polyethylene/polyamide 6 blends based on Souza-Martins method[J]. Polymers,2019,11(8): 1275.

[11] GOUDEAU S,CHARLOT M,MÜLLER-PLATHE F. Mobility enhancement in amorphous polyamide 6,6 induced by water sorption: a molecular dynamics simulation study[J]. The journal of physical chemistry B,2004, 108(48): 18779-18788.

[12] SKOMOROKHOV A S,KNIZHNIK A A,POTAPKIN B V. Molecular dynamics study of ternary montmorillonite-MT2EtOH-polyamide-6 nano-composite: structural,dynamical,and mechanical properties of the interfacial region[J]. Journal of physical chemistry B,2019,123(12):

2710-2718.

[13] YANG Junsheng,YANG Chuanlu,WANG Meishan,et al. Effect of functionalization on the interfacial binding energy of carbon nanotube/nylon 6 nanocomposites: a molecular dynamics study[J]. RSC advances,2012,2(7): 2836-2841.

[14] ESLAMI H,MOHAMMADZADEH L,MEHDIPOUR N. Anisotropic heat transport in nanoconfined polyamide- 6,6 oligomers: atomistic reverse nonequilibrium molecular dynamics simulation[J]. Journal of physical chemistry B,2012,136(10): 104901.

第7章　Monte Carlo 方法

Monte Carlo(MC) 方法又称为随机抽样技术或统计实验方法,是以概率论和数理统计为基础的,通过统计实验达到计算某个量的目的。随着计算机的迅速发展,Monte Carlo 方法已在应用物理、原子能、固体物理、化学、材料、生物、生态学、社会学及经济学等领域得到了广泛的应用。对于一个宏观体系,要尽可能正确地根据微观决定论模型(deterministic model) 处理构成其体系的所有原子、分子的微观状态,这是非常困难的。若从用分子动力学方法处理所考察体系的时间和空间尺度来讲,又必须涉及与极大时间、空间的变化有关的问题,然而,在许多场合,与其说关心的是每个原子、分子处于怎样的状态,不如说弄清楚整个系统怎样地运动变化更具有实际意义。实际上,没有必要弄清楚每个原子、分子的运动系,只要使微观体系在时间、空间上同步进行所谓粗粒化(coarse-graining) 处理,从而建立起能够描述系统特征的简单且有效的模型就可以了。关于这样的模型有很多种,而随机模型(stochastic model) 就是其中最为重要的一种。利用计算机在数值上将其实现的有效方法之一就是 Monte Carlo 方法。本章重点介绍 Monte Carlo 方法的原理及其在材料科学中的应用,并结合应用举例进行分析。

7.1　Monte Carlo 方法原理

7.1.1　Monte Carlo 方法基本思想

Monte Carlo 方法的基本思想是,为了求解某个问题,建立一个恰当的概率模型或随机过程,使得其参量(如事件的概率、随机变量的数学期望等) 等于所求问题的解,然后对模型或过程进行反复多次的随机抽样实验,并对结果进行统计分析,最后计算所求参量,得到问题的近似解[1]。

Monte Carlo 方法是随机模拟方法;但是,它不仅限于模拟随机性问题,还可以解决确定性的数学问题。对于随机性问题,可以根据实际问题的概率法则,直接进行随机抽样实验,即直接模拟方法。对于确定性问题,采用间接模拟方法,即通过统计分析随机抽样的结果获得确定性问题的解。

7.1.2　Monte Carlo 方法的收敛性和基本特点

设所求的量 x 是随机变量 ξ 的数学期望 $E(x)$，那么，Monte Carlo 方法通常使用随机变量 ξ 的简单样子 $\varepsilon_1,\varepsilon_2,\cdots,\varepsilon_N$ 的算术平均值，即

$$\overline{\xi_N} = \frac{1}{N}\sum_{i=1}^{N}\xi_i \tag{7.1}$$

作为所求量 X 的近似值。由 Kolmogorov 大数定理可知，有

$$P(\lim_{N\to\infty}\overline{\xi_N} = x) = 1 \tag{7.2}$$

即当 N 充分大时，有

$$\overline{\xi_N} \approx E(\xi) = x \tag{7.3}$$

成立的概率等于 1，亦即可以用 $\overline{\xi_N}$ 作为所求量的估计值。

根据中心极限定理，如果随机变量 ξ 的标准差 σ 不为零，那么 Monte Carlo 方法的误差 ε 为

$$\varepsilon = \frac{\lambda_\alpha \sigma}{\sqrt{N}} \tag{7.4}$$

式中，λ_α 为正态差，是与置信水平有关的常量。

由式(7.4) 可知，Monte Carlo 方法的收敛速度的阶为 $\sigma(N^{-\frac{1}{2}})$，误差是由随机变量的标准差 s 和抽样次数 N 决定的。提高精度一位数，抽样次数要增加 100 倍；减小随机变量的标准差，可以减小误差。但是，减小随机变量的标准差将提高产生一个随机变量的平均费用(计算时间)。因此，提高计算精度时，要综合考虑计算费用。

Monte Carlo 方法具有以下重要特征。

(1) 由于 Monte Carlo 方法是通过大量简单的重复抽样来实现的，因此，方法和程序的结构十分简单。

(2) 收敛速度比较慢，因此，较适用于求解精度要求不高的问题。

(3) 收敛速度与问题的维数无关，因此，较适用于求解多维问题。

(4) 问题的求解过程取决于所构造的概率模型，而受问题条件限制的影响较小，因此，对各种问题的适应性很强。

7.1.3　随机数的产生

1. 随机数与伪随机数

Monte Carlo 方法既可用于模拟处理随机多体问题，也可以采用大量系列无相关随机数构成马尔可夫(Markov) 链并通过随机抽样求解函数的积分。显

然,Monte Carlo 预测的可靠性依赖于所采用随机数的随机性。Monte Carlo 方法的核心是随机抽样。在该过程中,往往需要各种各样分布的随机变量,其中最简单、最基本的是在[0,1]区间上均匀分布的随机变量。在该随机变量总体中抽取的子样 $\xi_1,\xi_2,\cdots,\xi_N$ 称为随机数序列,其中每个个体称为随机数。

在电子计算机中可以用随机数表和物理的方法产生随机数;但是这两种方法占用大量的存储单元和计算时间,费用昂贵并且不可重复,因而都不可取。用数学的方法产生随机数是目前广泛使用的方法。该方法的基本思想是利用一种递推公式,即

$$\xi_{i+1} = T(\xi_i) \tag{7.5}$$

对于给定的初始值 ξ_i,逐个地产生 $\xi_1,\xi_2,\cdots\cdots$

这种数学方法产生的随机数存在下列问题。

(1) 整个随机数序列是完全由递推函数形式和初始值唯一确定的,严格地说,不满足随机数相互独立的要求。

(2) 存在周期现象。

基于上述原因,将用数学方法所产生的随机数称为伪随机数。伪随机数的优点是适用于计算机,产生速度快,费用低廉。目前,多数计算机均附带有“随机数发生器”。

通过适当选择递推函数,伪随机数是可以满足 Monte Carlo 方法的要求的。选择递推函数必须注意以下几点。

(1) 随机性好。

(2) 在计算机上容易实现。

(3) 省时。

(4) 伪随机数的周期长。

2. 伪随机数的产生方法

最基本的伪随机数是均匀分布的伪随机数。最早的产生伪随机数的方法是 Von Neumann 和 Metropolis 提出的平方取中法。该方法是首先给一个 $2r$ 位的数,取其中间的 r 位数码作为第一个伪随机数,然后将这个数平方,构成一个新的 $2r$ 位的数,再取中间的 r 位数作为第二个伪随机数。如此循环可得到一个伪随机数序列。该方法的递推公式为

$$x_{n+1} = [10^{-r}x_n^2](\mathrm{Mod}\ 10^{2r}) \tag{7.6}$$

$$\xi_n = \frac{X_n}{10^{2r}} \tag{7.7}$$

式中,$[x]$ 表示对 x 取整;运算 $B(\mathrm{Mod}\ M)$ 表示 B 被 M 整除后的余数;数列 $\{\xi\}$ 是分布在[0,1]上的。

该方法由于效率较低,有时周期较短,甚至会出现零。

目前,伪随机数产生的方法主要是同余法。同余法是一类方法的总称,该方法也是由选定的初始值出发,通过递推产生伪随机数序列。由于该递推公式可写成数论中的同余式,故称同余法。该方法的递推公式为

$$x_{n+1} = [ax_n + c](\text{Mod } M) \tag{7.8}$$

$$\xi_n = x_n/m \tag{7.9}$$

式中,a、c、m 分别称为倍数(multiplier)、增值(increment)和模(modulus),均为正整数;x_0 称为种子或初值,也为正整数。

该方法所产生伪随机数的质量,如周期的长度、独立性和均匀性都与式中参数有关。该参数一般是通过定性分析和计算实验进行选取。

上式是同余法的一般形式,根据参数 a 和 c 的特殊取值,该方法可分成下述形式。

(1)$a \neq 1; c \neq 0$。

这是该方法的一般形式,也称为混合同余法。该方法能实现最大的周期;但所产生的伪随机数的特性不好,随机数的产生效率低。

(2)$a \neq 1; c = 0$。

一般递推公式简化成 $x_{n+1} = ax_n(\text{Mod } M)$。这种情况下,该方法称为乘同余法。由于减少了一个加法,伪随机数的产生效率会提高。乘同余法指令少、省时,所产生的伪随机数随机性好、周期长。

(3)$a = 1; c \neq 0$。

一般递推公式简化成 $x_{n+1} = [x_n + c](\text{Mod } M)$。这种情况下,该方法称为加同余法。由于加法的运算速度比乘法快,所以加同余法比乘同余法更省时;但伪随机数的质量不如乘同余法。

7.1.4　随机变量抽样

1. 随机变量

随机变量抽样就是由已知分布的总体中产生简单子样。设 $F(x)$ 为某一已知的分布函数,随机变量抽样就是产生相互独立、具有相同分布函数 $F(x)$ 的随机序列 $\xi_1, \xi_2, \cdots, \xi_N$。这里,$N$ 称为容量。一般用 ξ_F 表示具有分布函数 $F(x)$ 的简单子样。对于连续型分布,常用分布密度函数 $f(x)$ 表示总体的已知分布,这时将用 ξ_F 表示由已知分布 $f(x)$ 所产生的简单子样。

随机数的产生实际上是由均匀分布总体中产生的简单子样,因此,产生随机数属于随机变量抽样的一个特殊情况。由于这里所讲的随机变量抽样是在假设随机数已知的情况下进行的,因此,两者的产生方法有本质上的区别。一

般情况下,随机变量抽样具有严格的理论根据,只要所用的随机数序列满足均匀且相互独立的要求,那么所产生的已知分布的简单子样,严格满足具有相同的总体分布且相互独立。

2. 随机变量的直接抽样法

对于任意给定的分布函数 $F(x)$,直接抽样法的一般形式为

$$\xi_N = \inf_{F(t) \geqslant r_n} t \quad (n = 1,2,\cdots,N) \tag{7.10}$$

其中,$r_1, r_2, \cdots, r_n$ 为随机数序列。也就是说,对于一组随机数 r_n,取能够使得累积分布函数值 $F(t)$ 大于该随机数的最小随机变量值 t 所构成的序列,就是满足已知分布的随机变量抽样。

3. 随机变量的舍选抽样法

对于连续型分布,采用直接抽样法,首先必须获得该分布函数的反函数的解析表达式。而实际许多分布由于无法获得该反函数的解析式,甚至连分布函数自身的解析式都不存在,因此无法采用上述的直接抽样法。另外,即便可以给出分布函数的反函数,但由于该反函数的计算量很大,从抽样效率的角度考虑,这种情况下,也不适合采用直接抽样法。

为了克服直接抽样法的上述困难,Von Neumann 提出了舍选抽样法,该方法示意图如图 7.1 所示,为已知分布密度函数,该密度函数在有限区域上有界,即

$$0 \leqslant f(x) \leqslant M$$

舍选抽样就是在图中产生一个随机点 (x_i, y_i),如果该点落入 $f(x)$ 以下的区域,则 x_i 取作抽样的取值,否则,舍去重取。反复上述过程可产生分布密度为 $f(x)$ 的随机抽样序列 $\{x_i\}$。由图 7.1 可见,密度函数值 $f(x_i)$ 越高,抽样值 x_i 抽取的可能性越大。

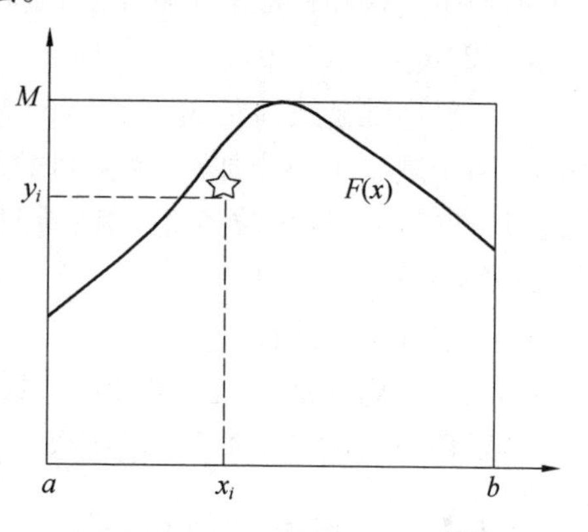

图 7.1　舍选抽样法示意图[1]

舍选抽样法的具体步骤是,首先产生二元随机数 (ξ, η),令 $x_i = a + \xi(b - a)$, $y_i = M_\eta$,如果 $y_i \leqslant f(x_i)$,则取 x_i 作为抽样值;否则舍去。反复抽样可得所求抽样序列 $\{x_i\}$。

舍选抽样法可用于所有已知分布密度函数的随机抽样,具有较广的适用性。 但是,如果 $f(x)$ 以下的区域较小时,则抽样过程中被舍去的概率较大,因此,抽样效率低,抽样费用高。

7.1.5　随机性问题的 Monte Carlo 模拟

1. 随机行走(random walk)模拟

Monte Carlo 方法最早在计算方面的运用并不是对多维积分的数值近似求解,而是对随机扩散性过程的模拟。这一扩散过程可以分解为一系列连续的、无相关的过程。随机行走是 Monte Carlo 方法中重要的内容,无论是直接模拟,还是间接模拟。随机行走是一种典型的简单抽样方法,可用以模拟扩散、溶液中长而柔性的大分子的性质等。随机行走主要有:随机行走(RW)、不退行走(NRRW)和自回避行走(SAW)。随机行走就是指,某一个质点的每一次行走没有任何限制,既与前一次行走无关,也与以前任何一步所到的位置无关。这种模型可以用于模拟质点的扩散等过程,但是,不能用于模拟高分子的位形。因为,用随机行走方法模拟高分子位形是用随机行走的轨迹代表高分子的位形,行走过的位置代表的是构成分子的原子或官能团,因此,随机行走忽略了体斥效应。不退行走就是禁止在每一步行走后立即倒退,可以解决刚走的一步与上一步重叠的问题。但不退行走没有完全解决高分子的体斥效应问题。自回避行走就是所有已走过的位置不能再走,这样就完全解决了体斥效应问题。

2. 马尔可夫链

对于简单抽样,每一次的抽样都是独立的。如上述的随机行走过程,每行走一步都与前一步无关,更与初始位置无关。重要抽样 Monte Carlo 方法的实质是每次抽样实验不是完全独立的,而是与前一次或者与以前的所有抽样结果具有一定的概率关系,如不退随机行走和自回避随机行走。

设一个系统的状态序列(随机变量序列)为 $x_0,x_1,\cdots,x_n,\cdots$,如果对于任何一个状态 x_n 只与前一个状态 x_{n-1} 有关,而与初始状态无关,即状态 n 的概率为

$$P(x_n \mid x_{n-1},\cdots,x_1,x_0) = P(x_n \mid x_{n-1}) \tag{7.11}$$

则称此序列为马尔可夫链。

3. 马尔可夫过程

在应用 Monte Carlo 方法模拟现实的系统时,所有算法都是基于下面所述的马尔可夫过程。在马尔可夫过程中,若设时刻 t_0 具有动力学变量 q_0,在其后时刻 t 具有某一动力学变量取值的概率与在 t_0 时刻之前此系统经由怎样的状态没有任何关系。马尔可夫过程作为随机游动过程,它在游走中任一阶段的行为都不被先前游动过程的历史所限制,即区域内的点可以被多次访问。也就是说,在 t_0 时刻以前的经历全部缩并(contracted)为所谓的在时刻 q_0 具有动力学变量组 q_0 的单一信息。系统在时刻 t_0 取动力学变量为 q_0,并在时刻 t_1 通过(q_1, $q_1+\mathrm{d}q_1\mathrm{d}q$),其在某时刻 t 转移至($q,q+\mathrm{d}q$)的概率 $\phi(q_0,t_0;q_1,t_1;q,t)\mathrm{d}q_1\mathrm{d}q$,

可简单地由两个概率 $\Phi(q_0,t_0;q_1,t_1)\mathrm{d}q_1$ 和 $\Phi(q_1,t_1;q,t)\mathrm{d}q$ 的乘积表示为

$$\Phi(q_0,t_0;q_1,t_1;q,t)=\Phi(q_0,t_0;q_1,t_1)\cdot\Phi(q_1,t_1;q,t) \tag{7.12}$$

将上式对过程中间的全部动力学变量 q_1 积分，则可得到所谓的查普曼－柯尔莫果洛夫关系为

$$\Phi(q_0,t_0;q,t)=\int\Phi(q_0,t_0;q_1,t_1)\cdot\Phi(q_1,t_1;q,t) \tag{7.13}$$

通常，将满足上面 2 个式子关系的随机过程称为马尔可夫过程或马尔可夫链。

对于由多个粒子、多个自由度组成的一般力学系统，若可以不考虑部分自由度（即施加约束条件），而只着眼于其他部分自由度的处理，则所观测系统的演化可作为像马尔可夫过程之类的简单过程来描述。即舍去现实系统的微观运动的详细信息，并由引入作用于动力学变量的某种随机的更新，而得到马尔可夫过程。

为了推导遵从马尔可夫过程的系统随时间的演化方程，将 $\Gamma(q)\cdot W(q_1;q)$ 作为受 Δt 调控的微小量（也可表示为 Δt），其转移概率展开为

$$\Phi(q_1,l;q,l+\Delta t)=(1-\Gamma(q))\delta(q-q_1)+W(q_1;q)+\sigma(\Delta t^2) \tag{7.14}$$

利用式(7.14)将马尔可夫过程的关系式改写为

$$\begin{aligned}\Phi(q_1,l;q,l+\Delta t)&=\Phi(q_0,t_0;q,t)\\&=\Phi\int\Phi(q_0,t_0;q_1,t_1)\mathrm{d}q_1W(q_1;q)-\\&\quad\Phi(q_0,t_0;q,t)\Gamma(q)+\sigma(\Delta t^2)\end{aligned} \tag{7.15}$$

式(7.15)为遵从马尔可夫过程的概率论演化的一般表达式，将 $p(q,t)=\int p(q_0,t_0)\mathrm{d}q_0\Phi(q_0,t_0;q,t)$ 代入上式中，则可直接推得动力学变量的分布函数 $p(q,t)$ 服从演化方程式，即

$$\begin{aligned}p(q,t+\Delta t)-p(q,t)&=\int p(q_1,t)\mathrm{d}q_1W(q_1;q)-\\&\quad p(q,t)\Gamma(q)+\sigma(\Delta t^2)\end{aligned} \tag{7.16}$$

7.1.6 Monte Carlo 模拟算法

Monte Carlo 模拟就是边产生随机数，边在计算机上进行随机过程模拟的方法，是一种基于随机采样的计算方法。根据从随机数分布中如何选择用于数值积分实验的随机数，我们可以区分简单抽样（simple or naive sampling）Monte Carlo 方法和重要抽样（importance sampling）Monte Carlo 方法。前一个方法（简单抽样）使用均匀分布随机数，而后者（重要抽样）则采用与所研究问题和

谐一致的分布。由此,重要抽样意味着在被积函数具有大值的区域要使用大的权重因数,而在被积函数取小值的区域则采用小的权重因数。

1. 随机变量的简单抽样法 —— 非权重 Monte Carlo 积分

如果有足够多能满足使用要求的伪随机数,我们就可以有效地运用 Monte Carlo 方法给出更高维定积分(亦称多维积分)的近似值,简单抽样 Monte Carlo 方法包括了所有那些由均匀分布中选取随机数的积分方法。

利用 Monte Carlo 方法进行计算的最简单例子,就是定积分的数值求解。例如,在一维情况下,定积分为

$$J = \int_a^b h(x)\,\mathrm{d}x \tag{7.17}$$

这个积分的数值解可以由下述方法求出:把区间$[a,b]$平均分解成 n 个子区间,且有 $x_0 = a$ 和 $x_n = b$,之后对各个相应的离散函数值求和,就可给出这个积分的近似值。这时,该积分真值 J 的平均值 $\bar{J}$ 为

$$J \approx \bar{J} = (b-a)\frac{1}{n}\sum_{i=1}^{n} h(x_i) \tag{7.18}$$

这种积分数值近似解的统计误差以 $1/\sqrt{N}$ 的比例减小。也就是说,近似值与所求积分真值之间的偏差随 n 趋于无穷大而变为零,由此看出,积分 $h(x)\,\mathrm{d}x$ 的值可以由 n 个函数值 $h(x_1),h(x_2),\cdots,h(x_n)$ 的平均值近似给出,这里的 n 是一个很大的数。上述方法就相当于把 n 个坐标 $x_1,x_2,\cdots,x_n$ 均匀分布于区间$[a,b]$且认为每个点是等权重的,然后在 n 个离散子集中通过抽样被积函数值而给出积分的近似值,这样一种积分方法又被称为“确定性抽样”。

另外,代替在区间$[a,b]$上等间隔地选取子区间,我们可以在均匀分布于区间$[a,b]$上的 m 个随机选取的坐标 $x_1,x_2,\cdots,x_m$ 中进行抽样,然后求平均,从而得到一个与上述所求等效的积分近似值。这种方法要求在所研究的区间上应给出大量的分别由 m 个无相关随机数组成的链(即马尔可夫链)。

可以把被积函数在这些点的相应取值看作一个统计样本集,即

$$J \approx \bar{J}_{\mathrm{MC}} = (b-a)\frac{1}{m}\sum_{j=1}^{m} h(x_j) \tag{7.19}$$

式中,J 为所求积分的真值;$\bar{J}_{\mathrm{MC}}$ 为由统计抽样求出的积分近似值。

为了使这种方法有较高的效率,应当取 $m < n$。这种被称为随机抽样法的正确性基于概率论的中心极限定理。由随机抽样法得到的积分数值近似解的统计误差以 $1/\sqrt{m}$ 的比例衰减。这种认为自变数在所研究区间均匀分布,并随机选择被积函数值的 Monte Carlo 方法就称为简单抽样法或非权重随机抽样法。用于求解低维积分近似值的所谓随机数值抽样法,其与经典确定性方法相

比,前者的实用性要差。例如,若运算步数为 m,则梯形定则产生的误差为 $1/m^2$,显然它比由 Monte Carlo 近似法给出的误差 $1/\sqrt{m}$ 要好得多。然而,随机抽样法的真正优势表现在对较高维积分的近似求解,Monte Carlo 方法对较高维体系的积分误差仍是 $1/\sqrt{m}$,而这时梯形定则给出的误差变为 $1/m^{2/D}$,这里 D 为维数。

上述关于随机抽样求解积分的概念,很容易推广到被积函数为 k 维的情况,即

$$\int_{a_1=0}^{b_1=1}\int_{a_2=0}^{b_2=1}\cdots\int_{a_k=0}^{b_k=1} h(x_1,x_2,\cdots,x_k)\,\mathrm{d}x_1\mathrm{d}x_2\cdots\mathrm{d}x_k \approx \frac{1}{s}\sum_{i=1}^{s} h(x_{1i},x_{2i},\cdots,x_{ki}) \tag{7.20}$$

其中,$(x_{1i},x_{2i},\cdots,x_{ki})=x_i$ 表示从由 s 个无相关抽样矢量构成的子集中抽取的第 i 个矢量,其每一个矢量都是由 k 个随机选取且等权重的矢量分量组成,每一矢量都代表在由所求积分表达的多维物体上的抽样点。

如果积分在每一维上的长度不是"1",而是其范围分别为 $[a_1,b_1]$,$[a_2,b_2]$,$\cdots$,$[a_k,b_k]$,这里 a 和 b 可取任意值;这样,$h(x_{1i},x_{2i},\cdots,x_{ki})$ 关于 s 个随机分布矢量(其每个矢量分量分别在 $[a_1,b_1]$,$[a_2,b_2]$,$\cdots$,$[a_k,b_k]$ 区间上)的平均值并不简单地近似等于积分的真值,而是等于积分真值除以其满足的多维区域,亦即

$$\frac{1}{s}\sum_{i=1}^{s} h(x_{1x},x_{2x},\cdots,x_{kx}) \approx \frac{1}{(b_1-a_1)(b_2-a_2)\cdots(b_k-a_k)} \int_{a_1}^{b_1}\int_{a_2}^{b_2}\cdots\int_{a_k}^{b_k} h(x_1,x_2,\cdots,x_k)\,\mathrm{d}x_1\mathrm{d}x_2\cdots\mathrm{d}x_k \tag{7.21}$$

原子尺度多体问题的模拟是高维 Monte Carlo 积分方法的典型应用领域。然而,必须借助统计力学方法才能从大量的微观数据中获得与宏观性质有关的数据。例如,在离散能量情况下,特性量 q 的正则系综平均 $\langle q\rangle_{\mathrm{NVT}}$ 可写为

$$\langle q\rangle_{\mathrm{NVT}} = \sum_{\boldsymbol{\Gamma}} \rho_{\mathrm{NVT}}(\boldsymbol{\Gamma})_q(\boldsymbol{\Gamma}) \tag{7.22}$$

式中,$\boldsymbol{\Gamma}=\boldsymbol{r}_1,\cdots,\boldsymbol{r}_N;\boldsymbol{P}_1,\cdots,\boldsymbol{P}_N$ 表示相空间组态或相空间中的点;算符 $\rho_{\mathrm{NVT}}(\boldsymbol{\Gamma})$ 是正则概率或相空间分布函数。

若用正则概率密度 $W_{\mathrm{NVT}}(\boldsymbol{\Gamma})$ 表示,则式(7.22)可改写为

$$\langle q\rangle_{\mathrm{NVT}} = \frac{\sum_{\boldsymbol{\Gamma}} w(\boldsymbol{\Gamma})q(\boldsymbol{\Gamma})}{\sum_{r} w_{\mathrm{NVT}}(\boldsymbol{\Gamma})} \tag{7.23}$$

对于 Monte Carlo 积分法,采用多种 S 个离散抽样矢量 $\boldsymbol{\Gamma}_i$,我们可以把式

(7.23) 表示为

$$\langle q\rangle_{\mathrm{NVT}} \approx \langle q\rangle_{\mathrm{MC}} = \frac{\sum_{i=1}^{s} w(\boldsymbol{\Gamma})q(\boldsymbol{\Gamma})}{\sum_{i=1}^{s} w(\boldsymbol{\Gamma}_i)} = \frac{\sum_{i=1}^{s}\exp(-\beta H(\boldsymbol{\Gamma}_i))q(\boldsymbol{\Gamma}_i)}{\sum_{i=1}^{s}\exp(-\beta H(\boldsymbol{\Gamma}_i))} \tag{7.24}$$

式中，$\beta = 1/k_{\mathrm{B}}T$；$H$ 为系统哈密顿量；$\langle q\rangle_{\mathrm{MC}}$ 为 Monte Carlo 方法关于 $\langle q\rangle_{\mathrm{NVT}}$ 真值的近似值。

如果系统权重因子 $w_{\mathrm{ens}}(\boldsymbol{\Gamma}_j)/\sum_{i=1}^{s} w_{\mathrm{ens}}(\boldsymbol{\Gamma}_i)$ 在坐标 $\boldsymbol{\Gamma}_i$ 附近的取值明显偏离其平均值，则在这种情况下，简单抽样法是不适用的。这在统计力学中只是一种特殊情况，因为正则玻尔兹曼密度函数 $w_{\mathrm{ens}}(\boldsymbol{\Gamma}) = \exp(-\beta H(\boldsymbol{\Gamma}))$ 在组态空间的大部分区域是非常小的。通过引入权重随机抽样方法以克服这一缺点。

2. 权重随机抽样方法

描述多体系统状态的大多数平均量都可以用积分形式表示，为了选择合适的积分方法，我们必须考虑这些平均量的某些性质。首先，平均量应是多维积分，因为它们 N 个粒子的独立坐标和动态矢量（对子原子气就有个变量）有依赖关系。其次，被积函数值可以变更 n 个数量级，即明显不同于配分函数中的玻尔兹曼因子。这就是说，某些组态对积分有较大的贡献，而另一些组态的重要性则可以忽略。第三，所选用的方法通常要能进行陡变曲线（比如 δ 型）函数的积分，例如在微正则系综中所见到的相空间密度函数。

针对上述情况，就常见数值积分方法来讲，既不够快，也不是很精确。即使是上面讨论过的简单抽样 Monte Carlo 积分方法，也只能应用于计算有限数目的所谓均匀分布的被积函数值，对于上述情况，它也是不充分的，因为它无法校正和处理变化极快的相空间密度函数。另外，我们还要记住抽样积分法在计算光滑函数积分时是非常有效的。例如，如果被积函数是一个常量，那么我们只需要由简单抽样积分法给出一个点就可得到所求积分的精确值。类似地，考虑可以应用于那些被积函数是光滑的和近于常量的情况，使得我们只需少数几个被积函数抽样值就可得到好的近似值。

把任意陡的被积函数变换成非常平滑的函数且调整积分区间的想法是重要抽样法的基本思想。换句话说，由简单抽样法扩展为重要抽样法，其中一个最主要的改进应当是使用了权重被积函数。这就是说，所使用的伪随机数是从非均匀分布中选取的。这种操作方法允许我们把精力集中于在空间区域对函数值的计算与评价，使其对积分给出恰当的贡献。

引入权重函数 $g(x)$，则对 J 的估算可以写成

$$J = \int_a^b h(x)\,\mathrm{d}x = \int_a^b \left(\frac{h(x)}{w(x)}\right) w(x)\,\mathrm{d}x \tag{7.25}$$

现在,如果把变量 x 换成 $y(x)$,有

$$y(x) = \int_0^x g(x')\,\mathrm{d}x' \tag{7.26}$$

则积分变为

$$J = \int_{y(x=a)}^{y(x=b)} \frac{h(y(x))}{g(y(x))}\mathrm{d}y \tag{7.27}$$

关于这个积分的 Monte Carlo 近似求解前面已经讨论过,即随机抽样在区间$(y(x=a),y(x=b))$上均匀分布的n个点,然后对相应于$h(x)/g(x)$的离散值取平均,即

$$\bar{J} \approx (y(x=a),y(x=b))\,\frac{1}{n}\sum_{i=1}^{n}\frac{h(y\,(x)_i)}{g(y\,(x)_i)} \tag{7.28}$$

权重函数引入到 Monte Carlo 方法中的一些细节,可以通过下面一个简单例子看得更清楚。函数 $h(x)$ 在 a 和 b 之间的积分 J 可以表示为

$$J = \int_a^b h(x)\,\mathrm{d}x \tag{7.29}$$

假定 $h(x) = \exp(-x/2)$,则式(7.29) 变为

$$J = \int_a^b \exp\left(\frac{-x}{2}\right)\mathrm{d}x \tag{7.30}$$

首先,确定第二个函数 $g(x)$,且其在所考虑的区间上具有与原函数类似的变化形态,即

$$h(x) \approx g(x)$$

在这个例子中,指数函数 $\exp(-x/2)$ 可以用级数展开式,即

$$1 - \frac{x}{2} + \frac{x^2}{2} - \frac{x^3}{6} + \cdots \approx 1 - \frac{x}{2}$$

则原来的积分表达式为

$$J = \int_a^b \frac{h(x)}{g(x)}g(x)\,\mathrm{d}x = \int_{y(x=a)}^{y(x=b)}\frac{h(y)}{w(y)}\mathrm{d}y = \int_{y(x=a)}^{y(x=b)}\frac{\exp\left(\frac{-x}{2}\right)}{1-\frac{x}{2}}\mathrm{d}y \tag{7.31}$$

$$y(x) = \int_0^x g(x')\,\mathrm{d}x' = \int_0^x\left(1 - \frac{x'}{2}\right)\mathrm{d}x' = x - \frac{x^2}{4} \tag{7.32}$$

和

$$x = 2 + (1 + \sqrt{1-y}) \tag{7.33}$$

这样,原始积分则可以改写成

$$J = \int_{x=0}^{x=1} \exp\left(\frac{-x}{2}\right) \mathrm{d}x = \int_{y=0}^{y=\frac{1}{4}} \frac{\exp(-(1+\sqrt{1-y}))}{\sqrt{1-y}} \mathrm{d}y \tag{7.34}$$

这个例子表明,变量代换修改了积分区间,同时也改变了被积函数的表达形式。因此,对同一积分我们可以通过下列步骤来完成,即:由对 y 选择平均分布的随机数代替对原变量 x 的随机值的选取,用求权重函数 $h(x)/g(x)$ 的积分代替对原始函数 $h(x)$ 的积分。如果 y 的取值是一个恰当的分布,则对于接近于 1 的函数 $h(x)/g(x)$ 的积分将会相对简单一些。

对数值求解定积分的情况,由于采用理想的随机变量,并单纯地反复试行,从原理上讲,无论怎样,所得到的结果都只能是对正确值的一个估计值,或者换句话说,若认为随机取点是一个个不同的抽样样本,假设不限制样本数 M(亦即所取点数),并且 M 足够大,则在原理上讲,无论如何,其结果都趋于真正的期望值。概率论中的强大数法则和中心极限定理是 Monte Carlo 方法的基础。强大数法则反映了大量随机数之和的性质。如果函数 f 在 $[a,b]$ 区间,以均匀的概率分布密度随机地取 n 个 u_i。对每个 u_i 计算出函数值 $f(u)$,则由强大数法可知,这些函数值之和除以 n 所得到的将收敛于函数 f 的数学期望值 $E\{f\}$,即

$$\lim_{n\to\infty} \frac{1}{n} \sum_{i=1}^{n} f(u_i) = \frac{1}{b-a} \int_a^b f(u) \mathrm{d}u = E\{f\} \tag{7.35}$$

7.2 Monte Carlo 方法在材料科学中的应用

MC 方法可以通过随机抽样的方法模拟材料构成基本粒子原子、分子的状态,省去了量子力学和分子动力学的复杂计算,可以模拟很大的体系[2]。结合统计物理的方法,MC 方法能够建立基本粒子的状态与材料宏观性能的关系,是研究材料性能及其影响因素的本质的重要手段。

7.2.1 Monte Carlo 方法在统计物理中的应用

统计物理学是由物质的微观运动来描述物质宏观性质的科学。由于物质是由大量微观粒子组成的,每个粒子在不停地做热运动,在统计物理中把物质的宏观性质看作是对大量微观粒子热运动的平均效果,把系统的宏观量看作是对应微观量的统计平均值。当系统处于热平衡时,系统的宏观量在各个微观状态或各能级上的概率分布一定,不再随时间变化,因此用平衡态分布求得系统各宏观量(如热力学、熵和压力等)的平均值不变。在热力学中,通过实验测量一些量(如热容等),再通过热力学方法求得该系统的所有热力学量。在统计物理中,只需知道组成系统粒子的属性(如粒子的自旋、质量、粒子间的相互作等),通过统计方法可求得系统的宏观量(如物态方程与热力学能等)。从单个

粒子的属性计算系统的宏观量要根据系统内粒子的特性建立统计模型,求出系统平衡时处在各能级的概率分布,由分布求出宏观量。

宏观量与微观量的关系有两种类型:一种是宏观量与微观量具有明显的对应关系,如密度、热力学能等,这种宏观量可以直接通过微观量的统计平均值求得;另一种是宏观量与微观量没有明显对应关系,如温度、熵等,这些宏观量是热现象中出现的新的物理量,它们是在第一种对应关系与热力学关系的基础上求得的。

7.2.2 Monte Carlo 方法在高分子材料研究中的应用

高分子最基本的特点是具有较大的相对分子质量,而且分子形态以链状为主。由于高分子绕其化学单键做内旋转能够产生无穷多种构象态,而高分子的构象态与其特性具有密切的关系,所以,高分子链构象的统计分析是高分子科学中一个最基本也是最重要的问题。高分子链的构象数与高分子链长 n 有关,而 n 往往很大,因此仅仅单个高分子链就可以被认为是一个统计力学系统。随机行走、不退行走和自回避行走是进行高分子链构象的基本抽样方法。对于高分子浓溶液或高分子熔体,链的运动可以看成链在管道中的蛇行运动,因此可以用简单的一维扩散方程定性地描述其动力学,即所谓“管道模型”(或称为“蛇行模型”)。

Monte Carlo 方法模拟高分子链动力学的基本过程是,通过随机抽样的方法建立高分子体系的初始状态,然后采用微松弛方法对各高分子链的构象进行随机变化,反复重复该过程,再对不同时刻的体系进行统计分析,获得动力学物理量。

7.2.3 Monte Carlo 方法在无机材料研究中的应用

材料表面的组成往往与材料内部不同,这就是所谓的表面偏析现象。表面偏析对于一些材料性能产生巨大的影响,如表面硬度、强度、催化、化学吸附、晶体生长等,这些性能均对材料表面特性非常敏感。因此,不仅要了解材料表面的结构,还有必要了解表面组成分布。

表面偏析的研究主要解决以下几个问题。

(1) 表面偏析元素的性质。

(2) 在一定的温度下表面浓度(本书浓度均指质量分数) 与体浓度(bulk concentration) 的关系,即温度和表面晶体取向对偏析等温线的影响。

(3) 表面偏析程度,即浓度深度分布图,浓度分布特性(振荡或单调)。

(4) 平行于表面的各层中的浓度变化,结晶学上的结构重建、化学上的有序化或相分离。

关于表面偏析,已进行了大量的理论和实验研究,并有很多理论研究的综述文章。分子动力学方法也可以用来模拟材料表面的结构与组成分布,但是,分子动力学方法最关键的问题是原子间相互作用势函数的获取,而对于多元体系来说,势函数的获取是极为困难的。因此,采用 Monte Carlo 方法模拟材料的表面问题得到了广泛的应用。

显微结构是材料研究的重要因素之一,而晶粒和气孔的尺寸及分布是材料显微结构的主要参数。因此,多晶材料在制备过程中,晶粒生长及气孔演变过程无论对材料的性能预测还是对材料制备过程的设计都具有极为重要的意义。关于晶粒生长和致密化过程在实验和理论方面都已进行了大量的研究。晶粒生长和气孔演变过程对于任何一种材料来说都不是均一的,对于一个个体来说具有随机性,整体体现为统计性质。对于这样的过程来说,进行理论模拟的最佳方法就是 Monte Carlo 方法。

7.3　Monte Carlo 模拟方法应用举例

7.3.1　铝/钢焊接接头界面 Fe_2Al_5 生长模拟研究

由于焊接过程本身所具有的复杂冶金物化反应过程,加之反应中又有金属间化合物这一复杂物相的生成,因此铝/钢焊接接头界面反应异常复杂。采用改进焊接工艺方法对 Fe_2Al_5 的研究只能得到最终的生长形态、生长厚度及分布形态,但无法从机理上对 Fe_2Al_5 生长行为、生成厚度及生长形态进行揭示。随着物相数值模拟的发展与应用,借助数值模拟方法对 Fe_2Al_5 的生长行为进行模拟研究具有巨大潜力。基于 Fe_2Al_5 的晶体结构,对其生长过程进行物理几何抽象。采用 Monte Carlo 随机计算模型,以脉冲旁路耦合电弧 MIG 焊为焊接方法的热过程作为模拟过程的温度参考,对 Fe_2Al_5 晶粒的生长机理进行模拟分析[3]。焊接初始阶段,液态铝中溶解的大量 Fe 原子与 Al 原子反应,使得金属间化合物 Fe_2Al_5 在初始界面上大量形核,直到其中界面上形成连续片状。形成连续片状后界面上的溶质扩散模式发生改变,即由液固扩散转变为固态扩散。固态扩散主要是 Al 原子通过 Fe_2Al_5 层朝钢侧扩散,而且不同的合金元素的加入,导致其扩散效果完全不同,从而形成不同形态的 Fe_2Al_5 晶粒形态。

1. 模拟过程

针对于此,结合 Fe_2Al_5 晶体结构三维示意图,如图 7.2 所示,做出以下假设:(1) Al 原子只能通过 Fe_2Al_5 晶体中的 c 轴空位进行传输;(2) 只有 Al 原子扩散至 Fe_2Al_5 晶粒生长前端时,才能与 Fe 原子反应生成 Fe_2Al_5。

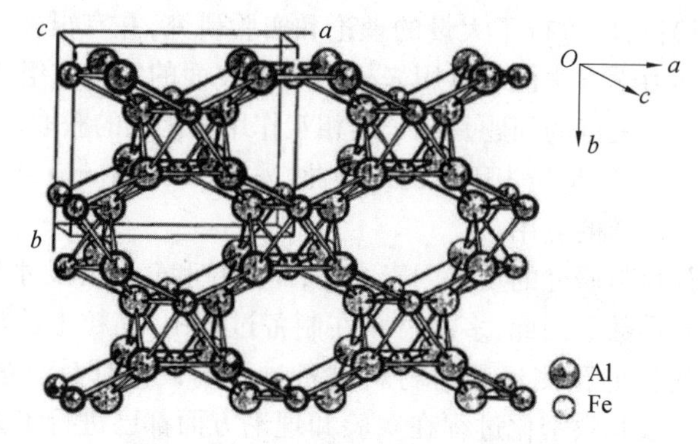

图 7.2　Fe_2Al_5 晶体结构三维示意图[3]

基于上述假设,建立如图 7.3 所示的 Fe_2Al_5 晶粒生长示意图。其中,c 轴取向即为 Fe_2Al_5 晶粒的生长取向,以 c 轴方向与界面之间的夹角 θ 来表示。晶体 c 轴方向生长尺度为 L,与形核界面的夹角为 θ,从而得出垂直于形核界面方向的生长厚度为 H,且 $H = L \times \cos\theta$。

基于 Monte Carlo 模拟方法,采用随机抽样方法获取单元格点。通过计算单元格点与其邻近格点之间的结合能量,从而获得 E_0。然后,改变该单元格点的状态属性,再次计算出能量 E_1。格点几何关系示意图如图 7.4 所示。如阴影格点中的属性为 A,其邻近的 4 个格点与其属性之间形成一定的粘接功,将此粘接功定义为各格点属性之间的界面能。整个模拟系统中存在 3 种属性,即 Fe_2Al_5、Fe 和 Al。其中粘接功有以下 6 种组合:$E_{Fe_2Al_5-Fe_2Al_5}$、$E_{Fe_2Al_5-Fe}$、$E_{Fe_2Al_5-Al}$、E_{Fe-Al}、E_{Fe-Fe} 和 E_{Al-Al}。根据界面热力学可以得出

$$E_{Fe_2Al_5-Al} = \gamma_{Fe_2Al_5} + \gamma_{Al} - \gamma_{Fe_2Al_5-Al} \tag{7.36}$$

$$E_{Fe_2Al_5-Fe_2Al_5} = 2\gamma_{Fe_2Al_5} \tag{7.37}$$

式中,γ_x 正比于对应温度下 X 的吉布斯自由能大小。

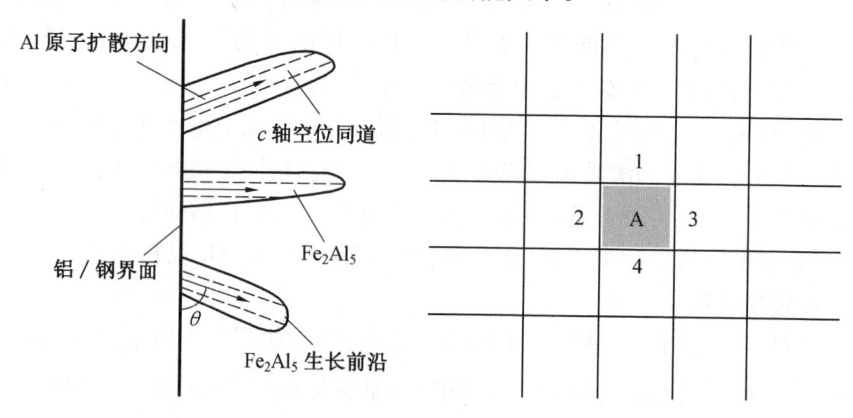

图 7.3　Fe_2Al_5 晶粒生长示意图[3]　　图 7.4　格点几何关系示意图[3]

模型中采用随机均匀抽样法选取单元格点,格点初始属性分为2种,即Fe、Al。模拟过程中对随机抽取的格点赋予属性 Fe_2Al_5,采用数值标定,且赋定一个取向值 Q,其中 $1 < Q < N$,模型中通过 Q 来区分不同晶粒,且 $Q = \cos\theta$。格点形核后晶粒的取向由 c 轴与形核界面的夹角 θ 决定。界面迁移的概率为

$$\Delta E = E_1 - E_0 \tag{7.38}$$

$$P_x = \begin{cases} P_c & (\Delta E < 0) \\ P_c \exp\left(-\dfrac{\Delta E}{RT}\right) & (\Delta E > 0) \end{cases} \tag{7.39}$$

2. 模拟结果分析

基于所建立的模拟模型,构建400 mm × 600 mm 的四边形二维网格系统,以二维网格平面法向方向作为参考方向,通过夹角 θ 来确定晶粒的 c 轴方向,二维网格示意图如图7.5所示。采用固定边界条件,其中夹角 θ 取值为 $10° < \theta < 90°$,总模拟时间步为 2×10^5。模拟结果如图7.6～7.8所示。

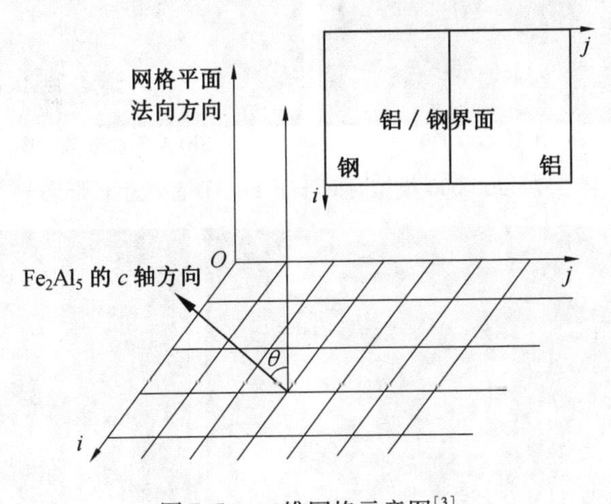

图7.5 二维网格示意图[3]

在模拟的初始阶段,如图7.6(a)、(b)所示,Fe_2Al_5 在铝/钢界面上大量形核,晶核在界面上不存在明显的取向性,即各个取向的晶粒大小基本无差别。与此同时,可以看到,靠近钢侧有的晶核有明显长大趋势。在界面上形核基本结束之后,Fe_2Al_5 在初始界面上基本形成连续片层状,Fe、Al原子的扩散成为 Fe_2Al_5 晶粒生长的主要影响因素。随着生长时间的增加,界面上的优势晶粒取向生长呈现“板条状”,在界面上呈现竞争优势,而其他取向的晶粒在后续的生长过程中严重被抑制。

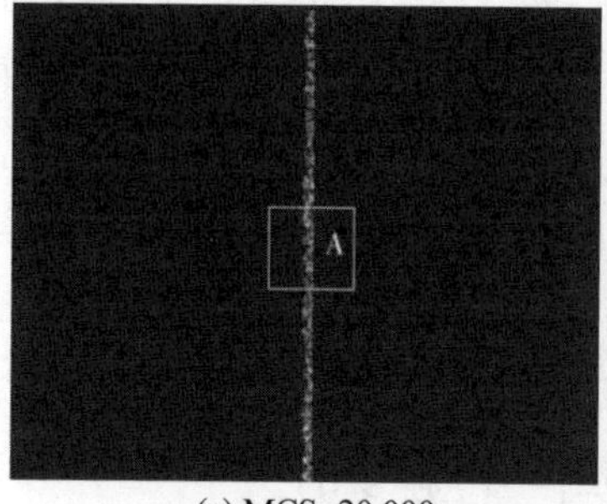

(a) MCS=20 000

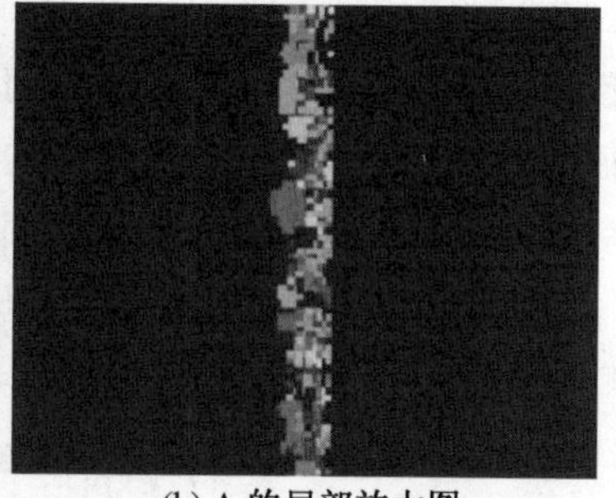

(b) A 的局部放大图

图 7.6　20 000 模拟时间步下 Fe_2Al_5 晶粒生长形态[3]

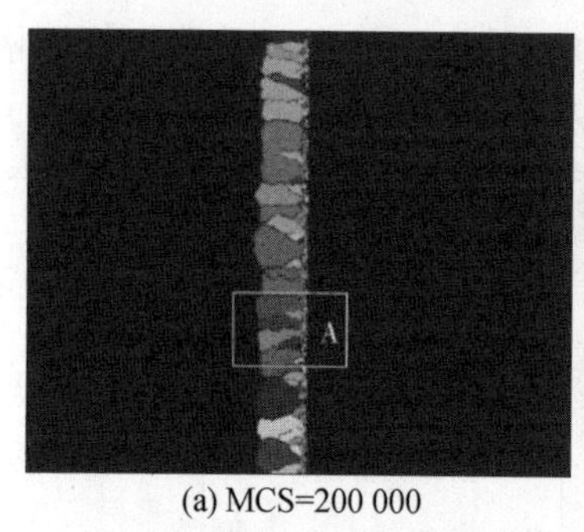

(a) MCS=200 000

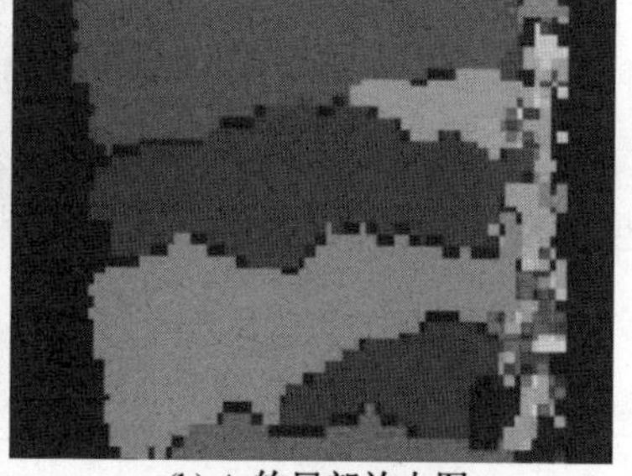

(b) A 的局部放大图

图 7.7　200 000 模拟时间步下 Fe_2Al_5 晶粒生长形态[3]

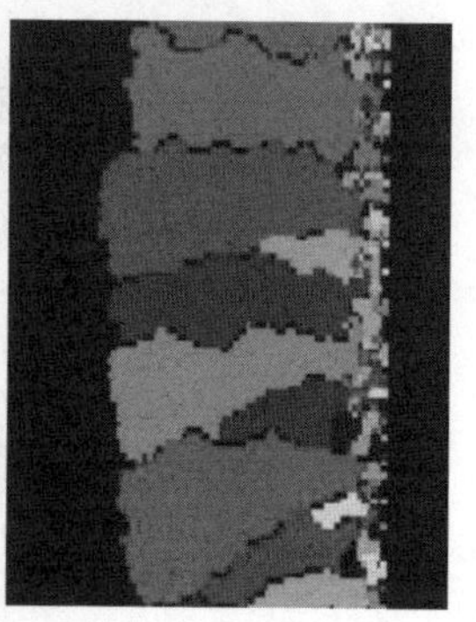

图 7.8　实验结果与模拟结果对比[3]

为了验证数值模拟和理论分析的合理性,基于 EBSD 对界面上 Fe_2Al_5 的晶粒形态进行了分析,并将实验结果与模拟结果进行比较,如图 7.8 所示。从晶粒形态上可以明显看出,两者吻合度较高。由此可以得出,针对 Fe_2Al_5 的晶体结构,采用 Monte Carlo 随机模型建立的 Fe_2Al_5 晶粒生长模型可以实现对其生长的模拟研究。模型可以精确地模拟出不同形核取向下 Fe_2Al_5 的生长过程,并可视化地揭示了 Fe_2Al_5 在界面上呈现竞争生长的形态。

7.3.2　工业纯铝焊接热影响区晶粒生长的模拟

1. 模拟过程

(1) 模型的建立。

一般的晶粒生长是指首次再结晶完成后,多晶材料在退火过程中所发生的平均晶粒长大现象,可看作等温加热过程,晶粒结构的 Monte Carlo 模型如图 7.9 所示。将 Monte Carlo 技术与第一原理相结合,可得到在等温加热过程中描述晶粒生长的公式为

$$L^2 - L_0^2 = \frac{4\gamma AZV_m^2}{N_A^2 h}\exp\left(\frac{\Delta S_f}{R}\right)\exp\left(\frac{-Q}{RT}\right)t \tag{7.40}$$

式中,L 为时间 t 时的晶粒尺寸;L_0 为时间 $t=0$ 时的原始晶粒尺寸;A 为配合概率;Z 为晶粒边界单位面积上的平均原子数;V_m 为范德蒙常数;N_A 为阿伏伽德罗常数;R 为气体常数;T 为绝对温度;ΔS_f 为材料的熔化熵;γ 为晶粒边界能;h 为普朗克常量;Q 为激活能。

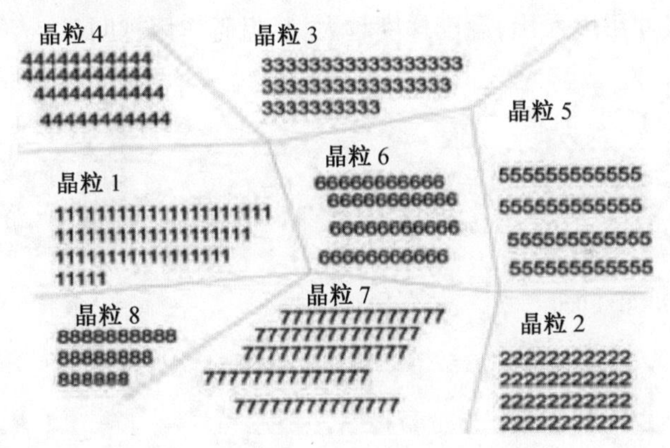

图 7.9　晶粒结构的 Monte Carlo 模型[4]

在焊接热影响区晶粒生长过程中,晶粒受到快速加热和冷却,导致在该区域内任一微小范围也存在较大的温度梯度,甚至在同一晶粒的不同位置也存在温度差异,晶粒生长被热影响区的狭窄宽度所限制,即所谓的对晶粒生长的"热钉扎"现象[4]。

(2) 模拟程序的编制。

采用二维矩阵,将随机分布的 0 ~ 64 个随机数分配给每个模拟的格点,相邻并具有相同随机数的格点属于同一个晶粒,晶界就位于有 2 个不同位向的网格点处。而一个格点上晶向转变为另一晶向的概率由转变前后的能量差决定。对每个晶格点,通过计算能量差判断它的转变概率。晶界处格点晶向改变

的统计结果最终表现为晶粒的长大。

2. 模拟结果

通过计算机模拟得出晶粒尺寸与模拟时间(MCS)的关系为

$$L = k_1\lambda\ (\mathrm{MCS})^{n_1} \tag{7.41}$$

式中,k_1、n_1 为模型常数;λ 为空间点阵常数,可根据实际情况设定。

经多次运行模拟程序并采用回归分析的方法,可得到 $k_1 = 0.141$,$n_1 = 0.48$。由此得到不同熔合线部位对应的模拟时间与晶粒尺寸分布的关系,如图7.10所示。

为了研究热影响区(HAZ)中热钉扎效应对晶粒长大的影响,将与实际的焊接热循环曲线相接近的模拟热循环曲线记录下来,模拟相同受热情况下试件整体受热时的晶粒长大(图7.11),并与HAZ中模拟的结果相比较。可以看出,对于同一热循环,HAZ位置的晶粒生长动力低于试件整体受热时的生长动力。这表明,HAZ中晶粒边界的热钉扎效应是由于温度梯度的存在而产生的。比较HAZ的不同部位的模拟晶粒尺寸与试件整体受热时HAZ的不同部位的模拟晶粒尺寸可以看出,温度梯度越大,其阻碍作用越明显。

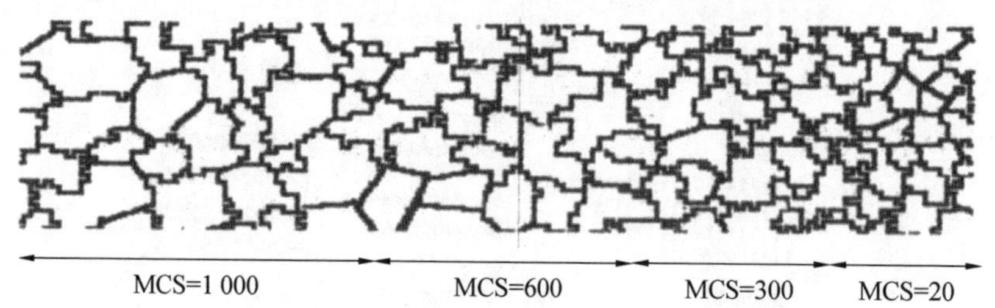

图7.10　HAZ的不同部位的模拟晶粒尺寸[4]

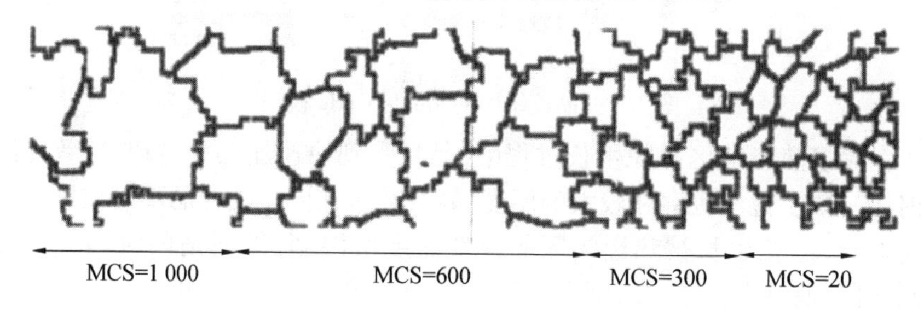

图7.11　试件整体受热时HAZ的不同部位的模拟晶粒尺寸[4]

7.3.3　12%铁素体不锈钢混合焊缝热影响区晶粒生长的模拟

1. 模拟过程

激光 + GMAW混合焊接是涉及非常复杂的物理机制的焊接工艺,例如热传导、对流、辐射、蒸发、熔融、凝固、流体流动、锁孔演化和激光诱导等离子体。用基于传输机制的模型完全描述这些现象是昂贵、耗时的,甚至是不可能的。一般来说,热传导模型很简单,计算成本低廉。如果合适的热源模型得到很好的开发和校准,则热传导模型在物理上更合适。为了简化和快速计算,混合焊接中的温度场和热循环通过自适应体积热源的热传导模型进行数值模拟,图 7.12 所示为自适应体积热源模型。

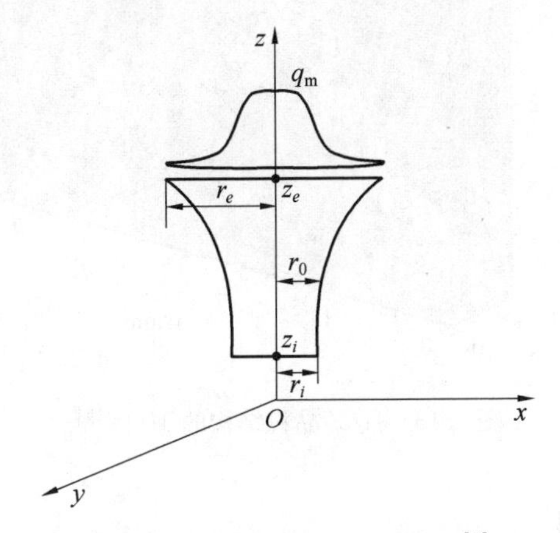

图 7.12　自适应体积热源模型[5]

2. 模拟结果

图 7.13 所示为 HAZ 晶粒结构的 3D 图。从该图中可以清楚地观察到顶面和对称垂直平面上晶粒尺寸的空间分布。正如预期的那样,融合线附近的是粗晶粒,远处是细晶粒。然而,沿融合线不同位置的谷物生长程度是完全不同的。粗晶区(CGHAZ) 的晶粒结构和宽度沿熔合线方向变化。与顶面上和顶面附近的晶粒相比,焊池下方的晶粒尺寸要小得多,并且可以清楚地观察到晶粒的 CGHAZ 的相应宽度相当窄,这与激光焊接下的晶粒相似。这是因为混合焊接的焊缝穿透力主要由激光束的作用决定,激光束的加热和冷却速度非常快,以至于可用于晶粒生长的时间非常短。

图 7.14 所示为不同焊接条件下模拟晶粒结构的比较。可以观察到,随着热输入的增加,CGHAZ 顶面附近的平均晶粒尺寸和形状、尺寸增加,而靠近焊池底部的变化并不明显。实验二对应最明显的晶粒生长和顶部表面附近 CGAZ 的最大宽度,因为其热输入最大(0.229 kJ/mm)。对于实验一,热输入最低(0.127 kJ/mm),并且具有最小的平均晶粒尺寸和相应的 CGHAZ 最小宽度。

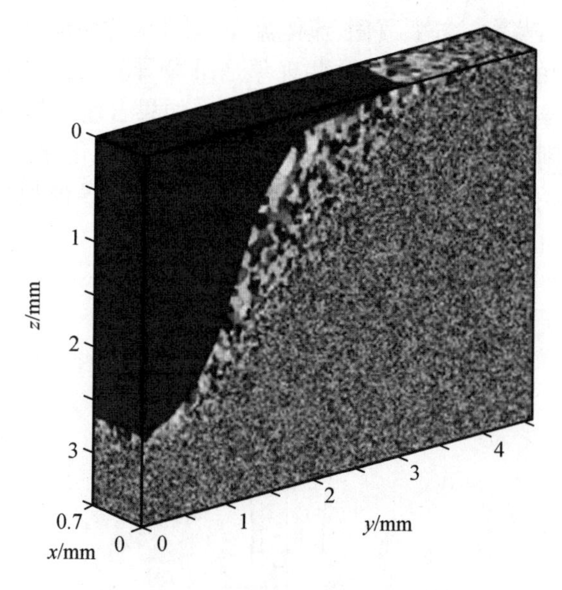

图 7.13　HAZ 晶粒结构的 3D 图[6]

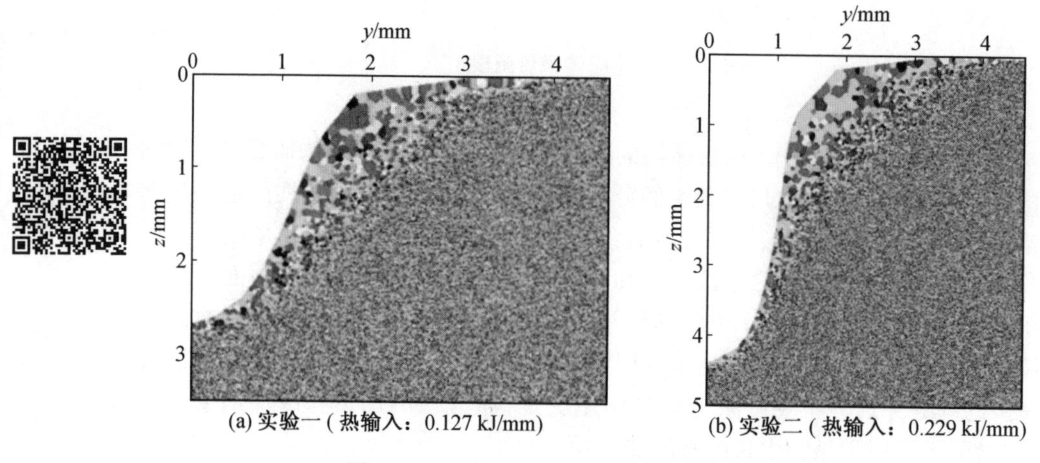

(a) 实验一 (热输入：0.127 kJ/mm)　　(b) 实验二 (热输入：0.229 kJ/mm)

图 7.14　不同焊接条件下模拟晶粒结构的比较

本章参考文献

[1] 罗伯 D. 计算材料学[M]. 项金钟, 吴兴惠, 译. 北京: 化学工业出版社,2002.

[2] 张跃,谷景华,尚家香,等. 计算材料学基础[M]. 北京:北京航空航天大学出版社,2007.

[3] 陈满骄,胡新军,吕威,等. 铝/钢焊接接头界面 Fe_2Al_5 生长模拟研究[J]. 焊接,2019(7):10-14,65.

[4] 张世兴,刘新田,林敦文. 工业纯铝焊接热影响区晶粒生长的模拟[J]. 焊接技术,2004,33(5):16-18,1.

[5] XU G X,WU C S,QIN G L,et al. Adaptive volumetric heat source models for laser beam and laser + pulsed GMAW hybrid welding processes[J]. The international journal of advanced manufacturing technology,2011,57(1-4):245-255.

[6] ZHANG Z Z,WU C S. Monte Carlo simulation of grain growth in heat-affected zone of 12wt.% Cr ferritic stainless steel hybrid welds[J]. Computational materials science,2012,65:442-449.

第 8 章　元胞自动机

元胞自动机(CA 法)是一种全离散的动力学模型,采用离散的空间布局和离散的时间间隔,将元胞分成有限种状态。元胞个体状态的演变,仅与其当前状态及其某个局部邻域的状态有关。CA 法可用来模拟自然界的确定性演化过程和随机性演化过程。在材料科学中,如金属的凝固、相变、再结晶等过程是随机的、多元的动态物理过程,CA 法依据形核的物理机理和晶体生长动力学规律,通过随机性原理安排晶核分布和结晶方向,从而模拟金属材料热变形过程的微观组织。

8.1　CA 法原理

8.1.1　CA 法的定义

CA 法是20世纪50年代初由计算机之父冯·诺依曼(J. von Neumann)为了模拟生命系统所具有的自复制功能而提出来的[1]。CA 法具体是指在一个由具有离散、有限状态的元胞组成的元胞空间上,按照一定的局部规则,在离散的时间维度上演化的动力学模型,是复杂系统研究的一个典型方法,特别适合用于空间复杂系统的时空动态模拟研究。不同于一般的动力学模型,CA 法不是由严格定义的物理方程或函数确定,而是由一系列模型构造的规则构成。凡是满足这些规则的模型,都可以算作是 CA 法模型。因此,CA 法是一类模型的总称,或者说是一个方法框架。在这一模型中,散布在规则格网中的每一元胞取有限的离散状态,遵循同样的作用规则,依据确定的局部规则做同步更新。大量元胞通过简单的相互作用而构成动态系统的演化。其特点是时间、空间、状态都离散,每个变量只取有限多个状态,且其状态改变的规则在时间和空间上都是局部的。

从此,由 CA 法构造具有生命特征的机器成为科学界的一个新的方向,而对 CA 法理论本身的研究开始逐步展开。从不同领域的视角来看,CA 法有着不同的定义。

(1) 从物理学视角来看。

CA 法是定义在一个由具有离散、有限状态的元胞组成的元胞空间上,并按照一定的局部规则,在离散的时间维上进行演化的动力学系统。

(2) 从生物学视角来看。

从生物学或者人工生命的角度来看,CA 法可以视为一个让许多单细胞生物生活的世界,在我们设定好这个世界的初始状态和进化规则之后,这些单细胞生物便依据规则在离散的时间步上进行演化。

(3) 从数学视角来看。

标准 CA 法是一个由元胞、元胞状态、邻域和状态更新规则构成的四元组,用数学符号可以表示为$A=(L,d,S,N,f)$,A代表一个 CA 法系统,L表示元胞空间,d 表示 CA 法内元胞空间的维数,是一正整数,S 是元胞有限的、离散的状态集合;N 表示一个邻域内所有元胞的组合,即包含 n 个不同元胞状态的一个空间矢量,记为$N=(S_1,S_2,\cdots,S_n)$,其中$S_i \in S, i \in \{1,\cdots,n\}$,$f$表示将$S$映射到$S$上的一个局部转换函数。所有的元胞位于 d 维空间上,其位置可用一个 d 元的整数矩阵 $\mathbf{Z}$ 来确定。

(4) 从计算视角来看。

显然,CA 法每一个元胞的状态变化都是一种计算。我们可以把每一个元胞都看作一台计算机,这样 CA 法就是一种计算模型。CA 法每个元胞的变化是同步进行的,也就是对信息的处理是同步进行的,特别适合并行计算。CA 法可能是下一代并行计算机的雏形。

(5) 从动力学视角来看。

CA 法可以视为离散动力系统中的一种自动器网络模型。它由若干节点及连接这些节点的边而构成,但在自动器组成的复杂网络模型中,我们还可引入不同层次的动力学,即每个节点表示一个子系统,它们有各自的动态行为,节点之间的连接强度也可能发生变化,由此反映元素间作用关系的变化。每个节点(或元素)都可以看作是一个自动器,这些连接起来的自动器组成了自动器网络。若干自动器称为自动机。如果一个自动器网络具有规则的晶格结构,每个元素是完全一样的有限自动器(相同的局部连接即输入集和输出函数相同),且元素间的连接强度为常数,这样的自动器网络称为 CA 法。若自动器网络的元素是一布尔自动器(状态为 0 和 1)且状态函数为布尔开关函数,元素间连接强度不变,则我们得到“布尔网络”。当元素间连接强度可随时间变化时,网络的行为就变得更复杂,这将是“神经网络”要讨论的问题。复杂系统理论中研究的这些自动器网络模型的共同特点在于:涉及的元素数量较大;元素间局部连接;系统总体体现了鲜明的涌现性。

8.1.2　CA 法的构成

CA 法包括元胞、元胞空间、邻域和规则四部分,换言之,CA 法可以视为由一个元胞空间和定义于该空间的变换函数所组成，图 8.1 为 CA 法的构成示意图。

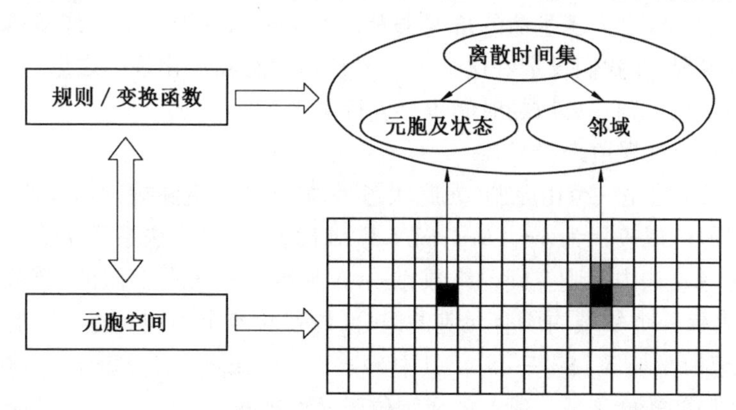

图 8.1　CA 法的构成示意图

元胞是构成 CA 法的最基本单元，而元胞空间是元胞所分布的空间网点集合。理论上，元胞空间是在各维向上无限延展的，但实际中无法在计算机上实现。因此，需要定义不同的边界条件。元胞空间的边界条件主要有 3 种类型：周期型、反射型和定值型。通常在某一个时刻，一个元胞只能有一种元胞状态，而且该状态取自一个有限集合，如｛0,1｝、｛生,死｝或｛$0,a_1,a_2,\cdots,a_n$｝。例如，金属结晶分为结晶态、未结晶态和边界状态。

元胞空间是指元胞所分布在的空间网点的集合。网点可用多种形式进行划分，二维 CA 法网格划分如图 8.2 所示，二维元胞可按三角形、四方形或六边形等网格划分，理想化的元胞空间通常是无限延展的，但在实际应用中需要规定元胞空间的大小和相应的边界条件。最常用的为四方形网格，这种网格划分方式直观、简单。

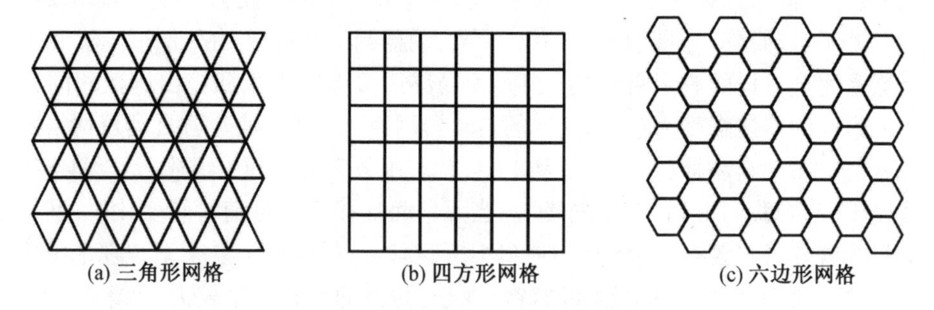

图 8.2　二维 CA 法网格划分

邻域是指根据一定的作用方式确定的与当前元胞有直接联系的元胞的集合。在 CA 法中，这些作用是定义在局部范围内的，即一个元胞下一时刻的状态取决于元胞自身的状态和它的邻域的状态。在一维 CA 法中，通常以半径 r

来确定邻域,距离某个元胞 r 内的所有元胞均被认为是该元胞的邻域。图 8.3 所示为一维 CA 法邻域。

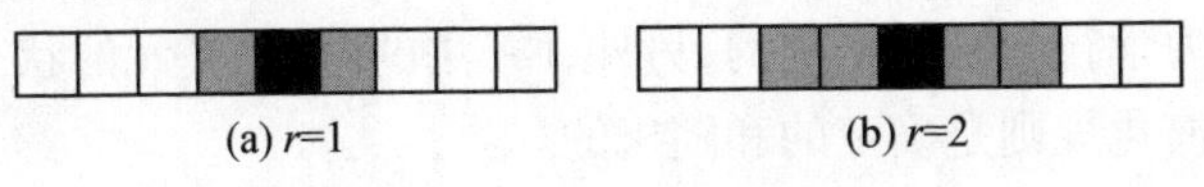

图 8.3　一维 CA 法邻域

在二维条件下的 CA 法建模中,在正方形元胞体系中,主要有 5 种邻位关系,分别为 Von Neumann 型邻居、Moore 型邻居、Margolus 型邻居、Moore 扩展型邻居和 Alternant Moore 型邻居。其中,Von Neumann 型邻居也称为四邻居元胞,即决定当前元胞状态的单元为与之最邻近 4 个元胞,如图 8.4(a) 所示。Moore 型邻居也称为八邻居元胞,即当前元胞状态由周围8个元胞共同决定。8 个元胞包括 4 个最邻近元胞,以及处于对角位置的 4 个次邻近元胞,如图 8.4(b) 所示。Margolus 型邻居是指,将元胞空间划分为 2 × 2 个元胞的邻接单元块,当元胞状态更新时,单元块内各元胞只依据该单元块的状态演化,对左上、右上、左下和右下的邻居状态敏感,与邻近单元块的状态没有直接联系,如图 8.4(c) 所示。Moore 扩展型邻居是指将 Moore 邻位关系 r 扩展为 2 或者更大,如图 8.4(d) 所示。Alternant Moore 型邻居是将 Moore 型邻居中左对角线和右对角线分别交替少 2 个元胞,变为六邻居元胞,如图 8.4(e) 所示。

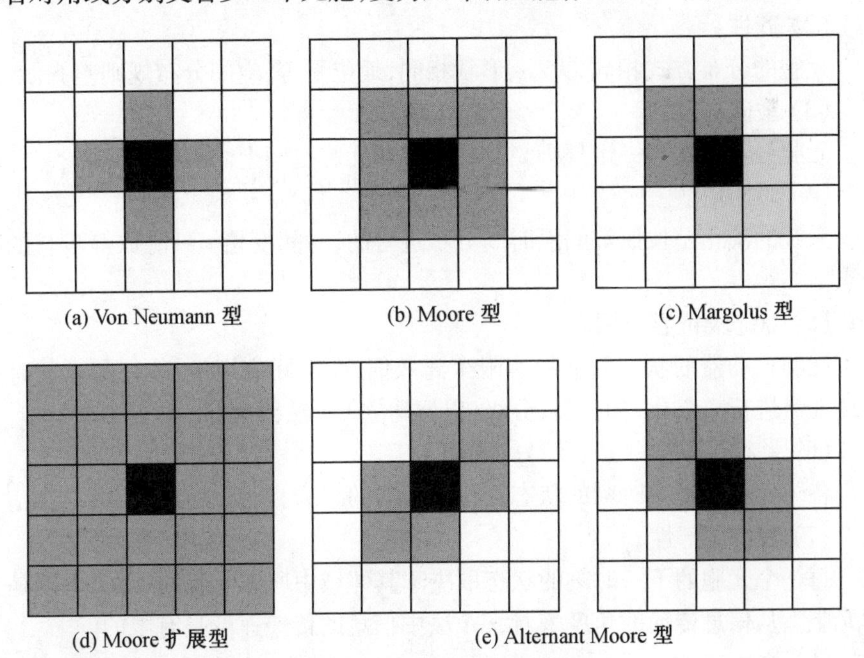

图 8.4　CA 法体系中的邻居关系

规则是根据元胞当前状态及邻居状态确定下一时刻该元胞状态的函数，也称为状态转移函数。CA 法中，每个元胞的演化规则是局部的，仅同周围的元胞有联系，但动力学行为则是全局的，另外，CA 法的网络、基元的状态和数值是有限的，而且其演化规则是确定的和随机的。

8.1.3 CA 法的一般特征

CA 法是在确定性方法的基础上发展而来的随机性模拟算法。该算法的开展在离散的空间及时间域上进行，计算域中每个元胞的状态由若干状态参数进行表征，例如元胞的浓度、温度及固液状态等。特别地，在对液态金属凝固过程进行模拟时，每个元胞分别存在固态、液态及生长态 3 种状态，并分别用数字 1、0 和 2 来表征，通过赋予不同状态下的元胞以不同的显示方式，便可以清晰地呈现液态金属的液 - 固转变过程。计算域中元胞的状态在每个时间步内会按照相同的演变规则进行同步更新，这一特性能够使材料凝固组织演变的模拟更加贴近实际的结晶过程。元胞自动机方法具有如下特点[2]。

(1) 同质性。

在元胞空间内的每个元胞的变化都服从相同的规律，所有元胞均受同样的规则所支配。

(2) 齐性。

元胞的分布方式相同，大小、形状相同，地位平等，空间分布规则整齐。

(3) 空间离散。

元胞分布在按照一定规则划分的离散的元胞空间上。

(4) 时间离散。

系统的演化是按照等间隔时间分步进行的，时间变量 t 只能取等步长的时刻点。

(5) 状态离散且有限。

元胞自动器的状态只能取有限个离散值，在实际应用中，往往需要将有些连续变量进行离散化，如分类、分级，以便建立 CA 法模型。

(6) 并行性。

各个元胞在每个时刻的状态变化是独立的行为，相互没有任何影响。

(7) 时空局部性。

每一个元胞的下一时刻的状态取决于其邻域中所有元胞的状态，而不是全体元胞。从信息传输的角度来看，CA 法中信息的传递速度是有限的。

(8) 维数高。

在动力系统中一般将变量的个数称为维数。例如，将区间映射生成的动力系统称为一维动力系统;将平面映射生成的动力系统称为二维动力系统;对于偏微分方程描述的动力系统,则称为无穷维动力系统。从这个角度来看,由于任何完备CA法的元胞空间是定义在一维、二维或多维空间上的无限集,每个元胞的状态便是这个动力学系统的变量。因此,CA法是一类无穷维动力系统。在具体应用中或计算机模拟时当然不可能处理无限个变量,但一般也总是处理数量很大的元胞组成的系统。因此,可以说维数高是CA法研究中的一个特点。

在上述特征中,同质性、并行性、局部性是CA法的核心特征,任何对CA法的扩展应当尽量保持这些核心特征,尤其是局部性特征。

8.2 CA法在材料科学中的应用

传统数学建模方法的主要思想是建立描述体系行为的偏微分方程,方程的建立依赖于对体系的成熟的定量理论。CA法从微观角度出发来考虑问题,直接考察体系内的局部交互作用,统计所有这种局部作用在整体区域所导致的行为,最终得到所需要的组态变化[3-4]。其基本思想为,以简单的、离散的元胞通过简单的规则与邻居发生局部作用来考察复杂体系的变化。具体来说,CA法的主要组成部分为元胞和元胞空间,将模拟区域对应的元胞空间划分成一个个简单的元胞,同时将时间和元胞的状态离散,一个元胞只与其邻居元胞发生作用。相邻元胞之间的作用由简单的规则完成,即每个元胞在某一时刻的状态由前一个时间步该元胞与邻居元胞的状态按照一定规则来决定。元胞状态的转变将随着时间步的增加同步进行,每个元胞与其邻居元胞相互影响,最后通过统计所有局部作用而得到模拟区域的总体状态变化。

正是因为具有这种利用简单的、离散的、局部规则的方法描述复杂的、连续的、全局系统的演变的能力,使得CA法不仅在计算机领域,而且在科学研究的方法上对许多相关领域,特别是材料微观组织模拟产生巨大影响。CA法在20世纪80年代被首次引用到材料学应用中来,Gandin 和 Rappaz[5] 将CA法用于凝固过程中枝晶生长的模拟,建立了二维的枝晶形核和长大模型,Brown 等[6] 建立了三维的CA法模型,并基于该模型考察了过冷度对枝晶生长的影响。CA法在材料领域凝固结晶中的应用主要以随机概念、形核的物理机理与晶体生长动力学理论为基础,CA法最开始是被应用于二维系统中,此时一个元胞的形态一般为正三角形、正方形或正六边形。将CA法拓展到三维系统,元胞的形态采用正方体元胞。CA法的基本原理是,将求解域离散成若干个独立元胞,将时间分隔为时间步,将元胞的所有状态划分为若干个独立状态,采用特定规则来控制元胞之间的相互影响及每个元胞的状态,该规则在每一时刻作用于体系内的每一个元胞,时刻改变着所有元胞的状态。元胞状态取决于此时此刻邻居元胞状态的同时,也对邻居元胞的状态产生一定的影响。在近十几年的发展中,CA 法算法逐渐被运用于材料科学领域的计算中,例如模拟材料凝固过程晶粒的形核与生长、热加工过程中的再结晶、相转变过程等,国内外学者对 CA 法模型不断进行完善改进,并将宏观模型与 CA 法模型进行耦合用于更精确的模拟计算,得到了适用于不同过程的特征模型,使模拟结果与实验结果的拟合度大大提升。

1986 年,Wolfram[7] 首次构建了求解金属凝固组织演变的二维 CA 法模型,开创了二维 CA 法模型在材料科学中应用的先河,随后,全世界的研究者相继建立模拟凝固枝晶生长过程的 CA 法模型。该模型将热扩散、生长过程的动力学特征、曲率和潜热等问题考虑在内,从不同角度揭示了枝晶生长的过程及其影响因素。

对于焊接过程而言,熔池液态金属的凝固、热影响区的再结晶、晶粒长大及固态相变等过程都会严重影响焊接接头的微观组织形态和力学性能,因此,在建模仿真时需要兼顾这些重要因素。同时,由于焊接热过程具有瞬时性、局部性及热源移动性等特点,焊缝金属的凝固速率较铸造凝固过程更大,温度分布极其不均匀,焊缝组织经历动态结晶过程,并产生枝晶尺度的溶质偏析现象,这些特性使得焊接熔池凝固微观组织演变模拟存在较大难度。

1996 年,Rappaz 和 Gandin 等[8] 优化了焊接熔池凝固组织演变 CA - FE 耦合模型,成功再现了钢板激光重熔过程的微观组织转变,模拟了焊缝组织从晶粒形核到长大的全过程。

2004 年,Pavlyk 和 Dilthey[9] 向枝晶生长 CA 模型中引入了流体对流模型,对焊接熔池微观组织的转变过程进行了建模仿真。

2012 年,Choudhury 等[10] 针对 Al - Cu 合金的凝固过程,分别采用相场法和 CA 法模拟了等轴晶生长的过程,对比了两种方法的优劣。结果表明,CA 法模拟所得的 3D 等轴晶形态更接近实际。

2015 年,Rappaz[11] 采用优化后的凝固组织枝晶生长的 CA 模型对焊接熔池微观组织演变过程进行了模拟,发现枝晶生长形貌的模拟结果与实验结果吻合良好。

2016 年,Wang 等[12] 建立了凝固过程中树枝晶生长的三维元胞自动机模型,并将仿真结果与实际枝晶形态做了比较,发现二者在一定程度上高度相似。

相比国外,国内研究人员对焊接熔池凝固过程微观组织演变进行 CA 建模与仿真的研究虽起步较晚,但发展至今,研究成果较为显著。

2003 年,黄安国等[13] 验证了采用 CA 法对焊接熔池凝固微观组织演变进行建模仿真的可行性,并描述了如何针对焊接熔池凝固过程的特性建立微观组织演变的 CA 模型,但未给出确切可用的模型。此后的相关研究均在此基础上不断向前发展,逐步完善焊接熔池凝固微观组织模拟领域的研究。

2006 年,赵军[14] 结合了 CA 法和 FD 法在微观尺度与宏观尺度计算的适用性,对焊缝液态金属凝固时不同形貌晶粒的形核与生长过程进行了 CA - FD 建模与求解。其中,利用枝晶生长的 CA 模型求解了熔池微观组织演变过程,利用 FD 原理计算了熔池宏观温度场和溶质扩散过程。

2008 年,黄安国等[15] 针对焊接熔池凝固过程构建枝晶生长 CA 模型,对熔池凝固微观组织演变过程进行了仿真求解,模拟结果重现了熔池凝固柱状晶的择优生长的过程。

2008 年,占小红等[16] 将 CA 法与 FD 法相结合,构建了求解 Ni - Cr 合金焊缝枝晶生长的微观 - 宏观耦合模型,并通过求解与分析,详细描述了熔池一次枝晶的生长过程,并提出枝晶尺寸的影响因素包括宏观温度场、溶质浓度场和焊接工艺参数。

2010 年,马瑞[17] 研究焊接熔池凝固中的联生结晶、流体流动现象,提出了 CA - FD 有限容积相互耦合的枝晶生长模型,并探讨了熔池凝固过程中液态金属流体流动对枝晶生长形态和溶质分布情况的影响。

2011 年,许凤叶[18] 建立基于 CA 算法的焊接熔池凝固枝晶生长三维模型,对焊接熔池中心等轴晶形核生长过程进行求解,给出了三维等轴晶在不同截面上的形貌,并分析其差异形成原因。

2014 年,宋奎晶[19] 利用 CA 法对钛合金焊缝的晶粒形核与长大、热影响区固态相变进行建模仿真。通过设定不同的计算条件,分析讨论了计算条件对焊缝和热影响区组织形态、相变分数、溶质浓度场的影响规律。

2015 年,余明敏[20] 运用改进 CA 模型对均匀温度场下的等轴晶及柱状晶生长实现了动态模拟,模拟结果可以反映实际焊接过程的晶粒生长动力学理论基础。

2017 年,Rai 等[21] 耦合格子玻尔兹曼常数和元胞自动机来模拟电子束熔化过程中的微观结构演化。Keller 等[22] 研究了激光粉末增材制造过程中快速凝固过程中微观组织和微观偏析,得出了工艺参数对晶粒结构和结构演化的影响。

8.3 CA 法在晶粒生长中的应用

本节将采用 CA 法建立熔池枝晶生长模型，对铝锂合金激光焊接熔池凝固的微观组织演变过程进行模拟，将为铝锂合金激光焊接接头在航空航天领域的可靠应用奠定基础。

8.3.1 凝固过程枝晶形核模型的建立

熔池中实际凝固过程包括枝晶的形核与长大两个部分，建立熔池凝固过程枝晶生长 CA 法模型的第一步是建立适合焊接熔池凝固过程的枝晶形核模型。一般来说，液态金属的凝固结晶因形核条件的不同被分为两种情况，即均匀和非均匀形核。均匀形核也称为自发形核，其凝固条件要求液态金属存在较大过冷度，以提供晶粒形核功。只有当体积自由能的减小速度大于表面自由能的增大速度时才能继续长大，一般的凝固环境很难满足均匀形核的条件。

在焊接熔池内，含有大量的杂质、金属间化合物、合金元素等，它们可作为形核的表面，为过冷液相提供形核质点，此时液相中发生非均匀形核。在熔池边缘熔合线附近，有大量被熔池熔化至一半的基体金属晶粒，它们提供了大量的表面积作为非均匀形核的界面。这些大量的外来界面，不同程度地对形核过程起到了“催化作用”，促使液态金属在较小的过冷度下即可进行非均匀形核。本书针对实际焊接熔池凝固过程，将其作为非均匀形核进行建模，同时形核位置是随机的。计算过程中，在某一过冷度增量 $\delta(\Delta T)$ 下，新形成的晶粒密度增量为

$$\delta n_{\mathrm{v}} = \int_{\Delta T}^{\Delta T+\delta(\Delta T)} \frac{\mathrm{d}n_{\mathrm{v}}}{\mathrm{d}(\Delta T')}\mathrm{d}(\Delta T') \tag{8.1}$$

式中，n_{v} 为晶粒密度；ΔT 为固液界面前沿过冷度。

被积函数表示特定过冷度下的晶粒密度，该函数是一个由大量实验得来的经验公式，可以较为准确地描述焊接熔池固液界面附近或液相中的非自发形核过程，晶粒密度函数可由图 8.5 表示。

在液相内部，设晶粒密度的增长变化量为 δn_{v}，其与考虑容积内的总体积 V 的乘积即一个时间步内形核的晶粒数 δN_{v}。在熔池内，CA 法网格中随机选择网格表示这些新形成的晶粒，定义一个作用于某时间步的随机数 P_{v}，则形核率可表示为

$$P_{\mathrm{v}} = \frac{\delta N_{\mathrm{v}}}{N_{\mathrm{CA}}} = \delta n_{\mathrm{v}} V_{\mathrm{CA}} \tag{8.2}$$

式中，V_{CA} 为每个元胞的当量体积；N_{CA} 为 CA 法体系中元胞总数目。

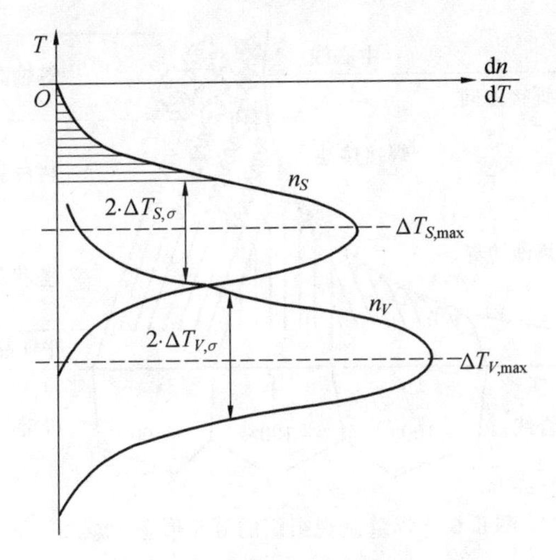

图8.5　熔池内非均匀形核密度函数

随着各个元胞状态的更新,给每个元胞赋予一个随机数$r(0 \leqslant r \leqslant 1)$。对于液相元胞,当其$r$值满足$r \leqslant P_{\mathrm{v}}$时,元胞变为固相,表示在此形成新的晶核。元胞形核后,其相应的状态数变为固相,同时捕获其周围所有邻居元胞,并将其状态更新为生长状态。随着非均匀形核过程的进行,随机分布的晶核占据了足够大的液相空间,新的晶核难以形成,此时枝晶生长占据了动力学的主导地位。

8.3.2　焊接熔池凝固过程枝晶生长模型的建立

凝固过程中,枝晶生长主要受到区域内温度分布和溶质分布控制。建立凝固过程枝晶生长模型,需要通过整体区域温度分布和溶质分布确定枝晶生长速度。

1. 枝晶生长方式

随着焊缝冷却过程的进行,焊接热源逐渐向未熔化母材移动,焊接熔池边缘晶核形成并开始向指向熔池中心的方向生长。熔池内部组织的生长形态大多为垂直于熔合线的柱状树枝晶,其晶粒形态与焊缝液态金属的过冷度、结晶速率及温度梯度密切相关,在特定凝固条件下,熔池的凝固组织中也会出现平面晶和胞状晶。理想情况下,焊缝微观组织的分布形态示意图如图8.6所示。

柱状晶的长大速度与枝晶尖端前沿附近的传热传质状态密切相关,理论上,枝晶主轴总沿着与液态熔池最大温度梯度方向相平行的方向生长。但在实际凝固过程中,由于熔池边界基底母材一侧的晶粒具备不同的晶体学取向,只

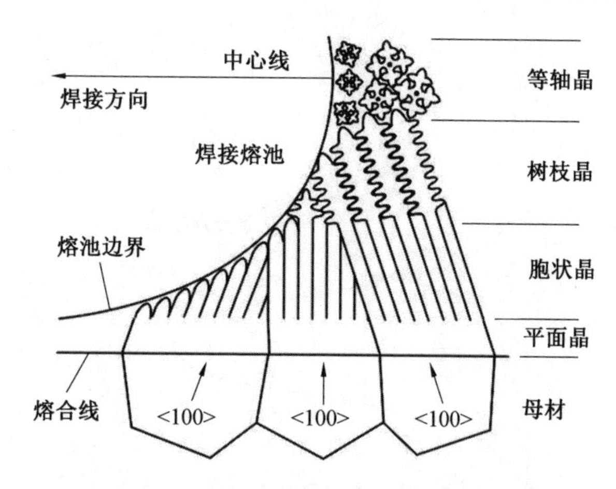

图 8.6　焊缝微观组织的分布形态示意图

有部分母材晶粒的结晶学位向与液态熔池的最大温度梯度方向相平行,大部分母材晶粒的位向与该方向成一定偏角,该现象为晶粒的择优长大。对一般立方晶系的金属,其凝固过程晶粒一般沿着〈100〉位向进行择优生长。不同取向的晶粒呈现出不同的生长速度。在采用二维枝晶生长 CA 法模型进行焊接过程微观组织演变仿真求解时,形核晶粒的生长存在 4 个不同的择优生长方向。

根据 Rappaz 的理论,已形核晶粒的长大过程可以由晶粒择优取向和邻居元胞的状态确定。在 Rappaz 模型中,假设晶粒形核的方式为正方形形核。形核后,固态代替液态成为该元胞的当前状态。晶粒长大的方式体现为固相晶核以正方形的方式生长,将固相元胞的 4 个角看作处于生长状态中的尖端。在晶粒形核完成后的某一时刻到晶粒生长到一定程度的某个时刻之间,枝晶尖端移动的距离可表示为

$$L_t = \int_{t_n}^{t} v(\Delta T^{(-)}(t'))\,\mathrm{d}t' \tag{8.3}$$

若用 A 表示刚形核的固相晶粒,晶粒长大的 Rappaz 模型如图 8.7 所示。

从 Von Neumann 规则的角度来描述晶粒生长的过程,刚形核的晶核 A 有 4 个邻居元胞,分别为 B_1、B_2、B_3、B_4。晶粒尖端的生长可由元胞对角线移动的距离表示,如式(8.4)所示,在特定的时间 t_B 下,即当正方形晶粒 A 刚形核的固相元胞的对角线 $L(t_B)$ 与 l_B 相等时,正方形晶粒 A 与离它最近的 4 个邻居元胞 B_1、B_2、B_3、B_4 相接触:

$$L(t_B) = l_B = l(\cos\theta + |\sin\theta|) \tag{8.4}$$

由确定性 CA 法规则可知,当 $L(t_B) = l_\theta$ 时,元胞 A 形核并长大到与周围元胞接触,原始晶粒 A 将其状态数传递给元胞 B,即表示元胞 B 凝固。基于以上规则,无法精确描述枝晶长大过程,因为在枝晶生长过程中存在着枝晶外延生

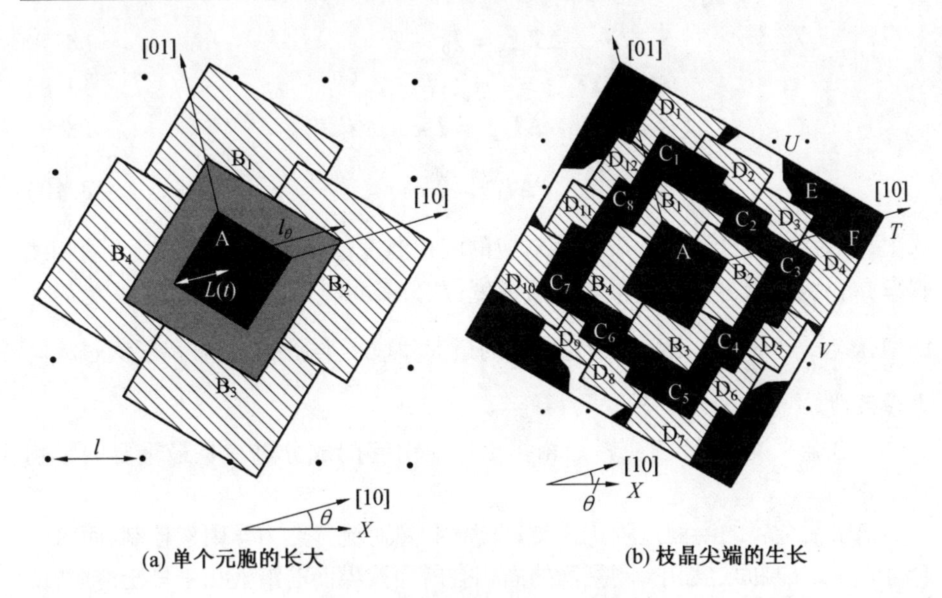

(a) 单个元胞的长大　　(b) 枝晶尖端的生长

图 8.7　晶粒长大的 Rappaz 模型

长现象，在熔池液态金属中存在热扰动、金属原子自扩散、溶质原子扩散等现象，固相元胞 A 并不一定能成功捕获其周围元胞，而是存在一定的捕获概率。为了体现枝晶生长过程的随机属性，将元胞的捕获用式(8.5)表示。如式(8.5)所示，当系统随机产生的随机数小于概率系数 P_g 时，周围元胞 B 将被 A 成功捕获，即

$$P_g = \frac{L(t)}{l_\theta} \tag{8.5}$$

2. 枝晶尖端过冷度的计算

过冷度是在平衡状态下液态金属理论相变温度与实际凝固温度的差值，固液界面的温度越低，二者差值越大，则过冷度越大。过冷度的大小直接决定枝晶的生长速度。对于单相或多相合金系统，影响过冷度大小的因素复杂多样，必须考虑温度场对枝晶生长的影响、从固相或液相中排出的溶质对平衡液相线温度的影响、枝晶尖端曲率对于尖端前沿局部过冷度的影响、枝晶尖端生长速度或粗化过程对于本地过冷度的影响等。

基于以上考虑，本书所采用的过冷度综合考虑了动力学过冷、成分过冷和枝晶尖端曲率过冷几个部分，即

$$\Delta T_{total} = \Delta T_{temp} + \Delta T_{cons} + \Delta T_{curv} + \Delta T_{kin} \tag{8.6}$$

式中，ΔT_{total} 为总过冷度；ΔT_{temp} 为热过冷度；ΔT_{cons} 为成分过冷度，是由固液界面前沿液相中的溶质浓度分布不均所造成的；ΔT_{curv} 为枝晶尖端曲率半径引起的过冷度；ΔT_{kin} 为界面动力学因素造成的过冷度，可分别表示为

$$\Delta T_{\text{temp}} = T_0 - T \tag{8.7}$$

$$\Delta T_{\text{cons}} = - m_{\text{L}}(c_{\text{L}}^* - c_0) \tag{8.8}$$

$$\Delta T_{\text{curv}} = \Gamma\kappa \tag{8.9}$$

$$\Delta T_{\text{kin}} = \frac{v_n}{\mu_{\text{k}}} \tag{8.10}$$

式中，c_0 为液相初始浓度；T_0 为相对应的液相温度；T 为局部温度；m_{L} 为液相线斜率；c_{L}^* 为固液界面前沿液相溶质浓度；Γ 为 Gibbs-Thompson 系数；κ 为界面曲率，$\kappa = \frac{1}{R_1} + \frac{1}{R_2}$；$R_1$、$R_2$ 为给定曲面的最大和最小半径；μ_{k} 为枝晶长大过程动力学系数。

对合金来说，从液相或者固相排出溶质引起的成分过冷是最重要的影响因素。

单组元金属的凝固过程主要受热传导和热对流等热力学因素控制，而对于合金来说，其凝固过程中，刚凝固的固相会向固液界面前沿液相中排出溶质，使得局部区域的溶质浓度上升，引起成分过冷，成分过冷是影响凝固过程枝晶生长的重要因素。因此可以说，合金的凝固过程既受热力学过冷控制，也受溶质扩散场控制。本书研究的铝锂合金，含量最多的合金元素是 Cu 元素，当 Cu 元素的质量分数在30% 以下时，其溶质分配系数小于1。在其熔池凝固结晶过程中，枝晶尖端将不断向前沿液相中排出溶质原子，使得该区域液相中呈现负的溶质浓度梯度，导致该区域产生较大的成分过冷，进一步促进枝晶的生长。

3. 枝晶生长过程溶质浓度场的计算

由于 2060 – T8 铝锂合金的合金元素主要为 Cu 元素，其他合金含量较少，故将其近似看作二元合金。针对 Al – Cu 合金的凝固过程，由于熔融金属凝固过程中，枝晶尖端将溶质排到固液界面前沿液相中引起该区域成分过冷增大，该现象会对枝晶生长产生较大影响，负的溶质浓度梯度使得枝晶尖端向前沿液相中继续排出更多的溶质 Cu，促使枝晶进一步生长。可以认为，二元合金凝固过程的枝晶长大主要受到溶质扩散的影响。

根据式(8.6)，综合考虑多重过冷度对焊缝凝固枝晶生长的重要作用，固液界面前沿液相溶质平衡浓度 c_{L}^* 可表示为

$$c_{\text{L}}^* = c_0 - \frac{1}{m_{\text{L}}}\left(T_0 - T_{\text{local}} - \frac{v}{\mu_{\text{k}}} - \Gamma\kappa\right) \tag{8.11}$$

若已知当前时刻该元胞的当前温度及液相线温度，可通过式(8.6) 得到总过冷度，并通过式(8.9) 计算出曲率过冷值，通过式(8.10) 计算出动力学过冷值，即可通过式(8.11) 计算出固液界面前沿液相溶质浓度。进一步通过固液界面处局部相平衡可得

$$c_S^* = kc_L^* \tag{8.12}$$

式中，c_S^*、c_L^* 分别为固相和液相在固液界面处的溶质浓度；k 为溶质分配系数。

同时，可以对该固液界面生长态元胞的溶质浓度进行求解，单个元胞中的溶质浓度模型如图 8.8 所示。

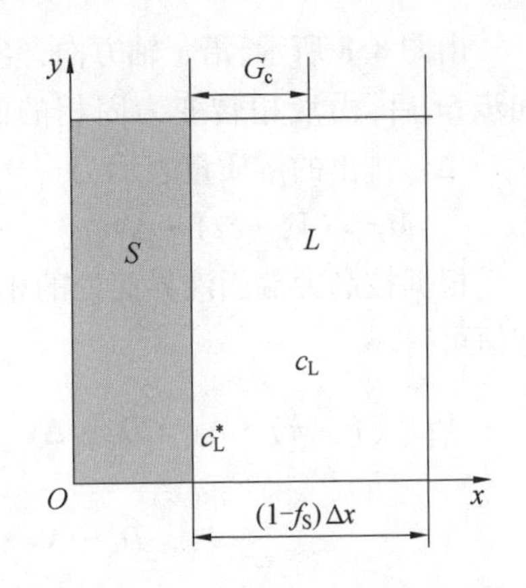

图 8.8　单个元胞中的溶质浓度模型

生长态元胞的液相溶质浓度梯度可表示为

$$G_c = \frac{c_L^* - c_L}{(1 - f_S)\Delta x/2} \tag{8.13}$$

变化可得

$$c_L = c_L^* - \frac{1}{2}(1 - f_S)\Delta x G_c \tag{8.14}$$

式中，f_S 为固相分数；Δx 为单位元胞的边长；G_c 为液相溶质浓度梯度，可通过上一时刻的溶质浓度值迭代得到。

通过将式(8.12) 和式(8.13) 的计算结果代入式(8.14)，可以计算获得固液界面生长态元胞内液相的溶质浓度，同理，可以获得该元胞内固相的溶质浓度 c_S 为

$$c_S = c_S^* - \frac{G_S f_S \Delta x}{2} \tag{8.15}$$

式中，G_S 表示固相溶质浓度梯度。

在凝固进行到一定程度时，可将生长态元胞当作一个整体，以此考虑该生长态元胞与其邻居元胞之间的溶质再分配。在凝固进行的过程中，固液界面附近的溶质浓度时刻发生着改变，导致溶质浓度梯度的出现，进而为溶质的扩散提供了驱动力。整体计算区域中，不同元胞之间的溶质扩散可表示为

$$\frac{\partial c_E}{\partial t} = \frac{\partial}{\partial x}\left(D_E \frac{\partial c_E}{\partial x}\right) + \frac{\partial}{\partial y}\left(D_E \frac{\partial c_E}{\partial y}\right) \tag{8.16}$$

$$c_E = f_S c_S + (1 - f_S) c_L \tag{8.17}$$

$$D_E = f_S c_S + (1 - f_S) D_L \tag{8.18}$$

式中，c_E 为液相元胞溶质浓度；D_E 为液相溶质扩散系数；c_S 和 c_L 分别表示固相和液相中的溶质浓度；D_S、D_L 代表固相和液相中的溶质扩散系数。

4. 枝晶生长速度的计算

考察一个处于中间态的元胞，由于元胞尺寸极小，在此数量级下，可以把枝晶尖端近似当作平面进行简化处理，中间态元胞生长示意图如图 8.9 所示。

由图 8.8 所示，沿 x 轴方向，经历过一个时间步 δt 后，由液相转变为固相的面积为 $(V_x \cdot \delta t) \cdot \Delta y$，排出的溶质量表示为

$$M_t = (V_x \cdot \delta t) \cdot \Delta y(c_L^* - c_S^*) \quad (8.19)$$

根据枝晶尖端固液界面处的相平衡及溶质守恒可得

$$V_x c_L^* (1 - k) \cdot \Delta y = D_L \cdot \Delta y \cdot \frac{\partial c_L}{\partial x} - D_S \cdot \Delta y \cdot \frac{\partial c_S}{\partial x} \quad (8.20)$$

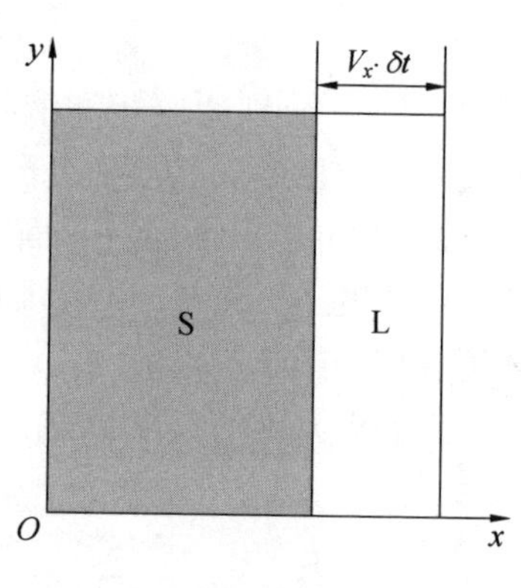

图 8.9　中间态元胞生长示意图

沿 y 轴方向的溶质平衡控制方程可采取同样的方式获得。因此，二维情况下枝晶尖端固液界面的溶质守恒可综合表示为

$$V_n^* c_L^* (k - 1) = \left(- D_L\left(\frac{\partial c_L}{\partial x} + \frac{\partial c_L}{\partial y}\right) + D_S\left(\frac{\partial c_S}{\partial x} + \frac{\partial c_S}{\partial y}\right) \right) \cdot n \quad (8.21)$$

式中，V_n^* 为固液界面的移动速度；n 为与固液相界面垂直而指向液相的方向。

将固液界面元胞的固相分数引入公式，即可得到沿 x 轴方向的枝晶生长速度差分表达式为

$$V_x(i,j) = \frac{D_L}{(1-k)\Delta x}\left(\left(1 - \frac{c_L(i-1,j)}{c_L^*(i,j)}\right) f_L(i-1,j) + \left(1 - \frac{c_L(i+1,j)}{c_L^*(i,j)}\right) f_L(i+1,j)\right) + \frac{kD_S}{(1-k)\Delta x}\left(\left(1 - \frac{c_S(i-1,j)}{kc_S^*(i,j)}\right) f_S(i-1,j) + \left(1 - \frac{c_S(i+1,j)}{kc_S^*(i,j)}\right) f_S(i+1,j)\right) \quad (8.22)$$

同理，可得到在 y 轴方向的枝晶生长速度差分公式为

$$V_y(i,j) = \frac{D_L}{(1-k)\Delta y}\left(\left(1 - \frac{c_L(i,j-1)}{c_L^*(i,j)} f_L(i,j-1)\right) + \left(1 - \frac{c_L(i,j+1)}{c_L^*(i,j)} f_L(i,j+1)\right)\right) + \frac{kD_S}{(1-k)\Delta y}\left(\left(1 - \frac{c_S(i,j-1)}{kc_S^*(i,j)} f_S(i,j-1)\right) + \left(1 - \frac{c_S(i,j+1)}{kc_S^*(i,j)} f_S(i,j+1)\right)\right) \quad (8.23)$$

式(8.22) 和式(8.23) 即枝晶尖端生长沿不同方向的速度模型。可以看出,这种基于枝晶尖端溶质守恒定律推导出来的枝晶尖端生长速率公式可用于描述焊接这种类快速凝固枝晶生长过程,在数值解法上具有一定的合理性。

5. 枝晶生长模型中相关参数的计算

(1) 界面曲率的计算。

Nastac 提出的一种计算界面曲率的方法,在某一时刻,一个固/液界面元胞的平均界面曲率为

$$\kappa = \frac{1}{\Delta x}\left(1 - \frac{2}{N+1}\left(f_S + \sum_{k=1}^{N} f_S(k)\right)\right) \tag{8.24}$$

式中,N 表示邻居元胞数目;f_S 为当前时刻中心元胞的固相分数。

通过式(8.24) 可计算一个处于生长状态元胞的界面平均曲率,凸表面的曲率变化范围在 0 到 $1/\Delta x$ 之间,凹表面的曲率变化范围在最小值 $-1/\Delta x$ 到 0 之间。

(2) 固相分数的计算。

如果单个元胞 2 个方向的生长速度已知,可以根据生长速度确定该元胞在一个时间步 Δt 内的固相分数增量为

$$\Delta f_S = \frac{\Delta t}{\Delta x}\left(V_x + V_y - V_x V_y \frac{\Delta t}{\Delta x}\right) \tag{8.25}$$

固相分数随着时间的推移而改变,某一时刻该元胞的固相分数可以表示为

$$f_S|_{t+1} = f_S|_t + \Delta f_S \tag{8.26}$$

同时,固/液界面的法向生长速度可反推得到

$$V_n = \Delta f_S \frac{\Delta x}{\Delta t} \tag{8.27}$$

(3) 元胞尺寸的确定。

数值模拟过程中的网格依赖性,是指选用不同类型的单元、不同结构的单元或不同尺寸的单元会影响计算结果的精确性和计算求解的效率。如前所述,本书采用 CA 法建模,元胞的形态采用正方体元胞。为了确定本书模型消除了网格依赖性,对不同元胞尺寸进行了枝晶生长的模拟。元胞尺寸细化到 5 μm 时,枝晶尖端生长速度几乎达到收敛,元胞尺寸对模拟结果的影响得以消除。同时,若继续降低元胞尺寸,对计算精度的增加效果不大,然而在进行相同尺寸区域的模拟时,由于降低了元胞尺寸,因此元胞数目增加,从而大大降低计算效率。因此,本书选择的元胞尺寸为 5 μm。个别计算域选用的元胞尺寸为 2 μm。

8.3.3　宏观 - 微观耦合模型的建立

基于前述所建微观尺度的枝晶生长 CA 法模型，结合宏观尺度的温度场计算模型，现需要将二者耦合起来，以实现输入不同的激光焊接工艺参数，输出相应的焊接熔池凝固过程枝晶生长形态及溶质场。本书采用插值的方式，将宏观尺度的温度场数值插值到微观 CA 法单元上。

首先，本书对激光焊接宏观温度场的计算依赖于有限元软件 MSC. Marc 在传热过程计算中的优势，利用建立的几何模型进行网格划分，导入材料热物性参数，并设置边界条件与热源参数，本书在求解宏观温度场时采用的热源模型示意图如图 8.10 所示。

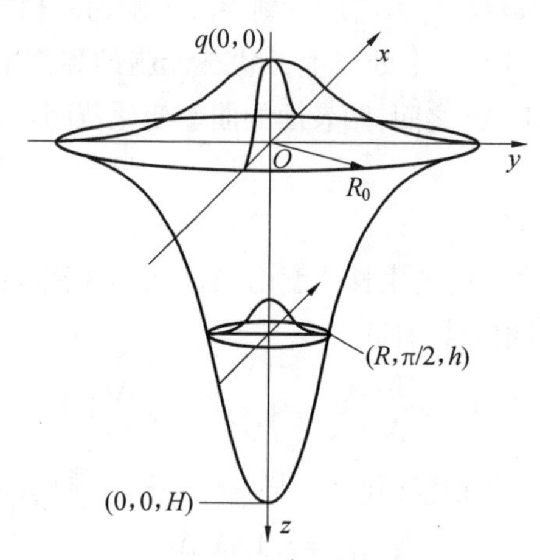

图 8.10　高斯旋转体热源模型示意图

在宏观温度场的计算中，将宏观尺度的几何模型进行有限元网格划分，该有限元网格的尺寸依然为毫米级。根据组织模拟的计算域，将宏观有限元网格划分为更加细小的微观单元，微观单元中各个单元节点的温度都可以由宏观网格的节点温度值表示。显然，元胞的温度与该单元中心节点到其宏观单元节点的距离有关，微观单元中心的温度值 T_P 可以表示为

$$T_P = \frac{\sum_{i=1}^{N} l_i^{-1} T_i}{\sum_{i=1}^{N} l_i^{-1}} \tag{8.28}$$

式中，l_i 表示微观单元与其近邻宏观网格节点的距离；T_i 为宏观单元节点温度值；N 为参与计算宏观网格的数目。

宏观 - 微观耦合模型示意图如图 8.11 所示。

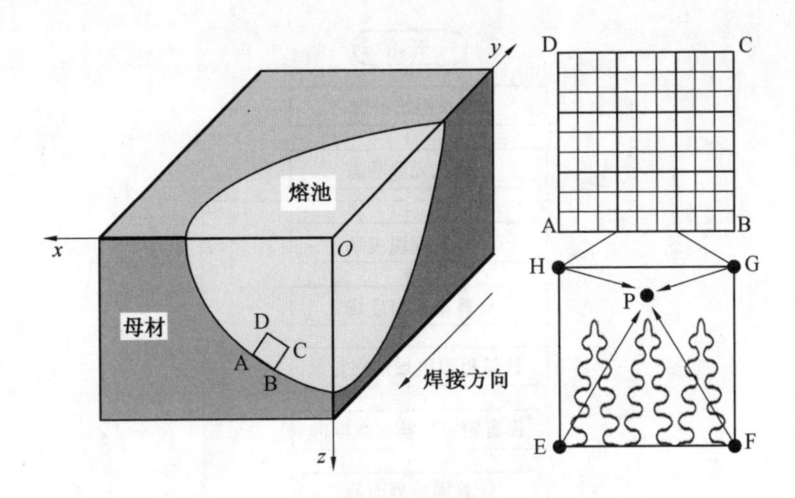

图8.11　宏观－微观耦合模型示意图

基于图8.11所示的宏观－微观耦合模型，若计算出铝锂合金激光焊接过程的宏观温度场，即可通过上述方法获得微观温度场。基于此微观温度场，结合焊接熔池凝固过程微观组织场及溶质扩散场，成功创建铝锂合金激光焊接熔池凝固过程枝晶生长CA法宏观－微观耦合模型。运用该模型可求解不同激光焊接工艺参数下的熔池枝晶生长形态及溶质场。

值得一提的是，获得宏观温度场的结果后，即可截取焊缝中段某一截面来确定熔合线的形状，再根据熔合线的位置来确定微观组织计算域，并将其划分成微观网格，该微观网格与宏观网格并不一定共格。另外，在真实焊接熔池中，枝晶生长的方向不一定与图8.11所示的截面平行，而是可能在三维空间内朝任何方向生长。为了简化模型，本书仅考虑图示截面上的枝晶生长过程。

8.3.4　计算流程与模型的实现

基于本章建立的焊接熔池凝固过程枝晶生长CA法－有限元耦合模型，计算流程图如图8.12所示。

模拟开始，首先，输入微观组织模拟相关初始参数，如设置计算区域的元胞数量与尺寸等；元胞状态初始化，即将所有元胞定义为液相状态，并定义其初始溶质浓度、固相分数、冷却速度；利用现有有限元软件求解铝锂合金激光焊接的宏观温度场；将宏观温度场插值到微观尺度，获得微观温度场；随着模拟区域温度的降低，液态元胞将依据形核条件开始形核，并由液态转变为固态，并计算出其固相平衡溶质浓度。同时，随着固液界面元胞向邻近元胞中排出溶质，邻近元胞将转变为固液界面生长态元胞。此时，固液界面前沿的溶质浓度分布不均而产生溶质浓度梯度，使得溶质向低浓度区域扩散。

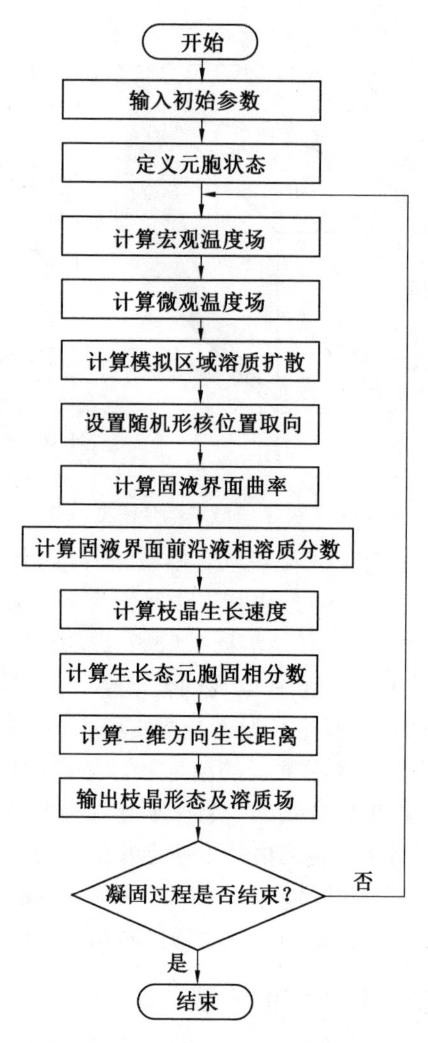

图 8.12　枝晶生长 CA 法 - 有限元模型计算流程图

接着，可以根据已获得的局部温度、界面曲率、溶质浓度计算枝晶尖端生长速度，进一步获取生长态元胞固相分数增量。然后，根据生长速度计算出枝晶生长距离，再依据元胞尺寸来判断相邻元胞是否被捕获成为生长态元胞。接着更新计算域中所有元胞的状态，即当生长态元胞的固相分数为 1 时，转变为固相元胞，其相邻元胞都转变为生长态元胞。此时完成一次循环，再一次计算溶质扩散，直到循环结束。随着循环计算的进行，计算域内固相元胞数量增加，直到凝固结束，计算域内元胞几乎被固相元胞占据，并显示出凝固组织形貌及溶质场。

8.3.5　材料参数及边界条件定义

对于本书所采用的 2060 - T8 铝锂合金，其参与计算的各类初始模拟参数设定见表 8.1。所输入的激光焊接工艺参数与实验参数相对应。

表 8.1　材料参数与边界条件定义

模拟参数	符号	单位	数值
液相线温度	T_0	K	925.4
液相线斜率	m_L	K/wt%	− 2.717
溶质分配系数	k	\	0.098 25
液相扩散系数	D_L	m^2/s	3.4×10^{-9}
固相扩散系数	D_S	m^2/s	$4.8 \times 10^{-5}\exp(-16\,069/T)$
Gibbs Thomson 系数	Γ	K · m	1.0 × 10 − 7
初始溶质浓度	c_0	%	3.0
时间步长	Δt	s	0.001

本书所模拟的等轴晶和柱状晶的生长计算域示意图如图 8.13 所示。模拟区域包括熔池内部等轴晶的生长、熔池边缘柱状晶的生长、柱状晶的竞争生长、柱状晶与内部等轴晶的竞争生长、柱状晶与表面等轴细晶粒的竞争生长等。计算中，必要时，将熔池的边缘近似看作多条折线段的组合。

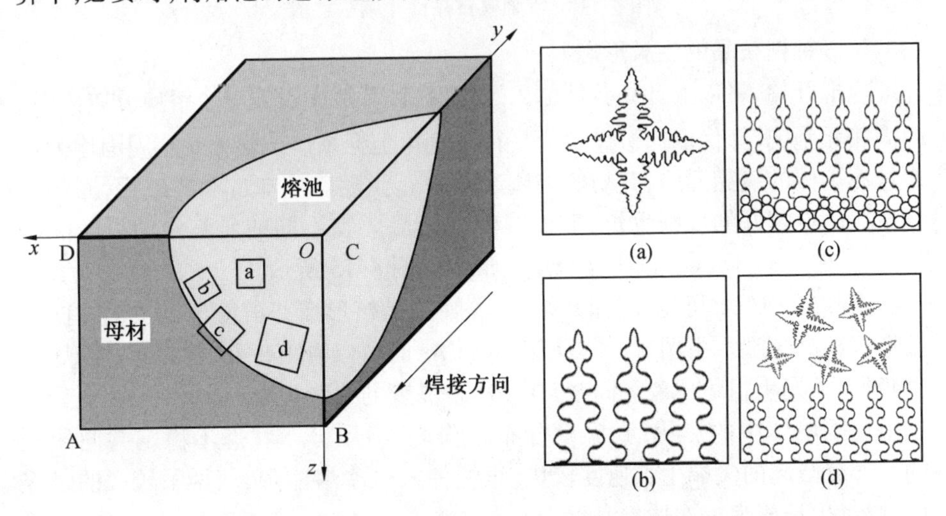

图 8.13　焊接熔池组织演变模拟计算域示意图

8.3.6 熔池中心等轴树枝晶的模拟与分析

在激光焊接过程中,激光产生的高热量使铝合金母材迅速达到熔点形成液态熔池,在焊接熔池的冷却过程中,熔池中心具有较小的温度梯度及较大的成分过冷区,晶核在此处形核,并开始自由对称生长,形成等轴树枝晶。基于本书所建立的枝晶生长 CA 法模型,设置计算条件如下:(1) 计算域为 200 mm × 200 mm 的元胞空间,元胞边长为 5 μm;(2) 激光功率为 3 000 W,焊接速度设置为2 m/min;(3) 时间步长为 0.001 s。等轴树枝晶计算域示意图如图 8.14 所示。

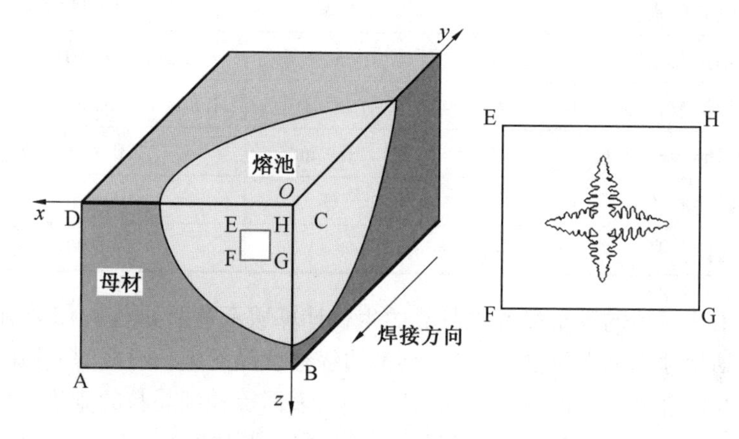

图 8.14　等轴树枝晶计算域示意图

1. 等轴树枝晶的生长形态

模拟开始,将以上计算条件输入系统,在计算域中设置一个溶质分数为 kc_0 的固相元胞,其择优取向被设置为平行于直角坐标系。该固相元胞周围均为代表过冷熔体的液相元胞,其初始溶质浓度为 c_0。随着冷却过程的进行,固相元胞按照已设定好的规则生长,形成等轴树枝晶。在不同的元胞自动机时间步(CAs)下,不同 CAs 等轴树枝晶生长形态如图 8.15 所示。

由图 8.15(a) 可见,凝固开始时,等轴晶晶核形成并沿着预设主轴方向生长形成枝晶尖端。由图 8.15(b) 第600 CAs 时可以看出,一次枝晶向过冷熔体中延伸,并发生粗化现象。同时,在一次枝晶臂的边缘观察到一些小的凸起,这是由周围熔体中的热扰动、温度分布不均匀、溶质分布状态不稳定共同导致的。部分凸起的尖端生长速度较快,很快伸入过冷熔体中,获得了较大的过冷度,继续生长成为二次枝晶。

当模拟进行到 1 100 CAs 时,从图 8.15(c) 中可见,一次枝晶依然继续长大,同时枝晶尖端曲率增大,一次枝晶臂上的二次枝晶数量不断增多,且其生长方向与一次枝晶相垂直，二次枝晶之间还未出现明显的竞争生长现象。

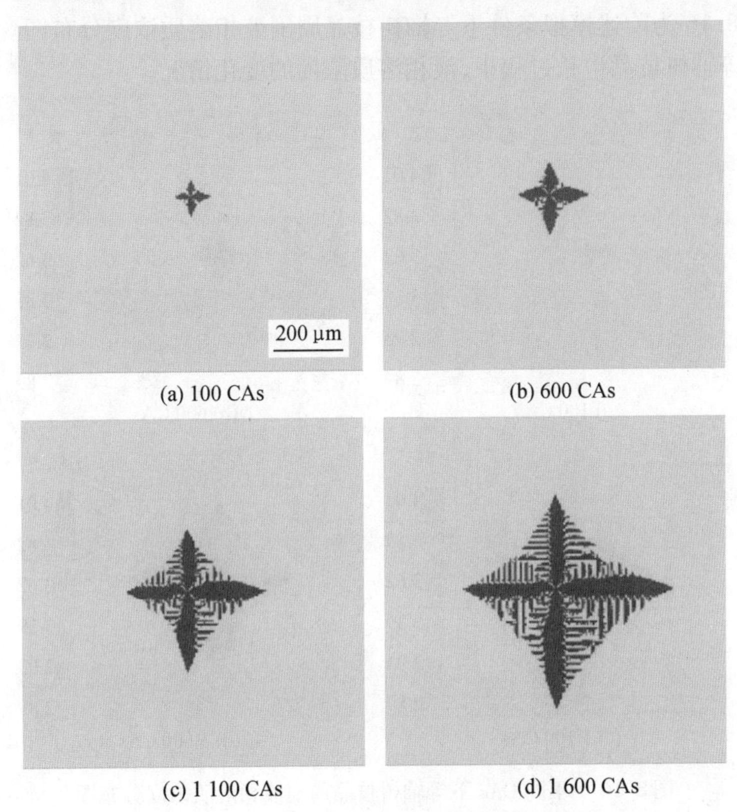

(a) 100 CAs　(b) 600 CAs

(c) 1 100 CAs　(d) 1 600 CAs

图 8.15　不同 CAs 等轴树枝晶生长形态

当模拟进行到 1 600 CAs 时，从图 8.15(d) 中可以看到，一次枝晶明显长大，等轴晶按照已设定的择优生长方向继续生长。二次枝晶继续生长并发生粗化现象，当二次枝晶粗化到一定程度时，二次枝晶之间开始竞争生长，生长速度较快的二次枝晶对与其相邻一次枝晶上的二次枝晶的生长产生了阻碍作用，进一步抑制其生长。同时，二次枝晶臂上微小凸起沿与一次枝晶臂平行的方向生长，形成三次枝晶臂，但由于二次枝晶臂的阻挡，三次枝晶臂无法得到充分生长。三次枝晶的形成机理与二次枝晶相同，都是由于局部热分布不均匀和溶质分布不平衡。

由图 8.15(a) ~(d) 可见，等轴树枝晶的生长经历了 3 个阶段：(1) 一次枝晶快速生长，未出现二次枝晶；(2) 一次枝晶生长并粗化，边缘生长出二次枝晶，二次枝晶边缘产生三次枝晶；(3) 已形成的枝晶各分枝进一步生长和粗化，等轴树枝晶进一步长大。

2. 等轴树枝晶生长过程的溶质浓度场

图 8.16 为前述模拟条件下等轴树枝晶周围液相溶质浓度分布图。该过程反映了等轴树枝晶生长过程中,液相溶质浓度的变化情况。

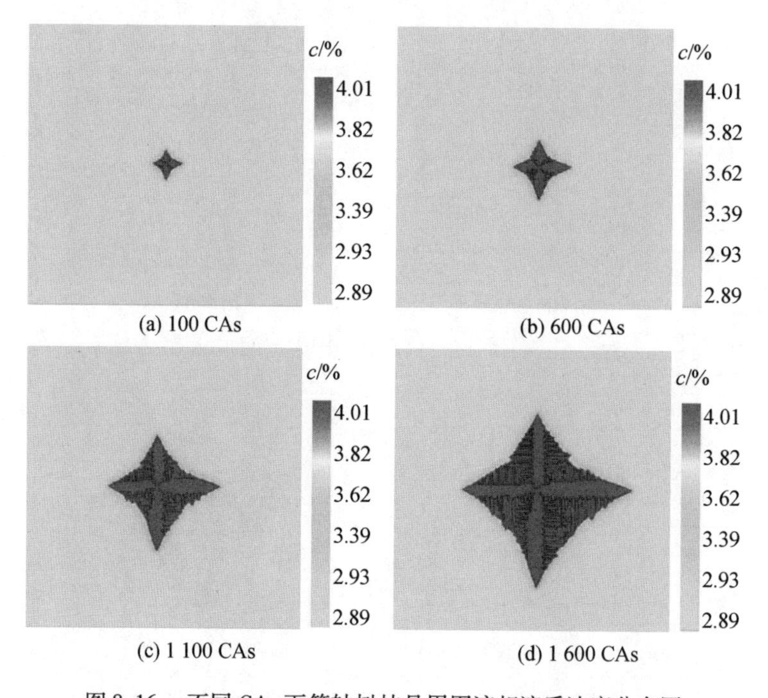

图 8.16　不同 CAs 下等轴树枝晶周围液相溶质浓度分布图

由图 8.16(a) 可见,在凝固开始时,固液界面前沿溶质浓度分布并未出现严重的溶质堆积现象。当凝固进行到 600 CAs 时,如图 8.16(b) 所示,固液界面前沿的溶质浓度最高值已达到 4.01%。随着晶核继续长大,一次枝晶臂之间液相部分的溶质浓度显著增加,呈现出较宽的高浓度带,而枝晶尖端前沿液相中的高浓度带较窄。这是由于在等轴树枝晶生长的过程中,枝晶尖端具有比枝晶侧面更大的生长速度,枝晶尖端排出的溶质更容易向周围液相扩散,而枝晶侧向的溶质受周围固相的阻挡易产生聚集,从而形成较宽的高浓度带。

由溶质浓度场的模拟结果图 8.16 可见,随着凝固过程的进行,一次枝晶尖端前沿液相溶质扩散边界层中的溶质浓度逐渐增大,这是由于焊接熔池冷却速度较大,同时成分过冷不断增大,等轴树枝晶在形核后的生长速度呈增大趋势,生长速度过大导致枝晶尖端前沿液相溶质扩散很难在有限的时间内充分进行,故随着凝固不断推进,枝晶尖端前沿的液相溶质堆积严重,溶质扩散层逐渐变宽。

3. 不同角度等轴树枝晶的生长形态

为了验证本书前述所构建枝晶生长元胞自动机模型对不同枝晶生长角度的适应性，采用与前述相同的计算条件对不同生长角度的等轴树枝晶生长形态进行了模拟，模拟结果如图 8.17 所示。

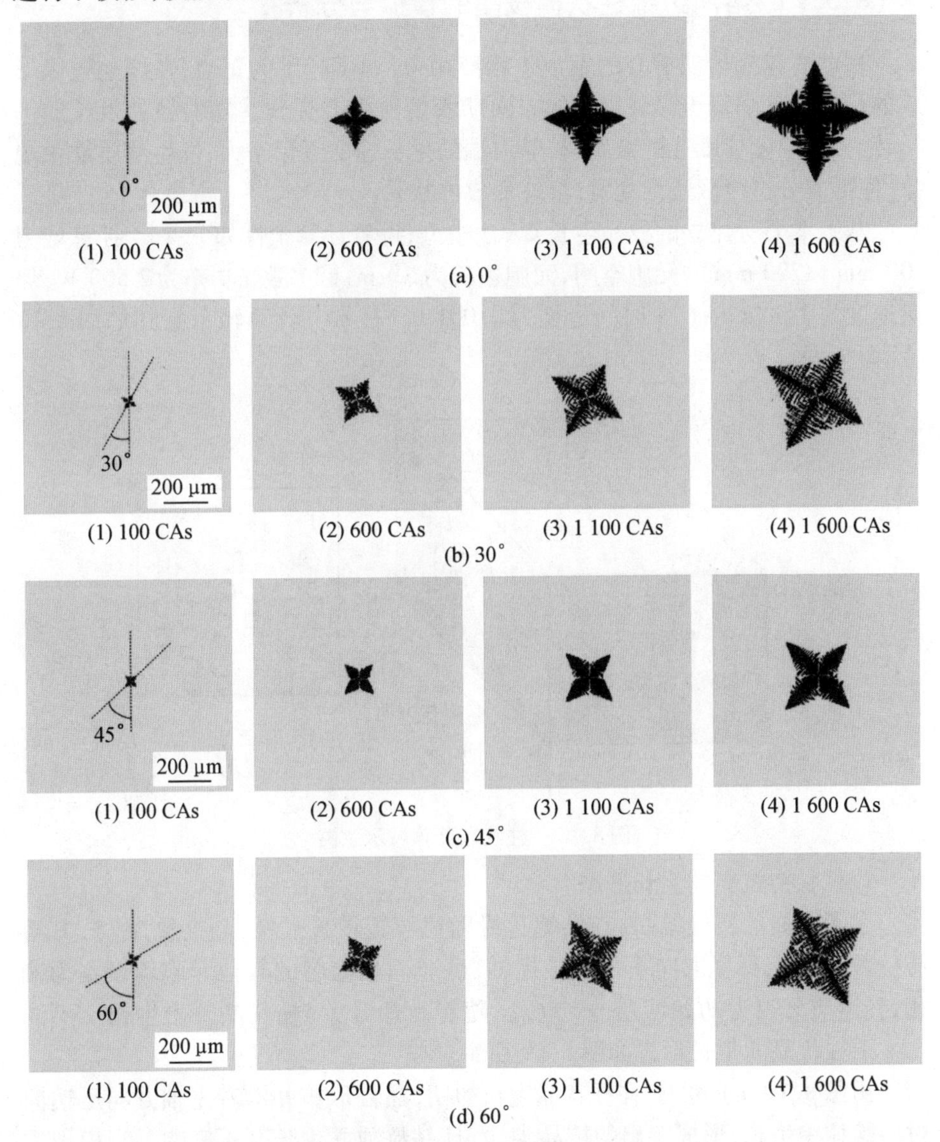

图 8.17　不同生长角度等轴树枝晶生长形态

可以看出，本书所构建的枝晶生长元胞自动机模型可用于不同生长方向树枝晶生长的模拟，需要说明的是，由图 8.17 可见，不同生长角度下的树枝晶形态有所差异,这是由于元胞捕捉算法本身的局限性,即使如此,对本书的研究对象并无太大影响,故采用该模型对熔池凝固过程不同方向的枝晶生长形态进行模拟是可行的。

8.3.7 熔池边缘柱状树枝晶的模拟与分析

在远离焊接熔池中心的熔池边缘液相中,温度梯度为正值,在熔池边缘形成的晶核沿着垂直于焊缝边缘的方向朝着熔池中心生长。随着枝晶生长的进行,液相的温度梯度逐渐减小,枝晶尖端的生长速度逐渐增大,发生溶质堆积现象,使得成分过冷区逐渐变宽,最终形成柱状晶。

基于本书所建立的枝晶生长CA法模型,设置计算条件如下:(1) 计算域为200 mm × 200 mm的元胞空间,元胞边长为5 μm;(2) 激光功率为2 500 W,焊接速度为2 m/min;(3) 时间步长为0.001 s。柱状晶计算域示意图如图8.18所示。

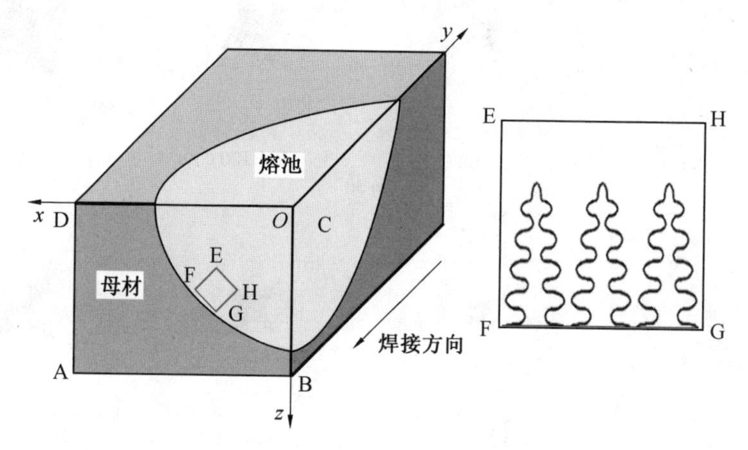

图8.18 柱状晶计算域示意图

1. 柱状树枝晶的生长形态

参考下面的实验结果,在熔池边缘随机位置设置晶核,晶核数为15,其溶质分数为kC_0,择优取向平行于坐标轴,将非固相元胞的其他元胞均设置为液相,其溶质分数为初始溶质分数C_0。随着冷却开始,柱状晶开始生长。不同CAs下柱状晶的生长形态如图8.19所示。

由图8.19(a)可见,在柱状晶生长初期,晶粒形核并沿着主轴方向迅速向过冷熔体中生长,形成突出的枝晶尖端,且晶粒独立生长互不影响。当模拟进行到500 CAs时,枝晶经过快速长大彼此接近,但还未发生晶粒之间的竞争生长现象。到1 000 CAs时,柱状树枝晶发生粗化,柱状树枝晶之间出现明显的竞争生长,在柱状树枝晶的一次枝晶臂上,已形成明显的二次枝晶。

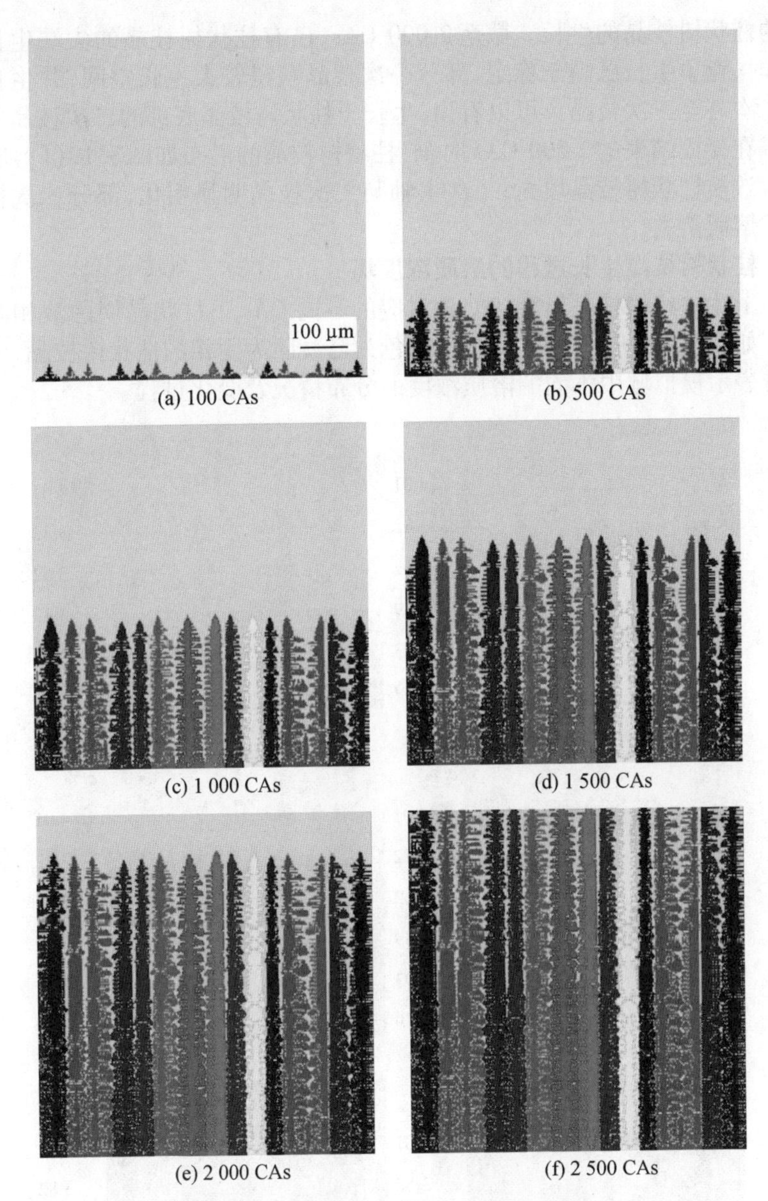

(a) 100 CAs　(b) 500 CAs

(c) 1 000 CAs　(d) 1 500 CAs

(e) 2 000 CAs　(f) 2 500 CAs

图 8.19　不同 CAs 下柱状晶的生长形态

到 1 500 CAs 时，柱状树枝晶的生长速度不断增大，这是由于随着凝固的不断进行，熔池内温度降低速度较大，过冷度不断增大，成分过冷区域面积也逐渐增大。此时，柱状树枝晶之间开始出现显著的竞争生长现象，生长速度较大的柱状树枝晶将固相中的部分溶质排出，使得生长速度较小柱状树枝晶的一次枝晶尖端前沿液相溶质浓度上升，同时使其生长空间迅速缩小，由此阻碍了生长

较慢的柱状树枝晶的生长。截至 2 000 CAs,已有柱状树枝晶的尖端生长被阻挡,此时,竞争生长已趋于稳定,部分一次枝晶获得较大生长空间,并生长出大量的二次甚至三次枝晶。可以看出,生长于柱状树枝晶底部的二次枝晶发生了粗化。在凝固结束的 2 500 CAs 时刻,柱状树枝晶的形态如图 8.19(f) 所示,计算域大致被柱状树枝晶填充,一次主轴与二次枝晶明显粗化,部分二次枝晶由于被重熔而消失。

2. 柱状树枝晶生长过程的溶质浓度场

与上述柱状树枝晶形貌演变相对应的不同 CAs 下柱状晶周围液相溶质浓度分布如图 8.20 所示。其中,图中深色为已凝固为固相的柱状树枝晶,而右侧的色带表示模拟域中不同的溶质浓度的分布情况及变化过程。

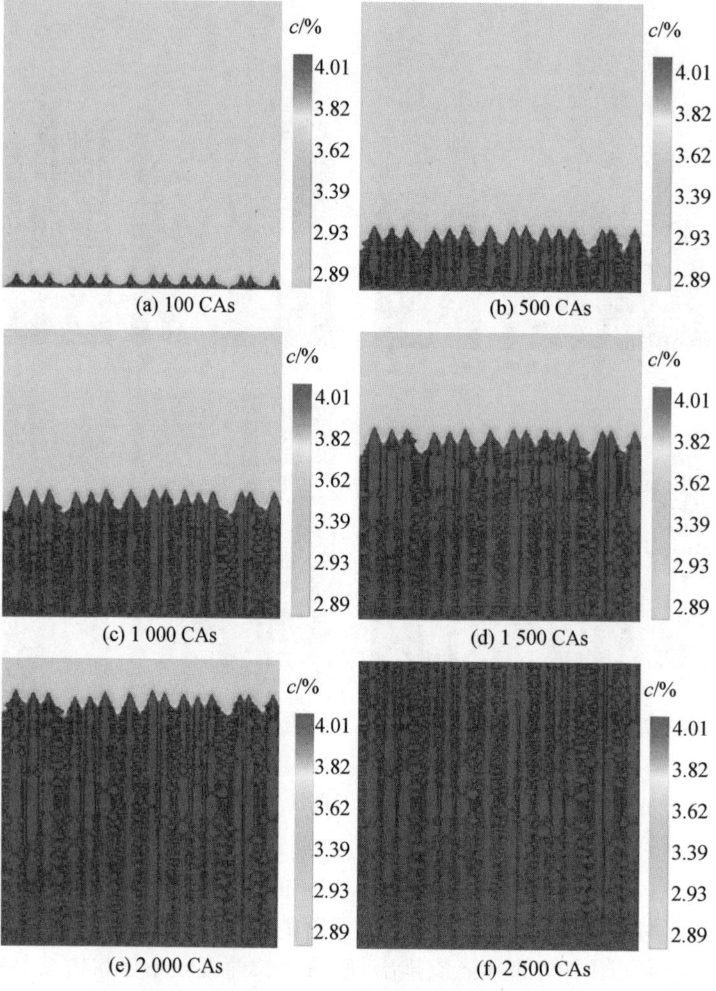

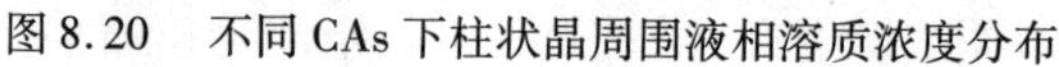
图 8.20　不同 CAs 下柱状晶周围液相溶质浓度分布

由图 8.20(a) 可见,在凝固开始初期,即在 100 CAs 时刻,晶粒已经形核并开始生长,固液界面由于液固转变的特性出现了一定程度的溶质聚集现象。这是由于在液固转变过程中,枝晶生长速度较快,枝晶尖端排出的溶质短时间内难以扩散至较远的液相中,而在枝晶的固液界面前沿液相中发生聚集,形成特定宽度的溶质扩散边界层。由于此时仍是凝固初期,固液界面前沿液相所排出的溶质并不多,未对整个模拟区域的溶质浓度分布产生巨大的影响。当模拟至 500 CAs 时,柱状晶继续长大并粗化,使得相邻两个柱状晶开始相互接触,而枝晶之间的残余液相区成了高溶质浓度区域,这同样也是由相邻枝晶间残余液相区域内溶质扩散时间短空间小而造成的。当模拟进行到 1 000 CAs,枝晶继续生长并粗化,在柱状晶根部最先出现二次枝晶,这是由于相邻柱状晶之间的液相溶质浓度逐渐增大,模拟域底部的成分过冷情况更加严重,形成二次枝晶。值得一提的是,在一次枝晶间距较大的区域,主轴侧面二次枝晶的凸起较明显。由此可见,二次枝晶的驱动因素为足够的液相空间和足够的成分过冷度。当凝固进行到 2 000 CAs 时,即如图 8.20(f) 所示,一次枝晶臂之间的液相溶质浓度进一步升高,这是因为枝晶生长速度增大,留给液相溶质扩散的空间急速减小。模拟继续进行到 2 500 CAs,凝固过程基本结束,一次枝晶和二次枝晶都得到生长和明显粗化,但在柱状树枝晶之间依然存在少量高浓度液相。

与图 8.16 等轴树枝晶周围液相溶质分布图相比,图 8.20 中柱状树枝晶生长过程液相的溶质分布情况具有其自身特点。图 8.16 中等轴树枝晶处于空旷的液相区域中,其生长不受空间约束,另外,其一次枝晶尖端前沿液相中的溶质几乎可以进行自由扩散,因此其高溶质浓度区域大多位于一次枝晶臂与二次枝晶包围而成的封闭或半封闭空间。而在图 8.20 这种类定向凝固过程中,一次枝晶臂之间的液相处于相邻两个一次枝晶的隔离,其溶质扩散的空间极为有限,可以说,随着枝晶生长向前推进,一次枝晶臂之间的高浓度区域会被动地向前移动,并对一次枝晶上二次枝晶的生长产生一定影响。

本章参考文献

[1] VON N EUMANN. Theory of self reproducing automata[M]. Vrbana: University of Illinois, 1966.

[2] 孟遥. Invar 合金激光熔化沉积过程微观组织建模与仿真研究[D]. 南京: 南京航空航天大学,2018.

[3] WOLFRAM S. Computation theory and applications of cellular automata[J]. Singapore: World Scientific,1986.

[4] 王力群,熊建钢,黄安国,等.焊接接头微观组织模拟方法研究进展[J].电焊机,2003(9):5-9,27.

[5] GANDIN C A,RAPPAZ M. A coupled finite element-cellular automaton model for the prediction of dendritic grain structures in solidification processes[J]. Acta metallurgica et materialia,1994,42(7):2233-2246.

[6] BROWN S G R,BRUCE N B. A 3 - dimensional cellular automaton model of 'free' dendritic growth[J]. Scripta metallurgica et materialia,1995,32(2):241-246.

[7] WOLFRAM S. Theory and applications of cellular automata[M]. Singapore: World Scientific,1986.

[8] RAPPAZ M,GANDIN C A,DDSBIOLLES J L. Prediction of grain structures in various solidification processes[J]. Metallurgical and materials transactions A,1996,27(3):695-705.

[9] PAVLYK V,DILTHEY U. Simulation of weld solidification microstructure and its coupling to the macroscopic heat and fluid flow modelling[J]. Modelling & simulation in materials science & engineering,2004,12(1):S33-S45.

[10] CHOUDHURY A,REUTHER K,WESNER E,et al. Comparison of phase-field and cellular automaton models for dendritic solidification in Al - Cu alloy[J]. Computational materials science,2012,55:263-268.

[11] RAPPAZ M. Modeling and characterization of grain structures and defects in solidification[J]. Current opinion in solid state & materials science,2015,20(1):37-45.

[12] WANG W,LUO S,ZHU M. Numerical simulation of three-dimensional dendritic growth of alloy: part Ⅰ—model development and test[J]. Metallurgical and materials transactions A,2016,47(3):1339-1354.

[13] 黄安国,王永生,李志远.焊缝金属凝固元胞自动机模型的研究[J].焊接技术,2003,32(6):13-15,2.

[14] 赵军.基于CA法的熔池凝固过程模拟初探[D].哈尔滨:哈尔滨工业大学,2006.

[15] 黄安国,余圣甫,李志远.焊缝金属凝固组织元胞自动机模拟[J].焊接学报,2008(4):45-48,115.

[16] 占小红,魏艳红,马瑞.Al - Cu合金凝固枝晶生长的数值模拟[J].中国有色金属学报,2008(4):710-716.

[17] 占小红. Ni - Cr 二元合金焊接熔池枝晶生长模拟[D]. 哈尔滨:哈尔滨工业大学,2008.

[18] 刘芸. 铝锂合金激光焊接熔池凝固过程微观组织建模与仿真研究[D]. 南京:南京航空航天大学,2018.

[19] 张珊. Invar 合金激光 - MIG 复合焊接过程多相耦合流场行为研究[D]. 南京:南京航空航天大学,2018.

[20] 康悦. 2219 铝合金激光焊接气孔缺陷演变过程模拟及形成机理研究[D]. 南京:南京航空航天大学,2022.

[21] RAI A,HELMER H,KÖRNER C. Simulation of grain structure evolution during powder bed based additive manufacturing[J]. Additive manufacturing, 2017,13:124-134.

[22] KELLER T,LINDWALL G,GHOSH S,et al. Application of finite element, phase-field,and CALPHAD-based methods to additive manufacturing of Ni-based superalloys[J]. Acta materialia, 2017,139:244-253.

第9章　机器学习

9.1　人工神经网络

人工神经网络(ANN)是对人类大脑系统的一阶特性的一种描述。简单地讲,它是一个数学模型,可以用电子线路来实现,也可以用计算机程序来模拟,是人工智能研究的一种方法。人工神经网络的主要哲学基础就是它们具有通过范例进行学习的能力,或者更技术地说,其可以系统地改进输入数据且能反映到输出数据上。

9.1.1　人工神经网络概述

人工神经网络是一种在模拟大脑神经元和神经网络结构、功能基础上而建立的一种现代信息处理系统。它是人类在认识和了解生物神经网络的基础上,对大脑组织结构和运行机制进行抽象、简化和模拟的结果[1]。其实质是根据某种数学算法或模型,将大量的神经元处理单元按照一定规则互相连接而形成的一种具有高容错性、智能化、自学习和并行分布特点的复杂人工网络结构。

利用机器模仿人类的智能是长期以来人们认识自然和认识自身的理想。研究人工神经网络的目的在于用少量的实验数据得到映射关系,将该映射关系用于大量的组织与性能预测过程。具体可以分为:(1) 探索和模拟人的感觉、思维和行为的规律,设计具有人类智能的计算机系统;(2) 探讨人脑的智能活动,用物化的智能来考察和研究人脑智能的物质过程及其规律。

人类对人工智能的研究可以分成两种方式对应着两种不同的技术:传统的人工智能技术(心理的角度模拟)和基于人工神经网络的技术(生理的角度模拟)。

T. Koholen 对于人工神经网络的定义:人工神经网络是由具有适应性的简单单元组成的广泛并行互连的网络,其组织能够模拟生物神经系统对真实世界物体所做出的交互反应。因此,人工神经网络中脑神经信息活动的特征有:(1) 巨量并行性;(2) 信息处理和存储单元结合在一起;(3) 自组织自学习功能。

人工神经网络的研究有以下意义。

(1) 通过揭示物理平面与认知平面之间的映射,了解它们相互联系和相互作用的机理,从而揭示思维的本质,探索智能的本源。

(2) 争取构造出尽可能与人脑具有相似功能的计算机,即 ANN 计算机。

(3) 研究仿照脑神经系统的人工神经网络,将在模式识别、组合优化和决策判断等方面取得传统计算机难以达到的效果。

人工神经网络技术从诞生到现在,经过了几起几落接近于波浪式的发展。由于发展速度和时间跨度的不同,因此许多研究很难被精确划分,本书将人工神经网络的整个发展历程大体上分为 3 个阶段。

1. 第一次热潮(20 世纪 40 ～60 年代末)

1943 年,伊利诺伊大学的生物神经学家 McCulloch 和芝加哥大学数理逻辑学家 Pitts 对人脑在信息处理方面的特点进行了研究,提出了人工神经元计算模型,称为 MP 模型。他们认为模拟大脑就相当于模拟运行一个神经元组成的逻辑网络,如果在网络中连接的节点之间建立相互联系,就构成了一个神经网络模型。这种神经网络模型思维的提出开创了人工神经网络理论研究的先河。1958 年,F. Rosenblatt 等研制出了感知(perceptron)。同年,美国康奈尔航空实验室的心理学家 Rosenblatt(1928—1971) 在 MP 模型的基础上增加了学习机制,提出了感知器模型。它是一种具有学习和自组织能力的神经网络模型,其结构符合神经生理学原理,能够学习和解决较为复杂的问题,经过训练可以对输入矢量模型进行分类和识别。这种模型包含了一些现代神经计算机的基本原理,可以说是神经网络理论和技术上的重大突破。

Rosenblatt 作为现代神经网络的主要建构者之一,他的研究引起了众多学者和组织对神经网络研究的极大兴趣和关注。仅美国就有上百家有影响力的实验机构投入到人工神经网络领域,各国军方也给予了巨额资金资助,开展了如声呐波识别、作战目标识别等探索,使人工神经网络研究掀起了第一波高潮。

2. 低潮(20 世纪 70 ～80 年代初)

1969 年,感知器的提出者 Rosenblatt 的高中校友、学术上的同事、人工智能学家、图灵奖获得者 Minsky(1927—2016) 与美国麻省理工学院的 Papert 出版了著名的 *Perceptrons: An Introduction to Computational Geometry* 一书,认为感知器基本模型有一定的局限性和缺陷。他们用一个再简单不过的 XOR 逻辑算子宣判了神经元网络的“死刑”,使其后数十年几乎一蹶不振。这本书使得人工智能研究的大方向稳定在以推理和逻辑编程为主的“符号” 系统之上,而不是以人工神经网络为核心的智能计算。

这本书的出版,给当时神经网络的发展带来了非常消极的影响。虽然也有研究人员针对这一缺陷提出了一些新的网络，但因为当时并没有能训练复杂网络的学习理论和算法，所以人工神经网络和人工智能的发展进入了“冬眠”时期。美国与苏联也终止了在神经网络研究课题上的资助，有些学者则把研究方向转移到集成电路和计算机等领域。

1986 年，Rumelhart 和 McClelland 的著作 *Parallcl Distributed Processing* 中基于反向传播(BP) 的多层神经元网络揭掉了 Minsky 和 Papert 贴在神经元网络上的“死咒”，使其“起死回生”。

3. 第二次热潮(20 世纪 90 年代至今)

1982 年，美国物理学家 J. J. Hopfield 提出 Hopfield 模型，它是一个互联的非线性动力学网络，他解决问题的方法是一种反复运算的动态过程，这是符号逻辑处理方法所不具备的性质。1982 年，美国物理学家 Hopfield 向美国国家科学院刊物提交了关于 Hopfield 模型理论的研究报告。在报告中他提出了 Hopfield 模型可用于联想存储器和神经网络集体运算功能的理论框架，使人工神经网络的构造和学习有了基本的理论指导。1987 年，首届国际 ANN 大会在圣地亚哥召开，国际 ANN 联合会成立，创办了多种 ANN 国际刊物。1987 年，在美国圣地亚哥召开了第一届国际神经网络大会，国际神经网络联合会(INNS)宣告成立，并决定以后每年召开两次国际神经网络大会。首届会议不久，INNS 的刊物 *Journal Neural Networks* 创刊。另外，同一时期还诞生了十几种国际著名的神经网络学术刊物。1990 年 12 月，北京召开首届学术会议。Hopfield 神经网络是一组非线性微分方程，在网络中首次引入了 Lyapunov 函数，从而证明了网络的稳定性。这一发现激起了许多研究学者对神经网络研究的热情。在此期间，许多研究学者对它进行了改进、提高、补充、变形等，有些工作至今仍在进行，推动了神经网络的发展。一些研究学者将神经网络与视觉信息联系起来，还有与模拟退火算法组合来找寻全局最优解的方法。可以说，这个时期神经网络的研究又掀起了一波小高潮。

在这一阶段，我国也开始在神经网络研究领域崭露头角。1989 年 10 月，在北京召开了“神经网络及其应用讨论会”。1990 年 2 月，我国 8 个学会联合在北京召开“中国神经网络首届学术会议”，这是我国神经网络发展及其走向世界的良好开端，开创了我国人工神经网络及神经计算方面科学研究的新纪元。

9.1.2 人工神经网络基础

生物神经科学的崛起对于人类认识和改造世界都具有重大的意义。人脑是神经系统的重要组成部分，其包含了超过 860 亿个神经元的细胞集合体，是人类的中央信息处理机构，它不断地接收、分析、存储信息并做出相应的决策与判断。人工神经网络是从信息处理角度对人脑神经元进行抽象,建立其行为机制模型,并按照不同的连接方式组成不同的网络结构,进而模拟神经元网络动作行为的一门科学技术[2]。它涉及了生物学、数学、电子、信息科学等众多学科和领域,另外,目前大部分人工神经网络研究是基于数学算法和生物神经网络二者相结合来实现创新的,因此学习和掌握生物神经网络的组织结构和运行机理对于后续研究工作具有十分重要的意义。

人类的大脑主要由神经元构成。因此,要认识大脑的工作方式,首先需要了解组成神经系统的生物神经元的结构和功能。

神经元是具有胞体和突起的特殊类型的细胞,其主要结构包括细胞体、树突和轴突三部分,生物神经元构成如图9.1所示。细胞体是神经元的代谢、营养中心,具有接收信息、整合信息的功能,其内部包含细胞核和细胞器。树突是从细胞体周围发出的分支,短而密,呈树枝状,其功能为接收神经冲动(由刺激引起而沿神经纤维传导的电位活动),再将冲动传至细胞体。轴突是从细胞体发出的一根较长的分支。轴突分支较少,长短差别大,最长甚至可以达到1 m以上。轴突具有传导神经冲动的功能,可将冲动传递给另一神经元或所支配的细胞上,脊椎动物运动神经元模式图如图9.2所示。

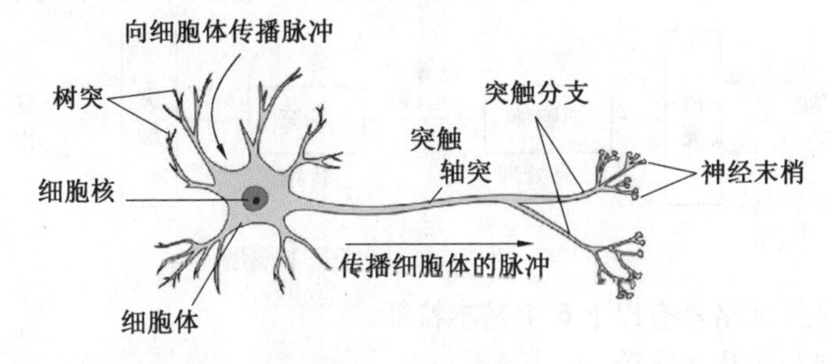

图9.1　生物神经元构成

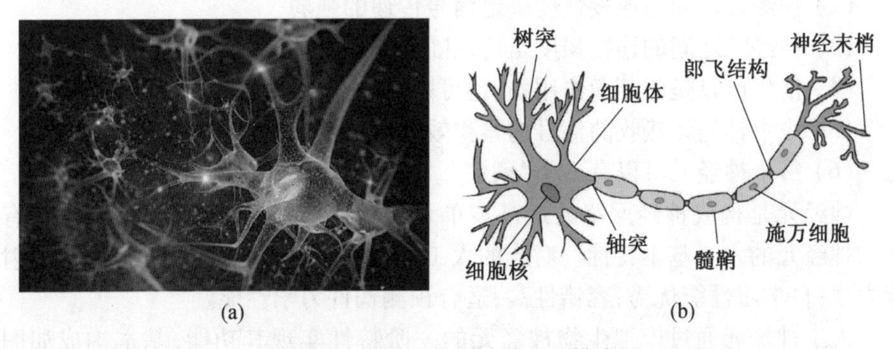

图9.2　脊椎动物运动神经元模式图

根据生物神经元结构可以得到人工神经元网络模型的大致结构,利用根据实验获得的数据组训练构建好的神经网络，得到最佳权值 w_0、w_1、w_2 和 w_3，人工神经网络结构图如图 9.3 所示，利用训练好的网络模型即可用来预测所需的性能参数。

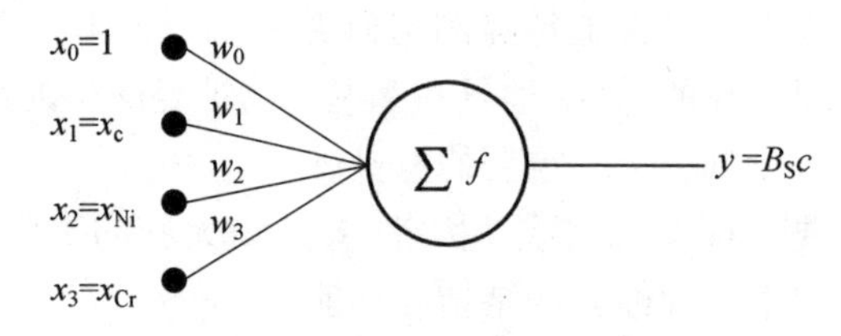

图 9.3　人工神经网络结构图

人的大脑主要包括遗传密码、形态结构、互连神经元的功能网络；平均而言，人的大脑含有 1 011 个神经元，同时还有 1 015 个“连接线”把这些神经元相互连接起来。生物神经元有两种类型的连接线，亦即轴突和树突。一般来说，轴突比树突要长要粗；树突是把其他神经元的电化学信号传到它们所归属的那个神经元；轴突是把其所归属神经元的信号传送到其他各神经元；它们可以局域在邻接神经元附近，也可以延伸到距发射神经元非常远的地方，生物神经网络基本模型如图 9.4 所示。因而，轴突所具有的长度可以在微米到米之间。

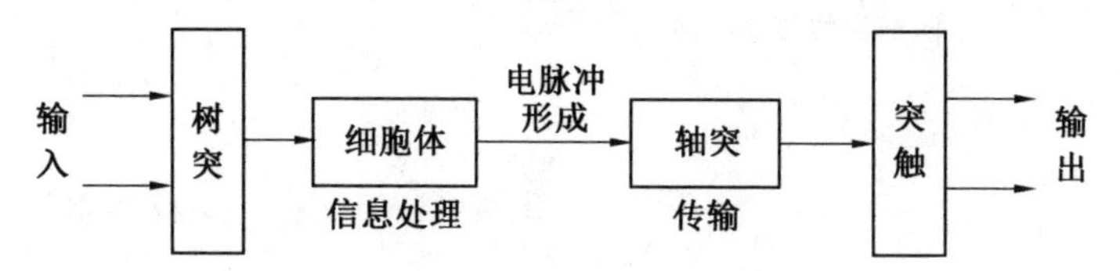

图 9.4　生物神经网络基本模型

生物神经网络具有以下 6 个基本特征。

(1) 神经元及其连接。

(2) 神经元之间的连接强度决定信号传递的强弱。

(3) 神经元之间的连接强度是可以随训练改变的。

(4) 信号可以是起刺激作用的，也可以是起抑制作用的。

(5) 一个神经元接收的信号的累积效果决定该神经元的状态。

(6) 每个神经元可以有一个“阈值”。

神经元是构成神经网络的最基本单元(构件)，人工神经元模型应该具有生物神经元的六个基本特性。对应的人工神经网络具有以下特点：非线性映射能力强；自学习性能优秀；容错性高；适合预测构件力学性能。

人工神经元通过模拟生物神经元的一阶特性实现其功能，基本构成如图 9.5 所示。人工神经网络的基本构成如下。

输入：$X = (x_1, x_2, \cdots, x_n)$

连接权：$\boldsymbol{W}=(w_1,w_2,\cdots,w_n)^{\mathrm{T}}$

网络输入：$\mathrm{net}=\sum x_i w_i$

向量形式：$\mathrm{net}=\boldsymbol{X}\boldsymbol{W}$

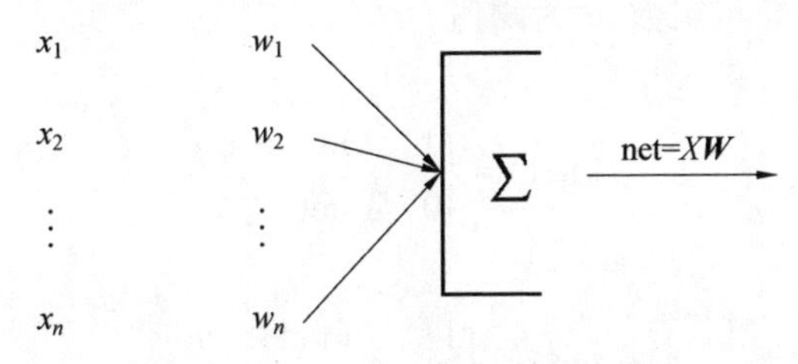

图9.5　人工神经元基本构成

神经元是神经网络中基本的信息处理单元，由下列部分组成：一组突触和连接，连接具有权值 $W_1,W_2,\cdots,W_m$，通过加法器功能，将计算输入的权值之和 $u=\sum_{j=1}^{m} w_j x_j$，激励函数限制神经元输出的幅度 $y=\varphi(u+b)$。

激活函数执行对该神经元所获得的网络输入的变换，也可以称为激励函数或者活化函数：$o=f(\mathrm{net})$。激活函数在神经元中的作用就是将累加器的输出按照指定的函数关系得到一个新的映射输出，进而完成人工神经网络的训练。另外，激活函数能够用来加入非线性因素，提高人工神经网络对模型的表达能力，解决线性模型所不能解决的一些问题。不同种类的神经网络、不同的应用场合，所选择的激活函数可以不同。激活函数的种类很多，下面给出几种常用的激活函数。

(a) 线性函数(liner function)(图9.6)。

(b) 非线性斜面函数(ramp function)(图9.7)。

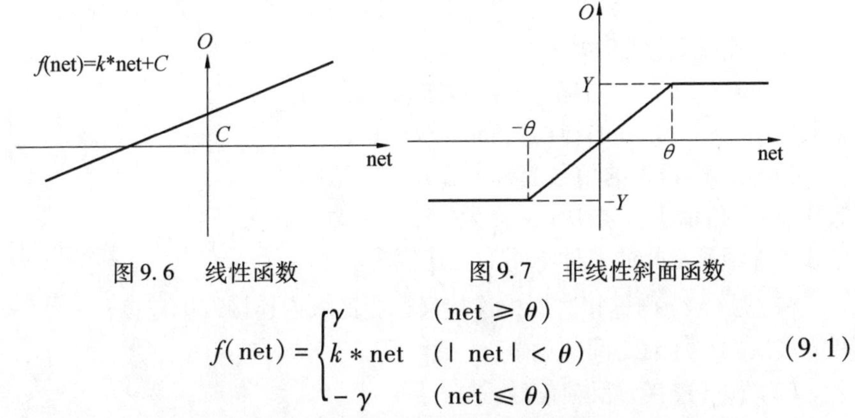

图9.6　线性函数　　图9.7　非线性斜面函数

$$f(\mathrm{net})=\begin{cases}\gamma & (\mathrm{net}\geqslant\theta)\\ k*\mathrm{net} & (|\mathrm{net}|<\theta)\\ -\gamma & (\mathrm{net}\leqslant\theta)\end{cases}\tag{9.1}$$

$\gamma>0$ 为一常数，称为饱和值，为该神经元的最大输出。

(c) 阈值函数(threshold function) 阶跃函数(图 9.8)。

$$f(\mathrm{net})=\begin{cases}\beta & (\mathrm{net}>\theta)\\ -\gamma & (\mathrm{net}\leqslant\theta)\end{cases} \tag{9.2}$$

式中,β、γ、θ 均为非负实数,θ 为阈值。

二值形式为

$$f(\mathrm{net})=\begin{cases}1 & (\mathrm{net}>\theta)\\ 0 & (\mathrm{net}\leqslant\theta)\end{cases} \tag{9.3}$$

双极形式为

$$f(\mathrm{net})=\begin{cases}1 & (\mathrm{net}>\theta)\\ -1 & (\mathrm{net}\leqslant\theta)\end{cases} \tag{9.4}$$

(d)S 形函数(图 9.9)。

S 形函数分为压缩函数(squashing function) 和逻辑斯特函数(logistic function)。$f(\mathrm{net})=a+b/(1+\exp(-d*\mathrm{net}))$,其中,$a$、$b$、$d$ 为常数。它的饱和值为 a 和 $a+b$,最简单形式为 $f(\mathrm{net})=1/(1+\exp(-d*\mathrm{net}))$,函数的饱和值为 0 和 1。S 形函数有较好的增益控制。

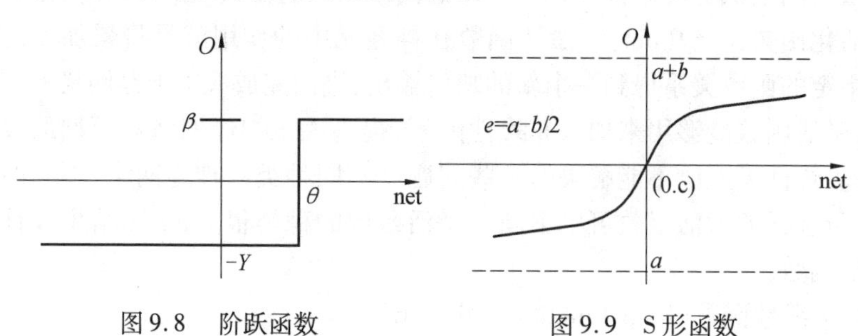

图 9.8　阶跃函数　　图 9.9　S 形函数

9.1.3　人工神经网络的拓扑特性

1. 连接模式(图 9.10)

用正号("+",可省略) 表示传送来的信号起刺激作用,它用于增加神经元的活跃度;用负号("-") 表示传送来的信号起抑制作用,它用于降低神经元的活跃度。层次(又称为"级") 的划分,导致了神经元之间的三种不同的互连模式。

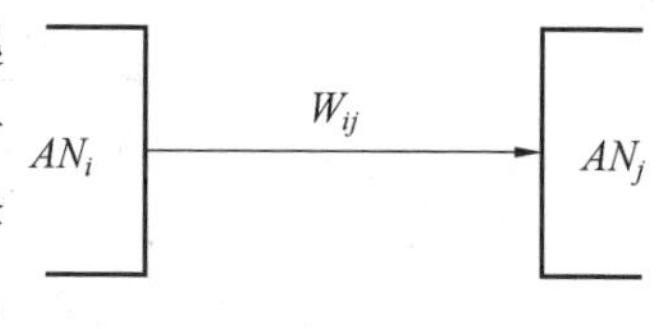

图 9.10　连接模式图

(1) 层(级) 内连接。层内连接又称为区域内连接或侧连接——用来加强和完成层内神经元之间的竞争。

(2) 循环连接。反馈信号。

(3) 层(级) 间连接。层间连接指不同层中的神经元之间的连接——前馈信号——反馈信号。

2. 网络的分层结构

(1) 单级网——简单单级网(图9.11)。

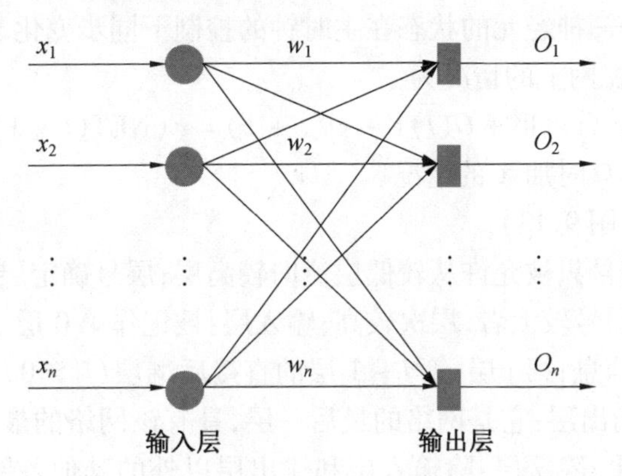

图9.11　简单单级网

$$W = (w_{ij})$$

输出层的第j个神经元的网络输入记为net_j,即

$$\mathrm{net}_j = x_1 w_{1j} + x_2 w_{2j} + \cdots + x_n w_{nj}$$

其中,$1 \leqslant j \leqslant m$。

取

$$\mathrm{NET} = (\mathrm{net}_1, \mathrm{net}_2, \cdots, \mathrm{net}_m)$$

$$\mathrm{NET} = XW$$

$$O = F(\mathrm{NET})$$

(2) 单级网——单级横向反馈网(图9.12)。

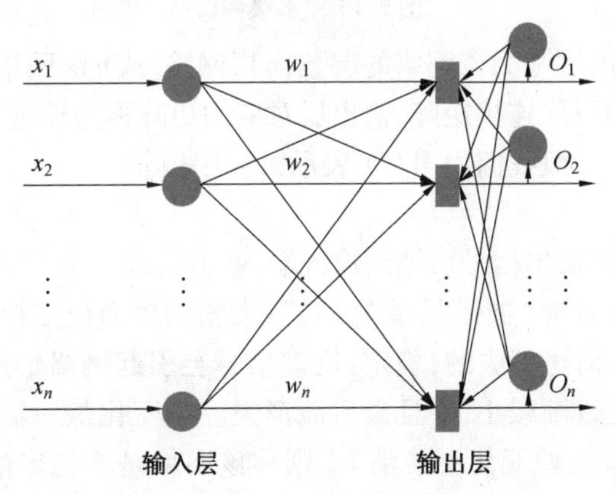

图9.12　单级横向反馈网

$$V = (v_{ij})$$

$$NET = XW + OV$$

$$O = F(NET)$$

时间参数——神经元的状态在主时钟的控制下同步变化。

考虑 X 总加在网上的情况为

$$NET(t+1) = X(t)W + O(t)V - O(t+1) = F(NET(t+1))O(0) = 0$$

考虑仅在 $t = 0$ 时加 X 的情况。

(3) 多级网(图 9.13)。

层次规划:信号只被允许从较低层流向较高层;层号确定层的高低:层号较小者,层次较低,层号较大者,层次较高;输入层:被记作第 0 层。该层负责接收来自网络外部的信息;第 j 层:第 $j-1$ 层的直接后继层($j > 0$),它直接接收第 $j-1$ 层的输出;输出层:它是网络的最后一层,具有该网络的最大层号,负责输出网络的计算结果;隐藏层:除输入层和输出层以外的其他各层称为隐藏层。隐藏层不直接接收外界的信号,也不直接向外界发送信号。

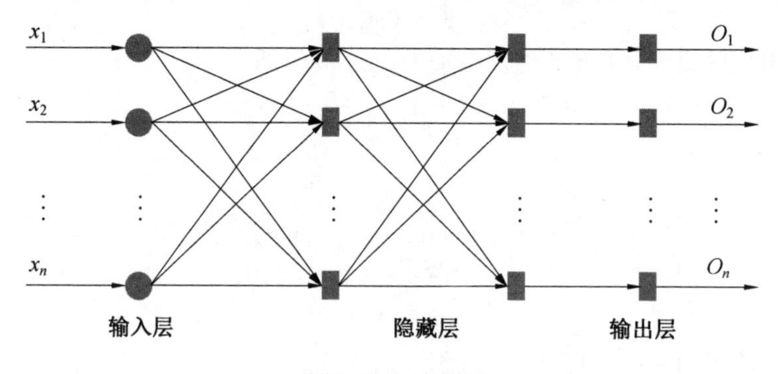

图 9.13　多级网

约定:输出层的层号为该网络的层数,n 层网络,或 n 级网络;第 $j-1$ 层到第 j 层的连接矩阵为第 j 层连接矩阵,输出层对应的矩阵称为输出层连接矩阵。今后,在需要的时候,一般我们用 $\boldsymbol{W}(j)$ 表示第 j 层矩阵。

(4) 循环网。

循环网:如果将输出信号反馈到输入端,就可构成一个多层的循环网络;输入的原始信号被逐步地“加强”、被“修复”;大脑的短期记忆特征:看到的东西不是一下子就从脑海里消失的;稳定:反馈信号会引起网络输出的不断变化。我们希望这种变化逐渐减小,并且最后能消失。当变化最后消失时,网络达到了平衡状态。如果这种变化不能消失,则称该网络是不稳定的,如图 9.14 和图 9.15 所示。

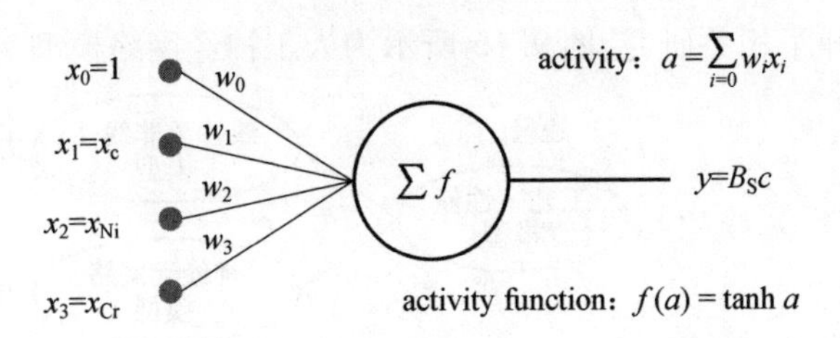

图 9.14　单一隐藏单元的神经元网络

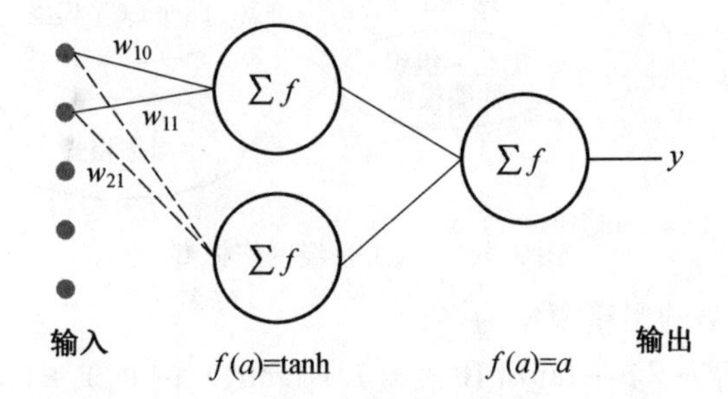

图 9.15　5 个输入 2 个隐藏单元的神经元网络

存储与映射:在学习/训练期间,人工神经网络以 CAM 方式工作;权矩阵又被称为网络的长期存储(LTM);CAM 方式:内容寻址方式是将数据映射到地址;网络在正常工作阶段是以 AM 方式工作的;神经元的状态表示的模式为短期存储(STM);AM 方式:相连存储方式是将数据映射到数据。

自相连映射:训练网络的样本集为向量集合为$\{\boldsymbol{A}_1,\boldsymbol{A}_2,\cdots,\boldsymbol{A}_n\}$。在理想情况下,该网络在完成训练后,其权矩阵存放的将是上面所给的向量集合。

异相连映射:$\{(\boldsymbol{A}_1,\boldsymbol{B}_1),(\boldsymbol{A}_2,\boldsymbol{B}_2),\cdots,(\boldsymbol{A}_n,\boldsymbol{B}_n)\}$该网络在完成训练后,其权矩阵存储所给的向量集合所蕴含的对应关系。

9.1.4　人工神经网络在材料科学中的应用

人工神经网络在模拟人脑的同时,一定程度上解放了我们人类,其作用主要体现在其模型具有比人类更强的学习、联想、存储功能,以及在面对一个复杂问题时的冷静和优化能力等方面。利用人工神经网络可以以类似人的思维方式对这些信息进行梳理和分析,并做出相应的判断、预测和决策。

另外,人工神经网络系统所具有的高容错性、鲁棒性及自组织性,更是传统信息处理技术所无法比拟的。因此,人工神经网络技术在语音识别、指纹识别、人脸识别、遥感图像识别和工业故障检测等方面都得到了广泛的应用[3]。在人工神经网络近半个多世纪的研究和发展过程中,已经与众多学科和技术紧密结合,并且在众多领域都得到了广泛的应用和推广。在材料科学研究领域,已有许多学者展开了相关研究,图9.16所示为人工神经网络模型。

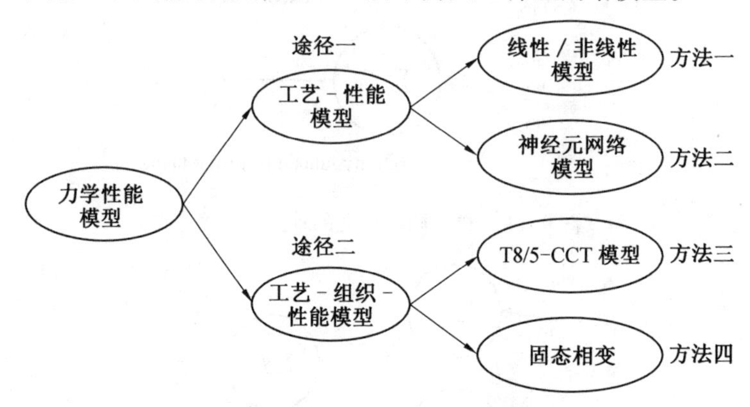

图9.16 人工神经网络模型

人工神经网络的黑箱模型为

$$y = 2\tanh(w_1x_1 - 2) + \tanh(10 - x_1) + \tanh(x_1^2 - w_1) + \tanh(w_2x_2 + 2) \tag{9.5}$$

输入参数如:合金元素物理性能、材料成分、加工工艺等可以建立与合金物理、力学性能及各尺度组织形态的映射关系。

黄增涛等基于增材制造过程红外熔池图像,结合高斯滤波等图像增强和Canny算子等图像分割算法,运用建立的实际温度值和像素值的对应关系,提取出熔宽和熔深最大温差,然后通过高斯热源模型和半无限体瞬时点热源模型,计算出理论熔深。再将三者作为BP人工神经网络的输入,熔深为输出构建预测模型。结果表明,此模型具有很好的泛化能力和很好的预测准确性。

郭艳平提出了一种用于预测焊缝几何形状(焊缝高度和宽度)和熔透状态(深度和面积)的反向传播神经网络模型。该模型以峰值焊接电流、焊接速度和热量输入作为输入参数,且以焊缝高度和宽度、熔深和稀释面积作为输出参数,并给出了设计框架。结果表明,神经网络与训练数据有很好的一致性,可以有效地用于焊缝和熔透几何参数的预估。

9.2 遗传算法

遗传算法是由美国的J. Holland教授于1975年在他的专著《自然界和人工系统的适应性》中首先提出的,它是一类借鉴生物界自然选择和自然遗传机制的随机化搜索算法。遗传算法模拟自然选择和自然遗传过程中发生的繁殖、交叉和基因突变现象,在每次迭代中都保留一组候选解,并按某种指标从解群中选取较优的个体,利用遗传算子(选择、交叉和变异)对这些个体进行组合,产生新一代的候选解群,重复此过程,直到满足某种收敛指标为止[4]。

9.2.1　遗传算法基本概念

智能优化算法又称为现代启发式算法,是一种具有全局优化性能、通用性强且适合并行处理的算法。这种算法一般具有严密的理论依据,而不是单纯凭借专家经验,理论上可以在一定的时间内找到最优解或近似最优解。

常用的智能优化算法:(1) 遗传算法(GA);(2) 模拟退火算法(SA);(3) 禁忌搜索算法(简称 TS)。

智能优化算法的共同特点:都是从任一解出发,按照某种机制,以一定的概率在整个求解空间中探索最优解[5]。由于它们可以把搜索空间扩展到整个问题空间,因而具有全局优化性能。

遗传算法相关术语如图 9.17 所示。

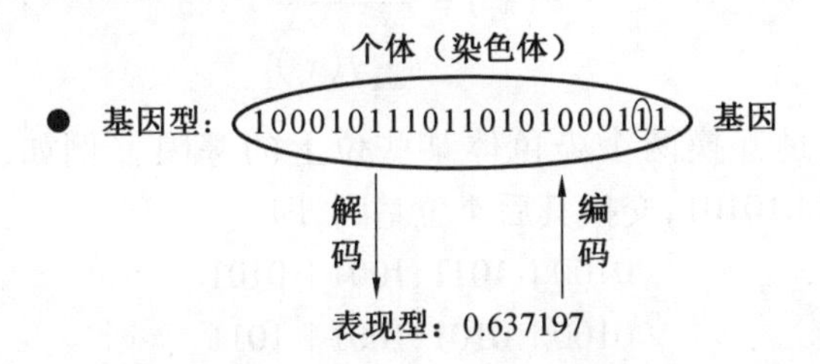

图 9.17　遗传算法相关术语

遗传算法相关基本概念如下。

1. 个体与种群

个体就是模拟生物个体而对问题中的对象(一般就是问题的解)的一种称呼,一个个体也就是搜索空间中的一个点。

种群就是模拟生物种群而由若干个体组成的群体,它一般是整个搜索空间的一个很小的子集。

2. 适应度与适应度函数

适应度就是借鉴生物个体对环境的适应程度,而对问题中的个体对象所设计的表征其优劣的一种测度。

适应度函数就是问题中的全体个体与其适应度之间的一个对应关系。它一般是一个实值函数,该函数就是遗传算法中指导搜索的评价函数。

3. 染色体与基因

染色体就是问题中个体的某种字符串形式的编码表示。字符串中的字符也就称为基因。

例如:

个体　　　染色体
9　　　　1001
(2,5,6)　010 101 110

4. 遗传操作

遗传操作亦称遗传算子,就是关于染色体的运算。遗传算法中有三种遗传操作:选择 - 复制(亦称繁殖);交叉(亦称交换、交配或杂交);变异(亦称突变)。

(1) 选择 - 复制通常的做法是:对于一个规模为 N 的种群 S,按每个染色体 $x_i \in S$ 的选择概率 $P(x_i)$ 所决定的选中机会,分 N 次从 S 中随机选定 N 个染色体,并进行复制。

如,选择概率 $P(x_i)$ 的计算公式可为

$$P(x_i) = \frac{f(x_i)}{\sum_{j=1}^{N} f(x_j)} \tag{9.6}$$

(2) 交叉就是互换两个染色体某些位上的基因。例如,设染色体 s_1 = 01001011, s_2 = 10010101,交换其后 4 位基因,即

0100 | 1011,1001 | 0101

0100 | 0101,1001 | 1011

s_1' = 01000101, s_2' = 10011011 可以看作是原染色体 s_1 和 s_2 的子代染色体。

(3) 变异就是改变染色体某个(些) 位上的基因。

例如,设染色体 s = 11001101 将其第三位上的 0 变为 1,即 s = 11001101 → 11101101 = s′,s′ 也可以看作是原染色体 s 的子代染色体。

9.2.2 基本遗传算法

基本遗传算法(SGA,又称简单遗传算法或标准遗传算法),是由 Goldberg 总结出的一种最基本的遗传算法,其遗传进化操作过程简单,容易理解,是其他一些遗传算法的雏形和基础,遗传算法基本流程框图如图 9.18 所示。

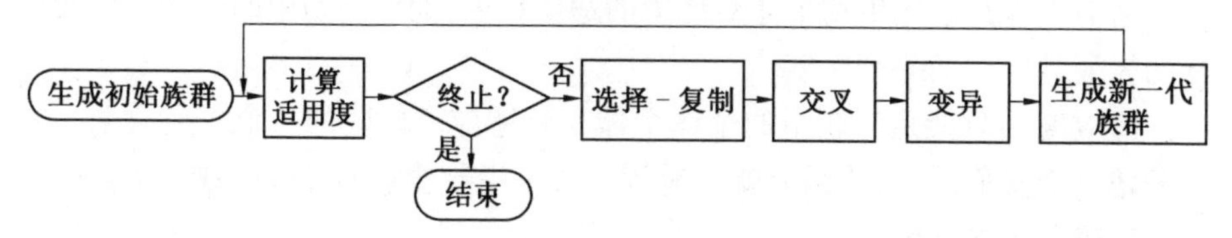

图 9.18　遗传算法基本流程框图

基本遗传算法由编码(产生初始种群)、适应度函数、遗传算子(选择、交叉、变异)、运行参数组成[6]。

GA 是通过某种编码机制把对象抽象为由特定符号按一定顺序排成的串。正如研究生物遗传是从染色体着手,而染色体则是由基因排成的串。SGA 使用二进制串进行编码。

1. 算法中的一些控制参数

交叉率就是参加交叉运算的染色体个数占全体染色体总数的比例,记为 P_c,取值范围一般为 0.4～0.99。

变异率是指发生变异的基因位数占全体染色体的基因总位数的比例,记为 P,取值范围一般为 0.000 1～0.1。

SGA 采用随机方法生成若干个个体的集合,该集合称为初始种群。初始种群中个体的数量称为种群规模。

适应复函数:遗传算法对一个个体(解)的好坏用适应度函数值来评价,适应度函数值越大,解的质量越好。适应度函数是遗传算法进化过程的驱动力,也是进行自然选择的唯一标准,它的设计应结合求解问题本身的要求而定。

选择算子:遗传算法使用选择运算来实现对群体中的个体进行优胜劣汰操作,适应度高的个体被遗传到下一代群体中的概率大;适应度低的个体,被遗传到下一代群体中的概率小。选择操作的任务就是按某种方法从父代群体中选取一些个体,遗传到下一代群体。SGA 中选择算子采用轮盘赌选择方法。

轮盘赌选择又称比例选择算子,它的基本思想是:各个个体被选中的概率与其适应度函数值大小成正比。设群体大小为 n,个体 i 的适应度为 F_i,则个体 i 被选中遗传到下一代群体的概率为

$$P_i = \frac{F_i}{\sum_{k=1}^{n} F_k} \tag{9.7}$$

轮盘赌选择方法的实现步骤:(1) 计算群体中所有个体的适应度函数值(需要解码);(2) 利用比例选择算子的公式,计算每个个体被选中遗传到下一代群体的概率;(3) 采用模拟赌盘操作(即生成0到1之间的随机数与每个个体遗传到下一代群体的概率进行匹配)来确定各个个体是否遗传到下一代群体中。

交叉算子是指对两个相互配对的染色体依据交叉概率 P_c 按某种方式相互交换其部分基因,从而形成两个新的个体。交叉运算是遗传算法区别于其他进化算法的重要特征,它在遗传算法中起关键作用,是产生新个体的主要方法。SGA 中交叉算子采用单点交叉算子。

单点交叉运算如下。

交叉前为

00000 | 01110000000010000 · 11100 | 00000111111000101

交叉后为

00000 | 00000111111000101 · 11100 | 01110000000010000

变异算子是指依据变异概率 P_m 将个体编码串中的某些基因值用其他基因值来替换,从而形成一个新的个体。遗传算法中的变异运算是产生新个体的辅助方法,它决定了遗传算法的局部搜索能力,同时保持种群的多样性。交叉运算和变异运算的相互配合,共同完成对搜索空间的全局搜索和局部搜索。SGA 中变异算子采用基本位变异算子。

基本位变异算子是指对个体编码串随机指定的某一位或某几位基因做变异运算。对于基本遗传算法中用二进制编码符号串所表示的个体,若需要进行变异操作的某一基因座上的原有基因值为 0,则变异操作将其变为 1;反之,若原有基因值为 1,则变异操作将其变为 0。

基本位变异算子的执行过程如下。

变异前:

00000111000 $\underline{0}$000010000

变异后:

00000111000 $\underline{1}$000010000

运行参数:(1) M 为种群规模;(2) T 为遗传运算的终止进化代数;(3) P_c 为交叉概率;(4) P_m 为变异概率。

2. 基本遗传算法流程

基本遗传算法流程框图如图 9.19 所示。

(1) 在搜索空间 U 上定义一个适应度函数 $f(x)$,给定种群规模 N,交叉率 P_c 和变异率 P_m,代数 T。

(2) 随机产生 U 中的 N 个个体 $s_1, s_2, \cdots, s_N$,组成初始种群 $S = \{s_1, s_2, \cdots, s_N\}$,置代数计数器 $t = 1$。

(3) 计算 S 中每个个体的适应度 f。

(4) 若终止条件满足,则取 S 中适应度最大的个体作为所求结果,算法结束。

(5) 按选择概率 $P(x_i)$ 所决定的选中机会,每次从 S 中随机选定一个个体并将其染色体复制,共做 N 次,然后将复制所得的 N 个染色体组成群体 S_1。

(6) 按交叉率 P_c 所决定的参加交叉的染色体数 c,从 S_1 中随机确定 c 个染色体,配对进行交叉操作,并用产生的新染色体代替原染色体,得群体 S_2。

(7) 按变异率 P_m 所决定的变异次数 m,从 S_2 中随机确定 m 个染色体,分别进行变异操作,并用产生的新染色体代替原染色体,得群体 S_3。

(8) 将群体 S_3 作为新一代种群,即用 S_3 代替 S, $t = t + 1$,转(3)。

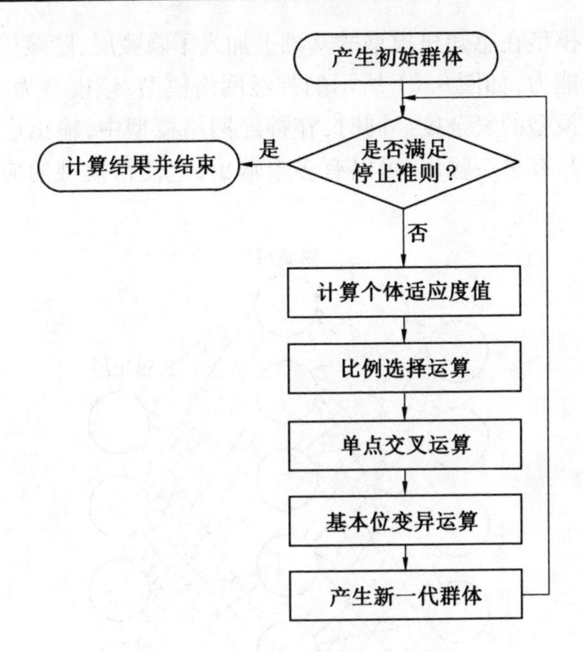

图 9.19　基本遗传算法流程框图

9.3　基于深度学习的 TC4 钛合金激光焊接变形预测研究

1. 深度神经网络模型

深度学习的重要基础是深度神经网络，神经网络是由感知机模型发展而来的，它是一个具有多个输入和单一输出的模型，如图 9.20 所示，x_1、x_2、x_3 代表感知机模型的三个输入。该模型可以在输入变量与输出值之间进行一个线性关系的学习，其输出的中间结果可以表示为式(9.8)。在进行中间结果的计算后，还需经过一个神经元的激活函数，如式(9.9)所示，根据中间结果的数值即可得到最终的输出值，该模型非常简单且只能用于二元分类，无法进行较为复杂的非线性学习，因此应用也非常受限，神经网络就是在感知机模型上进行了扩展[7]。

$$z = \sum_{i=1}^{m} w_i x_i + b \tag{9.8}$$

$$\operatorname{sign}(z) = \begin{cases} -1 & (z < 0) \\ 1 & (z \geqslant 0) \end{cases} \tag{9.9}$$

式中，w_i 为模型权重；b 为模型偏置系数；x_i 为输入特征；m 为总的样本数；z 为中间结果；$\operatorname{sign}(z)$ 为输出结果。

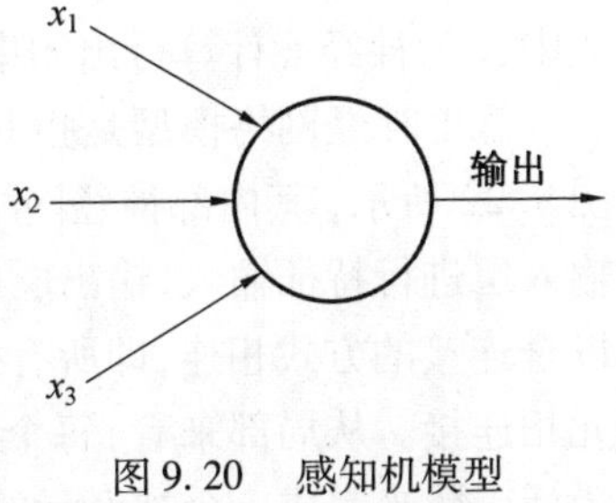

x_1　x_2　x_3　输出

图 9.20　感知机模型

神经网络模型在感知机模型的基础上加入了隐藏层，隐藏层的加入可以增强模型的表达能力，如图 9. 21 所示的神经网络模型，该模型为单一隐藏层，隐藏层也会增加模型的复杂度。同时，在神经网络模型中，输出层的数量不再像感知机模型中只有单一输出，可以有多个输出，这使得模型的应用可以更加的灵活。

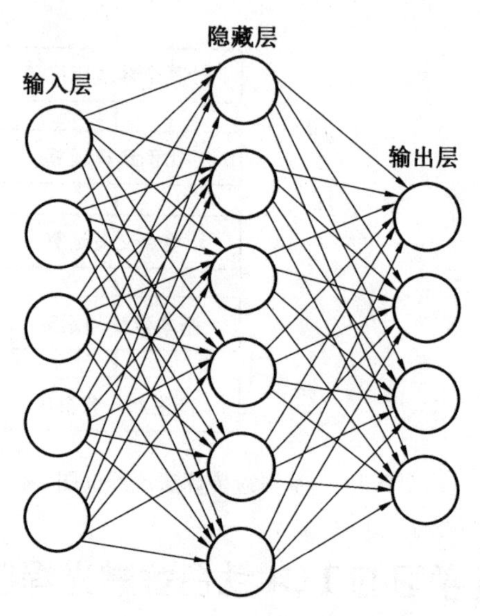

图 9. 21　神经网络模型

神经网络模型还对激活函数进行了扩展，上述感知机模型中的激活函数为 $\mathrm{sign}(z)$，其表达形式简单，但处理问题的能力非常有限，因此，一般会使用一些其他激活函数在神经网络当中，例如式(9. 10) 中的 Sigmoid 函数，该函数是一个非线性函数，相比于 $\mathrm{sign}(z)$ 激活函数，其具有了非线性处理的能力。除此之外，还有后续出现的 tanx、softmax、ReLU 等激活函数，使得神经网络变得更为丰富。

$$f(z) = \frac{1}{1 + e^{-z}} \tag{9.10}$$

式中，z 为神经元计算得出的中间结果。

深度神经网络模型是指具有多隐藏层的神经网络，深度神经网络模型如图 9. 22 所示，其内部神经网络结构可以分为三类，输入层、隐藏层及输出层，输入层进行特征输入，输出层用于预测结果的输出，其余均为隐藏层。层与层以全连接的方式相连，即所有处于第 i 层的神经元与处于第 $i+1$ 层的所有神经元相连接。从局部来看，每个神经元都是满足式(9. 8) 中的线性关系，并通过激活函数来完成一个神经元的输出。

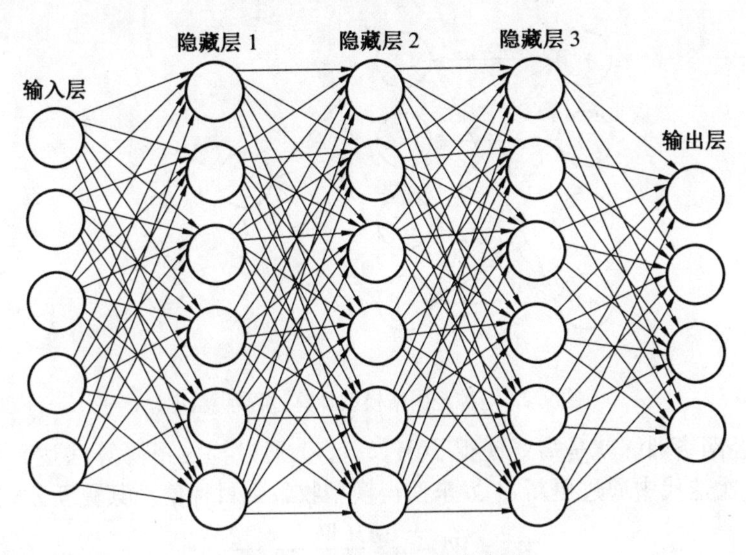

图 9.22　深度神经网络模型

对于神经网络的计算过程主要分为前向传播和反向传播两个过程,DNN 前向传播的计算过程就是在每一层都使用该层权重系数矩阵 $\boldsymbol{W}$、偏置向量 $\boldsymbol{b}$ 和对应层的输入来进行计算,在经过激活函数后,该层输出作为下一层的输入继续进行计算,层层传递直到输出层得到输出结果。以矩阵的形式表示某一层的前向传播计算过程为

$$a^l = \sigma(z^l) = \sigma(\boldsymbol{W}^l a^{l-1} + \boldsymbol{b}^l) \tag{9.11}$$

式中,a^l 为第 l 层的输出;$\boldsymbol{W}^l$ 为第 l 层的权重系数矩阵;a^{l-1} 为第 $l-1$ 层的输出,也为第 l 层的输入;$\boldsymbol{b}^l$ 代表第 l 层的偏置向量;z^l 为第 l 层的线性计算结果。

以图 9.23 为例,可以将 x_1、x_2、x_3 初始化为 a^1,也即 L_1 层的输入向量,通过单层的计算可以得到 L_2 的输出 a_1^2、a_2^2、a_3^2 所构成的输出向量 $\boldsymbol{a}^2$,最终通过 L_3 层的计算得到最终的输出 $h_{W,b}(x)$。W 和 b 就是训练模型后得到的模型参数,找到最合适参数的过程就是神经网络模型损失函数极值求解的过程,该过程是通过反向传播采用梯度下降算法来通过迭代完成的。假设有 m 个训练样本 $\{(x_1, y_1),(x_2,y_2),\cdots,(x_m,y_m)\}$,以均方差作为损失函数,$L$ 层为输出层应有

$$J(W,b,x,y) = \frac{1}{2}\|\boldsymbol{h}_{W,b}(x) - y\|_2^2 = \frac{1}{2}\|\sigma(\boldsymbol{W}^L\boldsymbol{a}^{L-1} + \boldsymbol{b}^L) - y\|_2^2 \tag{9.12}$$

式中,$\|S\|_2$ 为 S 的 L2 范数;$\boldsymbol{h}_{W,b}(x)$ 为输出向量;$\boldsymbol{W}^L$ 为 L 层权重系数矩阵;$\boldsymbol{b}^L$ 为 L 层的偏置向量;$\boldsymbol{a}^{L-1}$ 为 $L-1$ 层输入向量。

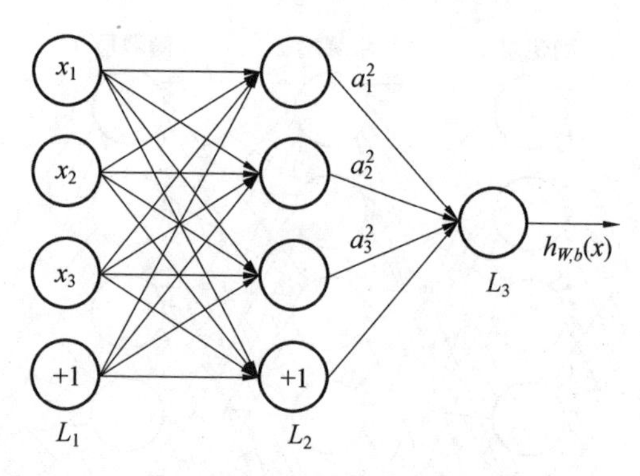

图 9.23　神经网络模型计算过程示意图

神经网络训练就是需要使得 $J(\boldsymbol{W},b,x,y)$ 通过梯度下降算法达到全局最小值,每次迭代中通过更新 $\boldsymbol{W}$、b 来使得模型收敛到目标值。其更新公式为

$$\boldsymbol{W}^l = \boldsymbol{W}^l - \alpha \frac{\partial J(W,b,x,y)}{\partial W^l} \tag{9.13}$$

$$b^l = b^l - \alpha \frac{\partial J(W,b,x,y)}{\partial b^l} \tag{9.14}$$

因此,需要对 $\boldsymbol{W}$、b 的梯度进行求解,输出层 $\boldsymbol{W}$、b 的梯度可以表示为

$$\frac{\partial J(W,b,x,y)}{\partial W^L} = \frac{\partial J(W,b,x,y)}{\partial z^L}\frac{\partial z^L}{\partial W^L} = (a^L - y)\ (a^{L-1})^{\mathrm{T}} \circ \boldsymbol{\sigma}'(z^L) \tag{9.15}$$

$$\frac{\partial J(W,b,x,y)}{\partial b^L} = \frac{\partial J(W,b,x,y)}{\partial z^L}\frac{\partial z^L}{\partial b^L} = (a^L - y) \circ \boldsymbol{\sigma}'(z^L) \tag{9.16}$$

上式中,$\circ$ 代表 Hadamard 积,其含义为设向量 $\boldsymbol{A} = (a_1,a_2,\cdots,a_n)^{\mathrm{T}}$ 和向量 $\boldsymbol{B} = (b_1,b_2,\cdots,b_n)^{\mathrm{T}}$ 且两向量具有相同维度,则 $\boldsymbol{A} \circ \boldsymbol{B} = (a_1 b_1, a_2 b_2, \cdots, a_n b_n)^{\mathrm{T}}$。将式(9.15)与式(9.16)的公共部分提取出来可得

$$\delta^L = \frac{\partial J(W,b,x,y)}{\partial z^L} = (a^L - y) \circ \boldsymbol{\sigma}'(z^L) \tag{9.17}$$

根据链式求导法则,可以将输出层的梯度计算递推到第 l 层,其可以表示为

$$\begin{aligned}\delta^l &= \frac{\partial J(W,b,x,y)}{\partial z^l} = \frac{\partial J(W,b,x,y)}{\partial z^L}\frac{\partial z^L}{\partial z^{L-1}}\frac{\partial z^{L-1}}{\partial z^{L-2}}\cdots\frac{\partial z^{l+1}}{\partial z^l} \\ &= \frac{\partial J(W,b,x,y)}{\partial z^{l+1}}\frac{\partial z^{l+1}}{\partial z^l} = \delta^{l+1}\frac{\partial z^{l+1}}{\partial z^l} = (W^{l+1})^{\mathrm{T}}\delta^{l+1} \circ \boldsymbol{\sigma}'(z^l)\end{aligned} \tag{9.18}$$

$$\frac{\partial J(W,b,x,y)}{\partial W^l} = \frac{\partial J(W,b,x,y)}{\partial z^l}\frac{\partial z^l}{\partial W^l} = \delta^l\ (a^{l-1})^{\mathrm{T}} \tag{9.19}$$

$$\frac{\partial J(W,b,x,y)}{\partial b^l} = \frac{\partial J(W,b,x,y)}{\partial z^l}\frac{\partial z^l}{\partial b^l} = \delta^l \tag{9.20}$$

将输出层结果按照式(9.18)、式(9.19)、式(9.20)进行计算可向前计算出各层梯度,并通过式(9.13)、式(9.14)即可进行参数更新,与正向传播计算相结合即可完成一次迭代中的正向传播与反向传播的过程,重复该求解过程直到损失函数收敛到预期值就完成了深度神经网络模型的训练。

2. 钛合金激光焊接变形预测 DNN 模型搭建

本书采用 Python 深度学习框架搭建钛合金激光焊接变形预测 DNN 模型,DNN 模型的搭建主要是设计合适的网络结构,使得模型具有良好的预测性能,模型参数是权重矩阵和偏置向量,这两者都是通过模型学习得到的,模型的超参数如隐藏层数量、隐藏层神经元数量、学习率、各层之间的激活函数、选择的优化算法等都是需要自行设定,调节模型的超参数可以使其对输入特征进行更好的学习,从而进行更为准确的预测。

神经网络模型中,存在着线性部分,同时也存在通过激活函数对线性部分进行计算而得出的非线性部分。激活函数的选择是会影响到训练模型的收敛速度,对于搭建模型来说,正确的激活函数可以得到更好的训练结果。常用的一些激活函数有 Sigmoid、tanh、ReLU 等,图 9.24 为 Sigmoid、tanh、PReLU、ReLU 激活函数的图像。

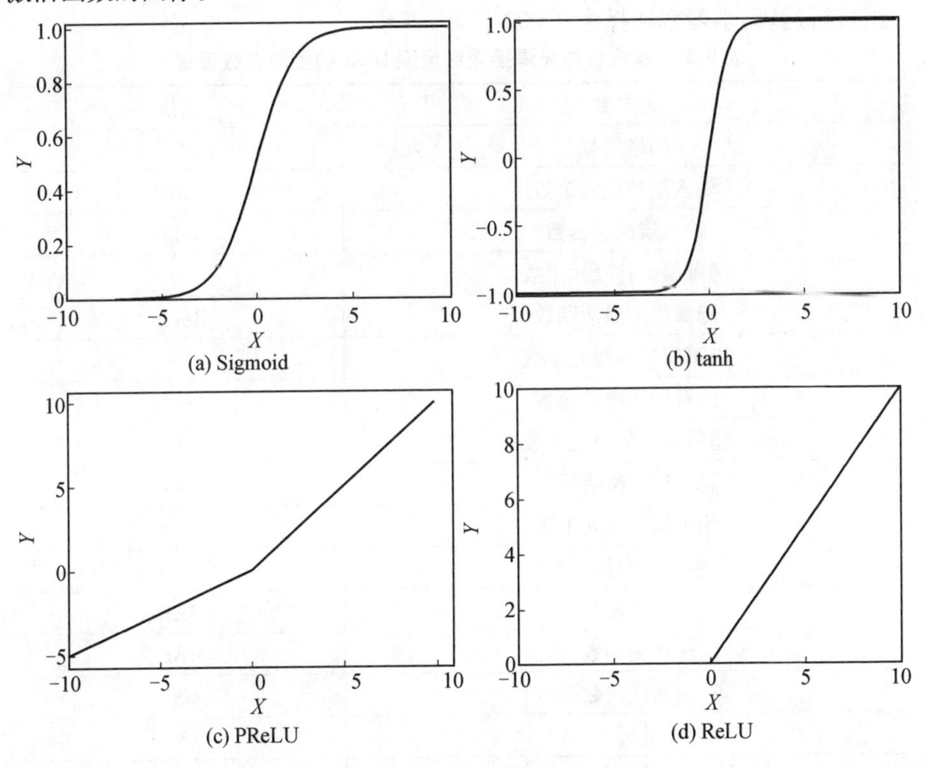

图 9.24　激活函数的图像

Sigmoid 函数和 tanh 函数都会存在梯度消散的问题，可以看到，当线性部分的绝对值很大时，会导致其偏导数很小，尤其是在层数较多时，就会导致模型参数的更新速度非常缓慢，即使经过很多轮的迭代过后，模型参数仍没有发生较大变化。ReLU 激活函数解决了梯度消失的问题，其模型收敛速度比 Sigmoid 和 tanh 激活函数要快很多，同时，ReLU 还会使得神经网络进行稀疏激活，在一定程度上防止了过拟合的情况发生，经过验证，本书构建的钛合金激光焊接变形预测 DNN 模型最终选用的激活函数为 ReLU。

根据钛合金激光焊接变形数据集，本书建立了一个五层的深度神经网络模型，其超参数设置见表 9.1，输入层的神经元数量与输入特征维度相同，设置为 20 个，输出层的神经元数量与预测目标的特征维度相同，设置为 1 个。同时，输入层与隐藏层之间，隐藏层与隐藏层之间均选用了 ReLU 作为激活函数，输出层不进行激活函数的选择，直接进行输出。钛合金激光焊接变形预测属于回归问题，因此采用 MAE 作为损失函数与评估函数。深度神经网络模型的训练需要进行多次迭代才能使得损失函数收敛到一个较小值，根据实际模型训练情况，将迭代次数选择为 600 次，该数值可以保证模型收敛。模型采用了 Mini - batch 来进行梯度下降，批尺寸为 3，在进行模型训练时，数据会以 3 个为一组进行运算，学习率选择为 0.000 1。

表 9.1　钛合金激光焊接变形预测 DNN 模型超参数设置

超参数	数值
网络层数	5
输入层神经元个数	20
输入层激活函数	ReLU
隐藏层 1 神经元个数	20
隐藏层 1 激活函数	ReLU
隐藏层 2 神经元个数	15
隐藏层 2 激活函数	ReLU
隐藏层 3 神经元个数	10
隐藏层 3 激活函数	ReLU
输出层神经元个数	1
输出层激活函数	/
损失函数	MAE
评估函数	MAE
迭代次数	600
批尺寸	3
学习率	0.000 1

根据上述初步深度神经网络超参数设置,采用前述11折交叉验证法进行模型验证,为了更加直观地反映模型性能评价指标,在模型训练过程中,计算每次迭代过程损失函数和评估函数的结果,图9.25为模型性能评价指标曲线,图中横轴为深度神经网络模型的迭代次数,纵轴为当前迭代次数下的MAE误差。可以看出,在初始阶段,损失曲线下降较为迅速,在迭代次数到达80次左右时,MAE误差下降开始较为缓慢,随着迭代次数的不断增加,MAE误差逐渐趋于平稳。最终,训练集上MAE误差收敛在0.078,在验证集上的MAE误差为0.082,可以看出,该模型在训练集和验证集的表现相差不大,说明在训练模型过程中未出现过拟合或者欠拟合的情况,模型MAE值也处于一个较低的水平。

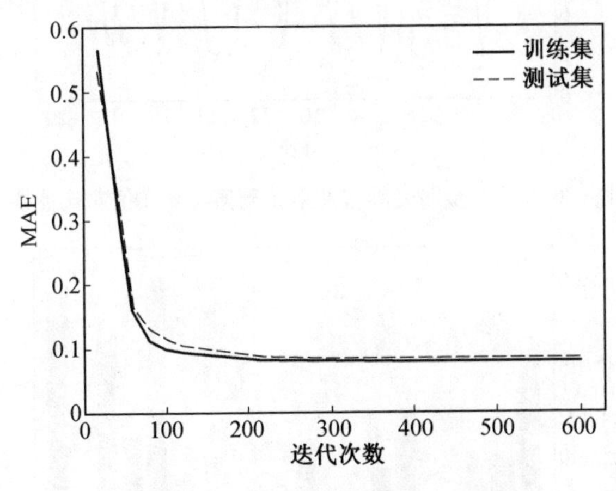

图9.25 模型性能评价指标曲线

在深度神经网络模型的结构中,隐藏层的数量越多,每层神经元的数量越多,导致深度神经网络模型的拓扑结构变得更加复杂,表现力更强,可以求解更加复杂的问题。但与此同时,模型的计算时间也会相应增加,所需要的迭代次数也会增加,而且过多的隐藏层数和神经元节点数会导致过拟合的问题,隐藏层数和神经元节点数不足又会导致欠拟合的问题,因此选择合适的拓扑结构对于模型的训练尤为重要。预设的深度神经网络超参数模型结构较为合理,未出现上述问题,选择的迭代次数600次保证了MAE值处于一个较低的水平,且又未出现因迭代次数过多而导致过拟合的问题。

训练得到钛合金激光焊接变形DNN预测模型后,采用该模型对20组验证集数据进行了预测,图9.26为钛合金激光焊接变形预测值与真实值对比曲线,图9.27为钛合金激光焊接变形预测误差柱状图,可以看出,误差最大的为样本16,其真实值为2.21 mm,预测值为4.25 mm,两者误差为2.04 mm。误差最小的为样本9,其真实值为4.25 mm,预测值为4.27 mm,两者误差为0.02 mm,大部分样本预测值与真实值相近,只有1号、16号、18号、20号样本预测值与真实值相差略大,通过计算得出在该20组样本上的变形预测真实值与预测值的平均误差在0.85 mm。

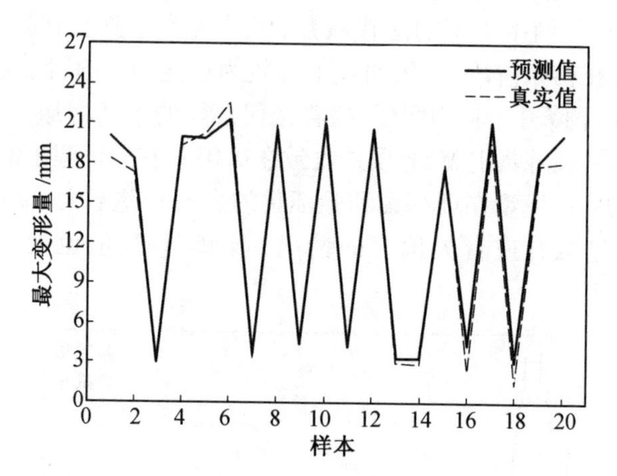

图9.26 钛合金激光焊接变形预测值与真实值对比曲线

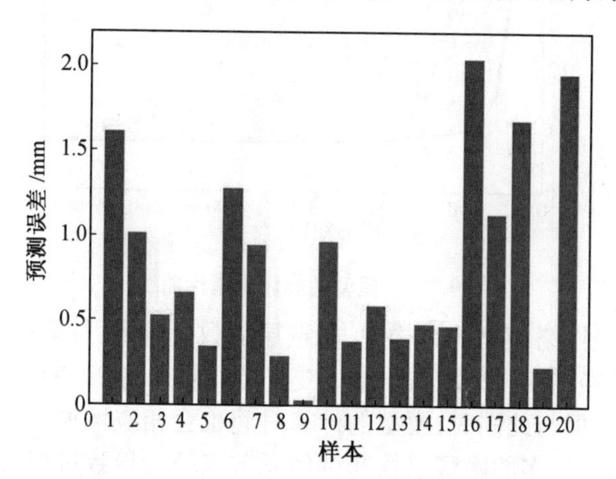

图9.27 钛合金激光焊接变形预测误差柱状图

在深度神经网络模型中,优化算法的选择对于搭建模型来说是一个重点,在同一数据集和模型拓扑结构完全相同的情况下,优化算法的选取也会导致模型训练效果大为不同。目前,深度神经网络中被广泛使用的是梯度下降算法,梯度下降算法的流程如下。

设待优化参数为w,目标函数为$f(w)$,学习率为α,对于每一个 epoch t,进行如下操作。

(1) 计算当前参数对于目标函数的梯度。

$$g_t = \nabla f(w_t)。$$

（2）根据历史梯度更新计算获取一阶动量与二阶动量。

$$m_t = \phi(g_1, g_2, \cdots, g_t), \quad V_t = \varphi(g_1, g_2, \cdots, g_t)$$

（3）计算当前迭代次数的下降梯度。

$$\eta_t = \frac{\alpha \cdot m_t}{\sqrt{V_t}}$$

（4）更新参数。

$$w_{t+1} = w_t - \eta_t$$

梯度下降算法在深度神经网络的发展中也衍生出了一系列变种算法，其中 SGD（随机梯度下降算法）是较为传统的算法，对于 SGD 来说，还没有动量的概念，对于上述步骤（2）中，在 SGD 算法下 $m_t = g_t$、$V_t = I^2$，计算下降梯度时代入步骤（3）可得 $\eta_t = \alpha \cdot g_t$，SGD 算法的梯度下降速度较慢且可能出现在极值附近震荡，得出的是局部最优解。

Adam 算法相较于 SGD 算法，没有使用固定的学习率，不仅用上了一阶动量，还增加了二阶动量为不同的参数提供了独立的自适应学习率，对于 Adam 算法来说，步骤（2）中的一阶动量为 $m_t = \beta_1 \cdot m_{t-1} + (1 - \beta_1) g_t$，二阶动量为 $V_t = \beta_2 \cdot V_{t-1} + (1 - \beta_2) \cdot g_t^2$，通过超参数 β_1 和 β_2 控制步骤（3）中的一阶动量与二阶动量的下降梯度。

本书在表 9.1 的深度神经网络模型参数的基础上分别使用 SGD 和 Adam 作为优化算法进行模型性能验证，比较两者的收敛性，其结果如图 9.28 所示。图中虚线表示在相同网络结构与超参数的情况下采用 SGD 算法的模型性能评价指标曲线，实线代表采用 Adam 算法的模型性能评价指标曲线，可以看出在当前模型结构下，选择 Adam 算法比选择 SGD 算法具有更好的收敛性，Adam 算法使得模型具有更好的性能，因此本书中后续的深度学习预测模型的设计均采用了 Adam 作为优化算法。

卷积神经网络模型在深度学习模型中属于比较重要的一类，卷积神经网络与传统深度神经网络模型有所差异，卷积神经网络包括由卷积层和子采样层构成的特征提取器。在卷积神经网络模型中，神经元只与部分相邻层的神经元进行连接，在卷积神经网络的一个卷积层中，通常由若干个特征平面组成，特征平面由呈矩形排列的神经元构成，位于同一个特征平面的神经元之间会进行权值共享，权值共享是通过卷积核来进行的。卷积核的初始化一般采用随机小数矩阵，在模型训练过程中，卷积核的权值逐渐趋于一个合理值。卷积核的作用是可以减少卷积神经网络模型中层与层之间的连接，同时还有效地降低了过拟合情况的产生概率。子采样层又称为池化层,其包含两种形式分别是平均池化与最大池化。图 9.29 为卷积神经网络结构,该结构包含卷积层、池化层和全连接层。

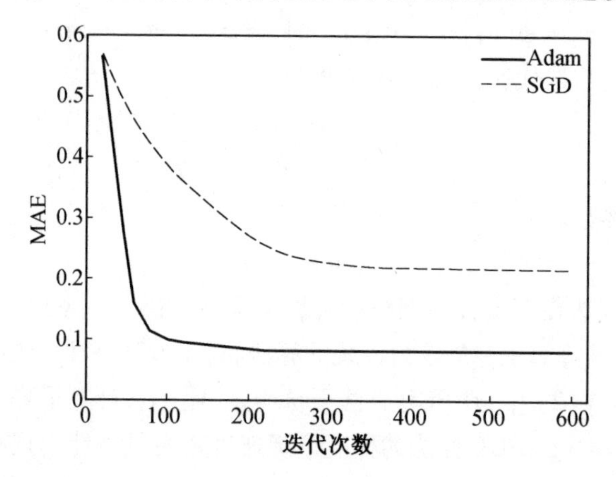

图 9.28　Adam 与 SGD 优化算法模型性能评价指标对比曲线

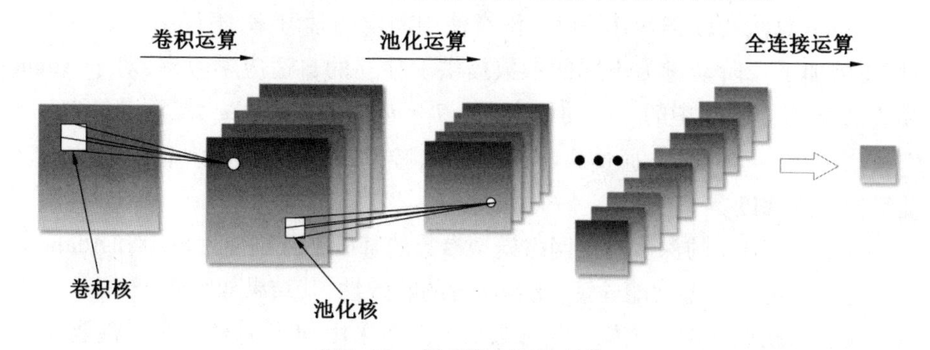

图 9.29　卷积神经网络结构

在处理高维度的特征输入时,让所有神经元都与前一层中的神经元采用全连接的方式是不合适的,因此,让每个神经元只与前一层输入的局部区域相连接,该连接区域就称为神经元的感受野,其尺寸称为滤波器的空间尺寸,深度方向上,感受野的大小与输入数据的深度相同。图 9.30 为感受野的连接示意图,以一个尺寸为 $16 \times 16 \times 3$ 的图像为例,3 代表该图像为 RGB 图像,颜色构成的 3 个通道。如果选用 3×3 的滤波器尺寸,在卷积层中的神经元会获得输入数据中 $3 \times 3 \times 3$ 区域的 27 个权重,同时还会有一个偏置参数。这 27 个权重都是通过学习来不断更新的,即使使用相同的卷积核,对于与其相连的每个输入层,其所构成的权重都是不同的,但是对于偏置来说,每一个卷积核只对应一个偏置。卷积层的作用主要是在输入特征中提取更高维度的数量,通过卷积核来对输入层进行卷积计算,卷积过程如图 9.31 所示。

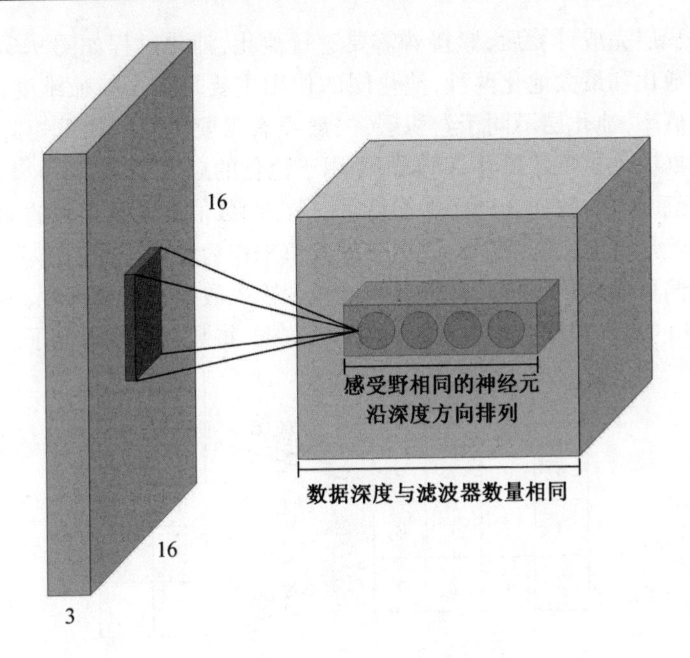

图 9.30　感受野的连接示意图

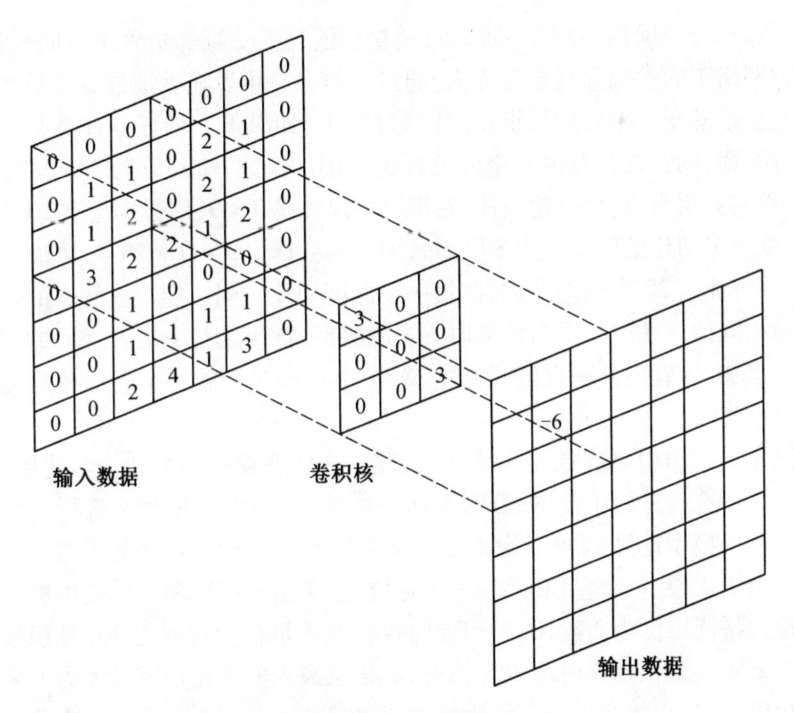

图 9.31　卷积过程

在卷积层完成计算后，紧接着需要进行池化，池化过程如图 9.32 所示，主要有平均池化和最大池化两种，池化层的作用主要是减少特征维度，降低过拟合发生的概率，池化层不同于卷积层，一般没有需要更新的权重矩阵。平均池化就是根据池化矩阵的尺寸，例如图中用于池化的矩阵尺寸为 2 × 2，偏移量为 2，在矩阵范围内的数据会进行平均计算，得出的数值即为池化层的输出数据。最大池化就是将池化矩阵中的数据取最大值来作为池化层的输出。可以看出，通过设置偏移量和矩阵尺寸可以有效地减少输入数据的特征维度，图中就是将一个 4 × 4 的输入数据变为了 2 × 2 的输出数据，将数据维度降低了二分之一。

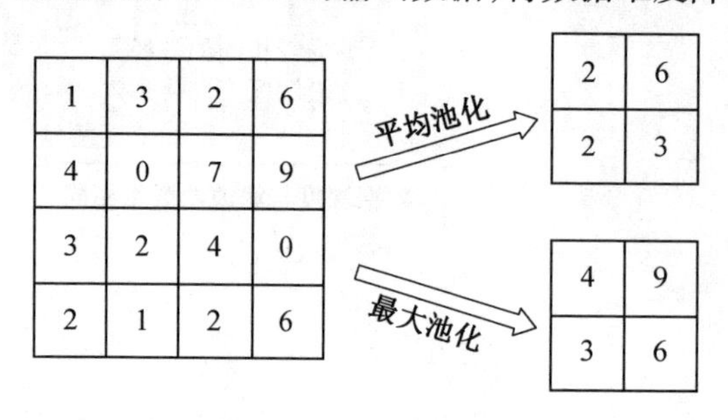

图 9.32　池化过程

在卷积神经网络模型中，如果同一卷积核的感受野都是采用不同权重，将会导致网络中的参数数量非常庞大，通过权值共享可以显著地减少参数数量。权值共享是基于一个合理假设：在计算过程中，如果某一特征在计算某一空间位置时有用，则它在计算另一空间位置也有用。例如，输入数据的维度为 30 × 30，如果卷积层具有 20 个卷积核，卷积核的尺寸是 9 × 9，该数据会有 20 个深度切片，每一个切片的维度都为 30 × 30，则一共会产生 9 × 9 × 20 = 1 620 个不同的权重，再加上 20 个偏差参数，在每一个深度切片中同一卷积核使用的权重参数都是相同的。在进行反向传播时，需要将同一深度切片上的神经元的权重梯度进行累加，计算出共享权值的梯度，每一个切片对于同一个卷积核只需更新一个权重集。

池化层的作用是降低输入特征的维度，一般在卷积层后加入池化层，本书对池化层的选择进行了尝试，分别选择平均池化、最大池化及不进行池化三种方式进行了模型计算，表 9.2 为添加池化层时的 CNN 模型超参数设置。该模型包含一个输入层、一个卷积层、一个池化层、三个全连接层和一个输出层。输入层的输入特征维度为 2 × 10，卷积层的卷积核数量初步选择为 20，卷积核尺寸选择为 2 × 2，卷积运算时不进行填充，池化层采用的池化矩阵尺寸为 1 × 2，经过池化后，将池化数据进行一维化处理并将其输入至一个具有三层隐藏层的全连接神经网络，这三层隐藏层的神经元数量分别选择为 50、30、15，输出层以变形为结果进行输出，因此神经元数量选择为1。损失函数和评估函数依旧选择MAE，迭代次数在进行实验过后发现，进行800次迭代后，模型可以收敛在一个较低损失的水平，批尺寸和学习率沿用深度神经网络中的参数，分别选择为3和0.000 1。

表9.2　钛合金激光焊接变形预测CNN模型超参数设置

超参数	数值
网络层数	7
输入层神经元个数	2 × 10
卷积层卷积核数量	20
卷积层卷积核尺寸	2 × 2
池化层池化矩阵	1 × 2
全连接层1神经元个数	50
全连接层1激活函数	ReLU
全连接层2神经元个数	30
全连接层2激活函数	ReLU
全连接层3神经元个数	15
全连接层3激活函数	ReLU
输出层神经元个数	1
损失函数	MAE
评估函数	MAE
迭代次数	800
批尺寸	3
学习率	0.000 1

根据上述CNN模型的超参数设置，继续采用前述中的11折交叉验证法来进行模型评估，池化层分别采用最大池化和平均池化的方式，并将迭代过程中的模型性能评价指标进行绘制，图9.33(a)为最大池化方式下的模型性能评价指标曲线，图9.33(b)为平均池化方式下的模型性能评价指标曲线。两种池化方式下，模型评价指标曲线的变化趋势大致相同，都是在初始阶段曲线均下降较为迅速，在随后的迭代次数中下降速度非常缓慢，两者在训练集上都有比较好的收敛性。在训练集上，采用最大池化方式时，在大约100个迭代次数后曲线趋于稳定，最终模型在训练集上的MAE值为0.082，在测试集上的MAE值为

0.080;采用平均池化方式时,大约在150个迭代次数后曲线趋于稳定,最终模型在训练集上的MAE值为0.068,在测试集上的MAE值为0.12。从图中可以明显看出,采用最大池化的方式在训练集和测试集上MAE值相近,代表训练集和测试集上模型的性能相近,而采用平均池化的方式时,测试集上的模型性能相比于训练集上较差,说明模型出现一些过拟合的情况。因此,在该数据集上,采用最大池化的方式比采用平均池化的方式可以使得模型性能更为优异。

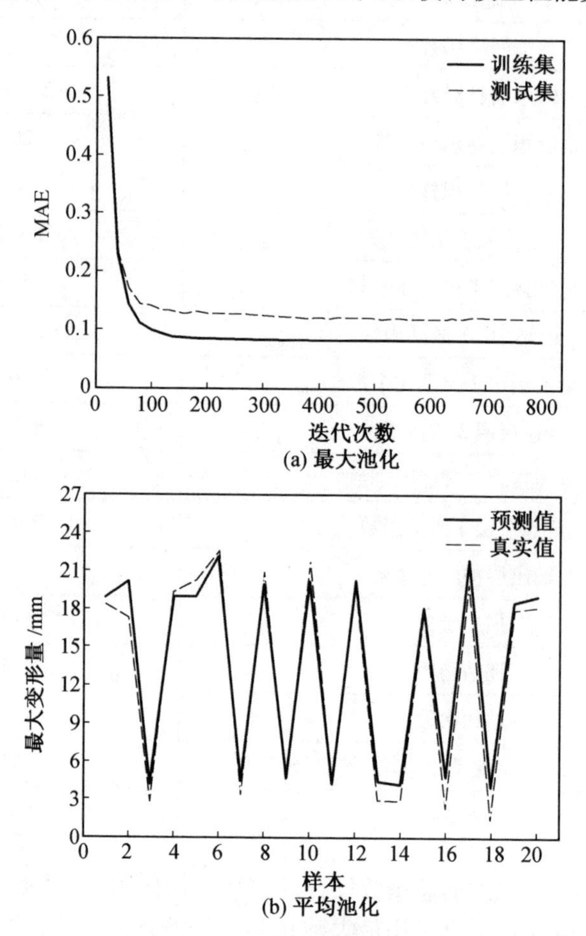

图9.33　不同池化方式下模型性能评价指标曲线

采用两种池化方式的模型进行了预测,图9.34(a)为最大池化方式下的焊接变形预测值与真实值对比曲线,图9.35(a)为最大池化方式下的焊接变形预测误差柱状图,在最大池化方式下,最大变形量误差为2.84 mm,出现在样本2处,最小变形量误差为0.15 mm,出现在样本15处,20组样本数据的变形量平均误差为1.1 mm。

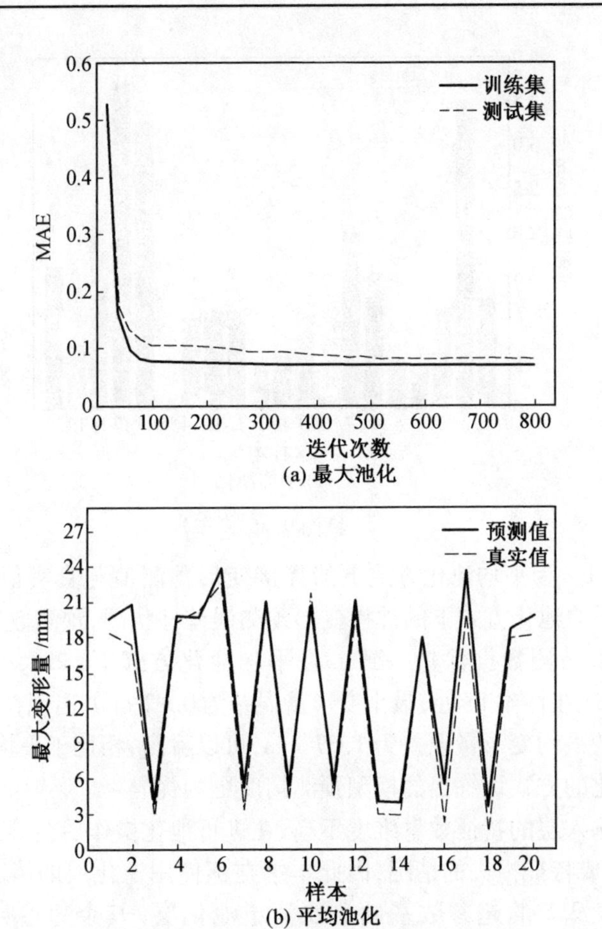

图 9.34　不同池化方式下焊接变形预测值与真实值对比曲线

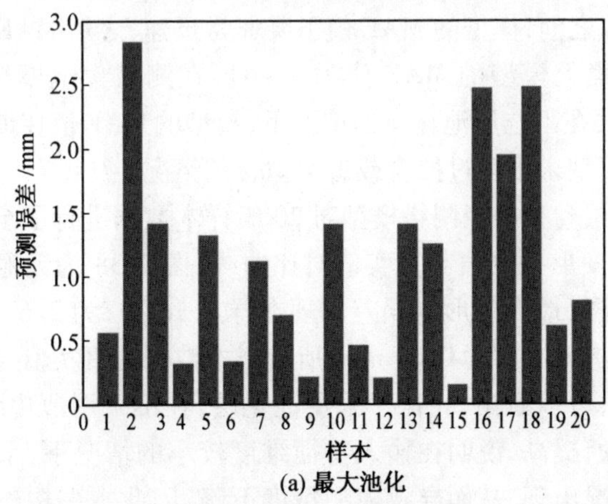

图 9.35　不同池化方式下焊接变形预测误差柱状图

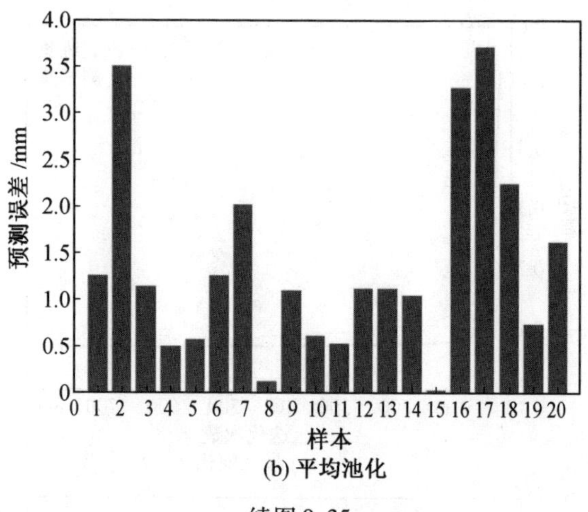

(b) 平均池化

续图 9.35

图 9.34(b) 为平均池化方式下的焊接变形预测值与真实值对比曲线,图 9.35(b) 为平均池化方式下的焊接变形预测误差柱状图,预测数据与前述深度神经网络模型预测数据保持一致。在平均池化方式下,最大变形量误差为 3.72 mm,出现在样本 17 处,最小变形量误差为 0.02 mm,出现在样本 15 处,20 组样本数据的平均变形量误差为 1.37 mm,可以看出,相比于平均池化的方式,采用最大池化的方式训练出的模型预测精度更为优异。

考虑到输入层的特征数量维度不高,在进行池化操作后会导致特征维度减半,有可能造成特征损失的情况,因此本书在不使用池化层的情况下进行了网络搭建,在表 9.2 的超参数基础上取消了池化层,其余超参数设置不变。图 9.36 为不使用池化层,只采用卷积层的情况下的模型性能评价指标曲线。在 60 个迭代次数之前,模型的 MAE 值下降非常迅速,之后 MAE 值逐渐趋于平缓,最终在训练集上模型的 MAE 值为 0.064,在测试集上模型的 MAE 值为 0.073,可以看出,在不选用池化层的情况下,模型的 MAE 值在训练集和测试集上均有所下降,模型未出现过拟合或者欠拟合的情况。

采用无池化层卷积神经网络模型对 20 组样本数据进行了预测,图 9.37 为无池化层下焊接变形预测值与真实值对比曲线,图 9.38 为无池化层下焊接变形预测误差柱状图,最大变形量误差出现在样本 16 处,为 2.63 mm,最小变形量误差出现在样本 11 处,为 0.01 mm,所有样本数据的真实值与预测值的平均误差为 0.94 mm,可以看出,相比于采用池化层,在不采用池化层的情况下,模型的预测性能有所提高,说明在输入特征维度较小的情况下,采用池化层会导致特征损失的情况出现,从而导致模型精度下降,因此本书构建的钛合金激光焊接变形预测 CNN 模型不采用池化层,而只选择卷积层进行模型搭建。

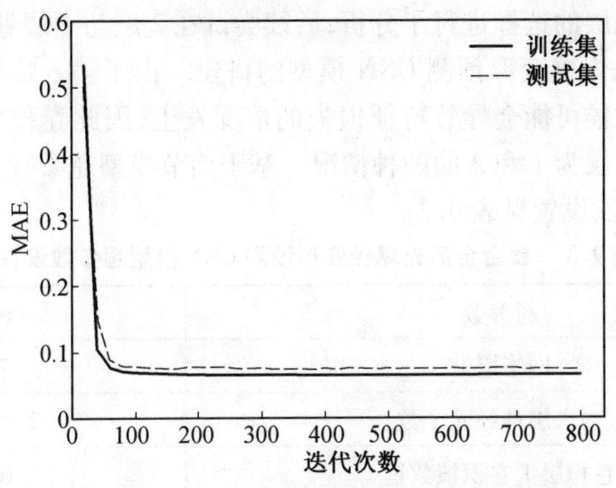

图9.36　无池化层下模型性能评价指标曲线

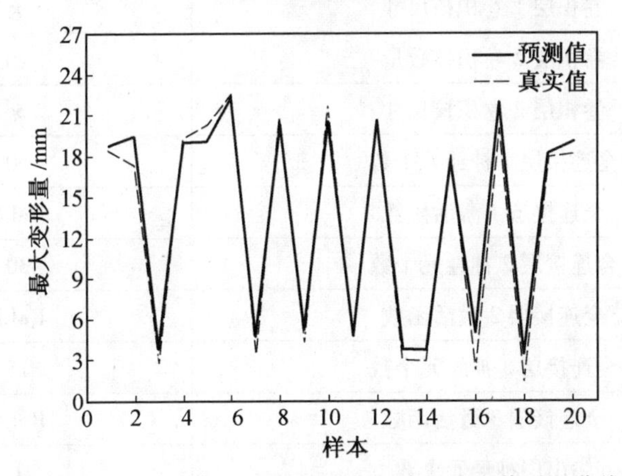

图9.37　无池化层下焊接变形预测值与真实值对比曲线

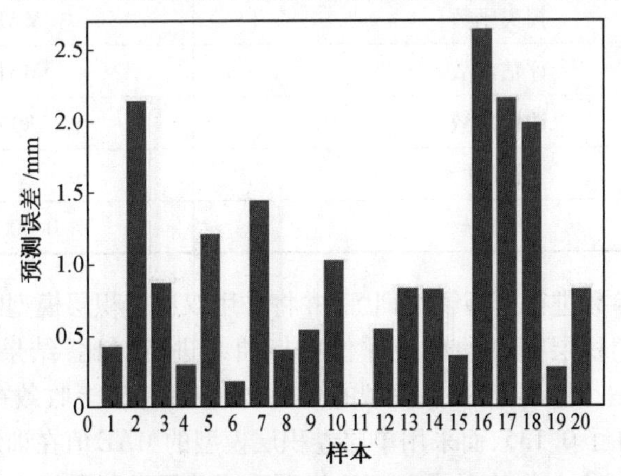

图9.38　无池化层下焊接变形预测误差柱状图

前文对池化层的选择进行了分析,后续尝试在 2 层与 1 层卷积层的情况下进行钛合金激光焊接变形预测 CNN 模型的搭建。由于输入特征的维度较小,在卷积计算的时候可能会导致特征损失的情况发生,因此卷积层数不宜过多,这里只讨论卷积层为 1 和 2 的两种情况。基于前节模型超参数设置,卷积层为 2 时的模型超参数设置见表 9.3。

表 9.3　钛合金激光焊接变形预测 CNN 模型超参数设置

超参数	数值
网络层数	7
输入层神经元个数	2 × 10
卷积层 1 卷积核数量	10
卷积层 1 卷积核尺寸	3 × 3
卷积层 2 卷积核数量	20
卷积层 2 卷积核尺寸	2 × 2
全连接层 1 神经元个数	50
全连接层 1 激活函数	ReLU
全连接层 2 神经元个数	30
全连接层 2 激活函数	ReLU
全连接层 3 神经元个数	15
全连接层 3 激活函数	ReLU
输出层神经元个数	1
损失函数	MAE
评估函数	MAE
迭代次数	800
批尺寸	3
学习率	0.000 1

采用上述参数进行模型评估训练,并将采用双层卷积层模型的性能指标曲线与采用单层卷积层模型的性能评价指标曲线进行对比,结果如图 9.39 所示。可以看出,采用双层卷积层模型的 MAE 值在训练集上收敛在了 0.139,在测试集上收敛在了 0.135,而采用单层卷积层模型的 MAE 值在训练集上收敛在了 0.064,在测试集上收敛在了 0.072,说明采用单层卷积层相比于采用双层卷积层具有更好的模型性能。分别对两种情况下的模型进行了变形预测,

图9.40(a)为采用单层卷积层模型的焊接变形预测值与真实值对比曲线，图9.41(a)为采用单卷积层模型的焊接变形预测误差柱状图，最大变形预测误差为2.63 mm，最小变形预测误差为0.01 mm，平均变形预测误差为0.94 mm。图9.40(b)为采用双层卷积层模型的焊接变形预测值与真实值对比曲线，图9.41(b)为采用双卷积层模型的焊接变形预测误差柱状图，最大变形预测误差为3.32 mm，最小变形预测误差为0.05 mm，平均变形预测误差1.20 mm。经过对比后发现，采用单卷积层的模型预测效果相比于采用双卷积层的模型预测效果较好，在输入数据特征维度较小的情况下，卷积层数量的增加反而导致了模型性能评价指标的下降，因此，针对数据集情况，选择单卷积层来进行模型的搭建。

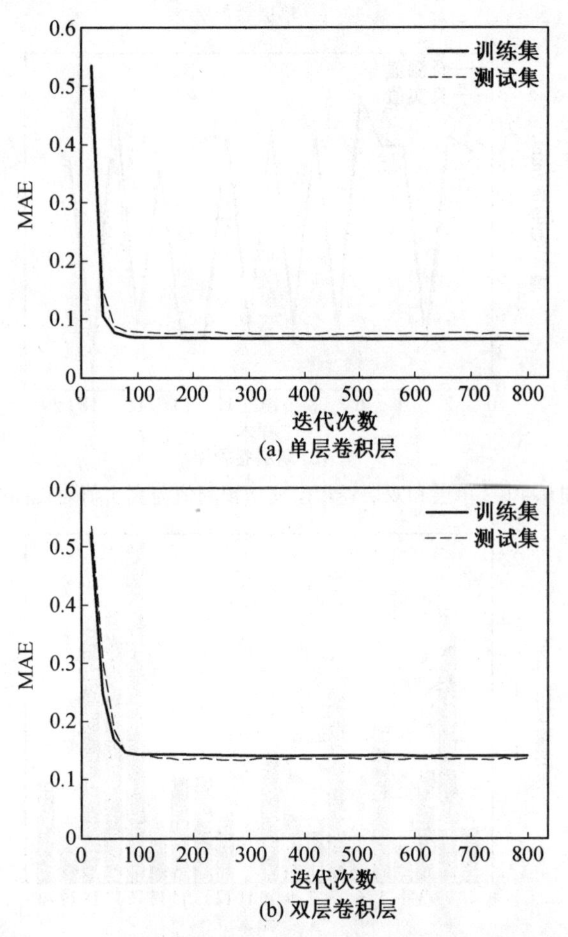

图9.39　单层和双层卷积层模型性能评价指标曲线对比

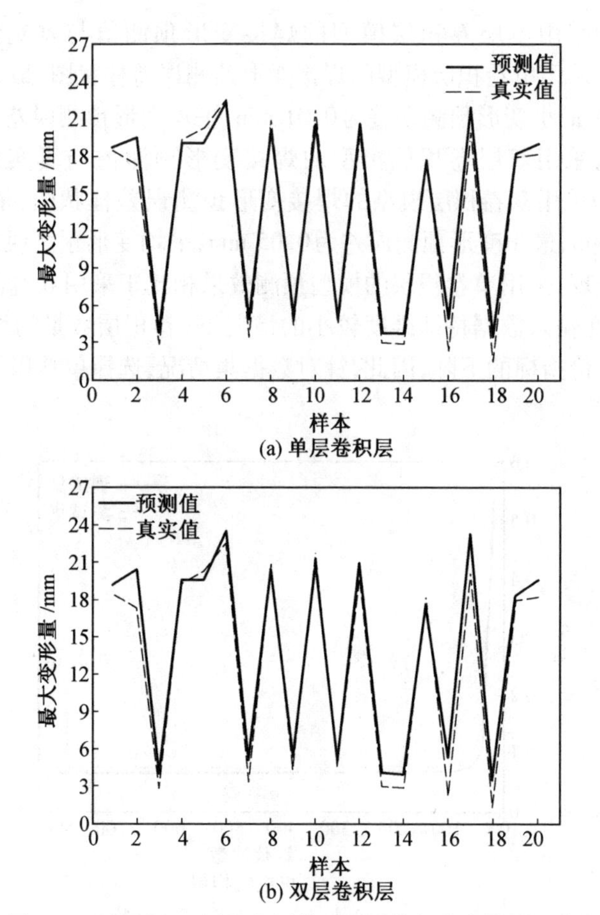

图 9.40　单层和双层卷积层模型预测值与真实值对比曲线

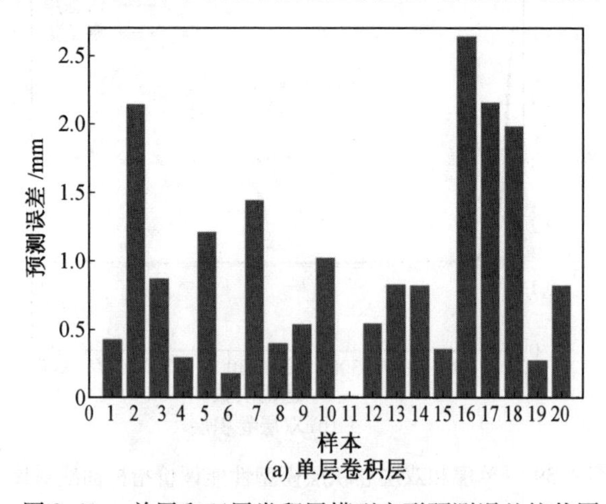

图 9.41　单层和双层卷积层模型变形预测误差柱状图

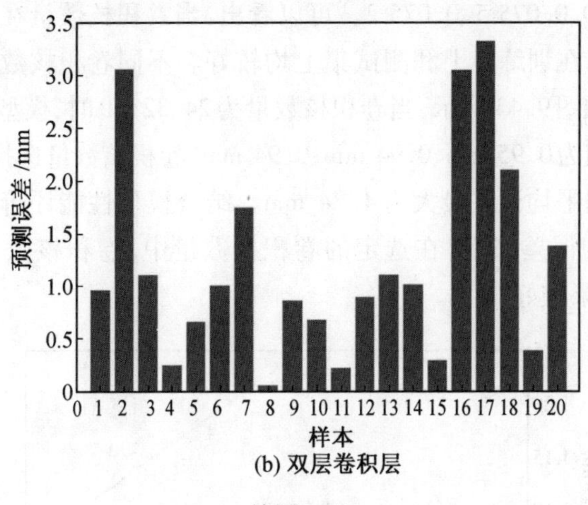

(b) 双层卷积层

续图 9.41

前文中对卷积核层数设置已经进行探讨过，将卷积层设置为 1 时，CNN 模型的预测较为准确。将继续研究卷积层中的卷积核数量对模型预测性能的影响，在表 9.2 的基础上，将卷积核数量分别设置为 8、16、24、32、40、64、128 进行模型训练，最终得到不同卷积核数量下模型性能评价指标对比，如图 9.42 所示。

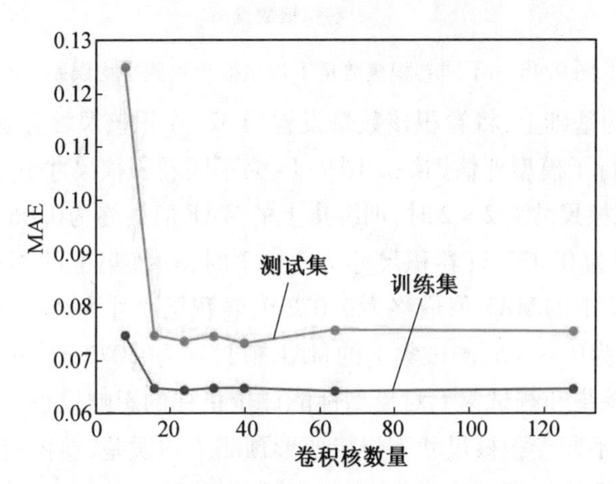

图 9.42　不同卷积核数量下模型性能评价指标对比

可以看出，当卷积核数量选为 8 时，模型的性能评价指标较差，在训练集上为 0.074 5，测试集上为 0.125 0，当卷积核数量为 16、24、32、40、64、128 时，在训练集上的模型性能评价指标分别为 0.064 6、0.064 2、0.064 6、0.064 6、0.064 0、0.064 4，在测试集上的模型性能评价指标分别 0.074 5、0.073 4、

0.074 4、0.073 0、0.075 5、0.075 2。可以看出，当卷积核数量在16以上时，模型性能评价指标在训练集上和测试集上均较好。不同卷积核数量下焊接变形预测平均误差如图9.43所示，当卷积核数量为24、32、40时，模型的焊接变形预测平均误差分别为0.95 mm、0.94 mm、0.94 mm，卷积核数量选择为64时，模型的焊接变形预测平均误差最大为1.24 mm。结合模型性能评价指标及模型焊接变形预测平均误差来看，在选定的卷积核数量中，卷积核数量为24、32、40时，模型预测效果较好。

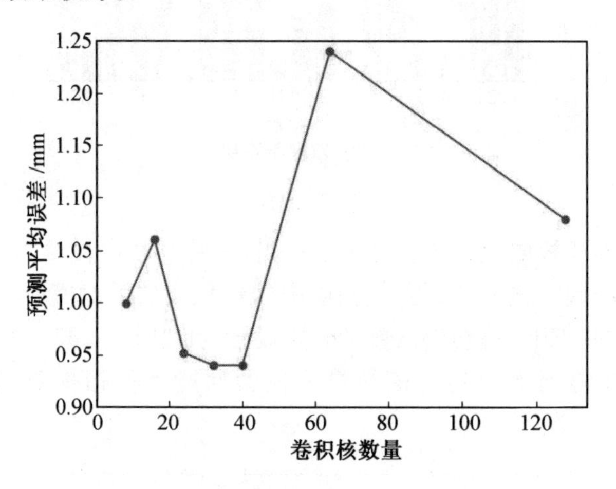

图9.43 不同卷积核数量下焊接变形预测平均误差

在表9.2的基础上，将卷积核数量设置为32，卷积核尺寸分别选择2×2、3×3、4×4进行了模型评估训练。图9.44为不同卷积核尺寸下模型性能评价指标对比，卷积核尺寸为2×2时，训练集上的MAE值最终为0.064 2，测试集上的MAE值最终为0.073 3；卷积尺寸为3×3时，训练集上的MAE值最终为0.064 5，测试集上的MAE值最终为0.072 9；卷积层尺寸为4×4时，训练集上的MAE值最终为0.064 5，测试集上的MAE值最终为0.072 3。可以看出，在卷积核尺寸在训练集和测试集上对模型性能评价指标的影响较小。

图9.45为不同卷积核尺寸下焊接变形预测平均误差，卷积核尺寸为2×2时，焊接变形预测平均误差为0.94 mm；卷积核尺寸为3×3时，焊接变形预测平均误差为1.21 mm；卷积核尺寸为4×4时，焊接变形平均误差为1.60 mm。可以看出，卷积核尺寸为2×2时，模型的预测效果最佳。输入特征的维度为2×10，当卷积核尺寸为3×3和4×4时需要进行矩阵填充，由于输入特征的维度相对较小，因此矩阵填充会导致矩阵变得疏松，预测性能下降。

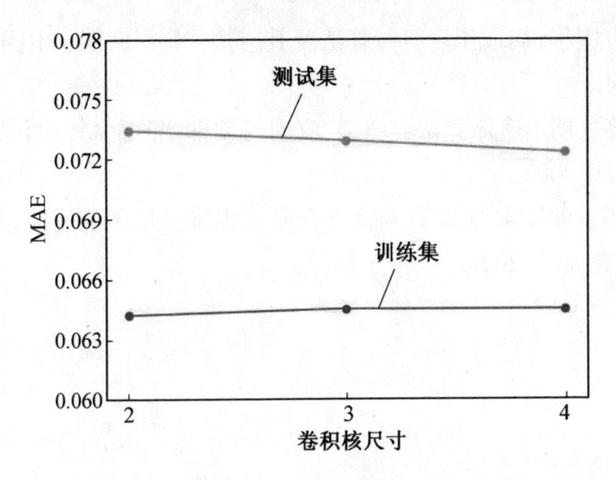

图9.44　不同卷积核尺寸下模型性能评价指标对比

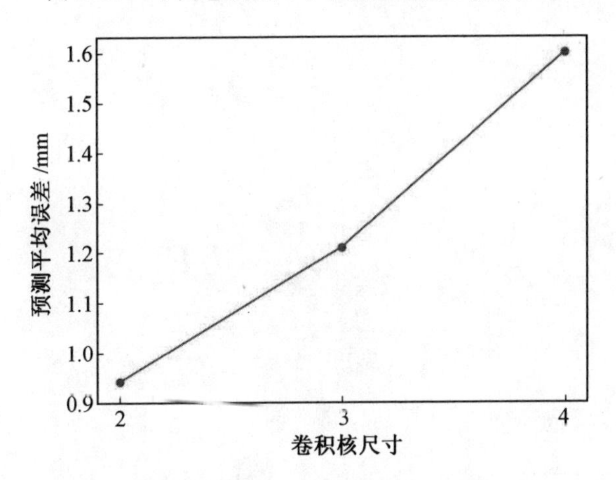

图9.45　不同卷积核尺寸下焊接变形预测平均误差

本章参考文献

[1] 文常保,茹锋. 人工神经网络理论及应用[M]. 西安：西安电子科技大学出版社,2019.

[2] 马锐. 人工神经网络原理[M]. 北京：机械工业出版社,2010.

[3] 陈允平,王旭蕊,韩宝亮. 人工神经网络原理及其应用[M]. 北京：中国电力出版社,2002.

[4] 李敏强,寇纪淞,林丹,等. 遗传算法的基本理论与应用[M]. 北京：科学出版社,2002.

[5] 颜雪松,伍庆华,胡成玉. 遗传算法及其应用[M]. 武汉：中国地质大学出版社,2018.

[6] 王小平,曹立明. 遗传算法：理论、应用与软件实现[M]. 西安：西安交通大学出版社,2002.

[7] 周之鹤.基于深度学习的 TC4 钛合金激光焊接变形预测研究[D].南京:南京航空航天大学,2022.